중학교 수학 1

자습서 & 평가문제집

머리말

수학은

우리가 일상에서 마주하는 다양한 현상과 문제를 이해하고 해결하는 데 중요한 역할을 합니다.

엔이능률 교과서로 공부하는 학생들은

* 수학의 기본 개념과 원리, 법칙을 이해하고, 실생활에 적용할 수 있는 능력을 기를 수 있습니다.

* 데이터와 정보가 넘쳐나는 세상에서 논리적이고 체계적으로 사고하는 능력, 그리고 창의적으로 문제를 해결하는 능력을 갖출 수 있습니다.

* 수학이 흥미롭고 의미 있는 학문임을 인식하여 수학에 대한 긍정적인 태도를 가질 수 있습니다.

엔이능률 자습서&평가문제집으로 여러분의 수학적 사고력과 문제해결 능력을 향상시키고, 수학에 대한 자신감을 가질 수 있도록 차근차근 공부하여 미래 사회에서 요구하는 융합적 인재로 거듭나길 바랍니다.

지은이 씀

구성과 특장

자습서 교과서의 주제별로 핵심 내용을 정리하고 모든 문제에 대한 자세한 풀이 및 정답을 제시하였습니다.

도입 학습

❶ 자세한 풀이와 이전 학습에서 배운 개념을 제시하였습니다.

❷ 단원의 학습 흐름으로 학습의 연계성을 알 수 있습니다.

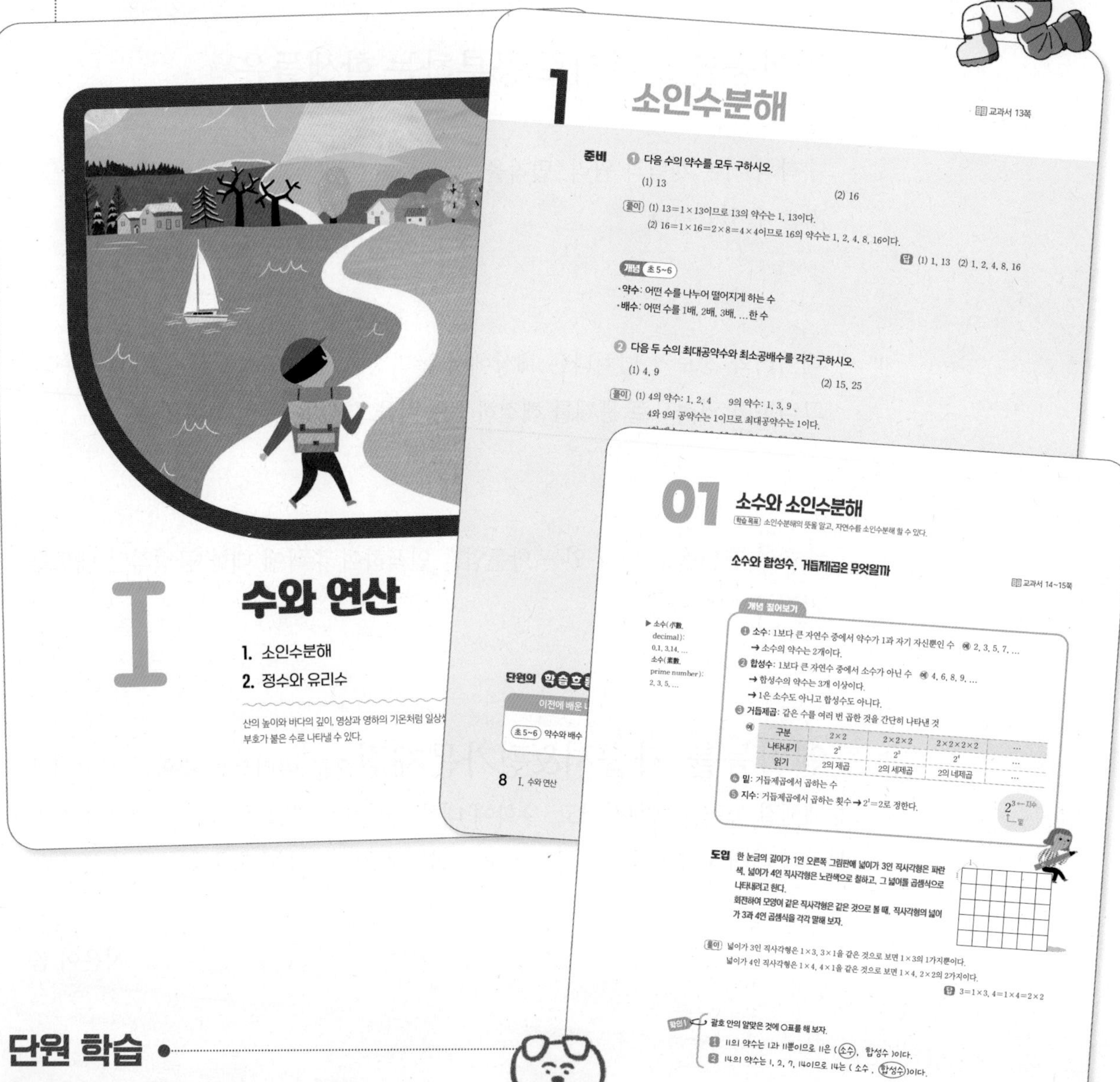

단원 학습

❸ 주제별로 교과서의 핵심 개념을 정리하고 모든 문제에 자세한 풀이를 제시하였습니다.

탐구 학습

❹ 예시 활동과 풀이를 제시하여 활동 목적과 내용을 쉽게 이해할 수 있습니다.

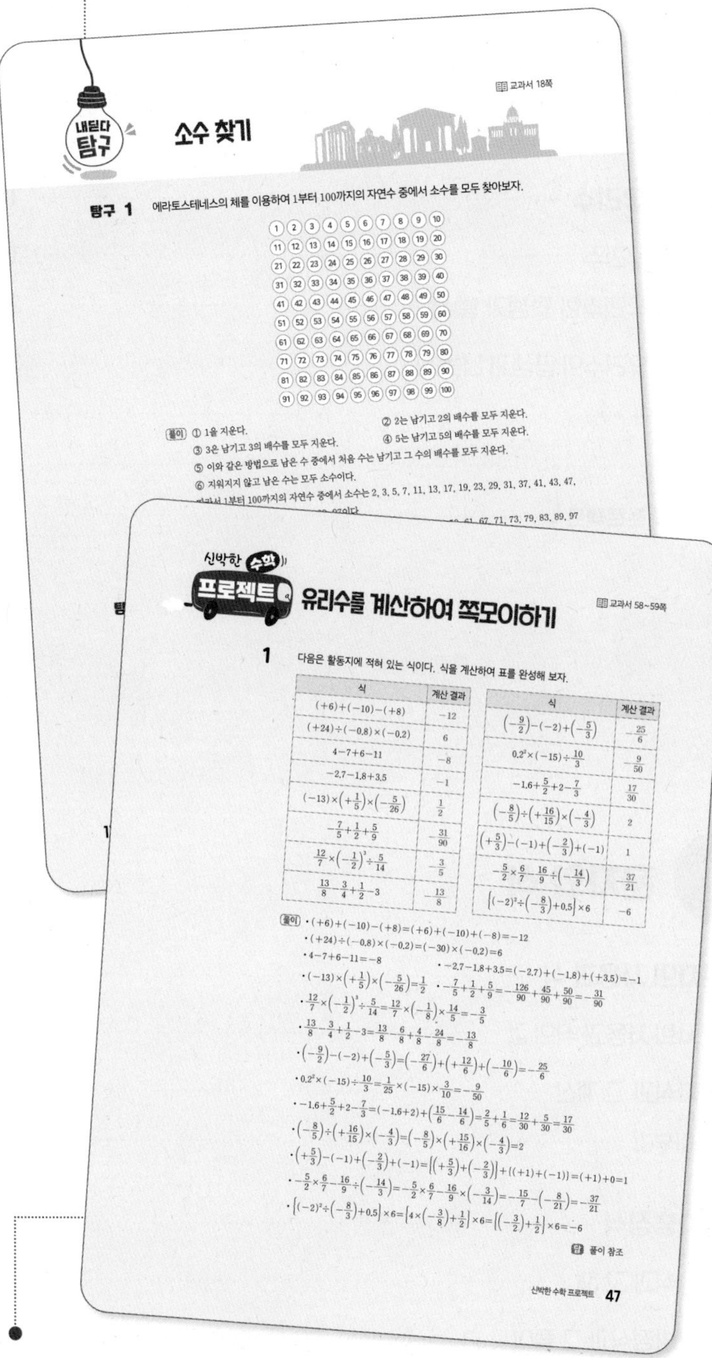

신박한 수학 프로젝트

❺ 프로젝트 과제에 대한 풀이와 도움말 등을 제시하여 과제 해결에 도움이 되도록 하였습니다.

학습 마무리 후 실력을 점검할 수 있는 중단원, 대단원 문제를 제시하였습니다.

❶ 중단원 마무리 평가

난이도별로 <기본>, <표준>, <발전>으로 출제율이 높은 문제로 구성하였습니다.

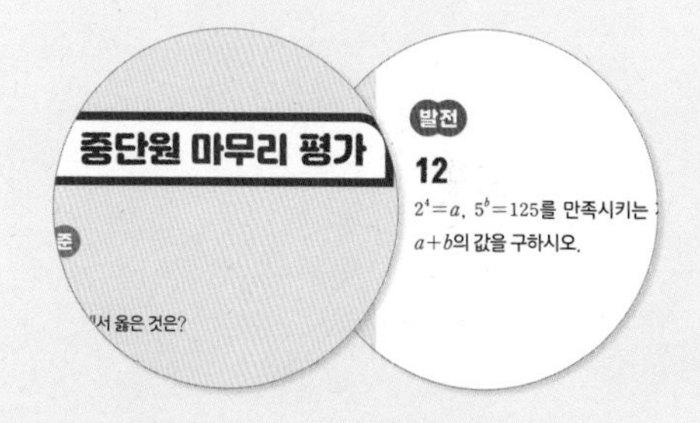

❷ 대단원 마무리 평가

단원을 평가할 수 있는 문항과 서술형 문항으로 구성하여 효과적으로 단원을 마무리할 수 있도록 하였습니다.

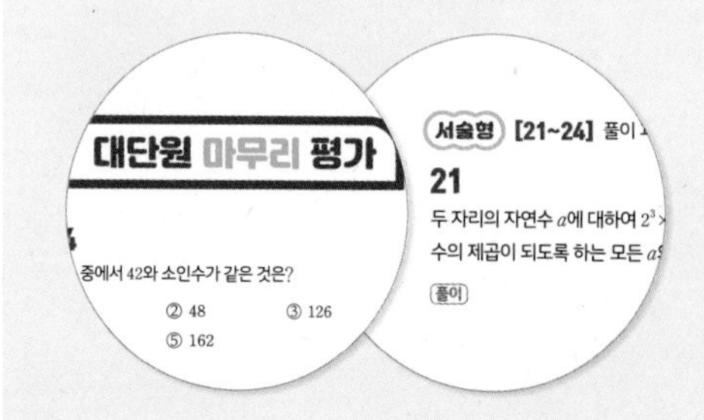

차례

Ⅰ 수와 연산

Ⅱ 문자와 식

Ⅲ 좌표평면과 그래프

Ⅳ 도형의 기초

차례

V 도형의 성질

VI 통계

I 수와 연산

1. 소인수분해
2. 정수와 유리수

산의 높이와 바다의 깊이, 영상과 영하의 기온처럼 일상생활에서 서로 반대되는 성질을 부호가 붙은 수로 나타낼 수 있다.

1 소인수분해

교과서 13쪽

준비 ❶ **다음 수의 약수를 모두 구하시오.**

(1) 13　　　　(2) 16

풀이 (1) $13=1\times13$이므로 13의 약수는 1, 13이다.

(2) $16=1\times16=2\times8=4\times4$이므로 16의 약수는 1, 2, 4, 8, 16이다.

답 (1) 1, 13　(2) 1, 2, 4, 8, 16

개념 초 5~6

- **약수**: 어떤 수를 나누어 떨어지게 하는 수
- **배수**: 어떤 수를 1배, 2배, 3배, ...한 수

❷ **다음 두 수의 최대공약수와 최소공배수를 각각 구하시오.**

(1) 4, 9　　　　(2) 15, 25

풀이 (1) 4의 약수: 1, 2, 4　　9의 약수: 1, 3, 9

4와 9의 공약수는 1이므로 최대공약수는 1이다.

4의 배수: 4, 8, 12, 16, 20, 24, 28, 32, 36, ...

9의 배수: 9, 18, 27, 36, ...

4와 9의 공배수는 36, 72, ...이므로 최소공배수는 36이다.

(2) 15의 약수: 1, 3, 5, 15　　25의 약수: 1, 5, 25

15와 25의 공약수는 1, 5이므로 최대공약수는 5이다.

15의 배수: 15, 30, 45, 60, 75, ...

25의 배수: 25, 50, 75, ...

15와 25의 공배수는 75, 150, ...이므로 최소공배수는 75이다.

답 (1) 최대공약수: 1, 최소공배수: 36　(2) 최대공약수: 5, 최소공배수: 75

개념 초 5~6

- **공약수**: 두 개 이상의 자연수의 공통인 약수
- **공배수**: 두 개 이상의 자연수의 공통인 배수
- **최대공약수**: 공약수 중에서 가장 큰 수
- **최소공배수**: 공배수 중에서 가장 작은 수

단원의 학습흐름

이전에 배운 내용은	이 단원에서는	새로운 용어
초 5~6 약수와 배수	소인수분해 최대공약수와 최소공배수	소수, 합성수, 거듭제곱, 밑, 지수, 소인수, 소인수분해, 서로소

01 소수와 소인수분해

학습 목표 소인수분해의 뜻을 알고, 자연수를 소인수분해 할 수 있다.

소수와 합성수, 거듭제곱은 무엇일까

교과서 14~15쪽

▶ 소수(小數, decimal): 0.1, 3.14, ...
소수(素數, prime number): 2, 3, 5, ...

개념 짚어보기

① **소수**: 1보다 큰 자연수 중에서 약수가 1과 자기 자신뿐인 수 예 2, 3, 5, 7, ...
→ 소수의 약수는 2개이다.

② **합성수**: 1보다 큰 자연수 중에서 소수가 아닌 수 예 4, 6, 8, 9, ...
→ 합성수의 약수는 3개 이상이다.
→ 1은 소수도 아니고 합성수도 아니다.

③ **거듭제곱**: 같은 수를 여러 번 곱한 것을 간단히 나타낸 것

예

구분	2×2	$2\times2\times2$	$2\times2\times2\times2$	...
나타내기	2^2	2^3	2^4	...
읽기	2의 제곱	2의 세제곱	2의 네제곱	...

④ **밑**: 거듭제곱에서 곱하는 수

⑤ **지수**: 거듭제곱에서 곱하는 횟수 → $2^1=2$로 정한다.

2^3 ← 지수, 2 ← 밑

도입 한 눈금의 길이가 1인 오른쪽 그림판에 넓이가 3인 직사각형은 파란색, 넓이가 4인 직사각형은 노란색으로 칠하고, 그 넓이를 곱셈식으로 나타내려고 한다.
회전하여 모양이 같은 직사각형은 같은 것으로 볼 때, 직사각형의 넓이가 3과 4인 곱셈식을 각각 말해 보자.

풀이 넓이가 3인 직사각형은 1×3, 3×1을 같은 것으로 보면 1×3의 1가지뿐이다.
넓이가 4인 직사각형은 1×4, 4×1을 같은 것으로 보면 1×4, 2×2의 2가지이다.

답 $3=1\times3$, $4=1\times4=2\times2$

괄호 안의 알맞은 것에 ○표를 해 보자.

1. 11의 약수는 1과 11뿐이므로 11은 ((소수), 합성수)이다.
2. 14의 약수는 1, 2, 7, 14이므로 14는 (소수 , (합성수))이다.

문제 1 다음 수를 소수와 합성수로 구분하시오.

2, 9, 15, 17, 24, 29, 30

풀이 2의 약수: 1, 2
9의 약수: 1, 3, 9
15의 약수: 1, 3, 5, 15
17의 약수: 1, 17
24의 약수: 1, 2, 3, 4, 6, 8, 12, 24
29의 약수: 1, 29
30의 약수: 1, 2, 3, 5, 6, 10, 15, 30
따라서 소수는 2, 17, 29이고, 합성수는 9, 15, 24, 30이다.

답 소수: 2, 17, 29, 합성수: 9, 15, 24, 30

확인 2 빈칸에 알맞은 것을 써넣어 보자.

1. $7\times7\times7$을 거듭제곱으로 나타내면 7^3 이고, 7의 세제곱 (이)라고 읽는다.
2. $2\times2\times2\times3\times3$을 거듭제곱으로 나타내면 2^3 × 3^2 이다.
3. 10^5에서 밑은 10 이고 지수는 5 이다.

문제 2 다음을 거듭제곱으로 나타내시오.

(1) $3\times3\times3\times3\times3$

(2) $2\times2\times2\times2\times5\times5\times7$

풀이 (1) $3\times3\times3\times3\times3$은 3을 5번 곱한 것이므로

$$3\times3\times3\times3\times3=3^5$$

(2) $2\times2\times2\times2\times5\times5\times7$은 2를 4번, 5를 2번, 7을 1번 곱한 것이므로

$$2\times2\times2\times2\times5\times5\times7=2^4\times5^2\times7$$

답 (1) 3^5 (2) $2^4\times5^2\times7$

소인수분해는 무엇일까

교과서 16~17쪽

개념 짚어보기

1. **소인수**: 어떤 자연수의 약수 중에서 소수인 것
2. **소인수분해**: 1보다 큰 자연수를 그 수의 소인수들만의 곱으로 나타내는 것

예 $12=2^2\times3$

→ 일반적으로 1보다 큰 자연수를 소인수분해 한 결과는 곱하는 순서를 생각하지 않으면 오직 한 가지뿐이다.

도입 오른쪽은 수 카드를 이용하여 12를 두 자연수의 곱으로 나타낸 것이다. 12의 약수 6개 중에서 소수가 적힌 카드에 색칠해 보자.

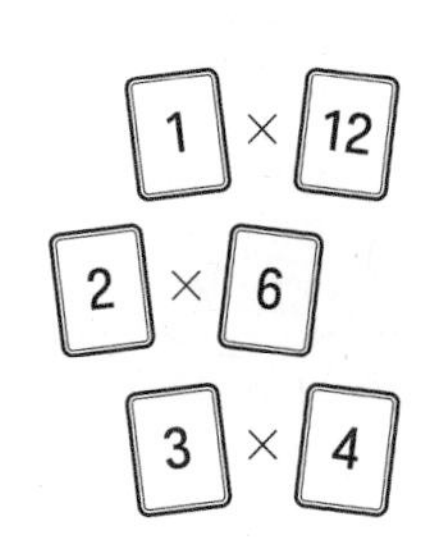

풀이 12의 약수 1, 2, 3, 4, 6, 12 중에서 소수는 2, 3이므로 숫자 2, 3이 적힌 카드에 색칠한다.

답 풀이 참조

문제 3 다음 수를 소인수분해 하고, 소인수를 구하시오.

(1) 27　　(2) 48　　(3) 126

풀이 (1) $27=3\times9=3\times3\times3=3^3$

(2) $48=2\times24=2\times2\times12=2\times2\times2\times6=2\times2\times2\times2\times3=2^4\times3$

(3) $126=2\times63=2\times3\times21=2\times3\times3\times7=2\times3^2\times7$

답 (1) 3^3, 소인수: 3　(2) $2^4\times3$, 소인수: 2, 3　(3) $2\times3^2\times7$, 소인수: 2, 3, 7

문제 4 소인수분해를 이용하여 다음 수의 약수를 모두 구하시오.

(1) $2^3\times5^2$　　(2) 63

풀이 (1) $2^3\times5^2$의 약수는 2^3의 약수 1, 2, 2^2, 2^3과 5^2의 약수 1, 5, 5^2 중에서 각각 하나씩 골라서 서로 곱한 것이다.

따라서 $2^3\times5^2$의 약수는 1, 2, 4, 5, 8, 10, 20, 25, 40, 50, 100, 200이다.

5^2의 약수 / 2^3의 약수	1	5	5^2
1	$1\times1=1$	$1\times5=5$	$1\times5^2=25$
2	$2\times1=2$	$2\times5=10$	$2\times5^2=50$
2^2	$2^2\times1=4$	$2^2\times5=20$	$2^2\times5^2=100$
2^3	$2^3\times1=8$	$2^3\times5=40$	$2^3\times5^2=200$

(2) 63을 소인수분해 하면 $3^2\times7$이므로 63의 약수는 3^2의 약수 1, 3, 3^2과 7의 약수 1, 7 중에서 각각 하나씩 골라서 서로 곱한 것이다.

따라서 63의 약수는 1, 3, 7, 9, 21, 63이다.

7의 약수 / 3^2의 약수	1	7
1	$1\times1=1$	$1\times7=7$
3	$3\times1=3$	$3\times7=21$
3^2	$3^2\times1=9$	$3^2\times7=63$

답 (1) 1, 2, 4, 5, 8, 10, 20, 25, 40, 50, 100, 200

(2) 1, 3, 7, 9, 21, 63

교과서 18쪽

소수 찾기

탐구 1 에라토스테네스의 체를 이용하여 1부터 100까지의 자연수 중에서 소수를 모두 찾아보자.

1	2	3	4	5	6	7	8	9	10
11	12	13	14	15	16	17	18	19	20
21	22	23	24	25	26	27	28	29	30
31	32	33	34	35	36	37	38	39	40
41	42	43	44	45	46	47	48	49	50
51	52	53	54	55	56	57	58	59	60
61	62	63	64	65	66	67	68	69	70
71	72	73	74	75	76	77	78	79	80
81	82	83	84	85	86	87	88	89	90
91	92	93	94	95	96	97	98	99	100

풀이 ① 1을 지운다.

② 2는 남기고 2의 배수를 모두 지운다.

③ 3은 남기고 3의 배수를 모두 지운다.

④ 5는 남기고 5의 배수를 모두 지운다.

⑤ 이와 같은 방법으로 남은 수 중에서 처음 수는 남기고 그 수의 배수를 모두 지운다.

⑥ 지워지지 않고 남은 수는 모두 소수이다.

따라서 1부터 100까지의 자연수 중에서 소수는 2, 3, 5, 7, 11, 13, 17, 19, 23, 29, 31, 37, 41, 43, 47, 53, 59, 61, 67, 71, 73, 79, 83, 89, 97이다.

답 2, 3, 5, 7, 11, 13, 17, 19, 23, 29, 31, 37, 41, 43, 47, 53, 59, 61, 67, 71, 73, 79, 83, 89, 97

탐구 2 [블록코딩]으로 1부터 100까지의 자연수 중에서 소수를 찾은 후 **탐구 1**에서 찾은 소수와 비교해 보자.

풀이 오른쪽 그림과 같이 알지오매스 [블록코딩]을 활용하여 1부터 100까지의 자연수 중에서 소수를 찾을 수 있다.

이때 그 결과는 **탐구 1**의 결과와 같다.

답 **탐구 1**의 답과 같다.

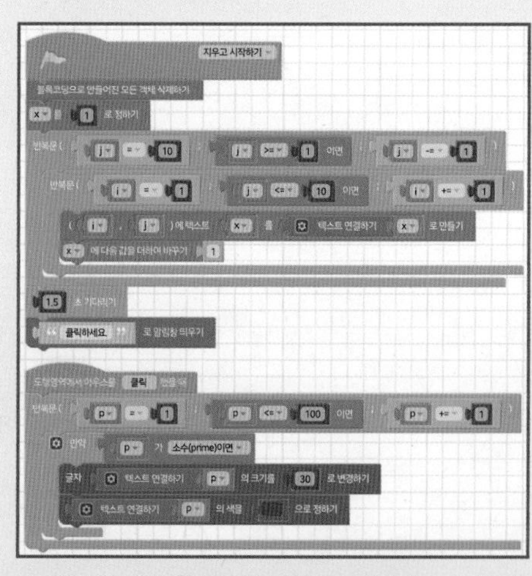

▲ 알지오매스 [블록코딩]을 활용하여 소수 찾기

최대공약수와 최소공배수

학습 목표 소인수분해를 이용하여 최대공약수와 최소공배수를 구할 수 있다.

소인수분해를 이용하여 최대공약수와 최소공배수는 어떻게 구할까

교과서 19~21쪽

개념 짚어보기

① 소인수분해를 이용하여 최대공약수 구하기

두 수를 각각 소인수분해 한 후, 공통인 소인수의 거듭제곱에서 지수가 같으면 그대로, 다르면 작은 것을 택하여 곱한다.

예 $24=2^3\times3$, $84=2^2\times3\times7$이므로 두 수 24, 84의 최대공약수는

$2^2\times3=12$

② 소인수분해를 이용하여 최소공배수 구하기

두 수를 각각 소인수분해 한 후, 공통인 소인수의 거듭제곱에서 지수가 같으면 그대로, 다르면 큰 것을 택하고, 공통이 아닌 소인수의 거듭제곱은 모두 택하여 곱한다.

예 $24=2^3\times3$, $84=2^2\times3\times7$이므로 두 수 24, 84의 최소공배수는

$2^3\times3\times7=168$

③ 서로소: 최대공약수가 1인 두 자연수

예 4와 7의 최대공약수는 1이므로 두 수는 서로소이다.

도입 두 수 24와 84의 최대공약수와 최소공배수를 다음과 같이 구하였다. 빈칸에 알맞은 것을 써넣고, 두 수 24와 84의 최대공약수와 최소공배수를 말해 보자.

$24=2\times2\times2\times3$

$84=2\times2\qquad\times3\times7$

최대공약수: $\square\times\square\qquad\times\square\qquad=\square$

최소공배수: $\square\times\square\times\square\times\square\times\square=\square$

풀이 최대공약수는 공약수 중에서 가장 큰 수이므로

최대공약수: $2\times2\times3=12$

최소공배수는 공배수 중에서 가장 작은 수이므로

최소공배수: $2\times2\times2\times3\times7=168$

답 풀이 참조

문제 1 다음 두 수의 최대공약수와 최소공배수를 각각 구하시오.

(1) 2×3^3, $2^2\times3^2$　　(2) $3^2\times5$, $2^2\times3\times5$

풀이 (1) 최대공약수: $2\times3^2=18$, 최소공배수: $2^2\times3^3=108$

(2) 최대공약수: $3\times5=15$, 최소공배수: $2^2\times3^2\times5=180$

답 (1) 최대공약수: 18, 최소공배수: 108　(2) 최대공약수: 15, 최소공배수: 180

빈칸을 채우고, 괄호 안의 알맞은 것에 ○표를 해 보자.

1. 6과 11의 최대공약수는 [1]이므로 두 수는 서로소(이다, 가 아니다). — (이다)에 ○표
2. 12와 14의 최대공약수는 [2]이므로 두 수는 서로소(이다, 가 아니다). — (가 아니다)에 ○표

문제 2 다음 중에서 두 수가 서로소인 것을 모두 찾으시오.

(1) 7, 11　　(2) 12, 27

(3) 14, 35　　(4) 16, 25

풀이 (1) 7과 11의 최대공약수는 1이므로 서로소이다.

(2) 12와 27의 최대공약수는 3이므로 서로소가 아니다.

(3) 14와 35의 최대공약수는 7이므로 서로소가 아니다.

(4) 16과 25의 최대공약수는 1이므로 서로소이다.

답 (1), (4)

문제 3 소인수분해를 이용하여 다음 세 수의 최대공약수와 최소공배수를 각각 구하시오.

(1) $2^2\times7$, $2^3\times3\times7$, $2^2\times3^2\times7$

(2) 26, 39, 52

풀이 (1)

$2^2\times7$

$2^3\times3\times7$

$2^2\times3^2\times7$

최대공약수: $2^2\times7=28$

최소공배수: $2^3\times3^2\times7=504$

(2) 세 수를 각각 소인수분해 하면 다음과 같다.

$26=2\times13$

$39=3\times13$

$52=2^2\times13$

최대공약수: 13

최소공배수: $2^2\times3\times13=156$

답 (1) 최대공약수: 28, 최소공배수: 504　(2) 최대공약수: 13, 최소공배수: 156

문제 4 소인수분해를 이용하여 주어진 ①~⑥의 값을 구한 후, 사다리 타기를 하여 문장을 완성하시오.

① 32와 68의 최대공약수	② 48과 72의 최대공약수
③ 18과 30의 최소공배수	④ 54와 96의 최소공배수
⑤ 36, 60, 90의 최대공약수	⑥ 6, 14, 27의 최소공배수

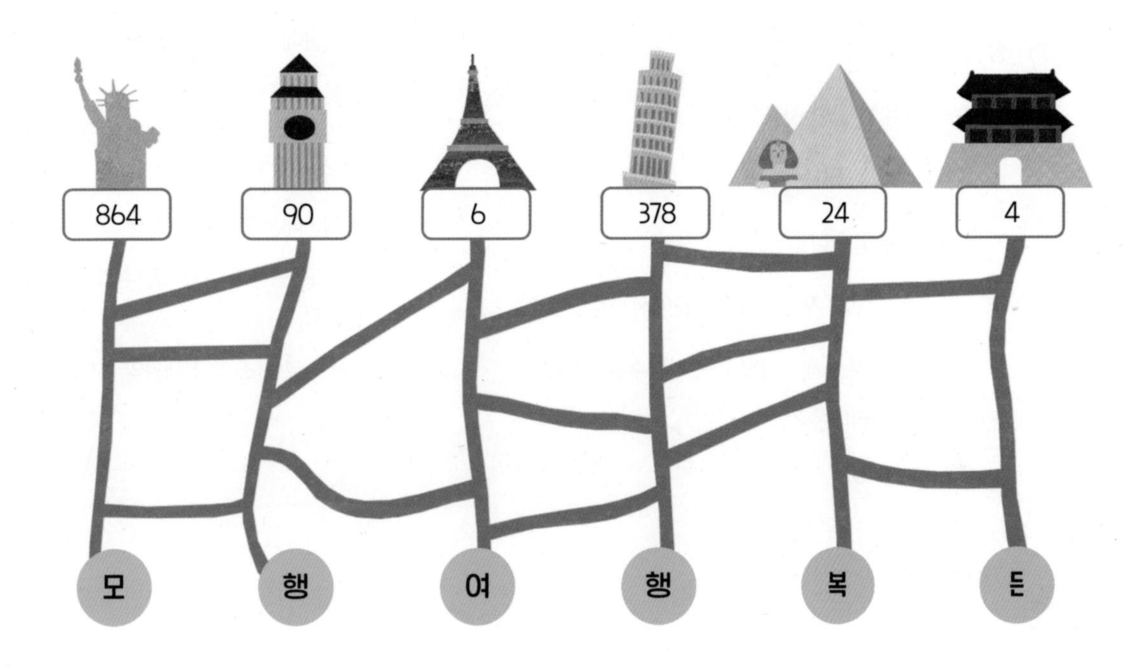

①② ③④의 궁극적인 목적지는 ⑤⑥이다.

(출처: 프랑수아 를로르, 『꾸뻬 씨의 행복 여행』)

풀이 ① $32=2^5$, $68=2^2\times17$이므로

최대공약수는 $2^2=4$ → 모

② $48=2^4\times3$, $72=2^3\times3^2$이므로

최대공약수는 $2^3\times3=24$ → 든

③ $18=2\times3^2$, $30=2\times3\times5$이므로

최소공배수는 $2\times3^2\times5=90$ → 여

④ $54=2\times3^3$, $96=2^5\times3$이므로

최소공배수는 $2^5\times3^3=864$ → 행

⑤ $36=2^2\times3^2$, $60=2^2\times3\times5$, $90=2\times3^2\times5$이므로

최대공약수는 $2\times3=6$ → 행

⑥ $6=2\times3$, $14=2\times7$, $27=3^3$이므로

최소공배수는 $2\times3^3\times7=378$ → 복

답 ① 모 ② 든 ③ 여 ④ 행 ⑤ 행 ⑥ 복

중단원 마무리

I-1. 소인수분해

스스로 개념을 정리해요.

01 소수와 소인수분해

(1) 소 수 : 1보다 큰 자연수 중에서 약수가 1과 자기 자신뿐인 수

(2) 합 성 수 : 1보다 큰 자연수 중에서 소수가 아닌 수

(3) 같은 수를 여러 번 곱한 것을 그 수의 거 듭 제 곱 (이)라 하고, 곱하는 수를 밑 , 곱하는 횟수를 지 수 (이)라고 한다.

(4) 소 인 수 : 어떤 자연수의 약수 중에서 소수인 것

(5) 소 인 수 분 해 : 1보다 큰 자연수를 소인수들만의 곱으로 나타내는 것

02 최대공약수와 최소공배수

(1) 소인수분해를 이용하여 최대공약수를 구할 때는 주어진 수들을 각각 소인수분해 한 후, 공통인 소인수의 거듭제곱에서 지수가 같으면 그대로, 다르면 작 은 것을 택하여 곱한다.

(2) 소인수분해를 이용하여 최소공배수를 구할 때는 주어진 수들을 각각 소인수분해 한 후, 공통인 소인수의 거듭제곱에서 지수가 같으면 그대로, 다르면 큰 것을 택하고, 공통이 아닌 소인수의 거듭제곱은 모두 택하여 곱한다.

(3) 서 로 소 : 최대공약수가 1인 두 자연수

기본

01

다음 중에서 옳은 것에는 ○표를, 옳지 않은 것에는 ×표를 하시오.

(1) 1은 소수이다. (　　)

(2) 합성수의 약수는 3개 이상이다. (　　)

(3) 6의 소인수는 1, 2, 3, 6이다. (　　)

(4) 5와 9는 서로소이다. (　　)

풀이 (1) 1은 소수도 아니고 합성수도 아니다.

(3) 6의 소인수는 2, 3이다.

답 (1) × (2) ○ (3) × (4) ○

02

다음을 거듭제곱으로 나타내시오.

(1) $5\times5\times5\times5$ (2) $7\times11\times2\times11\times7$

풀이 (1) $5\times5\times5\times5$는 5를 4번 곱한 것이므로

$5\times5\times5\times5=5^4$

(2) $7\times11\times2\times11\times7$은 2를 1번, 7을 2번, 11을 2번 곱한 것이므로

$7\times11\times2\times11\times7=2\times7^2\times11^2$

답 (1) 5^4 (2) $2\times7^2\times11^2$

03

다음 수를 소인수분해 하고, 소인수를 구하시오.

(1) 25 (2) 56

(3) 108 (4) 150

풀이 (1) 25를 소인수분해 하면 $25=5^2$이므로 소인수는 5

(2) 56을 소인수분해 하면 $56=2^3\times7$이므로 소인수는 2, 7

(3) 108을 소인수분해 하면 $108=2^2\times3^3$이므로 소인수는 2, 3

(4) 150을 소인수분해 하면 $150=2\times3\times5^2$이므로 소인수는 2, 3, 5

답 (1) 5^2, 소인수: 5 (2) $2^3\times7$, 소인수: 2, 7

(3) $2^2\times3^3$, 소인수: 2, 3 (4) $2\times3\times5^2$, 소인수: 2, 3, 5

표준

04

다음을 거듭제곱으로 나타낼 때, 2의 지수를 구하시오.

$2\times2\times2\times2\times3\times2\times2\times2\times2\times5$

풀이 $2\times2\times2\times2\times3\times2\times2\times2\times2\times5=2^8\times3\times5$이므로 2의 지수는 8이다.

답 8

05

소인수분해를 이용하여 다음 수의 약수를 모두 구하시오.

(1) $2^2\times5^2$ (2) $2^3\times11$

(3) 54 (4) 144

풀이 (1) $2^2\times5^2$에서 2^2의 약수는 1, 2, 2^2이고, 5^2의 약수는 1, 5, 5^2이므로 $2^2\times5^2$의 약수는 1, 2, 4, 5, 10, 20, 25, 50, 100이다.

(2) $2^3\times11$에서 2^3의 약수는 1, 2, 2^2, 2^3이고, 11의 약수는 1, 11이므로 $2^3\times11$의 약수는 1, 2, 4, 8, 11, 22, 44, 88이다.

(3) $54=2\times3^3$이므로 54의 약수는 (2의 약수)×(3^3의 약수)의 꼴이다. 따라서 54의 약수는 1, 2, 3, 6, 9, 18, 27, 54이다.

(4) $144=2^4\times3^2$이므로 144의 약수는 (2^4의 약수)×(3^2의 약수)의 꼴이다. 따라서 144의 약수는 1, 2, 3, 4, 6, 8, 9, 12, 16, 18, 24, 36, 48, 72, 144이다.

답 (1) 1, 2, 4, 5, 10, 20, 25, 50, 100

(2) 1, 2, 4, 8, 11, 22, 44, 88

(3) 1, 2, 3, 6, 9, 18, 27, 54

(4) 1, 2, 3, 4, 6, 8, 9, 12, 16, 18, 24, 36, 48, 72, 144

06

□ 안에 같은 수를 써넣어 두 분수 $\frac{32}{\square}$와 $\frac{72}{\square}$가 모두 자연수가 되도록 하려고 한다. □ 안에 들어갈 수 있는 자연수 중에서 가장 큰 수를 구하시오.

풀이 두 분수가 모두 자연수가 되려면 두 분수의 분모는 32, 72의 공약수이어야 한다. 이때 가장 큰 수는 32, 72의 최대공약수이다.

$32=2^5$, $72=2^3\times3^2$이므로 두 수의 최대공약수는 $2^3=8$이다.

따라서 □ 안에 들어갈 수 있는 가장 큰 자연수는 8이다.

답 8

07

96과 $2\times3\times\square$의 최대공약수가 24일 때, □ 안에 들어갈 수 있는 가장 작은 자연수를 구하시오.

풀이 $96=2^5\times3$과 $2\times3\times\square$의 최대공약수가 $24=2^3\times3$이므로 □ 안에 들어갈 수 있는 가장 작은 자연수는 $2^2=4$이다.

답 4

08

다음을 모두 만족시키는 서로소인 두 자연수를 구하시오.

• 두 수는 모두 30 미만의 두 자리 자연수이다. • 두 수의 최소공배수는 540이다.

풀이 최소공배수가 $540=2^2\times3^3\times5$이고 서로소인 30 미만의 두 자리 자연수는 $2^2\times5=20$, $3^3=27$이다.

답 20, 27

09 발전

두 분수 $\frac{34}{5}$와 $\frac{17}{12}$의 어느 것에 곱해도 항상 자연수가 되는 가장 작은 기약분수를 구하시오.

풀이 조건을 만족시키는 분수의 분모는 두 분수 $\frac{34}{5}$, $\frac{17}{12}$에서 분자의 공약수이고, 분자는 두 분수 $\frac{34}{5}$, $\frac{17}{12}$에서 분모의 공배수이어야 한다. 즉, $\frac{(5와\ 12의\ 공배수)}{(34와\ 17의\ 공약수)}$의 꼴이어야 한다.

이때 가장 작은 기약분수가 되려면 분모는 가장 큰 수이어야 하므로 최대공약수, 분자는 가장 작은 수이어야 하므로 최소공배수를 구하면 된다.

$34=2\times17$이고 17은 소수이므로 34와 17의 최대공약수는 17이다. 또 5는 소수이고 $12=2^2\times3$이므로 5와 12의 최소공배수는 $2^2\times3\times5=60$이다.

따라서 구하는 가장 작은 기약분수는 $\frac{60}{17}$이다.

답 $\frac{60}{17}$

2 정수와 유리수

교과서 25쪽

준비 ① 다음 두 수의 크기를 비교하여 ◯ 안에 $>$, $=$, $<$를 알맞게 써넣으시오.

(1) $0.3 \bigcirc \frac{21}{40}$　　(2) $\frac{9}{12} \bigcirc \frac{3}{4}$　　(3) $\frac{4}{7} \bigcirc \frac{4}{11}$

풀이 (1) $0.3=\frac{3}{10}=\frac{12}{40}$이므로　$0.3<\frac{21}{40}$

(2) $\frac{9}{12}=\frac{3}{4}$이므로　$\frac{9}{12}=\frac{3}{4}$

(3) $\frac{4}{7}=\frac{44}{77}$, $\frac{4}{11}=\frac{28}{77}$이므로　$\frac{4}{7}>\frac{4}{11}$

답 (1) $<$　(2) $=$　(3) $>$

개념 초 3~4

• 분모가 다른 두 분수의 크기를 비교할 때는 두 분수를 통분한 다음 분자의 크기를 비교한다.

② 다음을 계산하시오.

(1) $\frac{1}{2}+\frac{3}{4}$　　(2) $3.7-1.1$　　(3) $\frac{2}{3}\times\frac{6}{7}$　　(4) $1.4\div0.2$

풀이 (1) $\frac{1}{2}+\frac{3}{4}=\frac{2}{4}+\frac{3}{4}=\frac{5}{4}$

(2) $3.7-1.1=2.6$

(3) $\frac{2}{3}\times\frac{6}{7}=\frac{2}{\cancel{3}_1}\times\frac{\cancel{6}^2}{7}=\frac{4}{7}$

(4) $1.4\div0.2=14\div2=7$

답 (1) $\frac{5}{4}$　(2) 2.6　(3) $\frac{4}{7}$　(4) 7

개념 초 5~6

• **분모가 다른 두 분수의 덧셈과 뺄셈**: 두 분수를 통분한 다음 분모는 그대로 두고 분자끼리 계산한다.

• **두 분수의 곱셈**: 분자는 분자끼리 곱하고, 분모는 분모끼리 곱한다.

단원의 학습흐름

이전에 배운 내용은

- 초 3~4 분수와 소수의 덧셈과 뺄셈
- 초 5~6 자연수의 혼합 계산, 분수의 덧셈과 뺄셈, 분수의 곱셈과 나눗셈, 분수와 소수의 관계, 소수의 곱셈과 나눗셈

이 단원에서는

정수와 유리수
정수와 유리수의 덧셈과 뺄셈
정수와 유리수의 곱셈과 나눗셈

새로운 용어

+, 양의 부호, −, 음의 부호, 양수, 음수, 양의 정수, 음의 정수, 정수, 양의 유리수, 음의 유리수, 유리수, 수직선, 절댓값, | |, ≥, ≤, 교환법칙, 결합법칙, 분배법칙, 역수

01 정수와 유리수

학습 목표
- 다양한 상황을 이용하여 음수의 필요성을 인식하고, 양수와 음수, 정수와 유리수의 개념을 이해한다.
- 정수와 유리수의 대소 관계를 판단할 수 있다.

양수와 음수는 무엇일까

교과서 26~27쪽

▶ 양의 부호 +와 음의 부호 −는 각각 덧셈, 뺄셈의 기호와 모양은 같지만 그 뜻은 다르다.

개념 짚어보기

❶ 어떤 기준을 중심으로 서로 반대되는 성질을 갖는 수량은 한쪽에는 + 부호를, 다른 쪽에는 − 부호를 붙여 구별하여 나타낼 수 있다. 이때 '+'를 **양의 부호**, '−'를 **음의 부호**라 한다.

예

+	초과	지상	영상	해발	동쪽	수입	득점	후
−	미달	지하	영하	해저	서쪽	지출	실점	전

❷ **양수**: 0이 아닌 수에 양의 부호 +를 붙인 수

예 $+1,\ +\frac{2}{5},\ +2.52,\ \dots$

❸ **음수**: 0이 아닌 수에 음의 부호 −를 붙인 수

예 $-2,\ -\frac{1}{3},\ -0.9,\ \dots$

→ 0은 양수도 아니고 음수도 아니다.

도입 무료 수하물 허용량이 20 kg인 어느 항공사에서 여행 가방 A, B, C, D의 무게를 측정하여 오른쪽 표와 같이 나타내었다. 표를 완성해 보자.

가방	무게	초과와 미달
A	23 kg	3 kg 초과
B	21 kg	
C	18 kg	2 kg 미달
D	16 kg	

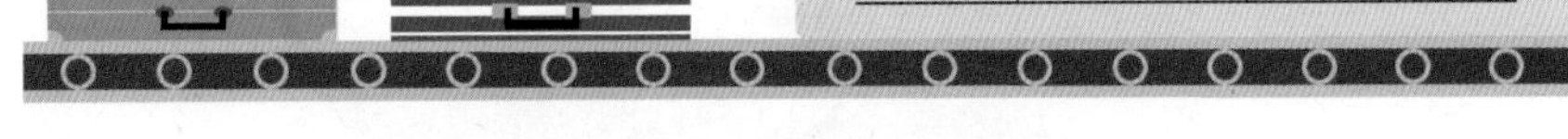

풀이 무료 수하물 허용량이 20 kg이므로 21 kg은 1 kg 초과, 16 kg은 4 kg 미달이다.

답 (위부터) 1 kg 초과, 4 kg 미달

확인1 빈칸에 알맞은 것을 써넣어 보자.

1 지하 20 m를 −20으로 나타낼 때,
지상 45 m는 [+45](으)로 나타낼 수 있다.

2 영상 32 ℃를 +32로 나타낼 때,
영하 10 ℃는 [−10](으)로 나타낼 수 있다.

문제 1 다음 밑줄 친 부분을 양의 부호 + 또는 음의 부호 −를 사용하여 나타내시오.

(1) 한라산의 높이 1950 m를 +1950으로 나타낼 때, 울릉도 북쪽 해역의 <u>수심 2985 m</u>

(2) 500원 손해를 −500으로 나타낼 때, <u>700원 이익</u>

풀이 (1) 울릉도 북쪽 해역의 수심 2985 m는 −2985로 나타낸다.

(2) 700원 이익은 +700으로 나타낸다.

답 (1) −2985 (2) +700

문제 2 다음 수를 양수와 음수로 구분하시오.

$+3,\quad -4,\quad +1.2,\quad \frac{4}{5},\quad -\frac{7}{3},\quad -3.5$

풀이 양수는 0이 아닌 수에 양의 부호 +를 붙인 수이므로 $+3$, $+1.2$, $\frac{4}{5}$이다.

음수는 0이 아닌 수에 음의 부호 −를 붙인 수이므로 -4, $-\frac{7}{3}$, -3.5이다.

답 양수: $+3$, $+1.2$, $\frac{4}{5}$, 음수: -4, $-\frac{7}{3}$, -3.5

음수를 찾아라.

우리 주변에서 음수를 사용하는 상황을 찾아 게시물을 작성해 보자.

JURASSIC PARK
-55:00/90:00
#공룡 #영화 #감상
영화 재생 시간을 누르니 남은 시간이 음수로 표시되네! #음수의 사용

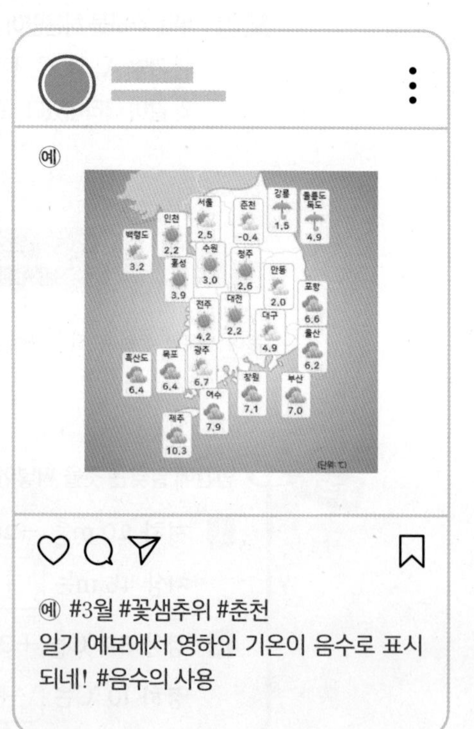

예
예 #3월 #꽃샘추위 #춘천
일기 예보에서 영하인 기온이 음수로 표시되네! #음수의 사용

정수와 유리수는 무엇일까

교과서 28~29쪽

개념 짚어보기

▶ 0은 양의 정수도 아니고 음의 정수도 아니다.

▶ 모든 정수는 분수의 꼴로 나타낼 수 있으므로 유리수이다.

① **양의 정수**: 자연수에 양의 부호 $+$를 붙인 수

② **음의 정수**: 자연수에 음의 부호 $-$를 붙인 수

③ **정수**: 양의 정수, 0, 음의 정수를 통틀어 일컫는 말

→ 정수 $\begin{cases} \text{양의 정수(자연수)}: +1,\ +2,\ +3,\ \dots \\ 0 \\ \text{음의 정수}: -1,\ -2,\ -3,\ \dots \end{cases}$

④ **양의 유리수**: 분자와 분모가 자연수인 분수에 양의 부호 $+$를 붙인 수

⑤ **음의 유리수**: 분자와 분모가 자연수인 분수에 음의 부호 $-$를 붙인 수

⑥ **유리수**: 양의 유리수, 0, 음의 유리수를 통틀어 일컫는 말

→ 유리수 $\begin{cases} \text{정수} \begin{cases} \text{양의 정수(자연수)}: +1,\ +2,\ +3,\ \dots \\ 0 \\ \text{음의 정수}: -1,\ -2,\ -3,\ \dots \end{cases} \\ \text{정수가 아닌 유리수}: -\frac{1}{2},\ +0.3,\ +\frac{5}{3},\ -4.42,\ \dots \end{cases}$

도입 다음 김밥 만드는 방법에 나오는 수 중에서 자연수가 아닌 것에 ○표를 해 보자.

김밥 만드는 방법(4줄 분량)

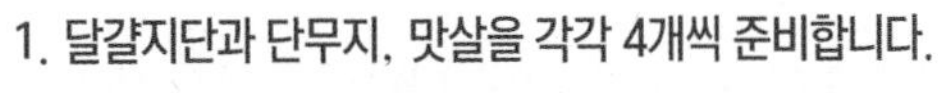

1. 달걀지단과 단무지, 맛살을 각각 4개씩 준비합니다.

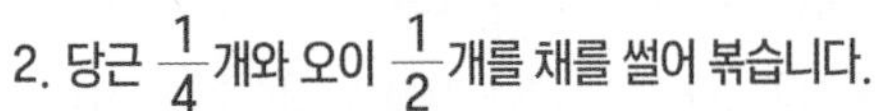

2. 당근 $\frac{1}{4}$개와 오이 $\frac{1}{2}$개를 채를 썰어 볶습니다.

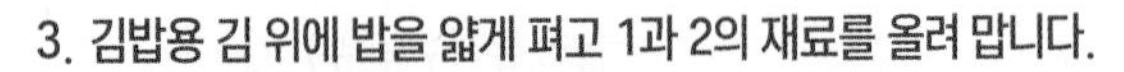

3. 김밥용 김 위에 밥을 얇게 펴고 1과 2의 재료를 올려 맙니다.
4. 김밥에 참기름을 바르고 먹기 좋게 0.8 cm의 두께로 썹니다.

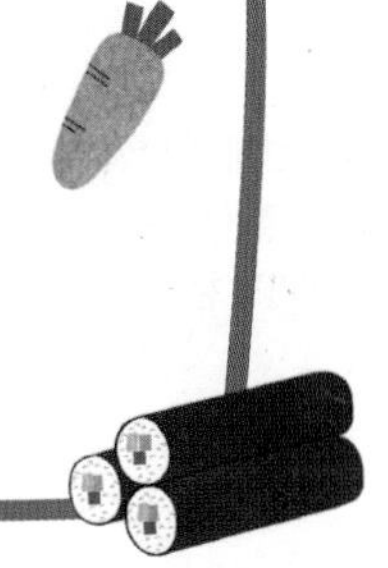

풀이 4, 1, 2는 자연수이므로 자연수가 아닌 수인 $\frac{1}{4}$, $\frac{1}{2}$, 0.8에 ○표를 한다.

답 풀이 참조

괄호 안의 알맞은 것에 ○표를 해 보자.

1 +4는 (양의 정수, 음의 정수)이고, 양의 부호 +를 생략하여 4로 나타낼 수 있다.

2 −7은 (양의 정수, 음의 정수)이다.

확인 3 괄호 안의 알맞은 것에 ○표를 해 보자.

1 -0.3은 (정수 , 정수가 아닌 유리수)이다.

2 $+\frac{21}{7}$은 (정수 , 정수가 아닌 유리수)이다.

문제 3 다음 표에서 주어진 수를 자연수, 정수, 유리수 중에서 각각 해당하는 곳에 모두 ○표를 하시오.

	$+1$	-0.14	$\frac{5}{6}$	0	-7
자연수					
정수					
유리수					

풀이

	$+1$	-0.14	$\frac{5}{6}$	0	-7
자연수	○				
정수	○			○	○
유리수	○	○	○	○	○

답 풀이 참조

수직선과 절댓값은 무엇일까

교과서 30~31쪽

▶ 수직선에서 양의 부호 +를 생략하여 나타내기도 한다.

▶ 절댓값은 항상 0 또는 양수이다.

개념 짚어보기

❶ **수직선**: 직선 위에 0을 나타내는 점을 기준으로 오른쪽에 양수를, 왼쪽에 음수를 나타낸 것

→ 이때 0을 나타내는 점을 원점이라고 한다.

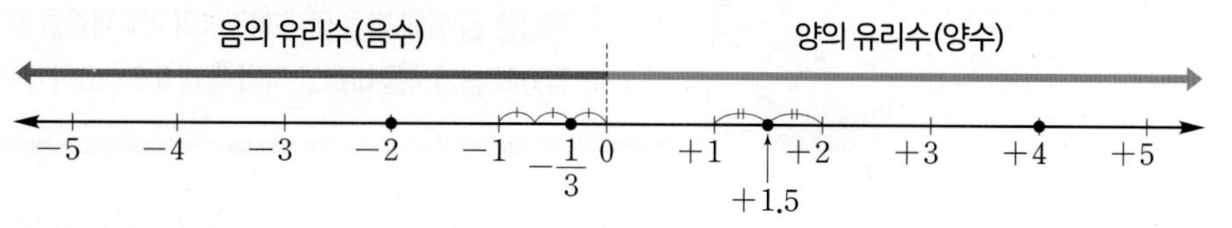

→ 정수와 유리수는 모두 수직선 위에 나타낼 수 있다.

❷ **절댓값**: 수직선 위에서 어떤 수를 나타내는 점과 원점 사이의 거리를 그 수의 **절댓값**이라 하고, 기호 | |을 사용하여 나타낸다.

예 $+3$의 절댓값은 $|+3|=3$, -3의 절댓값은 $|-3|=3$

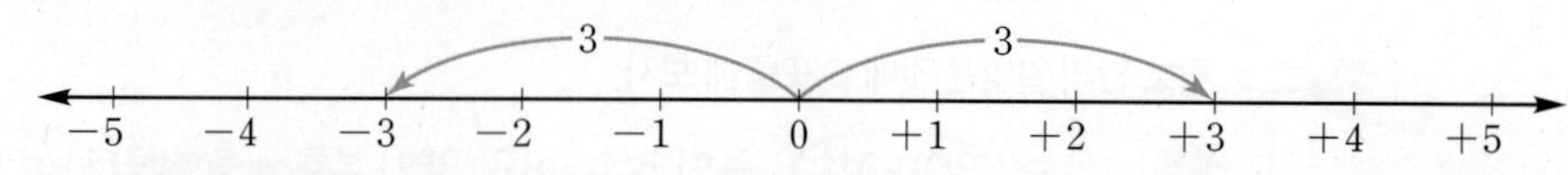

→ 0의 절댓값은 $|0|=0$이다.

도입 다음 그림은 옆으로 돌린 온도계와 평행한 직선을 긋고, 직선 위에 온도계 눈금을 표시한 것이다. 온도계에 표시된 수를 직선의 눈금에 써넣어 보자.

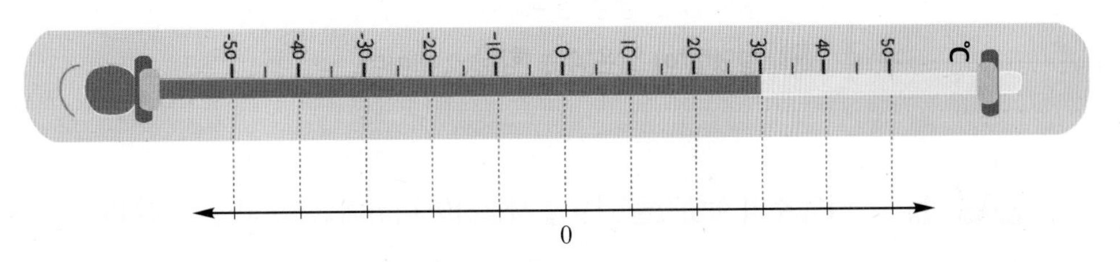

풀이 온도계에 표시된 수를 주어진 직선의 눈금에 써넣으면 다음과 같다.

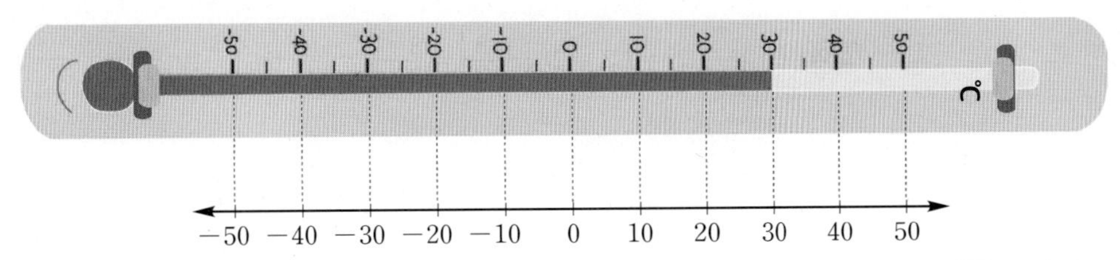

답 풀이 참조

문제 4

다음 수를 수직선 위에 나타내시오.

(1) $+5$ (2) -3.5 (3) $+1.75$ (4) $-\frac{7}{3}$

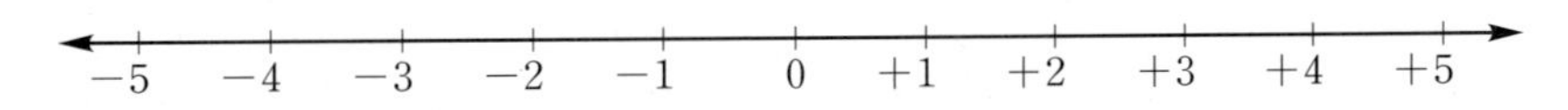

풀이 주어진 수를 수직선 위에 나타내면 다음과 같다.

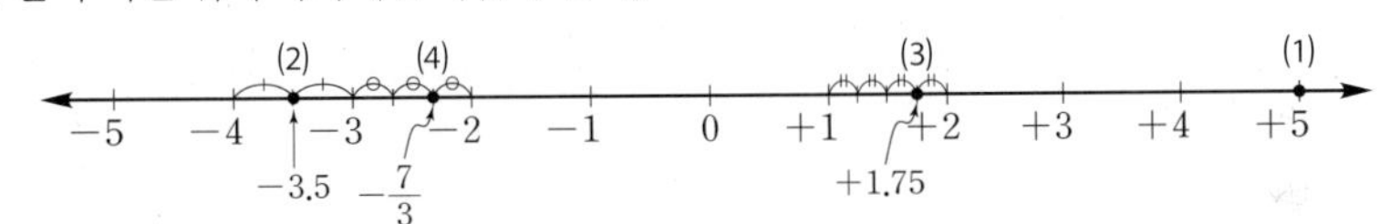

답 풀이 참조

문제 5

다음 수직선에서 네 점 A, B, C, D가 나타내는 수를 각각 말하시오.

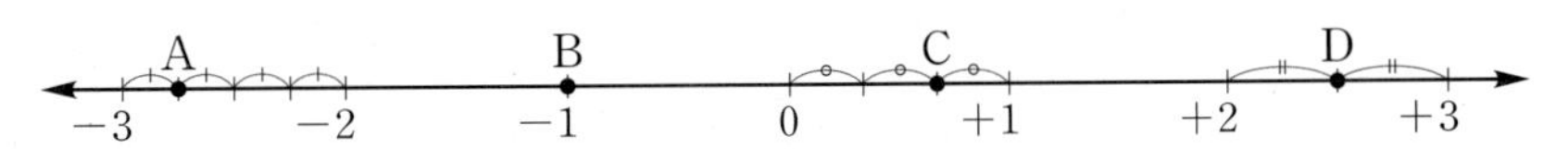

풀이 점 A는 -3과 -2 사이를 사등분한 점 중 -2를 나타내는 점에서 왼쪽으로 세 번째에 있는 점이므로 $-\frac{11}{4}$을 나타낸다. 점 B는 -1을 나타낸다.

점 C는 0과 $+1$ 사이를 삼등분한 점 중 0을 나타내는 점에서 오른쪽으로 두 번째에 있는 점이므로 $+\frac{2}{3}$를 나타낸다.

점 D는 $+2$와 $+3$ 사이를 이등분한 점이므로 $+2.5$를 나타낸다.

답 A: $-\frac{11}{4}$, B: -1, C: $+\frac{2}{3}$, D: $+2.5$

옳은 것에는 ○표를, 옳지 않은 것에는 ×표를 해 보자.

1 절댓값은 항상 양수이다. (×)

2 절댓값이 같은 수는 항상 2개이다. (×)

문제 6 다음 수의 절댓값을 기호를 사용하여 나타내고, 그 값을 구하시오.

(1) -1.2 (2) $+\frac{8}{3}$ (3) -10 (4) 0

풀이 (1) $|-1.2|=1.2$ (2) $\left|+\frac{8}{3}\right|=\frac{8}{3}$ (3) $|-10|=10$ (4) $|0|=0$

답 풀이 참조

수의 크기는 어떻게 비교할까

교과서 32~33쪽

개념 짚어보기

1 유리수를 수직선 위에 나타내면 수직선의 오른쪽에 있는 수가 왼쪽에 있는 수보다 크다.

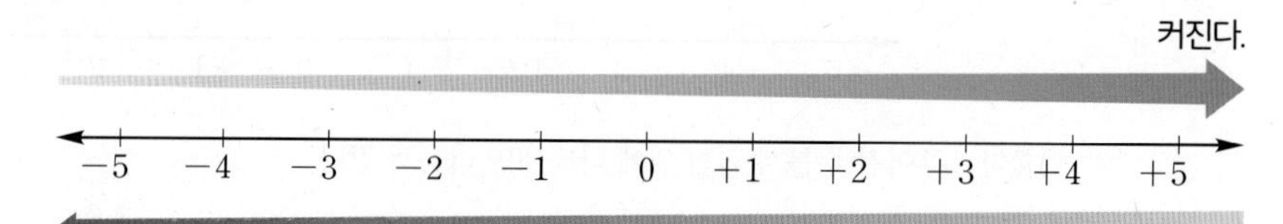

→ 양수는 0보다 크고, 음수는 0보다 작다.

→ 양수는 음수보다 크다.

2 양수는 절댓값이 클수록 크고, 음수는 절댓값이 클수록 작다.

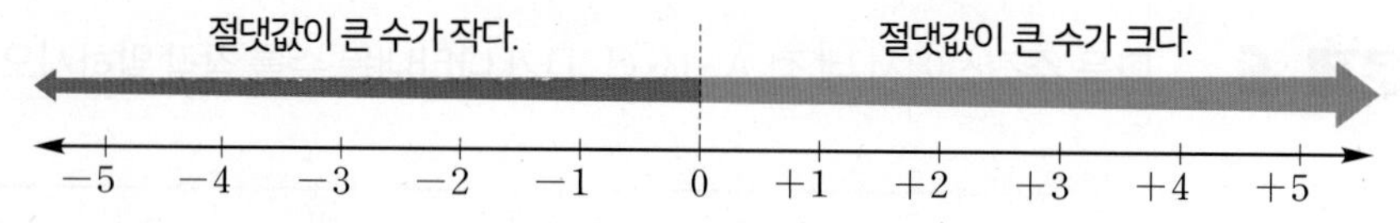

→ 양수끼리는 절댓값이 큰 수가 크다.

→ 음수끼리는 절댓값이 큰 수가 작다.

▶ 기호 ≥는 '> 또는 ='를 뜻한다.

3 **부등호의 사용**

$x>a$	$x<a$	$x\geq a$	$x\leq a$
x는 a보다 크다. x는 a 초과이다.	x는 a보다 작다. x는 a 미만이다.	x는 a보다 크거나 같다. x는 a보다 작지 않다. x는 a 이상이다.	x는 a보다 작거나 같다. x는 a보다 크지 않다. x는 a 이하이다.

○ 안에 부등호 >, < 중에서 알맞은 것을 써넣어 보자.

1 −3은 음수이고 +4는 양수이므로 −3 (<) +4이다.

2 −8의 절댓값이 −2의 절댓값보다 크므로 −8 (<) −2이다.

문제 7 다음 ○ 안에 부등호 >, < 중에서 알맞은 것을 써넣으시오.

(1) $+2.8$ ○ 0

(2) $-\frac{9}{4}$ ○ 0

(3) -6 ○ $+4$

(4) -12 ○ -16

풀이 (1) 양수는 0보다 크므로 $+2.8>0$

(2) 음수는 0보다 작으므로 $-\frac{9}{4}<0$

(3) 양수는 음수보다 크므로 $-6<+4$

(4) $|-12|=12$, $|-16|=16$이므로 $|-12|<|-16|$, $-12>-16$

답 (1) > (2) < (3) < (4) >

문제 8 다음 수를 작은 것부터 차례대로 나열하시오.

$+4.5$, -5.9, $+1$, 0, $+\frac{1}{6}$, -14

풀이 음수는 -5.9, -14이고 $|-5.9|=5.9$, $|-14|=14$이므로 $|-5.9|<|-14|$, $-5.9>-14$

양수는 $+4.5$, $+1$, $+\frac{1}{6}$이고 $+\frac{1}{6}<+1<+4.5$

따라서 주어진 수를 작은 것부터 차례대로 나열하면 -14, -5.9, 0, $+\frac{1}{6}$, $+1$, $+4.5$

답 -14, -5.9, 0, $+\frac{1}{6}$, $+1$, $+4.5$

문제 9 다음을 부등호를 사용하여 나타내시오.

(1) 수 a는 7보다 크거나 같다.

(2) 수 b는 $\frac{5}{8}$보다 작거나 같다.

(3) 수 c는 -9 이상 $\frac{1}{2}$ 미만이다.

(4) 수 d는 $-\frac{2}{7}$ 초과 3 이하이다.

답 (1) $a\geq 7$ (2) $b\leq\frac{5}{8}$ (3) $-9\leq c<\frac{1}{2}$ (4) $-\frac{2}{7}<d\leq 3$

02 정수와 유리수의 덧셈과 뺄셈

학습 목표 정수와 유리수의 덧셈과 뺄셈의 원리를 이해하고, 그 계산을 할 수 있다.

정수와 유리수의 덧셈은 어떻게 할까

교과서 34~36쪽

개념 짚어보기

❶ 부호가 같은 두 수의 덧셈은 두 수의 절댓값의 합에 공통인 부호를 붙인다.

$(+)+(+)$ → $+$(절댓값의 합)
$(-)+(-)$ → $-$(절댓값의 합)

예 $(+3)+(+2)=+(3+2)=+5$
$(-3)+(-2)=-(3+2)=-5$

❷ 부호가 다른 두 수의 덧셈은 두 수의 절댓값의 차에 절댓값이 큰 수의 부호를 붙인다.

$(+)+(-)$, $(-)+(+)$ → ●(절댓값의 차)
↑ 절댓값이 큰 수의 부호

예 $(+3)+(-2)=+(3-2)=+1$
$(-3)+(+2)=-(3-2)=-1$

도입 규리네 가족이 캠핑장에 텐트를 설치하였다. 텐트 내부 온도가 영하 3 ℃일 때 온도를 10 ℃ 더 높이면 텐트 내부 온도는 몇 ℃가 되는지 말해 보자.

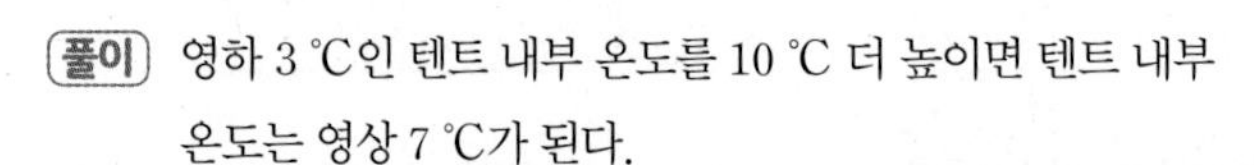

풀이 영하 3 ℃인 텐트 내부 온도를 10 ℃ 더 높이면 텐트 내부 온도는 영상 7 ℃가 된다.

답 영상 7 ℃

다음 식의 계산 과정과 그 결과를 바르게 연결해 보자.

식	계산 과정	결과
1 $(+4)+(+7)$	$-(7-4)$	-11
2 $(-4)+(-7)$	$+(4+7)$	-3
3 $(-4)+(+7)$	$-(4+7)$	$+3$
4 $(+4)+(-7)$	$+(7-4)$	$+11$

문제 1 다음을 계산하시오.

(1) $(+8)+(+5)$ (2) $(-3)+\left(-\frac{3}{5}\right)$

(3) $(+6.9)+(-2.4)$ (4) $\left(-\frac{8}{7}\right)+\left(+\frac{1}{2}\right)$

풀이 (1) $(+8)+(+5)=+(8+5)=+13$

(2) $(-3)+\left(-\frac{3}{5}\right)=\left(-\frac{15}{5}\right)+\left(-\frac{3}{5}\right)=-\left(\frac{15}{5}+\frac{3}{5}\right)=-\frac{18}{5}$

(3) $(+6.9)+(-2.4)=+(6.9-2.4)=+4.5$

(4) $\left(-\frac{8}{7}\right)+\left(+\frac{1}{2}\right)=\left(-\frac{16}{14}\right)+\left(+\frac{7}{14}\right)=-\left(\frac{16}{14}-\frac{7}{14}\right)=-\frac{9}{14}$

답 (1) $+13$ (2) $-\frac{18}{5}$ (3) $+4.5$ (4) $-\frac{9}{14}$

문제 2 화살표가 앞의 두 수의 덧셈 결과가 되도록 다음 그림의 빈칸을 완성하시오.

출발 (-2) $+$ (-2) → □

$+$ $(+7.8)$ ↓ □ $+$ $\left(-\frac{5}{2}\right)$ → □

$+$ $\left(+\frac{4}{3}\right)$ ↑ □ 도착

풀이 $(-2)+(-2)=-(2+2)=-4$

$(-4)+(+7.8)=+(7.8-4)=+3.8$

$(+3.8)+\left(-\frac{5}{2}\right)=(+3.8)+(-2.5)=+(3.8-2.5)=+1.3=+\frac{13}{10}$

$\left(+\frac{13}{10}\right)+\left(+\frac{4}{3}\right)=\left(+\frac{39}{30}\right)+\left(+\frac{40}{30}\right)=+\left(\frac{39}{30}+\frac{40}{30}\right)=+\frac{79}{30}$

답 (왼쪽부터) -4, $+3.8$, $+\frac{13}{10}$, $+\frac{79}{30}$

덧셈의 교환법칙, 결합법칙은 무엇일까

교과서 37쪽

개념 짚어보기

❶ **덧셈의 교환법칙**: 두 수 a, b에 대하여 $a+b=b+a$

예 $(+3)+(-4)=(-4)+(+3)$

❷ **덧셈의 결합법칙**: 세 수 a, b, c에 대하여 $(a+b)+c=a+(b+c)$

예 $\{(-3)+(+8)\}+(-4)=(-3)+\{(+8)+(-4)\}=(-3)+(+8)+(-4)$

참고 덧셈의 결합법칙이 성립하므로 $(a+b)+c$와 $a+(b+c)$는 괄호 없이 $a+b+c$로 나타낼 수 있다.

→ 세 수 이상의 덧셈에서는 덧셈의 교환법칙과 결합법칙을 이용하여 더하는 수의 순서를 바꾸어 계산하면 편리한 경우가 있다.

빈칸에 알맞은 것을 써넣어 보자.

$(+1.4)+(-2.5)+(+3.6)$

$=(+1.4)+(+3.6)+(-2.5)$) 덧셈의 교환 법칙

$=\{(+1.4)+(+3.6)\}+(-2.5)$) 덧셈의 결합 법칙

$=(+5)+(-2.5)=+2.5$

문제 3 다음을 계산하시오.

(1) $(-25)+(+12)+(+25)$

(2) $\left(-\frac{8}{3}\right)+\left(+\frac{7}{5}\right)+\left(-\frac{4}{3}\right)+\left(+\frac{13}{5}\right)$

풀이 (1) $(-25)+(+12)+(+25)=(-25)+(+25)+(+12)$

$=\{(-25)+(+25)\}+(+12)$

$=0+(+12)$

$=+12$

(2) $\left(-\frac{8}{3}\right)+\left(+\frac{7}{5}\right)+\left(-\frac{4}{3}\right)+\left(+\frac{13}{5}\right)=\left(-\frac{8}{3}\right)+\left(-\frac{4}{3}\right)+\left(+\frac{7}{5}\right)+\left(+\frac{13}{5}\right)$

$=\left\{\left(-\frac{8}{3}\right)+\left(-\frac{4}{3}\right)\right\}+\left\{\left(+\frac{7}{5}\right)+\left(+\frac{13}{5}\right)\right\}$

$=(-4)+(+4)$

$=0$

답 (1) $+12$ (2) 0

정수와 유리수의 뺄셈은 어떻게 할까

교과서 38~39쪽

▶ 어떤 수에서 0을 빼면 그 수 자신이다.

개념 짚어보기

① 두 수의 뺄셈은 빼는 수의 부호를 바꾸어 덧셈으로 고쳐서 계산할 수 있다.

예 $(+4)-(+7)=(+4)+(-7)=-(7-4)=-3$

$(+4)-(-3)=(+4)+(+3)=+(4+3)=+7$

도입 다음은 자연수의 덧셈식을 뺄셈식으로 바꾸어 나타낸 것을 이용하여 정수의 덧셈식을 뺄셈식으로 바꾸어 나타낸 것이다. □ 안에 알맞은 수를 각각 써넣어 보자.

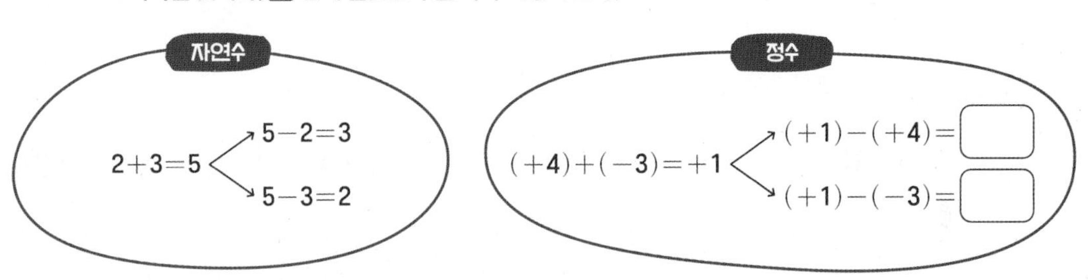

답 (위부터) -3, $+4$

다음 식의 계산 과정과 그 결과를 바르게 연결해 보자.

1 $(+2)-(+5)$	$(+2)+(+5)$	-7
2 $(+2)-(-5)$	$(+2)+(-5)$	-3
3 $(-2)-(+5)$	$(-2)+(+5)$	$+3$
4 $(-2)-(-5)$	$(-2)+(-5)$	$+7$

문제 4 다음을 계산하시오.

(1) $(+5)-(-2)$

(2) $(-3)-(+7)$

(3) $\left(+\frac{3}{7}\right)-\left(+\frac{10}{7}\right)$

(4) $(-0.1)-(-0.9)$

풀이 (1) $(+5)-(-2)=(+5)+(+2)=+(5+2)=+7$

(2) $(-3)-(+7)=(-3)+(-7)=-(3+7)=-10$

(3) $\left(+\frac{3}{7}\right)-\left(+\frac{10}{7}\right)=\left(+\frac{3}{7}\right)+\left(-\frac{10}{7}\right)=-\left(\frac{10}{7}-\frac{3}{7}\right)=-1$

(4) $(-0.1)-(-0.9)=(-0.1)+(+0.9)=+(0.9-0.1)=+0.8$

답 (1) $+7$ (2) -10 (3) -1 (4) $+0.8$

덧셈과 뺄셈이 섞여 있는 식은 어떻게 계산할까

교과서 40~41쪽

개념 짚어보기

❶ 덧셈과 뺄셈이 섞여 있는 식은 먼저 뺄셈을 덧셈으로 고친 후에 계산한다. 이때 덧셈의 교환법칙과 결합법칙을 이용하여 더하는 순서를 바꾸어 계산하면 편리한 경우가 있다.

예 $(-5)+(+16)-(-5)=(-5)+(+16)+(+5)$

$=(-5)+(+5)+(+16)$ ← 덧셈의 교환법칙

$=\{(-5)+(+5)\}+(+16)$ ← 덧셈의 결합법칙

$=0+(+16)=+16$

문제 5 다음을 계산하시오.

(1) $(-18)-(-12)+(+5)$

(2) $(+3)+\left(-\frac{7}{10}\right)-(+2)-\left(-\frac{17}{10}\right)$

풀이 (1) $(-18)-(-12)+(+5)=(-18)+(+12)+(+5)$

$=\{(-18)+(+12)\}+(+5)$

$=(-6)+(+5)=-1$

(2) $(+3)+\left(-\frac{7}{10}\right)-(+2)-\left(-\frac{17}{10}\right)=(+3)+\left(-\frac{7}{10}\right)+(-2)+\left(+\frac{17}{10}\right)$

$=(+3)+(-2)+\left(-\frac{7}{10}\right)+\left(+\frac{17}{10}\right)$

$=\{(+3)+(-2)\}+\left\{\left(-\frac{7}{10}\right)+\left(+\frac{17}{10}\right)\right\}$

$=(+1)+(+1)=+2$

답 (1) -1 (2) $+2$

문제 6 다음을 계산하시오.

(1) $6-8-15$

(2) $-4+5-7+9$

(3) $\frac{5}{7}-\frac{3}{4}+\frac{3}{7}$

(4) $-0.84-\frac{2}{3}+0.34$

풀이 (1) $6-8-15=(+6)-(+8)-(+15)=(+6)+(-8)+(-15)$

$=(+6)+\{(-8)+(-15)\}=(+6)+(-23)=-17$

(2) $-4+5-7+9=(-4)+(+5)-(+7)+(+9)$

$=(-4)+(+5)+(-7)+(+9)$

$=\{(-4)+(+5)\}+\{(-7)+(+9)\}$

$=(+1)+(+2)=+3$

(3) $\frac{5}{7}-\frac{3}{4}+\frac{3}{7}=\left(+\frac{5}{7}\right)-\left(+\frac{3}{4}\right)+\left(+\frac{3}{7}\right)$

$=\left(+\frac{5}{7}\right)+\left(-\frac{3}{4}\right)+\left(+\frac{3}{7}\right)$

$=\left\{\left(+\frac{5}{7}\right)+\left(+\frac{3}{7}\right)\right\}+\left(-\frac{3}{4}\right)$

$=\left(+\frac{8}{7}\right)+\left(-\frac{3}{4}\right)=+\frac{11}{28}$

(4) $-0.84-\frac{2}{3}+0.34=(-0.84)-\left(+\frac{2}{3}\right)+(+0.34)$

$=(-0.84)+\left(-\frac{2}{3}\right)+(+0.34)$

$=(-0.5)+\left(-\frac{2}{3}\right)$

$=\left(-\frac{1}{2}\right)+\left(-\frac{2}{3}\right)=-\frac{7}{6}$

답 (1) -17 (2) $+3$ (3) $+\frac{11}{28}$ (4) $-\frac{7}{6}$

재미있는 수 퍼즐

수 퍼즐을 풀면서 정수와 유리수의 덧셈과 뺄셈의 원리를 익혀 보자.

1 화살표가 앞의 두 수의 계산 결과가 되도록 그림의 빈칸에 알맞은 것을 써넣어 보자.

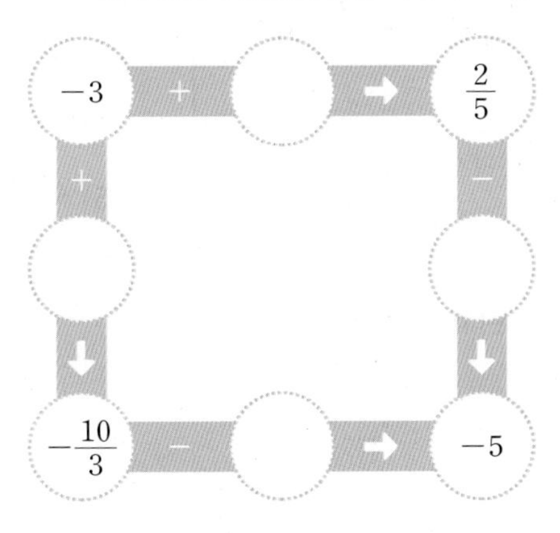

2 **1**의 그림에서 주어진 수를 바꾼 후, 친구가 만든 문제를 풀어 보자.

예

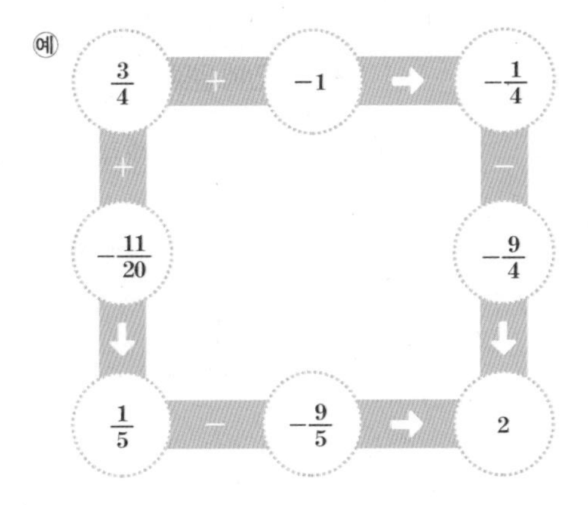

풀이 **1** $-3+\bigcirc=\frac{2}{5}$에서 $\bigcirc=\frac{2}{5}-(-3)=\frac{17}{5}$

$-3+\bigcirc=-\frac{10}{3}$에서 $\bigcirc=-\frac{10}{3}-(-3)=-\frac{1}{3}$

$\frac{2}{5}-\bigcirc=-5$에서 $\bigcirc=\frac{2}{5}-(-5)=\frac{27}{5}$

$-\frac{10}{3}-\bigcirc=-5$에서 $\bigcirc=-\frac{10}{3}-(-5)=\frac{5}{3}$

답 풀이 참조

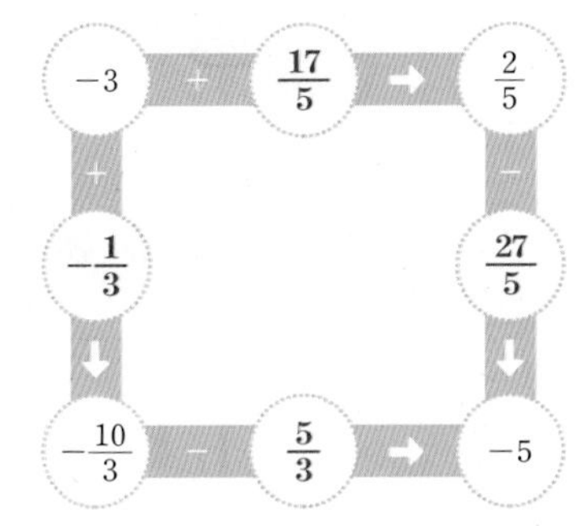

03 정수와 유리수의 곱셈과 나눗셈

학습 목표 정수와 유리수의 곱셈과 나눗셈의 원리를 이해하고, 그 계산을 할 수 있다.

정수와 유리수의 곱셈은 어떻게 할까

교과서 42~43쪽

▶ 어떤 수와 0의 곱은 항상 0이다.

개념 짚어보기

① 부호가 같은 두 수의 곱셈은 두 수의 절댓값의 곱에 양의 부호 +를 붙인다.

(+)×(+) → (+)
(−)×(−) → (+)

예 $(+5)\times(+3)=+(5\times3)=+15$
$(-5)\times(-3)=+(5\times3)=+15$

② 부호가 다른 두 수의 곱셈은 두 수의 절댓값의 곱에 음의 부호 −를 붙인다.

(+)×(−) → (−)
(−)×(+) → (−)

예 $(+5)\times(-3)=-(5\times3)=-15$
$(-5)\times(+3)=-(5\times3)=-15$

도입 오른쪽은 양의 정수 +5에 정수를 곱할 때, 곱하는 수를 1씩 작게 하여 두 수의 곱의 변화를 살펴본 것이다.
곱하는 수가 1씩 작아지면 곱은 얼마씩 작아지는지 살펴보고, 빈칸에 알맞은 수를 써넣어 보자.

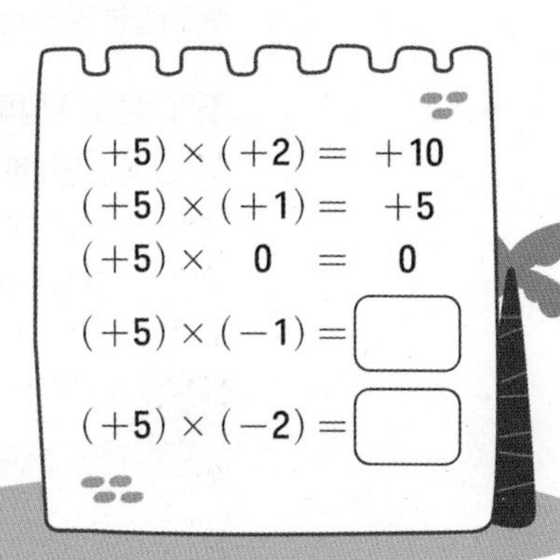

풀이 곱하는 수가 1씩 작아지면 곱은 5씩 작아지므로
$(+5)\times(-1)=-5$,
$(+5)\times(-2)=-10$

답 (위부터) −5, −10

확인 1 ○ 안에는 +, − 중에서 알맞은 부호를, □ 안에는 알맞은 것을 써넣어 보자.

부호가 다르면

1 $(+3)\times(-4)=$ (−) $(3\times4)=$ [−12]

부호가 같으면

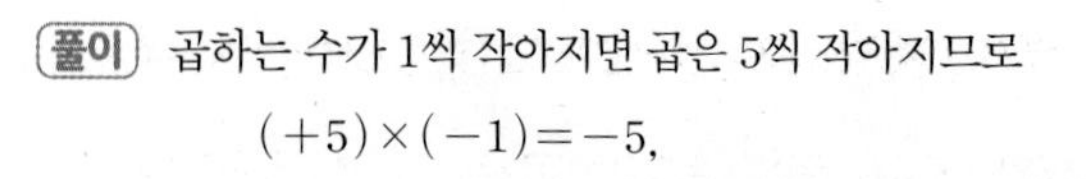

2 $(-12)\times(-5)=$ (+) $(12\times5)=$ [+60]

문제 1 다음을 계산하시오.

(1) $\left(+\frac{4}{3}\right)\times\left(+\frac{5}{16}\right)$ (2) $(+0.8)\times\left(-\frac{15}{28}\right)$

(3) $\left(-\frac{16}{5}\right)\times 0$ (4) $(-0.7)\times(-0.5)$

풀이 (1) $\left(+\frac{4}{3}\right)\times\left(+\frac{5}{16}\right)=+\left(\frac{4}{3}\times\frac{5}{16}\right)=+\frac{5}{12}$

(2) $(+0.8)\times\left(-\frac{15}{28}\right)=\left(+\frac{4}{5}\right)\times\left(-\frac{15}{28}\right)=-\left(\frac{4}{5}\times\frac{15}{28}\right)=-\frac{3}{7}$

(3) $\left(-\frac{16}{5}\right)\times 0=0$

(4) $(-0.7)\times(-0.5)=+(0.7\times 0.5)=+0.35$

답 (1) $+\frac{5}{12}$ (2) $-\frac{3}{7}$ (3) 0 (4) $+0.35$

곱셈의 교환법칙, 결합법칙과 분배법칙은 무엇일까

교과서 44~46쪽

개념 짚어보기

❶ **곱셈의 교환법칙**: 두 수 a, b에 대하여 $a\times b=b\times a$

예 $(+3)\times(-4)=(-4)\times(+3)$

❷ **곱셈의 결합법칙**: 세 수 a, b, c에 대하여 $(a\times b)\times c=a\times(b\times c)$

예 $\{(+3)\times(-2)\}\times(-4)=(+3)\times\{(-2)\times(-4)\}=(+3)\times(-2)\times(-4)$

참고 곱셈의 결합법칙이 성립하므로 $(a\times b)\times c$와 $a\times(b\times c)$는 괄호 없이 $a\times b\times c$로 나타낼 수 있다.

→ 세 수 이상의 곱셈에서는 곱셈의 교환법칙과 결합법칙을 이용하여 곱하는 수의 순서를 바꾸어 계산하면 편리한 경우가 있다.

❸ **분배법칙**: 세 수 a, b, c에 대하여

$a\times(b+c)=a\times b+a\times c$, $(a+b)\times c=a\times c+b\times c$

예 $2\times\{3+(-4)\}=2\times 3+2\times(-4)$

문제 2 다음을 계산하시오.

(1) $\left(-\frac{22}{35}\right)\times(+5)\times\left(-\frac{7}{11}\right)$ (2) $(+0.2)\times(-100)\times(+0.8)$

풀이 (1) $\left(-\frac{22}{35}\right)\times(+5)\times\left(-\frac{7}{11}\right)=\left\{\left(-\frac{22}{35}\right)\times\left(-\frac{7}{11}\right)\right\}\times(+5)=\left(+\frac{2}{5}\right)\times(+5)=+2$

(2) $(+0.2)\times(-100)\times(+0.8)=\{(+0.2)\times(+0.8)\}\times(-100)=(+0.16)\times(-100)=-16$

답 (1) $+2$ (2) -16

문제 3 다음을 계산하시오.

(1) $(+10)\times\left(-\frac{1}{2}\right)\times(+32)\times\left(-\frac{7}{16}\right)$

(2) $\left(+\frac{3}{4}\right)\times(-2^3)\times\left(-\frac{1}{3}\right)^2\times(+18)$

풀이 (1) $(+10)\times\left(-\frac{1}{2}\right)\times(+32)\times\left(-\frac{7}{16}\right)=+\left(10\times\frac{1}{2}\times32\times\frac{7}{16}\right)=+70$

(2) $\left(+\frac{3}{4}\right)\times(-2^3)\times\left(-\frac{1}{3}\right)^2\times(+18)=\left(+\frac{3}{4}\right)\times(-8)\times\left(+\frac{1}{9}\right)\times(+18)$

$=-\left(\frac{3}{4}\times8\times\frac{1}{9}\times18\right)=-12$

답 (1) $+70$ (2) -12

문제 4 다음은 건우와 은서가 $\left(-\frac{1}{6}\right)\times(-2^4)$을 계산하는 방법을 각각 설명한 것이다. 누구의 방법이 옳은지 판단하고, 그 이유를 설명하시오.

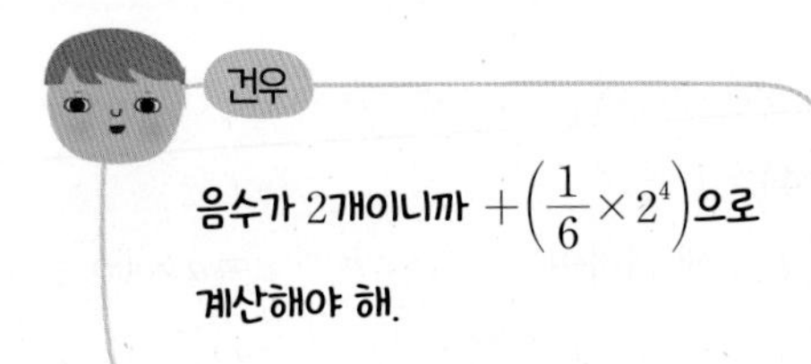

건우
음수가 2개이니까 $+\left(\frac{1}{6}\times2^4\right)$으로 계산해야 해.

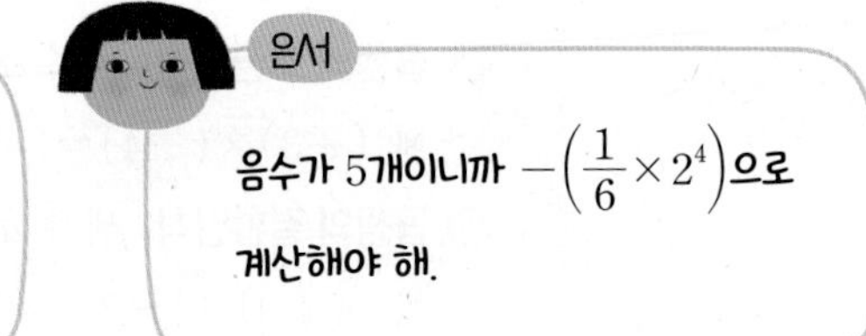

은서
음수가 5개이니까 $-\left(\frac{1}{6}\times2^4\right)$으로 계산해야 해.

풀이 건우의 방법이 옳다.

예 $-2^4=-(2\times2\times2\times2)$이므로 $\left(-\frac{1}{6}\right)\times(-2^4)=+\left(\frac{1}{6}\times2^4\right)$이다.

답 풀이 참조

문제 5 분배법칙을 이용하여 다음을 계산하시오.

(1) $\left(-\frac{1}{4}+\frac{3}{7}\right)\times28$

(2) $\frac{27}{7}\times(-5)+\left(-\frac{34}{7}\right)\times(-5)$

풀이 (1) $\left(-\frac{1}{4}+\frac{3}{7}\right)\times28=\left(-\frac{1}{4}\right)\times28+\frac{3}{7}\times28=-7+12=5$

(2) $\frac{27}{7}\times(-5)+\left(-\frac{34}{7}\right)\times(-5)=\left\{\left(+\frac{27}{7}\right)+\left(-\frac{34}{7}\right)\right\}\times(-5)$

$=(-1)\times(-5)=5$

답 (1) 5 (2) 5

정수와 유리수의 나눗셈은 어떻게 할까

교과서 47~49쪽

▶ 0을 0이 아닌 수로 나누면 그 몫은 항상 0이다. 한편, 나눗셈에서 0으로 나눈 것은 생각하지 않는다.

개념 짚어보기

❶ 부호가 같은 두 수의 나눗셈은 두 수의 절댓값의 나눗셈의 몫에 양의 부호 +를 붙인다.

$(+)\div(+)$, $(-)\div(-)$ → $+$

예) $(+15)\div(+5)=+(15\div5)=+3$

$(-15)\div(-5)=+(15\div5)=+3$

❷ 부호가 다른 두 수의 나눗셈은 두 수의 절댓값의 나눗셈의 몫에 음의 부호 −를 붙인다.

$(-)\div(+)$, $(+)\div(-)$ → $-$

예) $(-15)\div(+5)=-(15\div5)=-3$

$(+15)\div(-5)=-(15\div5)=-3$

❸ 어떤 두 수의 곱이 1일 때, 한 수를 다른 수의 **역수**라고 한다.

예) $\left(-\frac{2}{3}\right)\times\left(-\frac{3}{2}\right)=1$이므로 $-\frac{2}{3}$의 역수는 $-\frac{3}{2}$이고, $-\frac{3}{2}$의 역수는 $-\frac{2}{3}$이다.

도입 다음은 자연수의 곱셈식을 나눗셈식으로 바꾸어 나타낸 것을 이용하여 정수의 곱셈식을 나눗셈식으로 바꾸어 나타낸 것이다. □ 안에 알맞은 수를 각각 써넣어 보자.

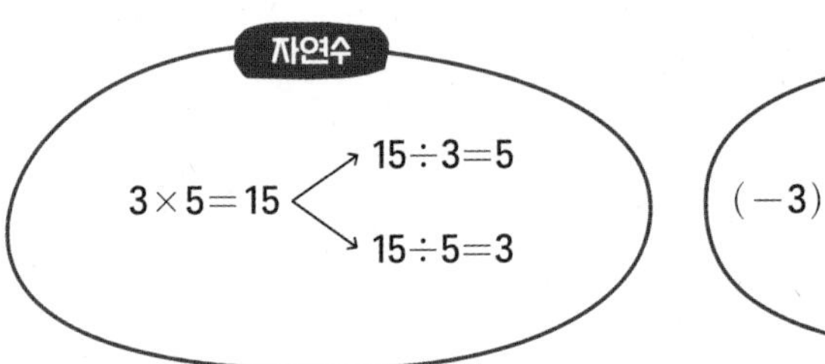

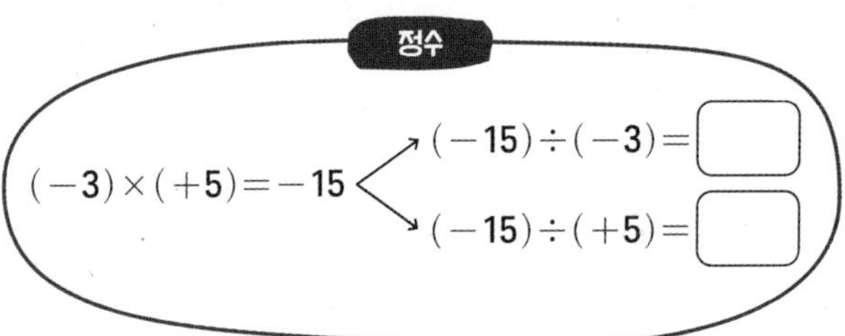

답 (위부터) +5, −3

○ 안에는 +, − 중에서 알맞은 부호를, □ 안에는 알맞은 것을 써넣어 보자.

부호가 같으면

1 $(+21)\div(+7)=\bigcirc(21\div7)=\square$ (+, +3)

부호가 다르면

2 $(-60)\div(+12)=\bigcirc(60\div12)=\square$ (−, −5)

문제 6 다음을 계산하시오.

(1) $(+48)\div(+8)$　　(2) $(+68)\div(-17)$

(3) $(-3.9)\div(-0.3)$　　(4) $(-5.4)\div(+1.8)$

풀이 (1) $(+48)\div(+8)=+(48\div8)=+6$

(2) $(+68)\div(-17)=-(68\div17)=-4$

(3) $(-3.9)\div(-0.3)=+(3.9\div0.3)=+13$

(4) $(-5.4)\div(+1.8)=-(5.4\div1.8)=-3$

답 (1) $+6$ (2) -4 (3) $+13$ (4) -3

문제 7 나눗셈을 이용하여 다음을 설명하시오.

(1) $\frac{-3}{4}=-\frac{3}{4}$　　(2) $\frac{-3}{-4}=+\frac{3}{4}$

풀이 (1) $\frac{-3}{4}=(-3)\div4=-(3\div4)=-\frac{3}{4}$이므로

$\frac{-3}{4}=-\frac{3}{4}$

이다.

(2) $\frac{-3}{-4}=(-3)\div(-4)=+(3\div4)=+\frac{3}{4}$이므로

$\frac{-3}{-4}=+\frac{3}{4}$

이다.

답 풀이 참조

문제 8 다음을 계산하시오.

(1) $\left(-\frac{1}{2}\right)\div\left(-\frac{3}{4}\right)$　　(2) $\left(-\frac{1}{12}\right)\div0.75$

풀이 (1) $\left(-\frac{1}{2}\right)\div\left(-\frac{3}{4}\right)=\left(-\frac{1}{2}\right)\times\left(-\frac{4}{3}\right)$

$=+\left(\frac{1}{2}\times\frac{4}{3}\right)=\frac{2}{3}$

(2) $\left(-\frac{1}{12}\right)\div0.75=\left(-\frac{1}{12}\right)\div\left(+\frac{3}{4}\right)=\left(-\frac{1}{12}\right)\times\left(+\frac{4}{3}\right)$

$=-\left(\frac{1}{12}\times\frac{4}{3}\right)=-\frac{1}{9}$

답 (1) $\frac{2}{3}$ (2) $-\frac{1}{9}$

문제 9 다음을 계산하시오.

(1) $(-2)\div\left(-\frac{3}{5}\right)\times\frac{9}{2}$

(2) $\frac{7}{6}\times\frac{3}{4}\div\left(-\frac{2}{3}\right)$

(3) $(-9)\div\frac{5}{8}\div\left(-\frac{4}{15}\right)$

(4) $\frac{10}{3}\times(-3)^2\times\left(-\frac{1}{6}\right)\div\frac{5}{2}$

풀이 (1) $(-2)\div\left(-\frac{3}{5}\right)\times\frac{9}{2}=(-2)\times\left(-\frac{5}{3}\right)\times\frac{9}{2}=+\left(2\times\frac{5}{3}\times\frac{9}{2}\right)=15$

(2) $\frac{7}{6}\times\frac{3}{4}\div\left(-\frac{2}{3}\right)=\frac{7}{6}\times\frac{3}{4}\times\left(-\frac{3}{2}\right)=-\left(\frac{7}{6}\times\frac{3}{4}\times\frac{3}{2}\right)=-\frac{21}{16}$

(3) $(-9)\div\frac{5}{8}\div\left(-\frac{4}{15}\right)=(-9)\times\frac{8}{5}\times\left(-\frac{15}{4}\right)=+\left(9\times\frac{8}{5}\times\frac{15}{4}\right)=54$

(4) $\frac{10}{3}\times(-3)^2\times\left(-\frac{1}{6}\right)\div\frac{5}{2}=\frac{10}{3}\times9\times\left(-\frac{1}{6}\right)\times\frac{2}{5}=-\left(\frac{10}{3}\times9\times\frac{1}{6}\times\frac{2}{5}\right)=-2$

답 (1) 15 (2) $-\frac{21}{16}$ (3) 54 (4) -2

곱셈과 나눗셈이 섞여 있는 식 만들기

오른쪽 네 수 중에서 세 수를 택하여 다음 빈칸에 넣어 계산하려고 한다.

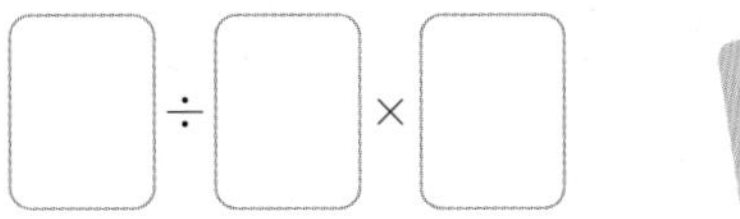
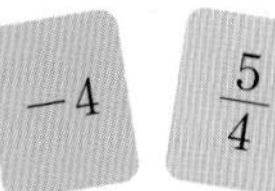
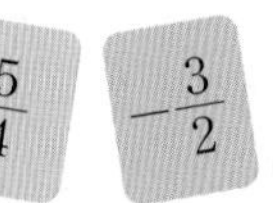

1 계산 결과가 가장 큰 수가 되도록 하는 세 수를 택하고, 계산 결과를 말해 보자.

2 계산 결과가 가장 작은 수가 되도록 하는 세 수를 택하고, 계산 결과를 말해 보자.

풀이 **1** 계산 결과가 가장 큰 수가 되도록 하는 세 수를 택하고 계산하면

$$(-4)\div\left(-\frac{3}{2}\right)\times2=(-4)\times\left(-\frac{2}{3}\right)\times2=+\left(4\times\frac{2}{3}\times2\right)=\frac{16}{3}$$

$$2\div\left(-\frac{3}{2}\right)\times(-4)=2\times\left(-\frac{2}{3}\right)\times(-4)=+\left(2\times\frac{2}{3}\times4\right)=\frac{16}{3}$$

2 계산 결과가 가장 작은 수가 되도록 하는 세 수를 택하고 계산하면

$$2\div\frac{5}{4}\times(-4)=2\times\frac{4}{5}\times(-4)=-\left(2\times\frac{4}{5}\times4\right)=-\frac{32}{5}$$

$$(-4)\div\frac{5}{4}\times2=(-4)\times\frac{4}{5}\times2=-\left(4\times\frac{4}{5}\times2\right)=-\frac{32}{5}$$

답 **1** $(-4)\div\left(-\frac{3}{2}\right)\times2$ 또는 $2\div\left(-\frac{3}{2}\right)\times(-4)$, 계산 결과: $\frac{16}{3}$

2 $2\div\frac{5}{4}\times(-4)$ 또는 $(-4)\div\frac{5}{4}\times2$, 계산 결과: $-\frac{32}{5}$

사칙계산이 섞여 있는 식은 어떻게 계산할까

교과서 50쪽

개념 짚어보기

❶ 거듭제곱이 있으면 거듭제곱을 먼저 계산한다.
❷ 괄호가 있으면 소괄호 ( ), 중괄호 { }, 대괄호 [ ]의 순서로 계산한다.
❸ 곱셈과 나눗셈을 순서대로 먼저 계산한 다음 덧셈과 뺄셈을 순서대로 계산한다.

문제 10 다음을 계산하시오.

(1) $\left\{2-6\div\left(-\frac{3}{5}\right)\right\}\times\frac{3}{4}$

(2) $48\times\left[\left\{-\frac{1}{8}+\left(-\frac{1}{2}\right)^2\right\}\div\frac{2}{7}+\frac{1}{3}\right]$

풀이 (1) $\left\{2-6\div\left(-\frac{3}{5}\right)\right\}\times\frac{3}{4}=\left\{2-6\times\left(-\frac{5}{3}\right)\right\}\times\frac{3}{4}=(2+10)\times\frac{3}{4}=12\times\frac{3}{4}=9$

(2) $48\times\left[\left\{-\frac{1}{8}+\left(-\frac{1}{2}\right)^2\right\}\div\frac{2}{7}+\frac{1}{3}\right]=48\times\left[\left\{\left(-\frac{1}{8}\right)+\frac{1}{4}\right\}\div\frac{2}{7}+\frac{1}{3}\right]$

$=48\times\left(\frac{1}{8}\times\frac{7}{2}+\frac{1}{3}\right)=48\times\left(\frac{7}{16}+\frac{1}{3}\right)$

$=48\times\frac{7}{16}+48\times\frac{1}{3}=21+16=37$

답 (1) 9 (2) 37

문제 11 다음과 같이 $8-24\div4\times\left(-\frac{3}{4}\right)$을 계산하였다. 계산 과정에서 잘못된 부분을 찾아 바르게 고치고, 그 이유를 설명하시오.

$$8-24\div4\times\left(-\frac{3}{4}\right)=-16\div4\times\left(-\frac{3}{4}\right)=-16\times\frac{1}{4}\times\left(-\frac{3}{4}\right)$$
$$=+\left(16\times\frac{1}{4}\times\frac{3}{4}\right)=3$$

풀이 $8-24\div4\times\left(-\frac{3}{4}\right)=8-6\times\left(-\frac{3}{4}\right)=8+\frac{9}{2}=\frac{25}{2}$

곱셈과 나눗셈을 순서대로 먼저 계산한 다음 덧셈과 뺄셈을 순서대로 계산해야 한다.

답 풀이 참조

교과서 51쪽

사칙계산의 원리 알기

탐구 1 셈돌 또는 수직선을 이용하여 다음을 계산해 보자.

(1) $(-2)-(-3)$ (2) $(-2)\times(-3)$

풀이 (1) ⊕ 한 개는 $+1$을, ⊖ 한 개는 -1을 나타내고, ⊕ 한 개와 ⊖ 한 개를 묶어 0으로 나타낸다.
셈돌을 이용하여 $(-2)-(-3)$을 계산해 보자.
⊖ 두 개에서 ⊖ 세 개를 뺄 수 없으므로 ⊕ 한 개와 ⊖ 한 개를 추가한다.

추가

⊖⊖ − ⊖⊖⊖ = ⊖⊖ + [⊕⊖] − ⊖⊖⊖ = ⊕

➡ $(-2) - (-3) = +1$

(2) 수직선에서 오른쪽으로 이동한 거리를 양수로, 왼쪽으로 이동한 거리를 음수로 나타내고, 현재를 기준으로 미래의 시간을 양수, 과거의 시간을 음수로 나타낸다.
수직선을 이용하여 $(-2)\times(-3)$을 계산해 보자.

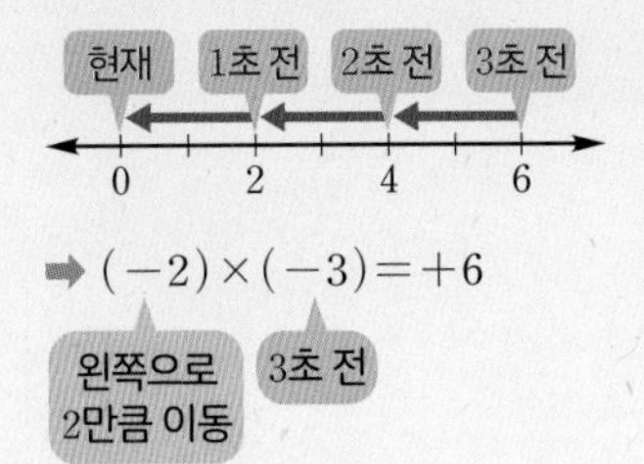

답 (1) $+1$ (2) $+6$

교과서 52~53쪽

중단원 마무리

I-2. 정수와 유리수

스스로 개념을 정리해요.

01 정수와 유리수

(1) 양 수 은/는 0이 아닌 수에 양의 부호 +를 붙인 수, 음 수 은/는 0이 아닌 수에 음의 부호 −를 붙인 수이다.

(2) 수 직 선 : 직선 위에 0을 나타내는 점을 기준으로 오른쪽에 양수를, 왼쪽에 음수를 나타낸 것

(3) 수직선 위에서 어떤 수를 나타내는 점과 원점 사이의 거리를 그 수의 절 댓 값 (이)라고 한다.

02 정수와 유리수의 덧셈과 뺄셈

(1) 부호가 같은 두 수의 덧셈은 두 수의 절댓값의 합에 공 통 인 부호를 붙이고, 부호가 다른 두 수의 덧셈은 두 수의 절댓값의 차에 절댓값이 큰 수의 부호를 붙인다.

(2) 두 수의 뺄셈은 빼는 수의 부 호 을/를 바꾸어 덧셈으로 고쳐서 계산한다.

03 정수와 유리수의 곱셈과 나눗셈

(1) 부호가 같은 두 수의 곱셈은 두 수의 절댓값의 곱에 양 의 부호 +를 붙이고, 부호가 다른 두 수의 곱셈은 두 수의 절댓값의 곱에 음 의 부호 −를 붙인다.

(2) 두 수의 나눗셈은 나누는 수의 역 수 을/를 곱하여 계산한다.

01

다음 수 중에서 해당하는 것을 모두 고르시오.

$$+4,\ -\frac{2}{3},\ +9,\ +\frac{3}{5},\ -1,\ +5.4,\ -3.8$$

(1) 양의 정수 (2) 음의 유리수 (3) 정수가 아닌 유리수

풀이 (1) 양의 정수는 자연수에 양의 부호를 붙인 수이므로 $+4,\ +9$

(2) 음의 유리수는 분자와 분모가 자연수인 분수에 음의 부호를 붙인 수이므로 $-\frac{2}{3},\ -1,\ -3.8$

(3) 정수가 아닌 유리수는 $-\frac{2}{3},\ +\frac{3}{5},\ +5.4,\ -3.8$

답 (1) $+4,\ +9$ (2) $-\frac{2}{3},\ -1,\ -3.8$ (3) $-\frac{2}{3},\ +\frac{3}{5},\ +5.4,\ -3.8$

02

다음을 계산하시오.

(1) $(+20)+(-8)$ (2) $(-3.4)-(-5.6)$

(3) $\left(-\frac{3}{4}\right)\times\left(+\frac{12}{7}\right)$ (4) $\left(+\frac{2}{5}\right)\div\left(-\frac{8}{5}\right)$

풀이 (1) $(+20)+(-8)=+(20-8)=+12$

(2) $(-3.4)-(-5.6)=(-3.4)+(+5.6)$
$=+(5.6-3.4)$
$=+2.2$

(3) $\left(-\frac{3}{4}\right)\times\left(+\frac{12}{7}\right)=-\left(\frac{3}{4}\times\frac{12}{7}\right)$
$=-\frac{9}{7}$

(4) $\left(+\frac{2}{5}\right)\div\left(-\frac{8}{5}\right)=\left(+\frac{2}{5}\right)\times\left(-\frac{5}{8}\right)$
$=-\left(\frac{2}{5}\times\frac{5}{8}\right)$
$=-\frac{1}{4}$

답 (1) $+12$ (2) $+2.2$ (3) $-\frac{9}{7}$ (4) $-\frac{1}{4}$

03

절댓값이 $\frac{29}{5}$인 두 수 사이에 있는 정수의 개수를 구하시오.

(풀이) 절댓값이 $\frac{29}{5}$인 두 수는 $-\frac{29}{5}$, $\frac{29}{5}$이다.

따라서 $-\frac{29}{5}=-5\frac{4}{5}$와 $\frac{29}{5}=5\frac{4}{5}$ 사이에 있는 정수는 $-5, -4, -3, \dots, 5$의 11개이다.

 답 11

04

두 유리수 a와 b가 $a>0$, $b<0$일 때, 다음 중에서 가장 큰 수를 찾으시오.

ab, $\quad b$, $\quad a-b$, $\quad b-a$

(풀이) $a>0$, $b<0$이므로 $\quad ab<0$

$-b>0$이므로 $\quad a-b=a+(-b)>0$

$-a<0$이므로 $\quad b-a=b+(-a)<0$

따라서 (음수)$<0<$(양수)이므로 가장 큰 수는 $a-b$이다.

답 $a-b$

05

$(-1)^3+(-1)^{30}-(-1)^{33}$을 계산하시오.

(풀이) 음수를 짝수 개 곱할 때의 곱의 부호는 $+$, 음수를 홀수 개 곱할 때의 곱의 부호는 $-$이므로

$$(-1)^3+(-1)^{30}-(-1)^{33}=-1+1-(-1)$$
$$=-1+1+1$$
$$=1$$

답 1

06

다음을 계산하시오.

(1) $(-91)+(-17)+(+91)$

(2) $(+3)\times(-0.41)+(+97)\times(-0.41)$

(풀이) (1) $(-91)+(-17)+(+91)$
$=(-91)+(+91)+(-17)$
$=\{(-91)+(+91)\}+(-17)$
$=0+(-17)$
$=-17$

(2) $(+3)\times(-0.41)+(+97)\times(-0.41)$
$=\{(+3)+(+97)\}\times(-0.41)$
$=(+100)\times(-0.41)$
$=-41$

답 (1) -17 (2) -41

07

오른쪽 그림과 같은 정육면체 모양의 주사위에서 마주 보는 면에 적힌 두 수가 서로 역수일 때, 보이지 않는 면에 적힌 세 수의 곱을 구하시오.

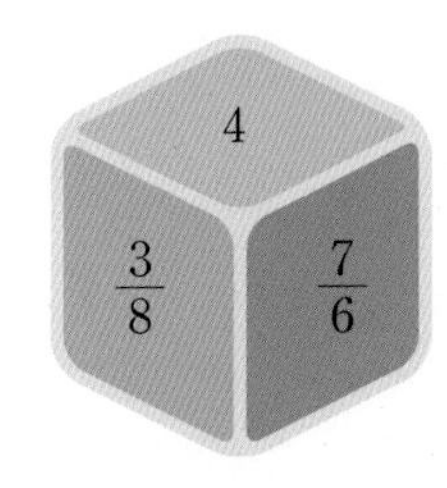

(풀이) 어떤 두 수의 곱이 1일 때 한 수를 다른 수의 역수라고 하므로

4의 역수는 $\frac{1}{4}$

$\frac{3}{8}$의 역수는 $\frac{8}{3}$

$\frac{7}{6}$의 역수는 $\frac{6}{7}$

따라서 보이지 않는 면에 적힌 세 수의 곱은

$$\frac{1}{4}\times\frac{8}{3}\times\frac{6}{7}=\frac{4}{7}$$

답 $\frac{4}{7}$

08

다음을 계산하시오.

(1) $3-\frac{7}{8}\div\left\{\frac{1}{2}-\frac{3}{2}\times\left(\frac{4}{3}-\frac{5}{4}\right)\right\}$

(2) $(-2)^3\div\left(-\frac{1}{3}\right)-(-2)^2\times\left\{\left(-\frac{1}{2}\right)+3\right\}$

풀이 (1) $3-\frac{7}{8}\div\left\{\frac{1}{2}-\frac{3}{2}\times\left(\frac{4}{3}-\frac{5}{4}\right)\right\}$

$=3-\frac{7}{8}\div\left(\frac{1}{2}-\frac{3}{2}\times\frac{1}{12}\right)$

$=3-\frac{7}{8}\div\left(\frac{1}{2}-\frac{1}{8}\right)=3-\frac{7}{8}\div\frac{3}{8}$

$=3-\frac{7}{8}\times\frac{8}{3}=3-\frac{7}{3}=\frac{2}{3}$

(2) $(-2)^3\div\left(-\frac{1}{3}\right)-(-2)^2\times\left\{\left(-\frac{1}{2}\right)+3\right\}$

$=-8\div\left(-\frac{1}{3}\right)-4\times\left\{\left(-\frac{1}{2}\right)+3\right\}$

$=-8\div\left(-\frac{1}{3}\right)-4\times\frac{5}{2}=-8\times(-3)-4\times\frac{5}{2}$

$=24-10=14$

답 (1) $\frac{2}{3}$ (2) 14

09 발전

다음 표는 네 학생의 1500 m 달리기 기록과 평균 기록과의 차이를 조사하여 나타낸 것이다. 평균 기록과의 차이는 각 학생의 달리기 기록이 평균 기록보다 느리면 양수로, 평균 기록보다 빠르면 음수로 나타내었다. 이때 (가), (나)에 알맞은 값을 각각 구하시오.

	나은	도현	명석	송희
달리기 기록(초)	488	388	(가)	481
평균 기록과의 차이(초)	+38	−62	−77	(나)

풀이 (평균 기록)=(달리기 기록)−(평균 기록과의 차)
이므로 나은이의 기록을 이용하여 평균 기록을 구하면

$488-38=450$(초)

(가): $450-77=373$

(나): $481-450=+31$

답 (가): 373, (나): +31

MEMO

대단원 평가

I. 수와 연산

01

다음 중에서 소수에 대한 설명으로 옳은 것은?

① 소수는 모두 홀수이다.
② 가장 작은 소수는 1이다.
③ 7의 배수인 소수는 7뿐이다.
④ 소수의 약수는 1개이다.
⑤ 자연수 중에서 소수가 아닌 수는 모두 합성수이다.

풀이 ① 2는 소수이지만 짝수이다.
② 가장 작은 소수는 2이다.
④ 소수의 약수는 2개이다.
⑤ 1은 소수도 아니고, 합성수도 아니다.
따라서 옳은 것은 ③이다.

답 ③

02

다음 중에서 합성수의 개수는?

1,	2,	9,	11,
13,	23,	29,	30

① 2　② 3　③ 4
④ 5　⑤ 6

풀이 합성수는 9, 30의 2개이다.

답 ①

03

다음 중에서 소인수분해 한 것으로 옳지 않은 것은?

① $12=2^2\times3$　② $42=2\times3\times7$
③ $72=2^3\times3^2$　④ $100=10^2$
⑤ $121=11^2$

풀이 ④ $100=2^2\times5^2$
따라서 옳지 않은 것은 ④이다.

답 ④

04

다음 중에서 소인수가 나머지 넷과 다른 하나는?

① 24　② 36　③ 60
④ 108　⑤ 144

풀이 ① $24=2^3\times3$이므로 소인수는　2, 3
② $36=2^2\times3^2$이므로 소인수는　2, 3
③ $60=2^2\times3\times5$이므로 소인수는　2, 3, 5
④ $108=2^2\times3^3$이므로 소인수는　2, 3
⑤ $144=2^4\times3^2$이므로 소인수는　2, 3
따라서 소인수가 나머지 넷과 다른 것은 ③이다.

답 ③

05

다음 중에서 168의 약수가 아닌 것은?

① 2×3　② 2^3　③ 2×3^2
④ $2^2\times7$　⑤ $2^2\times3\times7$

풀이 $168=2^3\times3\times7$이므로 168의 약수는
　(2^3의 약수)×(3의 약수)×(7의 약수)
의 꼴이다.
③ 2×3^2에서 3^2은 3의 약수가 아니다.

답 ③

06

세 자연수 a, b, c에 대하여 두 수 $2^2\times3^a$, $2^b\times3^2\times5$의 최대공약수는 $2^2\times3$이고 최소공배수는 $2^3\times3^2\times c$일 때, $a+b+c$의 값을 구하시오.

풀이 두 수 $2^2\times3^a$, $2^b\times3^2\times5$의 최대공약수가 $2^2\times3$이므로　$a=1$
최소공배수가 $2^3\times3^2\times c$이므로　$b=3$, $c=5$
따라서　$a+b+c=1+3+5=9$

답 9

07

다음 중에서 20과 서로소인 수는?

① 2　② 3　③ 5
④ 8　⑤ 14

풀이 주어진 수와 20의 최대공약수는 다음과 같다.
① 2　② 1　③ 5　④ 4　⑤ 2
따라서 20과 서로소인 것은 ②이다.

답 ②

08

다음 수직선 위의 다섯 개의 점 A, B, C, D, E가 나타내는 수에 대한 설명으로 옳은 것은?

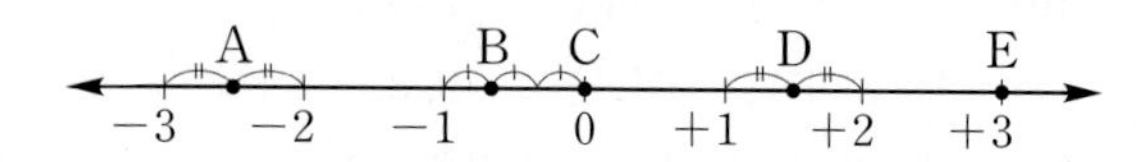

① 자연수는 2개이다.
② 음의 정수는 2개이다.
③ 정수는 3개이다.
④ 양의 유리수는 1개이다.
⑤ 정수가 아닌 유리수는 3개이다.

풀이 ① 자연수는 점 E의 1개이다.
② 음의 정수는 없다.
③ 정수는 점 C, 점 E의 2개이다.
④ 양의 유리수는 점 D, 점 E의 2개이다.
⑤ 정수가 아닌 유리수는 점 A, 점 B, 점 D의 3개이다.
따라서 옳은 것은 ⑤이다.

답 ⑤

09

다음 수에 대한 설명으로 옳지 않은 것을 모두 고르면? (정답 2개)

-2.9,	$\frac{5}{6}$,	$-\frac{11}{4}$,	0,	3.8

① 가장 큰 수는 3.8이다.
② 가장 작은 수는 -2.9이다.
③ 절댓값이 가장 큰 수는 $\frac{5}{6}$이다.
④ 절댓값이 가장 작은 수는 0이다.
⑤ 수직선에서 가장 왼쪽에 있는 수는 $-\frac{11}{4}$이다.

풀이 작은 수부터 순서대로 나열하면

$-2.9,\ -\frac{11}{4},\ 0,\ \frac{5}{6},\ 3.8$

③ 절댓값이 가장 큰 수는 3.8이다.
⑤ 수직선에서 가장 왼쪽에 있는 수는 가장 작은 수인 -2.9이다.
따라서 옳지 않은 것은 ③, ⑤이다.

답 ③, ⑤

10

절댓값이 같고 부호가 다른 두 수를 수직선 위에 나타냈을 때, 두 수를 각각 나타내는 점 사이의 거리가 $\frac{8}{5}$이었다. 이 두 수를 구하시오.

풀이 수직선에서 두 수를 나타내는 점과 원점 사이의 거리가 $\frac{8}{5}\times\frac{1}{2}=\frac{4}{5}$이므로 두 수는 $-\frac{4}{5}$, $+\frac{4}{5}$이다.

답 $-\frac{4}{5}$, $+\frac{4}{5}$

11

다음 중에서 옳은 것은?

① $+1.2<-3.4$　② $|-5|<|+2|$
③ $0<\left|-\frac{2}{3}\right|$　④ $(-2)^2<|-4|$
⑤ $\left(-\frac{1}{2}\right)^3<-1^3$

풀이 ① $+1.2>-3.4$
② $|-5|=5$, $|+2|=2$이므로
$|-5|>|+2|$
③ $\left|-\frac{2}{3}\right|=\frac{2}{3}$이므로
$0<\left|-\frac{2}{3}\right|$
④ $(-2)^2=4$, $|-4|=4$이므로
$(-2)^2=|-4|$
⑤ $\left(-\frac{1}{2}\right)^3=-\frac{1}{8}$, $-1^3=-1$이므로
$\left(-\frac{1}{2}\right)^3>-1^3$
따라서 옳은 것은 ③이다.

답 ③

12

다음 그림에서 삼각형의 한 변에 놓인 네 수의 합이 모두 같을 때, $\frac{a}{b}$의 값을 구하시오.

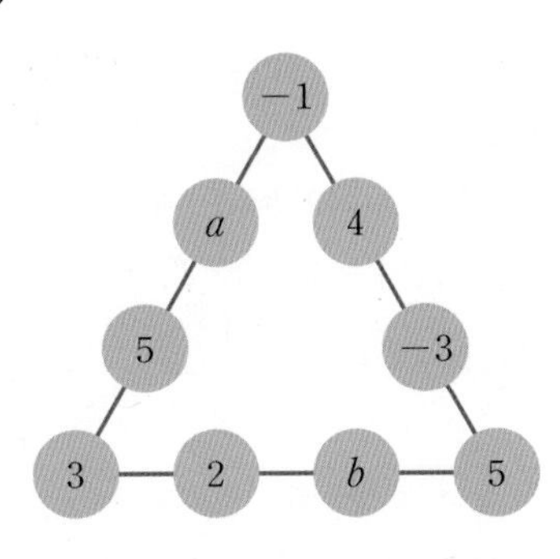

풀이 $-1+a+5+3=-1+4-3+5$이므로

$a+7=5, \quad a=-2$

$3+2+b+5=-1+4-3+5$이므로

$b+10=5, \quad b=-5$

따라서 $\frac{a}{b}=\frac{-2}{-5}=\frac{2}{5}$

답 $\frac{2}{5}$

13

다음 수직선에서 점 A가 나타내는 수를 구하시오.

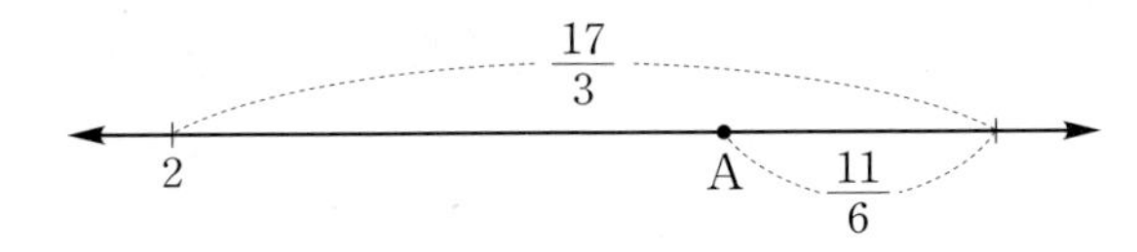

풀이 점 A가 나타내는 수는

$2+\frac{17}{3}-\frac{11}{6}=\frac{23}{3}-\frac{11}{6}=\frac{35}{6}$

답 $\frac{35}{6}$

14

다음 중에서 가장 큰 수는?

① -2^3 ② $(-2)^3$ ③ -2^2
④ $(-2)^2$ ⑤ $-(-2)^2$

풀이 ① -8 ② -8 ③ -4 ④ 4 ⑤ -4

따라서 가장 큰 수는 ④이다.

답 ④

15

다음 중에서 계산 결과가 옳지 않은 것은?

① $6-2+9=13$
② $-5.7-1.3+3.3=-3.7$
③ $4.5\div 9\times\frac{1}{3}=\frac{1}{6}$
④ $\left(-\frac{7}{3}\right)+\left(+\frac{3}{5}\right)+\left(+\frac{7}{3}\right)-\left(-\frac{3}{5}\right)=0$
⑤ $25\times\left(-\frac{3}{5}\right)+25\times\left(+\frac{8}{5}\right)=25$

풀이 ④ $\left(-\frac{7}{3}\right)+\left(+\frac{3}{5}\right)+\left(+\frac{7}{3}\right)-\left(-\frac{3}{5}\right)$

$=\left\{\left(-\frac{7}{3}\right)+\left(+\frac{7}{3}\right)\right\}+\left\{\left(+\frac{3}{5}\right)+\left(+\frac{3}{5}\right)\right\}$

$=0+\frac{6}{5}=\frac{6}{5}$

따라서 옳지 않은 것은 ④이다.

답 ④

16

6의 역수와 $-\frac{8}{9}$의 역수의 곱을 구하시오.

풀이 6의 역수는 $\frac{1}{6}$이고, $-\frac{8}{9}$의 역수는 $-\frac{9}{8}$이므로 구하는 곱은

$\frac{1}{6}\times\left(-\frac{9}{8}\right)=-\frac{3}{16}$

답 $-\frac{3}{16}$

17

세 수 a, b, c에 대하여

$a>b, \quad a\times b<0, \quad a\div c>0$

일 때, 다음 중에서 옳은 것은?

① $a>0$, $b>0$, $c>0$ ② $a>0$, $b<0$, $c>0$
③ $a>0$, $b<0$, $c<0$ ④ $a<0$, $b>0$, $c<0$
⑤ $a<0$, $b<0$, $c<0$

풀이 $a\times b<0$이므로 a와 b의 부호가 다르고, $a\div c>0$이므로 a와 c의 부호가 같다.

그런데 $a>b$이므로 $a>0$, $b<0$이고 $c>0$이다.

답 ②

18

다음 식에 대하여 물음에 답하시오.

$$\left(-\frac{3}{5}\right)-\left\{\left(-\frac{3}{2}\right)+\frac{5}{3}\div\left(-\frac{5}{2}\right)^2\right\}\times 3$$

↑ ㉠ (첫 번째 $-$), ↑ ㉡ ($+$), ↑ ㉢ ($\div$), ↑ ㉣ (제곱), ↑ ㉤ ($\times$)

(1) 계산 순서를 차례대로 나열하시오.

(2) 위의 식을 계산하시오.

풀이 (1) 일반적으로 사칙계산이 섞여 있는 식은 거듭제곱을 먼저 계산하고 괄호가 있으면 소괄호, 중괄호, 대괄호의 순서로 계산한다. 이후 곱셈과 나눗셈을 순서대로 먼저 계산한 다음 덧셈과 뺄셈을 순서대로 계산한다.

따라서 계산 순서는 ㉣ → ㉢ → ㉡ → ㉤ → ㉠이다.

(2) $\left(-\frac{3}{5}\right)-\left\{\left(-\frac{3}{2}\right)+\frac{5}{3}\div\left(-\frac{5}{2}\right)^2\right\}\times 3$

$=\left(-\frac{3}{5}\right)-\left\{\left(-\frac{3}{2}\right)+\frac{5}{3}\div\frac{25}{4}\right\}\times 3$

$=\left(-\frac{3}{5}\right)-\left\{\left(-\frac{3}{2}\right)+\frac{5}{3}\times\frac{4}{25}\right\}\times 3$

$=\left(-\frac{3}{5}\right)-\left\{\left(-\frac{3}{2}\right)+\frac{4}{15}\right\}\times 3$

$=\left(-\frac{3}{5}\right)-\left(-\frac{37}{30}\right)\times 3$

$=\left(-\frac{3}{5}\right)-\left(-\frac{37}{10}\right)$

$=\left(-\frac{6}{10}\right)+\left(+\frac{37}{10}\right)$

$=\frac{31}{10}$

답 (1) ㉣ → ㉢ → ㉡ → ㉤ → ㉠ (2) $\frac{31}{10}$

[19~20] 풀이 과정과 답을 써 보자.

19

다음을 모두 만족시키는 두 자연수를 구하시오.

- 두 수의 최대공약수는 12이다.
- 두 수의 최소공배수는 240이다.
- 두 수의 차는 12이다.

풀이 두 자연수를 A, B라고 하자.

A, B의 최대공약수가 $12=2^2\times 3$이므로

$A=2^2\times 3\times a$, $B=2^2\times 3\times b$ (a, b는 서로소, $a<b$)

로 놓을 수 있다. ◀ ㉮

이때 A, B의 최소공배수가 $240=2^4\times 3\times 5$이므로

$a\times b=2^2\times 5$

A, B의 차가 12이므로 $a=2^2$, $b=5$이어야 한다.

따라서 구하는 두 자연수는 $2^2\times 3\times 2^2$, $2^2\times 3\times 5$, 즉 48, 60이다. ◀ ㉯

답 48, 60

채점 기준	배점
㉮ 두 자연수를 최대공약수를 이용하여 나타내기	40 %
㉯ 두 자연수 구하기	60 %

20

영우는 어떤 수 A에서 3을 빼야 할 것을 잘못하여 더하였더니 -2가 되었고, 혜미는 어떤 수 B에 $-\frac{7}{5}$을 곱해야 할 것을 잘못하여 나누었더니 10이 되었다.

(1) A, B의 값을 각각 구하시오.

(2) 영우와 혜미가 바르게 계산한 값을 각각 구하시오.

풀이 (1) $A+3=-2$이므로 덧셈과 뺄셈 사이의 관계에서

$A=-2-3=-5$ ◀ ㉮

또 $B\div\left(-\frac{7}{5}\right)=10$이므로 곱셈과 나눗셈 사이의 관계에서

$B=10\times\left(-\frac{7}{5}\right)=-14$ ◀ ㉯

(2) 영우가 바르게 계산한 값은

$-5-3=-8$ ◀ ㉰

혜미가 바르게 계산한 값은

$(-14)\times\left(-\frac{7}{5}\right)=\frac{98}{5}$ ◀ ㉱

답 (1) $A=-5$, $B=-14$

(2) 영우: -8, 혜미: $\frac{98}{5}$

	채점 기준	배점
(1)	㉮ A의 값 구하기	30 %
	㉯ B의 값 구하기	30 %
(2)	㉰ 영우가 바르게 계산한 값 구하기	20 %
	㉱ 혜미가 바르게 계산한 값 구하기	20 %

교과서 58~59쪽

유리수를 계산하여 쪽모이하기

1 다음은 활동지에 적혀 있는 식이다. 식을 계산하여 표를 완성해 보자.

식	계산 결과
$(+6)+(-10)-(+8)$	-12
$(+24)\div(-0.8)\times(-0.2)$	6
$4-7+6-11$	-8
$-2.7-1.8+3.5$	-1
$(-13)\times\left(+\frac{1}{5}\right)\times\left(-\frac{5}{26}\right)$	$\frac{1}{2}$
$-\frac{7}{5}+\frac{1}{2}+\frac{5}{9}$	$-\frac{31}{90}$
$\frac{12}{7}\times\left(-\frac{1}{2}\right)^3\div\frac{5}{14}$	$-\frac{3}{5}$
$\frac{13}{8}-\frac{3}{4}+\frac{1}{2}-3$	$-\frac{13}{8}$

식	계산 결과
$\left(-\frac{9}{2}\right)-(-2)+\left(-\frac{5}{3}\right)$	$-\frac{25}{6}$
$0.2^2\times(-15)\div\frac{10}{3}$	$-\frac{9}{50}$
$-1.6+\frac{5}{2}+2-\frac{7}{3}$	$\frac{17}{30}$
$\left(-\frac{8}{5}\right)\div\left(+\frac{16}{15}\right)\times\left(-\frac{4}{3}\right)$	2
$\left(+\frac{5}{3}\right)-(-1)+\left(-\frac{2}{3}\right)+(-1)$	1
$-\frac{5}{2}\times\frac{6}{7}-\frac{16}{9}\div\left(-\frac{14}{3}\right)$	$-\frac{37}{21}$
$\left\{(-2)^2\div\left(-\frac{8}{3}\right)+0.5\right\}\times 6$	-6

풀이

- $(+6)+(-10)-(+8)=(+6)+(-10)+(-8)=-12$
- $(+24)\div(-0.8)\times(-0.2)=(-30)\times(-0.2)=6$
- $4-7+6-11=-8$
- $-2.7-1.8+3.5=(-2.7)+(-1.8)+(+3.5)=-1$
- $(-13)\times\left(+\frac{1}{5}\right)\times\left(-\frac{5}{26}\right)=\frac{1}{2}$
- $-\frac{7}{5}+\frac{1}{2}+\frac{5}{9}=-\frac{126}{90}+\frac{45}{90}+\frac{50}{90}=-\frac{31}{90}$
- $\frac{12}{7}\times\left(-\frac{1}{2}\right)^3\div\frac{5}{14}=\frac{12}{7}\times\left(-\frac{1}{8}\right)\times\frac{14}{5}=-\frac{3}{5}$
- $\frac{13}{8}-\frac{3}{4}+\frac{1}{2}-3=\frac{13}{8}-\frac{6}{8}+\frac{4}{8}-\frac{24}{8}=-\frac{13}{8}$
- $\left(-\frac{9}{2}\right)-(-2)+\left(-\frac{5}{3}\right)=\left(-\frac{27}{6}\right)+\left(+\frac{12}{6}\right)+\left(-\frac{10}{6}\right)=-\frac{25}{6}$
- $0.2^2\times(-15)\div\frac{10}{3}=\frac{1}{25}\times(-15)\times\frac{3}{10}=-\frac{9}{50}$
- $-1.6+\frac{5}{2}+2-\frac{7}{3}=(-1.6+2)+\left(\frac{15}{6}-\frac{14}{6}\right)=\frac{2}{5}+\frac{1}{6}=\frac{12}{30}+\frac{5}{30}=\frac{17}{30}$
- $\left(-\frac{8}{5}\right)\div\left(+\frac{16}{15}\right)\times\left(-\frac{4}{3}\right)=\left(-\frac{8}{5}\right)\times\left(+\frac{15}{16}\right)\times\left(-\frac{4}{3}\right)=2$
- $\left(+\frac{5}{3}\right)-(-1)+\left(-\frac{2}{3}\right)+(-1)=\left\{\left(+\frac{5}{3}\right)+\left(-\frac{2}{3}\right)\right\}+\{(+1)+(-1)\}=(+1)+0=1$
- $-\frac{5}{2}\times\frac{6}{7}-\frac{16}{9}\div\left(-\frac{14}{3}\right)=-\frac{5}{2}\times\frac{6}{7}-\frac{16}{9}\times\left(-\frac{3}{14}\right)=-\frac{15}{7}-\left(-\frac{8}{21}\right)=-\frac{37}{21}$
- $\left\{(-2)^2\div\left(-\frac{8}{3}\right)+0.5\right\}\times 6=\left\{4\times\left(-\frac{3}{8}\right)+\frac{1}{2}\right\}\times 6=\left\{\left(-\frac{3}{2}\right)+\frac{1}{2}\right\}\times 6=-6$

답 풀이 참조

2

활동지 ①, ②의 종이 조각을 자른 후 변에 쓰인 식의 계산 결과를 1에서 찾아 쓰고, 종이 조각을 맞춰 쪽모이를 완성해 보자.

풀이 활동지의 각 종이 조각을 다음과 같이 번호를 써넣어 보자.

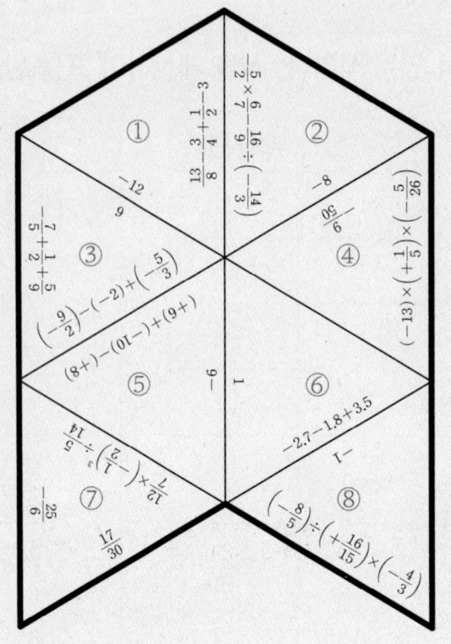

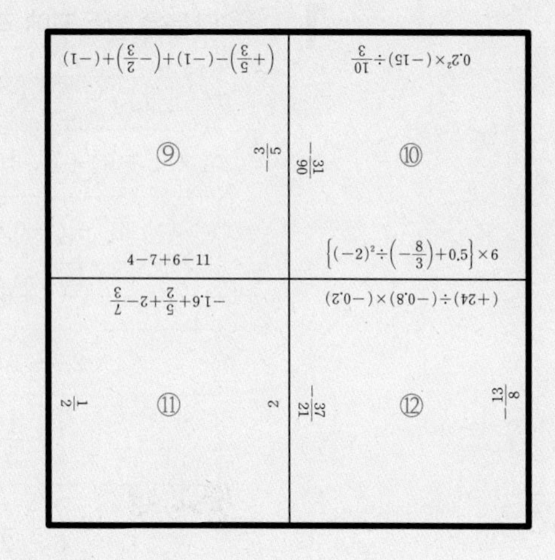

종이 조각을 맞춰 쪽모이를 완성하면 오른쪽과 같다.

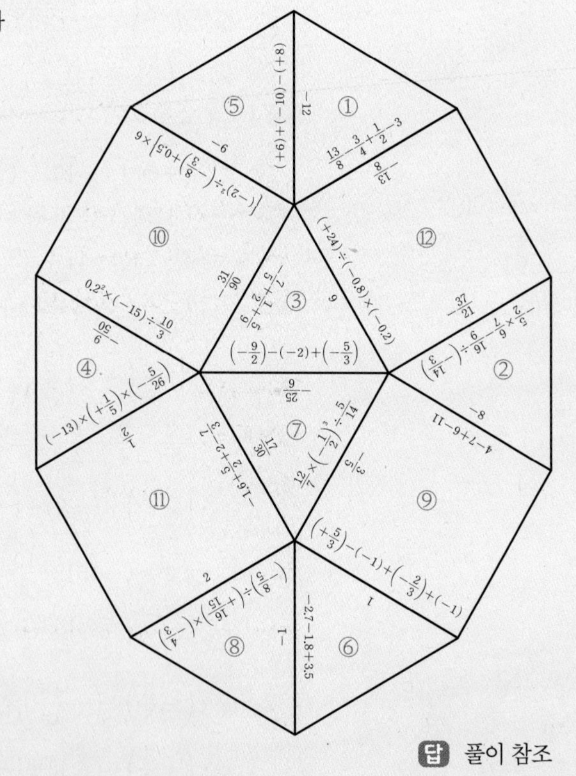

답 풀이 참조

3

완성한 쪽모이를 다른 모둠의 쪽모이와 비교하고, 식의 계산 결과에 맞게 쪽모이를 만들었는지 확인해 보자.

답 생략

4

3에서 완성한 쪽모이를 이용하여 모둠만의 특징이 있는 그림을 그려 보자.

답 생략

Ⅱ 문자와 식

1. 문자의 사용과 식
2. 일차방정식

교통 표지, 악보, 탄소 발자국은 문자나 기호를 사용하여 정보를 전달한다.
수학에서도 문자를 사용하여 복잡한 내용을 간결한 식으로 나타낼 수 있다.

1 문자의 사용과 식

교과서 63쪽

준비 ❶ 어떤 수를 □로 하여 다음을 식으로 나타내시오.

(1) 어떤 수보다 4만큼 작은 수

(2) 어떤 수의 3배에 2를 더한 수

풀이 (1) 어떤 수보다 4만큼 작은 수는 (어떤 수)-4이므로

$\square-4$

(2) 어떤 수의 3배에 2를 더한 수는 (어떤 수)$\times 3+2$이므로

$\square\times 3+2$

답 (1) $\square-4$ (2) $\square\times 3+2$

개념 초 5~6

• 어떤 수 대신 □를 사용하여 식으로 나타낸다.

❷ 다음을 계산하시오.

(1) $15-3\times 4$

(2) $6\div 3-\frac{1}{2}\times(5-0.4)$

풀이 (1) $15-3\times 4=15-12=3$

(2) $6\div 3-\frac{1}{2}\times(5-0.4)=2-\frac{1}{2}\times 4.6=2-2.3=-0.3$

답 (1) 3 (2) -0.3

개념 중 1

• 괄호가 있으면 괄호 안을 먼저 계산하고, 곱셈과 나눗셈을 한 후 덧셈과 뺄셈을 한다.

단원의 학습흐름

이전에 배운 내용은	이 단원에서는	새로운 용어
초 3~4 규칙을 수나 식으로 나타내기 초 5~6 자연수의 혼합 계산 중 1 정수와 유리수	문자의 사용과 식의 값 일차식과 그 계산	대입, 항, 상수항, 계수, 다항식, 단항식, 차수, 일차식, 동류항

01 문자의 사용과 식의 값

학습 목표 다양한 상황을 문자를 사용한 식으로 나타내어 그 유용성을 인식하고, 식의 값을 구할 수 있다.

문자를 사용하여 식을 어떻게 나타낼까

교과서 64~66쪽

▶ 수량을 나타내는 문자로 보통 a, b, c, ..., x, y, z를 사용한다.

▶ 'b는 0이 아니다.'를 기호 $\neq$를 사용하여 $b\neq0$으로 나타낸다.

개념 짚어보기

1 곱셈 기호의 생략

(1) 수와 문자 사이의 곱에서는 곱셈 기호 $\times$를 생략하고, 수를 문자 앞에 쓴다.

예 $2\times a=2a$, $a\times(-2)=-2a$

(2) 문자와 문자 사이의 곱에서는 곱셈 기호 $\times$를 생략하고, 보통 알파벳 순서로 쓴다.

예 $a\times x\times b=abx$

(3) 같은 문자의 곱에서는 거듭제곱으로 나타낸다.

예 $y\times x\times y=xy^2$

(4) 괄호가 있는 곱에서는 곱셈 기호 $\times$를 생략하고, 곱해지는 수나 문자를 괄호 앞에 쓴다.

예 $(x-y)\times3=3(x-y)$, $a\times(x+y)\times(-2)=-2a(x+y)$

2 나눗셈 기호의 생략

나눗셈 기호 $\div$를 생략하고, 분수의 꼴로 나타낸다. → $a\div b=\frac{a}{b}$ (단, $b\neq0$)

도입 도담이는 체육 한마당에서 입을 반 티셔츠를 온라인으로 구매하려고 한다. 티셔츠 한 장의 가격은 5000원, 배송비는 구매 수량과 상관없이 2500원이라고 할 때, 티셔츠의 구매 개수에 따른 결제 금액을 식으로 나타내 보자.

풀이 티셔츠 1장의 가격은 5000×1(원), 2장의 가격은 5000×2(원), 3장의 가격은 5000×3(원), ...이므로 티셔츠의 구매 개수에 따른 결제 금액은

($5000\times$ 티셔츠의 구매 개수$+2500$)원

답 ($5000\times$ 티셔츠의 구매 개수$+2500$)원

괄호 안의 알맞은 것에 ○표를 해 보자.

1 동생의 나이가 x살일 때, 3살 많은 누나의 나이는 ($x+3$, $x-3$) 살이다.

2 한 그루당 연간 14 kg의 탄소를 흡수하는 어떤 종류의 나무 a그루가 연간 흡수하는 탄소량은 ($14\times a$, $14\div a$) kg이다.

곱셈 기호 ×를 생략하여 빈칸에 알맞은 것을 써넣어 보자.

1 $y\times(-11)\times x=$ $-11xy$

2 $(a+b)\times a\times a=$ $a^2(a+b)$

나눗셈 기호 ÷를 생략하여 빈칸에 알맞은 것을 써넣어 보자.

1 $a\div(-4)=\dfrac{a}{-4}=-\dfrac{a}{4}$

2 $(x+y)\div 5=\dfrac{x+y}{5}=\dfrac{1}{5}(x+y)$

문제 1 다음 식을 간단히 나타내시오.

(1) $b\times 0.1\times a$

(2) $(a-b)\div c\times(-1)$

(3) $y\times(-4)\div(x+y)$

(4) $x\times 6\times x+12\div y$

풀이 (1) $b\times 0.1\times a=0.1ab$

(2) $(a-b)\div c\times(-1)=\dfrac{a-b}{c}\times(-1)=-\dfrac{a-b}{c}$

(3) $y\times(-4)\div(x+y)=-4y\div(x+y)=-\dfrac{4y}{x+y}$

(4) $x\times 6\times x+12\div y=6x^2+\dfrac{12}{y}$

답 (1) $0.1ab$ (2) $-\dfrac{a-b}{c}$ (3) $-\dfrac{4y}{x+y}$ (4) $6x^2+\dfrac{12}{y}$

문제 2 다음을 곱셈 기호 ×와 나눗셈 기호 ÷를 생략한 식으로 나타내시오.

(1) 둘레의 길이가 x cm인 정삼각형의 한 변의 길이

(2) 농구 경기에서 2점 슛을 a번, 3점 슛을 b번 넣었을 때의 총득점

풀이 (1) 정삼각형의 세 변의 길이는 모두 같으므로 한 변의 길이는 $\dfrac{x}{3}$ cm이다.

(2) 2점 슛을 a번 넣으면 $2a$점, 3점 슛을 b번 넣으면 $3b$점이므로 총득점은 $(2a+3b)$점이다.

답 (1) $\dfrac{x}{3}$ cm (2) $(2a+3b)$점

문제 3 다음은 지안이가 식을 간단히 나타낸 것이다. 지안이가 식을 바르게 나타내었는지 확인하고, 옳지 않은 것을 모두 찾아 바르게 고치시오.

$$a\div(b\times c)=\frac{a}{bc},\qquad a\div b\div c=\frac{ab}{c},\qquad a\div(b\div c)=\frac{a}{bc}$$

풀이 $a\div(b\times c)=a\div bc=\dfrac{a}{bc}$, $a\div b\div c=\dfrac{a}{b}\div c=\dfrac{a}{bc}$, $a\div(b\div c)=a\div\dfrac{b}{c}=a\times\dfrac{c}{b}=\dfrac{ac}{b}$

답 $a\div b\div c=\dfrac{a}{bc}$, $a\div(b\div c)=\dfrac{ac}{b}$

식의 값은 어떻게 구할까

교과서 67~68쪽

▶ 대입(代入)은 '대신 하여 넣는다'는 뜻이다.

개념 짚어보기

① **대입**: 문자를 사용한 식에서 문자 대신 수로 바꾸어 넣는 것

② **식의 값**: 주어진 식의 문자에 수를 대입하여 얻은 값

→ 문자에 수를 대입할 때는 생략된 곱셈 기호를 다시 쓴다.

→ 문자에 음수를 대입할 때는 괄호를 사용한다.

x에 14를 대입

$7+\frac{10}{7}x=7+\frac{10}{7}\times14$

$=27$

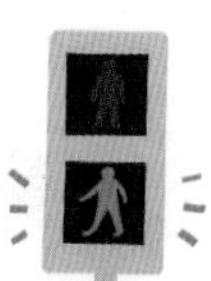

도입 일반적으로 어린이 보호 구역에 설치된 횡단보도의 길이가 x m일 때, 신호등의 보행 신호 시간은 7초를 기본으로 하고 횡단보도의 길이에 따라 $\frac{10}{7}x$초만큼 늘어난다고 한다. 횡단보도의 길이가 14 m일 때 신호등의 보행 신호 시간을 구해 보자.

(출처: 경찰청, 2023)

풀이 횡단보도의 길이가 x m일 때 신호등의 보행 신호 시간은

$\left(7+\frac{10}{7}x\right)$초

이다. 이때 횡단보도의 길이가 14 m이면 신호등의 보행 신호 시간은 문자 x를 14로 바꾸어 넣어

$7+\frac{10}{7}\times14=7+20=27$(초)

답 27초

문제 4 다음을 구하시오.

(1) $a=3$일 때, 식 $2a+3$의 값

(2) $b=-7$일 때, 식 $-b-1$의 값

(3) $x=5$일 때, 식 $2-x^2$의 값

(4) $y=-9$일 때, 식 $\frac{y}{3}+1$의 값

풀이 (1) $2a+3=2\times3+3=9$

(2) $-b-1=-(-7)-1=7-1=6$

(3) $2-x^2=2-5^2=2-25=-23$

(4) $\frac{y}{3}+1=\frac{-9}{3}+1=-3+1=-2$

답 (1) 9 (2) 6 (3) −23 (4) −2

문제 5 $x=3$, $y=-2$일 때, 다음 식의 값을 구하시오.

(1) $x-2y$

(2) $x^2+\frac{1}{2}y$

(3) $\frac{x-y}{x+y}$

(4) $-x+(-y)^2$

풀이 (1) $x-2y=3-2\times(-2)=3+4=7$

(2) $x^2+\frac{1}{2}y=3^2+\frac{1}{2}\times(-2)=9-1=8$

(3) $\frac{x-y}{x+y}=\frac{3-(-2)}{3+(-2)}=\frac{3+2}{3-2}=5$

(4) $-x+(-y)^2=-3+2^2=-3+4=1$

답 (1) 7 (2) 8 (3) 5 (4) 1

문제 6 1분당 최대 심장 박동수는 건강 관리와 운동 강도 조절에 중요한 요소이다. 꾸준히 운동하면 1분당 최대 심장 박동수는 천천히 감소하며 몇 년 동안 유지된다.
일반적으로 나이가 x살인 사람의 1분당 최대 심장 박동수는

남자: $214-0.8x$, 여자: $209-0.8x$

로 계산할 수 있다.

(출처: 한국체육측정평가학회, 2015)

(1) 20살인 남자와 여자의 1분당 최대 심장 박동수를 각각 구하시오.

(2) 나의 1분당 최대 심장 박동수를 구하시오.

풀이 (1) 남자: $214-0.8\times20=214-16=198$

여자: $209-0.8\times20=209-16=193$

(2) ㉮ 12세 남자의 최대 심장 박동수는

$214-0.8\times12=214-9.6=204.4$, 즉 약 204이다.

12세 여자의 최대 심장 박동수는

$209-0.8\times12=209-9.6=199.4$, 즉 약 199이다.

답 (1) 남자: 198, 여자: 193 (2) 풀이 참조

교과서 69쪽

식의 값을 구하여 단위 바꾸기

탐구 1 다음 신문 기사에 나온 화씨온도(°F)와 피트(ft)를 각각 섭씨온도(℃)와 센티미터(cm)로 바꾸어 보자.

뉴욕 일원 이상고온, 1월 평균 기온 역대 최고

올겨울 내내 뉴욕 일원은 제대로 된 눈은 한 번도 내리지 않았고 평균 기온도 높아져, 대표적인 겨울 행사인 얼음낚시 대회나 눈썰매 행사가 줄줄이 취소되었다고 한다.

지난 1월 한인 타운인 포트리의 평균 기온은 최고 50 °F, 최저 41 °F를 나타냈다.

기상학자들은 지구 온난화로 인한 기후변화, 라니냐 현상 등이 복합적으로 작용한 것을 원인으로 보고 있다.

(출처: 『KBN』, 2023년 2월 23일)

세계에서 가장 높은 나무

세계에서 가장 높은 나무는 미국 캘리포니아에 있는 레드우드라고 불리는 나무이다. 이 나무의 높이는 무려 380 ft이고 수명이 700~800년쯤 된다고 한다.

(출처: 『The Guardian』, 2022년 8월 2일)

화씨온도를 섭씨온도로 바꾸기

50 °F ➡ 10 ℃

식: $\frac{5}{9}(50-32)=10$

41 °F ➡ 5 ℃

식: $\frac{5}{9}(41-32)=5$

피트를 센티미터로 바꾸기

380 ft ➡ 11582.4 cm

식: $30.48\times380=11582.4$

풀이 화씨온도 x °F는 섭씨온도 $\frac{5}{9}(x-32)$ ℃이므로

$\frac{5}{9}(50-32)=10$(℃)

$\frac{5}{9}(41-32)=5$(℃)

높이 x ft는 $30.48x$ cm이므로 $30.48\times380=11582.4$(cm)

답 풀이 참조

02 일차식과 그 계산

학습 목표 일차식의 덧셈과 뺄셈의 원리를 이해하고, 그 계산을 할 수 있다.

일차식은 무엇일까

교과서 70~71쪽

개념 짚어보기

① **항**: 수 또는 문자의 곱으로 이루어진 식

② **상수항**: 수만으로 이루어진 항

③ **계수**: 항에서 문자에 곱해진 수

④ **다항식**: 한 개 또는 두 개 이상의 항의 합으로 이루어진 식

예 $7x$, $3x+2$, $x-2y+z$

⑤ **단항식**: 다항식 중에서 한 개의 항으로만 이루어진 식 예 $7x$

⑥ **차수**: 어떤 항에서 문자가 곱해진 개수 예 $3a^2$의 차수는 2이다.

⑦ **일차식**: 차수가 1인 다항식

x의 계수 상수항

$3x+2$

항

도입 가온이는 스티커를 붙여 전통 탈을 꾸미려고 한다. 스티커를 각시탈에는 3개씩, 양반탈에는 2개씩 붙여서 꾸밀 때, 각시탈 x개와 양반탈 1개에 붙인 스티커의 개수를 문자 x를 사용한 식으로 나타내 보자.

각시탈

양반탈

풀이 각시탈 x개에 붙인 스티커의 개수는 $3x$, 양반탈 1개에 붙인 스티커의 개수는 2이므로 각시탈 x개와 양반탈 1개에 붙인 스티커의 개수는 $3x+2$이다.

답 $3x+2$

확인 1 빈칸에 알맞은 것을 써넣어 보자.

다항식 $2x-3y+5$는 $2x+(-3y)+5$이므로

1 항은 $2x$, [$-3y$], 5이고, 상수항은 [5]이다.

2 x의 계수는 2, y의 계수는 [-3]이다.

확인 2 빈칸에 알맞은 것을 써넣고, 괄호 안의 알맞은 것에 ○표를 해 보자.

1 다항식 $7x+2$에서 차수가 가장 큰 항은 [$7x$]이다.

따라서 $7x+2$는 일차식((이다), 이 아니다).

2 다항식 x^2+x-1에서 차수가 가장 큰 항은 [x^2]이다.

따라서 x^2+x-1은 일차식(이다, (이 아니다)).

문제 1 주어진 ①~⑥을 구하고, 각각에 해당하는 글자를 찾아 문장을 완성하시오.

① $3-\frac{x^2}{10}$에서 x^2의 계수	② $-2a^3+1$에서 다항식의 차수
③ $3x-y+\frac{1}{2}$에서 y의 계수	④ $10y^2+y$에서 다항식의 차수
⑤ $2x-6$에서 상수항	⑥ $-a^2+\frac{1}{5}$에서 상수항

-6	-1	$-\frac{1}{10}$	$\frac{1}{5}$	2	3
중	탄	지	립	소	구

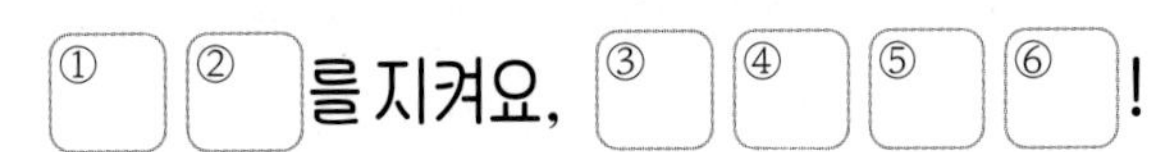

풀이 ① $-\frac{1}{10}$ ② 3 ③ -1 ④ 2 ⑤ -6 ⑥ $\frac{1}{5}$

따라서 문장을 완성하면 '지구를 지켜요, 탄소중립!'이다.

답 ① 지 ② 구 ③ 탄 ④ 소 ⑤ 중 ⑥ 립

다항식으로 시 쓰기

세준이는 다음과 같이 다항식 'x^2-x+2'를 제목으로 한 시를 썼다. 세준이와 같이 아래의 용어 중에서 3가지 이상을 이용하여 시를 쓰고, 발표해 보자.

상수항, 계수, 다항식, 단항식, 차수, 일차식

x^2-x+2

3개의 항이 합으로 이루어져 있으니
아름다운 다항식이구나.
차수는 2, 너를 일차식이라 부를 수 없구나.
거기 숫자만 있는 너 상수항 2.
너는 다항식의 차수와 같으니 함께 노래를 부르자꾸나.

제목 예 $3x-y+\frac{1}{2}$

이리 오너라 x의 계수 3
저리 가거라 y의 계수 -1
x로 보나 y로 보나 너는 일차식이구나.
홀로 있지만 외롭지 않은 너,
상수항 $\frac{1}{2}$이로구나.

일차식과 수의 곱셈, 나눗셈은 어떻게 할까

교과서 72~73쪽

개념 짚어보기

❶ **(단항식)×(수)**: 수끼리 곱하여 수를 문자 앞에 쓴다.

예) $8x\times3=8\times x\times3$ (곱셈의 교환법칙)

$=8\times3\times x$ (곱셈의 결합법칙)

$=(8\times3)\times x$

$=24x$

❷ **(단항식)÷(수)**: 나누는 수의 역수를 곱하여 계산한다.

예) $12x\div4=12\times x\times\frac{1}{4}=\left(12\times\frac{1}{4}\right)\times x=3x$

❸ **(일차식)×(수)**: 단항식이 아닌 일차식과 수를 곱할 때는 분배법칙을 이용하여 일차식의 각 항에 그 수를 곱하여 계산한다.

❹ **(일차식)÷(수)**: 나누는 수의 역수를 곱하여 계산한다.

도입 오른쪽 그림은 세로의 길이가 x cm인 직사각형 모양의 환경 보호 안내문을 3등분 하여 세 면으로 접었다가 펼친 것이다. 접힌 안내문 한 면의 가로의 길이가 8 cm일 때, 안내문 전체의 넓이를 식으로 나타내려고 한다. 빈칸에 알맞은 것을 써넣어 보자.

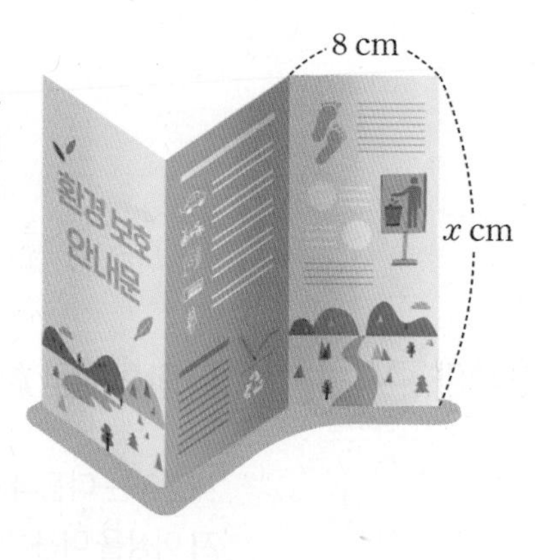

(안내문 한 면의 넓이)×3=(안내문 전체의 넓이)

➜ □×3=□(cm²)

풀이 안내문 한 면의 넓이는 $8x$ cm²이므로 안내문 전체의 넓이는

$8x\times3=24x$ (cm²)

답 (왼쪽부터) $8x$, $24x$

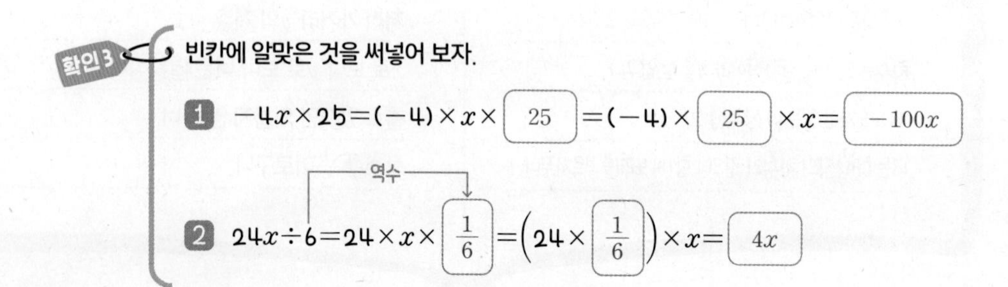

확인 3 빈칸에 알맞은 것을 써넣어 보자.

1 $-4x\times25=(-4)\times x\times$ [25] $=(-4)\times$ [25] $\times x=$ [$-100x$]

2 $24x\div6=24\times x\times$ [$\frac{1}{6}$] $=\left(24\times\right.$ [$\frac{1}{6}$] $\left.\right)\times x=$ [$4x$] (역수)

문제 2 다음을 계산하시오.

(1) $8x\times\left(-\frac{5}{2}\right)$ (2) $\left(-\frac{2}{3}y\right)\times(-9)$

(3) $(-6a)\div\frac{1}{3}$ (4) $12x\div\left(-\frac{5}{4}\right)$

풀이 (1) $8x\times\left(-\frac{5}{2}\right)=8\times\left(-\frac{5}{2}\right)\times x=-20x$

(2) $\left(-\frac{2}{3}y\right)\times(-9)=\left(-\frac{2}{3}\right)\times(-9)\times y=6y$

(3) $(-6a)\div\frac{1}{3}=(-6)\times a\times 3=(-6)\times 3\times a=-18a$

(4) $12x\div\left(-\frac{5}{4}\right)=12\times x\times\left(-\frac{4}{5}\right)=12\times\left(-\frac{4}{5}\right)\times x=-\frac{48}{5}x$

답 (1) $-20x$ (2) $6y$ (3) $-18a$ (4) $-\frac{48}{5}x$

문제 3 다음을 계산하시오.

(1) $\frac{1}{3}(9y-15)$ (2) $(-4x+6)\times(-5)$

(3) $(-7a+21)\div(-7)$ (4) $(8b-10)\div\frac{2}{3}$

풀이 (1) $\frac{1}{3}(9y-15)=\frac{1}{3}\times 9y-\frac{1}{3}\times 15=3y-5$

(2) $(-4x+6)\times(-5)=(-4x)\times(-5)+6\times(-5)=20x-30$

(3) $(-7a+21)\div(-7)=(-7a+21)\times\left(-\frac{1}{7}\right)=(-7a)\times\left(-\frac{1}{7}\right)+21\times\left(-\frac{1}{7}\right)=a-3$

(4) $(8b-10)\div\frac{2}{3}=(8b-10)\times\frac{3}{2}=8b\times\frac{3}{2}-10\times\frac{3}{2}=12b-15$

답 (1) $3y-5$ (2) $20x-30$ (3) $a-3$ (4) $12b-15$

문제 4 오른쪽은 예은이가 식을 계산한 것이다. 계산 과정에서 잘못된 부분을 찾아 바르게 고치시오.

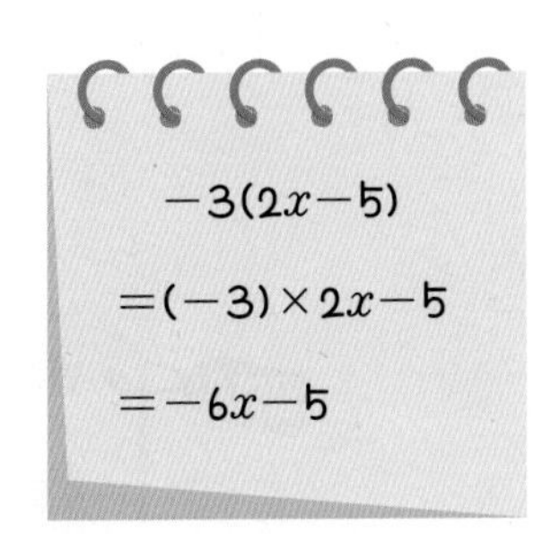

풀이 일차식과 수를 곱할 때는 분배법칙을 이용하여 일차식의 각 항에 그 수를 곱하여 계산해야 한다. 따라서 잘못 계산한 부분은

$-3(2x-5)=(-3)\times 2x-5$

이고, 바르게 계산하면

$-3(2x-5)=(-3)\times 2x-(-3)\times 5=-6x+15$

이다.

답 풀이 참조

일차식의 덧셈, 뺄셈은 어떻게 할까

교과서 74~75쪽

개념 짚어보기

① **동류항**: 문자와 차수가 각각 같은 항
→ 상수항은 모두 동류항이다.

예) $\frac{1}{2}x$와 $3x$ → 문자와 차수가 각각 같으므로 동류항이다.
x와 $-2x^2$ → 문자는 같으나 차수가 다르므로 동류항이 아니다.
$3x$와 $5y$ → 차수는 같으나 문자가 다르므로 동류항이 아니다.

② **동류항이 있는 다항식의 계산**: 동류항끼리 모은 후 분배법칙을 이용하여 간단히 한다.
예) $2x+5x=(2+5)x=7x$
$3x-2+4x+1=(3+4)x-2+1=7x-1$

③ **일차식의 덧셈과 뺄셈**
먼저 괄호를 풀고 동류항끼리 모아서 계산한다. 이때 괄호 앞에 음의 부호 $-$가 있으면 괄호 안의 부호를 모두 바꾸어야 함에 주의한다.
예) $(x+2)+(3x-5)=x+2+3x-5=(1+3)x+2-5=4x-3$
$(4x+7)-(2x-3)=4x+7-2x+3=(4-2)x+7+3=2x+10$

도입 은유네 학교에서는 준비실과 학습실로 나누어 사용하던 교실을 하나로 합치는 공사를 하였다. 직사각형 모양의 준비실과 학습실의 넓이가 각각 $2x$, $5x$일 때, 합친 교실의 넓이를 식으로 나타내 보자.
(단, 벽의 두께는 생각하지 않는다.)

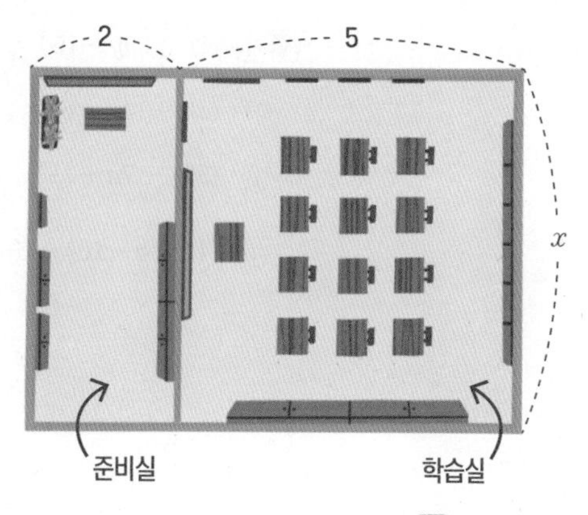

풀이 합친 교실의 넓이는 준비실과 학습실의 넓이의 합이므로
$2x+5x$

답 $2x+5x$

빈칸에 알맞은 것을 써넣어 보자.

1 $-a$와 $11a$는 [문자] 이/가 같고 차수가 [1] (으)로 같으므로 동류항이다.

2 $12x$와 $12y$는 [문자] 이/가 다르므로 동류항이 아니다.

3 $4a^2$과 $7a$는 [차수] 이/가 다르므로 동류항이 아니다.

확인 5 빈칸에 알맞은 것을 써넣어 보자.

1 $16x-20x=(\boxed{16}-\boxed{20})x=\boxed{-4x}$ (동류항)

2 $x+4+3x-2=x+3x+4-2=(\boxed{1}+\boxed{3})x+\boxed{2}=\boxed{4x+2}$ (동류항, 동류항, 분배법칙)

문제 5 다음을 계산하시오.

(1) $3a+5-8a+2$

(2) $\frac{1}{3}b+6-\frac{7}{3}b-4$

(3) $(2x+3)+(-x+1)$

(4) $(-2y-1)-(-y+1)$

풀이 (1) $3a+5-8a+2=3a-8a+5+2=-5a+7$

(2) $\frac{1}{3}b+6-\frac{7}{3}b-4=\frac{1}{3}b-\frac{7}{3}b+6-4=-2b+2$

(3) $(2x+3)+(-x+1)=2x+3+(-x)+1=2x-x+3+1=x+4$

(4) $(-2y-1)-(-y+1)=-2y-1+y-1=-2y+y-1-1=-y-2$

답 (1) $-5a+7$ (2) $-2b+2$ (3) $x+4$ (4) $-y-2$

문제 6 다음을 계산하시오.

(1) $2(a-1)+3(2a+1)$

(2) $(-b+7)-2(4b-2)$

(3) $-\frac{1}{3}(6x-12)+\frac{1}{4}(-4x-8)$

(4) $6\left(\frac{5}{2}y+\frac{1}{3}\right)-4(y-1)$

풀이 (1) $2(a-1)+3(2a+1)=2a-2+6a+3$
$=2a+6a-2+3=8a+1$

(2) $(-b+7)-2(4b-2)=-b+7-8b+4$
$=-b-8b+7+4=-9b+11$

(3) $-\frac{1}{3}(6x-12)+\frac{1}{4}(-4x-8)=-2x+4-x-2$
$=-2x-x+4-2=-3x+2$

(4) $6\left(\frac{5}{2}y+\frac{1}{3}\right)-4(y-1)=15y+2-4y+4$
$=15y-4y+2+4=11y+6$

답 (1) $8a+1$ (2) $-9b+11$ (3) $-3x+2$ (4) $11y+6$

교과서 76~77쪽

중단원 마무리

스스로 개념을 정리해요.

01 문자의 사용과 식의 값

(1) 곱셈 기호 ×와 나눗셈 기호 ÷의 생략

① 수와 문자 사이의 곱에서는 곱셈 기호 ×를 생략하고, 수를 문자 앞에 쓴다.

② 문자와 문자 사이의 곱에서는 곱셈 기호 ×를 생략하고, 보통 알파벳 순서로 쓴다.

③ 같은 문자의 곱에서는 거듭제곱(으)로 나타낸다.

④ 괄호가 있는 곱에서는 곱셈 기호 ×를 생략하고, 곱해지는 수나 문자를 괄호 앞에 쓴다.

⑤ 나눗셈 기호 ÷를 생략하고, 분수의 꼴로 나타낸다.

(2) 문자를 사용한 식에서 문자 대신 수로 바꾸어 넣는 것을 문자에 수를 대입한다고 한다.

02 일차식과 그 계산

(1) 일차식

① 다항식: 한 개 또는 두 개 이상의 항의 합으로 이루어진 식

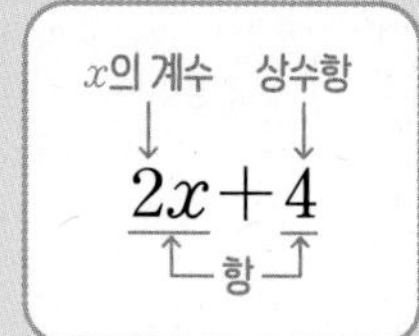

② 단항식: 한 개의 항으로만 이루어진 다항식

③ 일차식: 차수가 1인 다항식

(2) 일차식과 수의 곱셈, 나눗셈

① 일차식과 수를 곱할 때는 분배법칙을/를 이용하여 일차식의 각 항에 그 수를 곱하여 계산한다.

② 일차식을 수로 나눌 때는 나누는 수의 역수을/를 곱하여 계산한다.

(3) 일차식의 덧셈, 뺄셈

① 동류항: 문자와 차수가 각각 같은 항

② 일차식의 덧셈과 뺄셈은 먼저 괄호를 풀고 동류항끼리 모아서 계산한다.

01

다항식 $5x-9$에 대한 설명으로 옳은 것에는 ○표를, 옳지 않은 것에는 ×표를 하시오.

(1) 다항식의 차수는 1이다. (   )

(2) x의 계수는 5이다. (   )

(3) 상수항은 9이다. (   )

(4) $x=2$일 때, 식의 값은 2이다. (   )

풀이 (1) 항 $5x$는 문자 x가 1개 곱해진 항이므로 다항식의 차수는 1이다.

(2) x에 곱해진 수가 5이므로 x의 계수는 5이다.

(3) 상수항은 -9이다.

(4) $x=2$일 때, 식의 값은 $5\times2-9=1$이다.

답 (1) ○ (2) ○ (3) × (4) ×

02

다음 식을 간단히 나타내시오.

(1) $x\times(-5)\times y\times x$ (2) $a\times a\div b$

풀이 (1) $x\times(-5)\times y\times x=(-5)\times x\times x\times y=-5x^2y$

(2) $a\times a\div b=a\times a\times\frac{1}{b}=\frac{a^2}{b}$

답 (1) $-5x^2y$ (2) $\frac{a^2}{b}$

03

다음을 계산하시오.

(1) $(6x+4)\div\frac{2}{5}$ (2) $(x-5)-(3x+4)$

풀이 (1) $(6x+4)\div\frac{2}{5}=(6x+4)\times\frac{5}{2}$
$=6x\times\frac{5}{2}+4\times\frac{5}{2}$
$=15x+10$

(2) $(x-5)-(3x+4)=x-5-3x-4$
$=x-3x-5-4$
$=-2x-9$

답 (1) $15x+10$ (2) $-2x-9$

04

$a=-3$일 때, 다음에서 식의 값이 가장 큰 것과 가장 작은 것을 각각 구하시오.

a^3, $(-a)^2$, $\frac{a^2}{3}$, $-\frac{1}{3}a$

풀이 $a=-3$일 때,
$a^3=(-3)^3=-27$,
$(-a)^2=3^2=9$,
$\frac{a^2}{3}=\frac{(-3)^2}{3}=3$,
$-\frac{1}{3}a=-\frac{1}{3}\times(-3)=1$
이므로 가장 큰 것은 $(-a)^2$, 가장 작은 것은 a^3이다.

답 가장 큰 것: $(-a)^2$, 가장 작은 것: a^3

05

공기 중에서 온도가 x ℃일 때, 소리의 속력은 초속 $(0.6x+331.5)$ m라고 한다. 온도가 20 ℃일 때, 소리의 속력을 구하시오.

풀이 $0.6x+331.5$에 $x=20$을 대입하면
$0.6\times20+331.5=343.5$
따라서 소리의 속력은 초속 343.5 m이다.

답 초속 343.5 m

06

다음 보기 중에서 일차식을 모두 고르시오.

보기
ㄱ. $2(x+1)-2$ ㄴ. $7x-2x+9-5x$
ㄷ. $\frac{1}{4}(4x^2+x)-x^2$ ㄹ. $-8(x+x^2)-2$

풀이 ㄱ. $2(x+1)-2=2x+2-2=2x$
에서 차수가 1이므로 일차식이다.
ㄴ. $7x-2x+9-5x=7x-2x-5x+9=9$
에서 상수항은 일차식이 아니다.
ㄷ. $\frac{1}{4}(4x^2+x)-x^2=x^2+\frac{1}{4}x-x^2=x^2-x^2+\frac{1}{4}x=\frac{1}{4}x$
에서 차수가 1이므로 일차식이다.
ㄹ. $-8(x+x^2)-2=-8x-8x^2-2$
에서 차수가 가장 큰 항은 $-8x^2$이고, 이 항의 차수가 2이므로 일차식이 아니다.
따라서 일차식은 ㄱ, ㄷ이다.

답 ㄱ, ㄷ

07

다음을 계산하시오.

(1) $-2(-x+3)+3(x-2)$

(2) $\frac{x+2}{3}-\frac{x-2}{2}$

풀이 (1) $-2(-x+3)+3(x-2)=2x-6+3x-6$
$=2x+3x-6-6$
$=5x-12$

(2) $\frac{x+2}{3}-\frac{x-2}{2}=\frac{2x+4-3x+6}{6}$

$=\frac{2x-3x+4+6}{6}$

$=\frac{-x+10}{6}$

답 (1) $5x-12$

(2) $\frac{-x+10}{6}$

08

일차식 $-2x+3$에서 어떤 일차식을 뺐더니 $-3x+8$이 되었다. 어떤 일차식을 구하시오.

풀이 어떤 일차식을 A라고 하면

$-2x+3-A=-3x+8$

이므로

$A=-2x+3-(-3x+8)$

$=-2x+3+3x-8$

$=-2x+3x+3-8$

$=x-5$

따라서 어떤 일차식은 $x-5$이다.

답 $x-5$

09

다음 그림에서 위 칸의 식은 바로 아래 두 칸의 식을 더한 것이다. (가), (나)에 알맞은 식을 각각 구하시오.

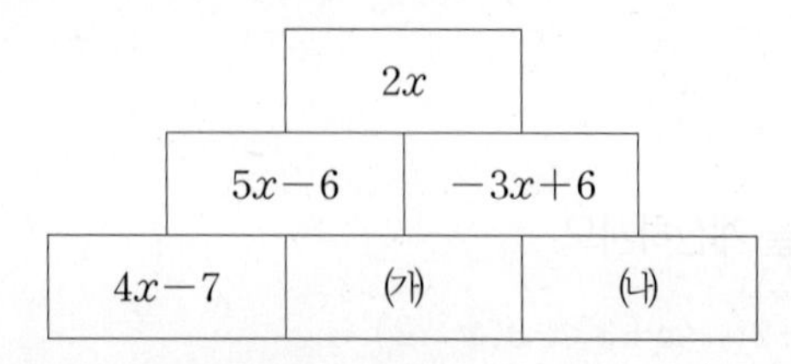

풀이 $4x-7+$(가)$=5x-6$이므로

(가)$=5x-6-(4x-7)$

$=5x-6-4x+7$

$=5x-4x-6+7$

$=x+1$

또 (가)+(나)$=-3x+6$이므로

(나)$=-3x+6-$(가)

$=-3x+6-(x+1)$

$=-3x+6-x-1$

$=-3x-x+6-1$

$=-4x+5$

답 (가) $x+1$, (나) $-4x+5$

10 발전

다음 직사각형에서 색칠한 부분의 넓이를 문자를 사용하여 간단히 나타내시오.

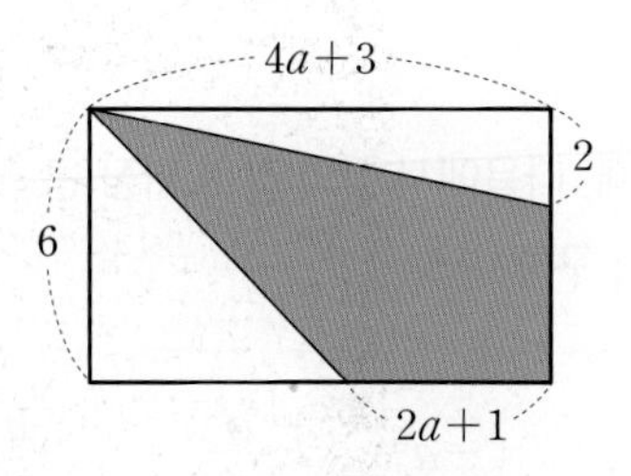

풀이 색칠한 부분의 넓이는 직사각형의 넓이에서 두 직각삼각형의 넓이를 빼면 되므로

$(4a+3)\times6-\frac{1}{2}\times(4a+3)\times2$

$-\frac{1}{2}\times\{4a+3-(2a+1)\}\times6$

$=24a+18-(4a+3)-3(2a+2)$

$=24a+18-4a-3-6a-6$

$=14a+9$

답 $14a+9$

2 일차방정식

교과서 79쪽

준비 ❶ $x=-2$일 때, 식 $3x+1$의 값을 구하시오.

풀이 $3x+1$에 $x=-2$를 대입하면 구하는 식의 값은

$3\times(-2)+1=-6+1=-5$

답 -5

개념 중 1

- 식의 값: 주어진 식의 문자에 수를 대입하여 얻은 값
  - → 문자에 수를 대입할 때는 생략된 곱셈 기호를 다시 쓴다.
  - → 문자에 음수를 대입할 때는 괄호를 사용한다.

❷ 다음을 계산하시오.

(1) $x+(-5x+2)$

(2) $2(3x+1)-4x$

풀이 (1) $x+(-5x+2)=x-5x+2=-4x+2$

(2) $2(3x+1)-4x=6x+2-4x=6x-4x+2=2x+2$

답 (1) $-4x+2$ (2) $2x+2$

개념 중 1

- 일차식의 덧셈과 뺄셈은 먼저 괄호를 푼 후 동류항끼리 모아서 계산한다. 이때 괄호 앞에 음의 부호 $-$가 있으면 괄호 안의 부호를 모두 바꾸어야 함에 주의한다.

단원의 학습흐름

이전에 배운 내용은	이 단원에서는	새로운 용어
초 5~6 대응 관계 중 1 문자의 사용과 식	방정식과 그 해 일차방정식과 그 풀이	등식, 방정식, 미지수, 해, 근, 항등식, 이항, 일차방정식

01 방정식과 그 해

학습 목표 방정식과 그 해의 뜻을 알고, 등식의 성질을 설명할 수 있다.

등식과 방정식은 무엇일까

교과서 80~81쪽

▶ 등식에서 등호의 왼쪽 부분을 좌변, 오른쪽 부분을 우변이라 하고, 좌변과 우변을 통틀어 양변이라고 한다.

개념 짚어보기

❶ **등식**: 등호 =를 사용하여 나타낸 식

예 $2x+1=7$ → 등식이다.

$3x-5$, $2+4>3$ → 등식이 아니다.

❷ **방정식**: 문자 x의 값에 따라 참이 되기도 하고 거짓이 되기도 하는 등식을 x에 대한 **방정식**이라고 한다.

❸ **미지수**: 방정식에 있는 문자

❹ **방정식의 해(근)**: 방정식이 참이 되게 하는 미지수의 값

→ 방정식의 해를 모두 구하는 것을 방정식을 푼다고 한다.

예 $x=2$는 방정식 $2x-3=1$의 해이다.

❺ **항등식**: x에 어떤 값을 대입해도 항상 참이 되는 등식을 x에 대한 **항등식**이라고 한다.

예 $2x+x=3x$는 미지수 x에 어떤 값을 대입해도 항상 참이 된다.

도입 **깨끗한 투명 페트병은 재활용되어 의류, 가방, 화장품 병 등을 만드는 데 사용된다. 보통 500 mL 페트병 12개로는 티셔츠 한 벌, 32개로는 재킷 한 벌을 만들 수 있다고 한다. 티셔츠 x벌과 재킷 한 벌을 만드는 데 500 mL 페트병 56개를 사용하였을 때, 이를 등호를 사용한 식으로 나타내 보자.**

(출처: 환경부, 2021)

풀이 티셔츠 x벌과 재킷 한 벌을 만드는 데 필요한 페트병의 개수는 $12x+32$이고, 이것이 56과 같으므로 $12x+32=56$

답 $12x+32=56$

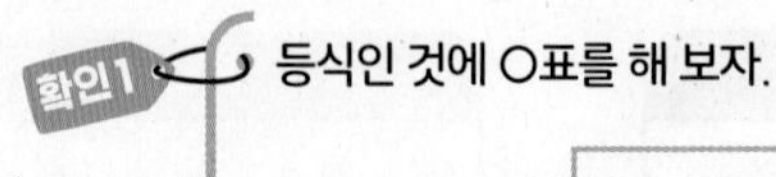

등식인 것에 ○표를 해 보자.

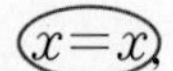 $x=x$, $2x+1$, $x<2x-1$,  $2=5-3$

문제 1 다음 문장을 등식으로 나타내시오.

(1) 어떤 수 x의 3배에 1을 더한 값은 x를 2배한 값과 같다.

(2) 가로의 길이가 x cm, 세로의 길이가 4 cm인 직사각형의 둘레의 길이는 18 cm이다.

풀이 (1) 어떤 수 x의 3배에 1을 더한 값은 $3x+1$이고, x의 2배는 $2x$이므로 $3x+1=2x$

(2) 가로의 길이가 x cm, 세로의 길이가 4 cm인 직사각형의 둘레의 길이는 $2(x+4)=18$

답 (1) $3x+1=2x$ (2) $2(x+4)=18$

빈칸에 알맞은 것을 써넣어 보자.

등식 $12x+32=56$은 x에 대한 [방정식]이고, 이 방정식의 해는 $x=$[2]이다.

문제 2 다음 네 학생 중에서 $x=-2$를 해로 갖는 방정식을 적은 학생을 모두 찾으시오.

풀이 수현: $-2+3\neq5$, 아린: $2\times(-2)-6\neq-2$

하진: $-(-2)-6=2\times(-2)$

연우: $\frac{-2}{2}+1=0$

따라서 $x=-2$를 해로 갖는 방정식을 적은 학생은 하진이와 연우이다.

답 하진, 연우

괄호 안의 알맞은 것에 ○표를 해 보자.

1 등식 $-x+5x=4x$는 $4x=4x$이므로 항등식((이다), 이 아니다).

2 등식 $6x+4=3(2x+2)$는 $6x+4=6x+6$이므로 항등식(이다 , (이 아니다)).

문제 3 다음 중에서 x에 대한 항등식을 모두 찾으시오.

(1) $-x+1=1-x$ (2) $8-x=x-8$

(3) $x-2=2x-(x-2)$ (4) $3(x-1)+2=3x-1$

풀이 (1) 등식 $-x+1=1-x$는 $1-x=1-x$이므로 항등식이다.

(2) 등식 $8-x=x-8$은 $-x+8=x-8$이므로 항등식이 아니다.

(3) 등식 $x-2=2x-(x-2)$는 $x-2=x+2$이므로 항등식이 아니다.

(4) 등식 $3(x-1)+2=3x-1$은 $3x-1=3x-1$이므로 항등식이다.

답 (1), (4)

등식에는 어떤 성질이 있을까

교과서 82~83쪽

개념 짚어보기

❶ 등식의 양변에 같은 수를 더해도 등식은 성립한다.
→ $a=b$이면 $a+c=b+c$

❷ 등식의 양변에서 같은 수를 빼도 등식은 성립한다.
→ $a=b$이면 $a-c=b-c$

❸ 등식의 양변에 같은 수를 곱해도 등식은 성립한다.
→ $a=b$이면 $ac=bc$

❹ 등식의 양변을 0이 아닌 같은 수로 나누어도 등식은 성립한다.
→ $a=b$이면 $\frac{a}{c}=\frac{b}{c}$ (단, $c\neq0$)

문제 4 등식의 성질을 이용하여 빈칸에 알맞은 것을 써넣으시오.

(1) $2x-1=3$의 양변에 ☐을/를 더하면 $2x=4$이다.

(2) $-3x+4=7$의 양변에서 ☐을/를 빼면 $-3x=3$이다.

(3) $\frac{1}{5}x=2$의 양변에 5를 곱하면 $x=$☐이다.

(4) $-8x=16$의 양변을 -8로 나누면 $x=$☐이다.

풀이 (1) $2x-1=3$의 양변에 1을 더하면 $2x-1+1=3+1$이므로 $2x=4$

(2) $-3x+4=7$의 양변에서 4를 빼면 $-3x+4-4=7-4$이므로 $-3x=3$

(3) $\frac{1}{5}x=2$의 양변에 5를 곱하면 $\frac{1}{5}x\times5=2\times5$이므로 $x=10$

(4) $-8x=16$의 양변을 -8로 나누면 $-8x\div(-8)=16\div(-8)$이므로 $x=-2$

답 (1) 1 (2) 4 (3) 10 (4) -2

문제 5 다음 화살표(➡) 왼쪽의 등식에서 오른쪽의 등식을 얻기 위해서는 등식의 성질 ❶~❹ 중에서 어느 것을 이용해야 하는지 자신의 생각을 말하시오.

(1) $\frac{x}{2}=3$ ➡ $x=6$　　(2) $2x-1=-2$ ➡ $2x=-1$

(3) $x+2=5$ ➡ $x=3$　　(4) $3x=6$ ➡ $x=2$

풀이 (1) 양변에 2를 곱하거나 양변을 $\frac{1}{2}$로 나누면 되므로 등식의 성질 ❸(또는 ❹)을 이용하면 된다.

(2) 양변에 1을 더하거나 양변에서 -1을 빼면 되므로 등식의 성질 ❶(또는 ❷)을 이용하면 된다.

(3) 양변에서 2를 빼거나 양변에 -2를 더하면 되므로 등식의 성질 ❷(또는 ❶)를 이용하면 된다.

(4) 양변을 3으로 나누거나 양변에 $\frac{1}{3}$을 곱하면 되므로 등식의 성질 ❹(또는 ❸)를 이용하면 된다.

답 (1) ❸(또는 ❹) (2) ❶(또는 ❷) (3) ❷(또는 ❶) (4) ❹(또는 ❸)

접시저울에서 등식의 성질 이용하기

다음 그림과 같이 두 접시저울 (가), (나)가 평형을 이루고 있다.

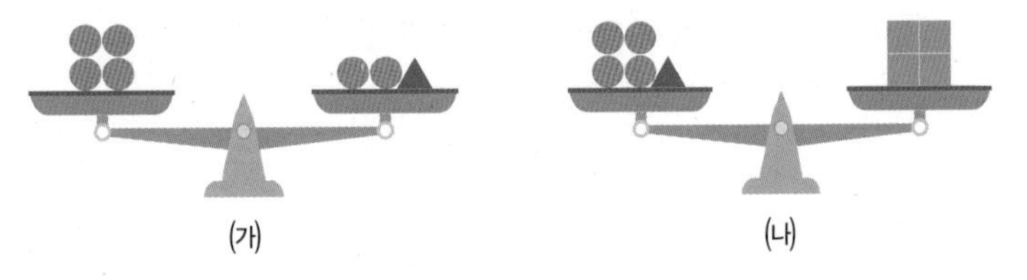

1 접시저울 (가)에서 등식의 성질을 이용하여 ▲ 한 개는 ● 몇 개의 무게와 같은지 구하고, 그 이유를 말해 보자.

2 접시저울 (나)에서 **1**과 등식의 성질을 이용하여 ■ 두 개는 ● 몇 개의 무게와 같은지 구하고, 그 이유를 말해 보자.

풀이 **1** 등식의 양변에서 같은 수를 빼도 등식은 성립하므로 접시저울 (가)의 양쪽 접시에서 ●를 두 개씩 빼도 무게는 같다. 따라서 ▲ 한 개는 ● 두 개의 무게와 같다.

2 **1**에서 ▲ 한 개는 ● 두 개의 무게와 같으므로 접시저울 (나)의 왼쪽 접시는 ● 6개를 올려놓은 것과 같다. 등식의 양변을 0이 아닌 같은 수로 나누어도 등식은 성립하므로 접시저울 (나)의 양쪽 접시에 올려놓은 물건을 반으로 줄여도 무게는 같다. 따라서 ■ 두 개는 ● 세 개의 무게와 같다.

답 풀이 참조

02 일차방정식과 그 풀이

[학습 목표] 일차방정식을 풀 수 있고, 이를 활용하여 문제를 해결할 수 있다.

일차방정식은 무엇이고 어떻게 풀까

교과서 84~85쪽

▶ 이항(移項)은 '항을 옮긴다'는 뜻이다.

개념 짚어보기

❶ **이항**: 등식의 한 변에 있는 항을 부호를 바꾸어 다른 변으로 옮기는 것

$x+5=7$ → 이항 → $x=7-5$

❷ **x에 대한 일차방정식**: 방정식의 우변의 모든 항을 좌변으로 이항하여 정리할 때 (x에 대한 일차식)$=0$, 즉 $ax+b=0$(a, b는 수, $a\neq0$)의 꼴이 되는 방정식

→ 일반적으로 일차방정식을 풀 때는 일차항은 좌변으로, 상수항은 우변으로 각각 이항한 다음 동류항끼리 정리한 후 등식의 성질을 이용한다. 이때 방정식의 해는 $x=$(수)의 꼴로 나타난다.

도입 오른쪽은 아윤이가 등식의 성질을 이용하여 방정식 $x+5=7$을 푸는 과정을 나타낸 것이다.
두 등식 ㉠과 ㉡을 비교하여 달라진 점이 무엇인지 말해 보자.

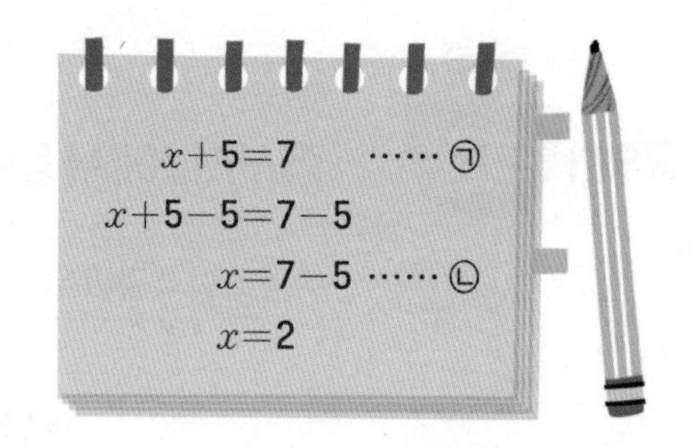

[풀이] 등식 ㉡은 등식 ㉠의 좌변에 있던 $+5$를 -5로 부호를 바꾸어 우변으로 옮긴 것과 같다.

[답] 풀이 참조

문제 1 다음 방정식에서 밑줄 친 항을 이항하시오.

(1) $x\underline{+8}=5$ (2) $\underline{-1}-x=\underline{x}-3$

[답] (1) $x=5-8$ (2) $-x-x=-3+1$

문제 2 다음 중에서 일차방정식을 모두 찾으시오.

(1) $4x+1=13$ (2) $-x=-2x^2+1$

(3) $2(x-1)=x-8$ (4) $-(1-x)=x-1$

[풀이] (1) $4x-12=0$이므로 일차방정식이다.
(2) $2x^2-x-1=0$이므로 일차방정식이 아니다.

(3) $2x-2=x-8$에서 $x+6=0$이므로 일차방정식이다.

(4) $-1+x=x-1$에서 $0=0$이므로 일차방정식이 아니다.

답 (1), (3)

문제 3 다음 일차방정식을 푸시오.

(1) $4x=-x+30$ (2) $-2x+8=2x+20$

(3) $x-2=3x+6$ (4) $11x+9=-7x-27$

풀이 (1) $4x=-x+30$에서 $4x+x=30$, $5x=30$, $x=6$

(2) $-2x+8=2x+20$에서 $-2x-2x=20-8$, $-4x=12$, $x=-3$

(3) $x-2=3x+6$에서 $x-3x=6+2$, $-2x=8$, $x=-4$

(4) $11x+9=-7x-27$에서 $11x+7x=-27-9$, $18x=-36$, $x=-2$

답 (1) $x=6$ (2) $x=-3$ (3) $x=-4$ (4) $x=-2$

여러 가지 일차방정식을 풀어 볼까

교과서 86~87쪽

개념 짚어보기

❶ 괄호가 있는 일차방정식은 분배법칙을 이용하여 먼저 괄호를 푼 다음 해를 구한다.

→ 분배법칙: $a(b+c)=ab+ac$

→ 괄호를 풀 때는 괄호 앞의 부호에 주의한다.

❷ 계수가 소수인 일차방정식은 양변에 10의 거듭제곱을 곱하여 계수를 모두 정수로 고쳐서 풀면 편리하다.

❸ 계수가 분수인 일차방정식은 양변에 분모의 최소공배수를 곱하여 계수를 모두 정수로 고쳐서 풀면 편리하다.

문제 4 다음 일차방정식을 푸시오.

(1) $3(x-2)=5x+8$ (2) $-x+4=2(-x+11)$

(3) $x-2(4x+1)=12$ (4) $5(x-2)=7x+10$

풀이 (1) 괄호를 풀면 $3x-6=5x+8$, $3x-5x=8+6$, $-2x=14$, $x=-7$

(2) 괄호를 풀면 $-x+4=-2x+22$, $-x+2x=22-4$, $x=18$

(3) 괄호를 풀면 $x-8x-2=12$, $x-8x=12+2$, $-7x=14$, $x=-2$

(4) 괄호를 풀면 $5x-10=7x+10$, $5x-7x=10+10$, $-2x=20$, $x=-10$

답 (1) $x=-7$ (2) $x=18$ (3) $x=-2$ (4) $x=-10$

문제 5 다음 일차방정식을 푸시오.

(1) $0.5x-1.5=1$ (2) $-0.03x+0.04=0.04x+0.39$

풀이 (1) 양변에 10을 곱하면

$5x-15=10,\quad 5x=10+15,\quad 5x=25,\quad x=5$

(2) 양변에 100을 곱하면

$-3x+4=4x+39,\quad -3x-4x=39-4,\quad -7x=35,\quad x=-5$

답 (1) $x=5$ (2) $x=-5$

문제 6 다음 일차방정식을 푸시오.

(1) $\frac{1}{4}x-\frac{5}{12}=\frac{4}{3}$ (2) $\frac{2}{3}x+1=\frac{4x-3}{5}$

풀이 (1) 양변에 12를 곱하면

$3x-5=16,\quad 3x=16+5,\quad 3x=21,\quad x=7$

(2) 양변에 15를 곱하면

$10x+15=3(4x-3),\quad 10x+15=12x-9,\quad 10x-12x=-9-15$

$-2x=-24,\quad x=12$

답 (1) $x=7$ (2) $x=12$

문제 7 일차방정식 $\frac{2x+1}{3}=2(0.2x-0.1)$을 다음 두 가지 방법으로 풀고, 어느 방법이 더 나은지 자신의 생각을 말하시오.

방법 1 괄호를 먼저 푼다.	방법 2 계수를 정수로 먼저 고친다.

풀이 방법 1 괄호를 풀면 $\frac{2x+1}{3}=0.4x-0.2$

양변에 15를 곱하면 $10x+5=6x-3,\quad 10x-6x=-3-5$

$4x=-8,\quad x=-2$

방법 2 양변에 15를 곱하면 $10x+5=30(0.2x-0.1)$

괄호를 풀면 $10x+5=6x-3,\quad 10x-6x=-3-5$

$4x=-8,\quad x=-2$

예 양변에 15를 곱하여 계수를 정수로 먼저 고치면 계산이 더 편리한 것 같다.

답 풀이 참조

일차방정식을 활용하여 문제를 어떻게 해결할까

교과서 88~89쪽

개념 짚어보기

① **미지수 정하기**: 구하려는 것을 미지수 x로 놓는다.
② **방정식 세우기**: 주어진 수량 사이의 관계에 맞게 일차방정식을 세운다.
③ **방정식 풀기**: 일차방정식을 푼다.
④ **확인하기**: 구한 해가 문제의 뜻에 맞는지 확인한다.

문제 8 새미네 학교 환경 동아리의 학생은 모두 48명이고 남학생이 여학생보다 6명 더 많다. 환경 동아리의 여학생 수를 구하시오.

풀이 환경 동아리의 여학생 수를 x라고 하면 남학생 수는 $x+6$이므로 일차방정식을 세우면

$(x+6)+x=48,\quad 2x=42,\quad x=21$

따라서 환경 동아리의 여학생 수는 21이다.

답 21

문제 9 현식이가 집과 학교를 왕복하는 데 갈 때는 분속 60 m로 걸어서 갔고, 올 때는 분속 160 m로 자전거를 타고 왔다. 왕복하는 데 걸린 시간이 22분일 때, 집과 학교 사이의 거리를 구하려고 한다.

▶ $(\text{시간})=\dfrac{(\text{거리})}{(\text{속력})}$

(1) 집과 학교 사이의 거리를 x m라고 할 때, 다음 그림의 빈칸에 알맞은 것을 써넣으시오.

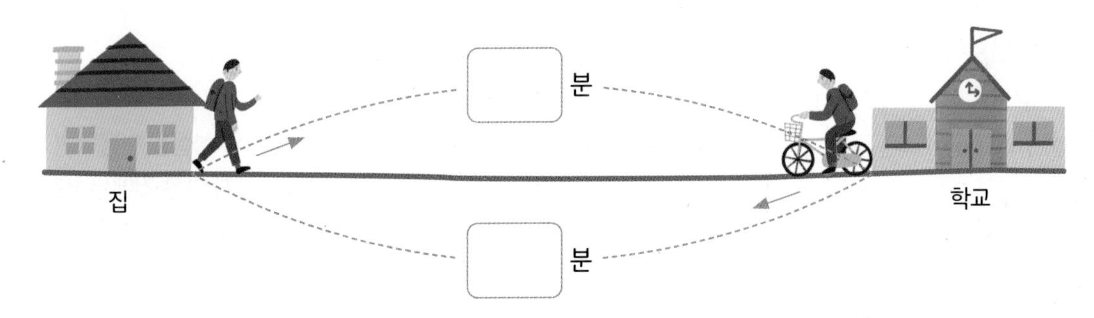

(2) (1)을 이용하여 방정식을 세우시오.

(3) (2)에서 세운 방정식을 풀어 집과 학교 사이의 거리를 구하시오.

풀이 (2) 왕복하는 데 걸린 시간이 22분이므로 일차방정식을 세우면

$\dfrac{x}{60}+\dfrac{x}{160}=22$

(3) $\dfrac{x}{60}+\dfrac{x}{160}=22$에서 $\quad 8x+3x=10560,\quad 11x=10560,\quad x=960$

따라서 집과 학교 사이의 거리는 960 m이다.

답 (1) (위부터) $\dfrac{x}{60}$, $\dfrac{x}{160}$ (2) $\dfrac{x}{60}+\dfrac{x}{160}=22$ (3) 960 m

교과서 90~91쪽

중단원 마무리

스스로 개념을 정리해요.

01 방정식과 그 해

(1) 등 식 : 등호를 사용하여 나타낸 식

(2) 미지수 x의 값에 따라 참이 되기도 하고 거짓이 되기도 하는 등식을 x에 대한 방 정 식 (이)라고 한다.

(3) 미지수 x에 어떤 값을 대입해도 항상 참이 되는 등식을 x에 대한 항 등 식 (이)라고 한다.

02 일차방정식과 그 풀이

(1) 이 항 : 등식의 한 변에 있는 항을 부호를 바꾸어 다른 변으로 옮기는 것

(2) 우변의 모든 항을 좌변으로 이항하여 정리할 때 (x에 대한 일차식)$=0$의 꼴이 되는 방정식을 x에 대한 일 차 방 정 식 (이)라고 한다.

(3) 일차방정식의 풀이 방법

① 괄호가 있는 경우에는 분 배 법 칙 을/를 이용하여 먼저 괄호를 푼다.

② 계수가 소수나 분수인 경우에는 양변에 적당한 수를 곱하여 계수를 모두 정 수 (으)로 고친다.

01

다음 문장을 등식으로 나타내시오.

(1) 어떤 수 x의 2배에서 3을 뺀 값은 x에 1을 더한 값과 같다.

(2) 7에서 어떤 수 x를 뺀 값은 x를 2로 나눈 값과 같다.

풀이 (1) x의 2배에서 3을 뺀 값은 $2x-3$이고, x에 1을 더한 값은 $x+1$이므로 $2x-3=x+1$

답 (1) $2x-3=x+1$ (2) $7-x=\frac{1}{2}x$

02

다음 중에서 옳은 것에는 ○표를, 옳지 않은 것에는 ×표를 하시오.

(1) $4x-4=4(x-1)$은 항등식이다. ( )

(2) $x-3=8$에서 좌변의 -3을 이항하면 $x=8-3$이다. ( )

풀이 (1) (우변)$=4(x-1)=4x-4$
즉 (좌변)$=$(우변)이므로 항등식이다.
(2) $x-3=8$에서 좌변의 -3을 이항하면 $x=8+3$이다.

답 (1) ○ (2) ×

03

다음 중에서 등식의 성질을 이용하여 계산한 것으로 옳은 것에는 ○표를, 옳지 않은 것에는 ×표를 하시오.

(1) $a+2=b+2$이면 $a=b$ ( )

(2) $a=b-1$이면 $2a=2b-1$ ( )

(3) $\frac{a}{3}=\frac{b}{4}$이면 $4a=3b$ ( )

(4) $-3a=b$이면 $-3a+3=b-3$ ( )

풀이 (1) $a+2=b+2$의 양변에서 2를 빼면 $a=b$
(2) $a=b-1$의 양변에 a를 더하면 $2a=b-1+a$
(3) $\frac{a}{3}=\frac{b}{4}$의 양변에 12를 곱하면 $4a=3b$
(4) $-3a=b$의 양변에 3을 더하면 $-3a+3=b+3$

답 (1) ○ (2) × (3) ○ (4) ×

04

다음 보기 중에서 $x=-5$를 해로 갖는 방정식을 모두 고르시오.

보기

ㄱ. $x+8=5$ ㄴ. $2(x+4)=x$

ㄷ. $-x-7=3+x$ ㄹ. $-2x=15+x$

풀이 보기의 각 식에 $x=-5$를 대입하여 좌변과 우변의 값이 같은지 알아보면 다음과 같다.

ㄱ. $-5+8\neq5$

ㄴ. $2(-5+4)\neq-5$

ㄷ. $-(-5)-7=3-5$

ㄹ. $-2\times(-5)=15+(-5)$

따라서 $x=-5$를 해로 갖는 방정식은 ㄷ, ㄹ이다.

답 ㄷ, ㄹ

05

다음은 일차방정식 $\frac{5x-2}{6}=8$을 푸는 과정을 나타낸 것이다. (가), (나), (다)에서 이용된 등식의 성질을 각각 말하시오.

$$\frac{5x-2}{6}=8 \quad \text{(가)}$$
$$5x-2=48 \quad \text{(나)}$$
$$5x=50 \quad \text{(다)}$$
$$x=10$$

풀이 $\frac{5x-2}{6}=8$의 양변에 6을 곱하거나 양변을 $\frac{1}{6}$로 나누면 $5x-2=48$이다.

(가) 등식의 양변에 같은 수를 곱해도 등식은 성립한다.
(또는 등식의 양변을 0이 아닌 같은 수로 나누어도 등식은 성립한다.)

$5x-2=48$의 양변에 2를 더하거나 -2를 빼면 $5x=50$이다.

(나) 등식의 양변에 같은 수를 더해도 등식은 성립한다.
(또는 등식의 양변에서 같은 수를 빼도 등식은 성립한다.)

$5x=50$의 양변을 5로 나누거나 양변에 $\frac{1}{5}$을 곱하면 $x=10$이다.

(다) 등식의 양변을 0이 아닌 같은 수로 나누어도 등식은 성립한다.
(또는 등식의 양변에 같은 수를 곱해도 등식은 성립한다.)

답 (가): 등식의 양변에 같은 수를 곱해도 등식은 성립한다. (또는 등식의 양변을 0이 아닌 같은 수로 나누어도 등식은 성립한다.)
(나): 등식의 양변에 같은 수를 더해도 등식은 성립한다. (또는 등식의 양변에서 같은 수를 빼도 등식은 성립한다.)
(다): 등식의 양변을 0이 아닌 같은 수로 나누어도 등식은 성립한다. (또는 등식의 양변에 같은 수를 곱해도 등식은 성립한다.)

06

x에 대한 일차방정식 $-5x-a=2(3-x)+1$의 해가 $x=-3$일 때, 수 a의 값을 구하시오.

풀이 $-5x-a=2(3-x)+1$에서

$-5x-a=6-2x+1$

$-5x+2x=6+1+a$

$-3x=7+a$

$x=-\frac{7+a}{3}$

주어진 일차방정식의 해가 $x=-3$이므로

$-\frac{7+a}{3}=-3$

$7+a=9$

$a=2$

답 2

07

다음 일차방정식을 푸시오.

(1) $4(x-1)=2(3x-5)$

(2) $-0.1x+0.23=0.12x-0.21$

(3) $\frac{3(x+1)}{2}-1=-\frac{2x+5}{3}$

(4) $0.8x-\frac{1}{10}=\frac{3}{5}x+0.7$

풀이 (1) $4(x-1)=2(3x-5)$에서

$4x-4=6x-10$

$4x-6x=-10+4$

$-2x=-6$

$x=3$

(2) $-0.1x+0.23=0.12x-0.21$의 양변에 100을 곱하면

$-10x+23=12x-21$

$-10x-12x=-21-23$

$-22x=-44$

$x=2$

(3) $\frac{3(x+1)}{2}-1=-\frac{2x+5}{3}$의 양변에 6을 곱하면

$9(x+1)-6=-2(2x+5)$

$9x+3=-4x-10$

$9x+4x=-10-3$

$13x=-13$

$x=-1$

(4) $0.8x-\frac{1}{10}=\frac{3}{5}x+0.7$의 양변에 10을 곱하면

$8x-1=6x+7$

$8x-6x=7+1$

$2x=8$

$x=4$

답 (1) $x=3$ (2) $x=2$
(3) $x=-1$ (4) $x=4$

08

십의 자리의 숫자가 5인 두 자리 자연수가 있다. 이 자연수의 십의 자리의 숫자와 일의 자리의 숫자를 바꾼 수는 처음 수보다 27만큼 크다고 할 때, 처음 수를 구하시오.

풀이 처음 수의 일의 자리 숫자를 x라고 하면 처음 수는 $50+x$이고, 십의 자리의 숫자와 일의 자리의 숫자를 바꾼 수는 $10x+5$이다.

십의 자리의 숫자와 일의 자리의 숫자를 바꾼 수는 처음 수보다 27만큼 크므로 일차방정식을 세우면

$10x+5=50+x+27$

$9x=72$

$x=8$

따라서 처음 수는 58이다.

답 58

09 발전

어느 식당의 원형 식탁에 단체 손님이 앉는데 한 식탁에 6명씩 앉으면 4명의 손님이 앉지 못하고, 한 식탁에 7명씩 앉으면 마지막 원형 식탁에는 3명이 앉는다고 한다. 원형 식탁의 개수와 단체 손님의 수를 각각 구하시오.

풀이 원형 식탁의 개수를 x라고 할 때 한 식탁에 6명씩 앉으면 4명의 손님이 앉지 못하므로 단체 손님의 수는 $6x+4$이고, 한 식탁에 7명씩 앉으면 마지막 식탁에 3명이 앉으므로 단체 손님의 수는 $7(x-1)+3$이다.

일차방정식을 세우면

$6x+4=7(x-1)+3$

$6x+4=7x-4$

$-x=-8$, $x=8$

따라서 원형 식탁의 개수는 8이고, 단체 손님의 수는

$6x+4=6\times8+4=52$

이다.

답 원형 식탁의 개수: 8,
단체 손님의 수: 52

교과서 92~93쪽

역사 속 일차방정식과 다양한 풀이

탐구 1 다음 밑줄 친 부분에 알맞은 수나 식을 써넣어 풀이를 완성해 보자.

> 좋은 말은 하루에 240리를 달리고, 둔한 말은 하루에 150리를 달린다.
> 둔한 말이 12일을 먼저 달려갔을 때, 좋은 말이 달리기 시작한 지 며칠 만에 둔한 말을 따라잡을 수 있는가?

풀이

이항으로 풀기

좋은 말이 달리기 시작한 지 x일 만에 둔한 말을 따라잡았다고 하면 좋은 말이 달린 거리는 $\underline{240x}$ 리이고,

둔한 말이 달린 거리는 $\underline{150(12+x)}$ 리이며, 두 말이 달린 거리는 같다.

이를 일차방정식으로 나타내면 $\underline{240x=150(12+x)}$

이항을 이용하여 방정식을 풀면 $x=\underline{20}$

따라서 좋은 말은 달리기 시작한 지 $\underline{20}$ 일 만에 둔한 말을 따라잡는다.

거꾸로 풀기

둔한 말이 좋은 말보다 $150\times12=\underline{1800}$ (리) 앞서 있고, 좋은 말과 둔한 말이 하루에 달리는 거리의 차는 $240-150=90$(리)이다.

따라서 좋은 말은 달리기 시작한 지

$\underline{1800}\div90=\underline{20}$ (일)

만에 둔한 말을 따라잡는다.

추측하여 풀기

좋은 말이 19일 동안 달렸다면 두 말이 달린 거리는 각각

좋은 말: $240\times19=\underline{4560}$ (리), 둔한 말: $150\times(12+19)=\underline{4650}$ (리)

이므로 둔한 말이 좋은 말보다 앞서 있다. 좋은 말이 20일 동안 달렸다면 두 말이 달린 거리는 각각

좋은 말: $240\times20=\underline{4800}$ (리), 둔한 말: $150\times(12+20)=\underline{4800}$ (리)

이므로 두 말이 달린 거리는 같다.

따라서 좋은 말은 달리기 시작한 지 $\underline{20}$ 일 만에 둔한 말을 따라잡는다.

답 [이항으로 풀기] (위부터) $240x$, $150(12+x)$, $240x=150(12+x)$, 20, 20
[거꾸로 풀기] (위부터) 1800, 1800, 20
[추측하여 풀기] (위부터) 4560, 4650, 4800, 4800, 20

탐구 2 다음은 조선 시대 학자 황윤석(黃胤錫, 1729~1791)이 펴낸 『이수신편』에 실린 문제이다. 위의 세 가지 방법 중에서 한 가지를 이용하여 문제를 풀고, 자신의 풀이 방법을 친구에게 설명해 보자.

> 스님 100명과 만두 100개가 있는데, 큰스님은 한 명이 세 개씩, 작은 스님은 세 명이 한 개씩 만두를 나누어 먹었다고 한다. 큰스님과 작은 스님은 각각 몇 명인가?

풀이 [이항으로 풀기]

큰스님이 x명이라고 하면 작은 스님은 $(100-x)$명이다. 큰스님은 한 명이 세 개씩, 작은 스님은 세 명이 한 개씩 만두를 나누어 먹었으므로 이를 일차방정식으로 나타내면

$$3x+(100-x)\times\frac{1}{3}=100$$

이 방정식의 양변에 3을 곱하여 풀면

$$9x+100-x=300$$

$$8x=200, \quad x=25$$

따라서 큰스님은 25명, 작은 스님은 75명이다.

[거꾸로 풀기]

큰스님 1명과 작은 스님 3명을 한 모둠으로 생각하면 이 모둠이 먹는 만두의 개수는 4이다. 100개의 만두를 나누어 먹으려면

$100\div4=25$(모둠)

이 있어야 한다.

따라서 큰스님은 $1\times25=25$(명), 작은 스님은 $3\times25=75$(명)이다.

[추측하여 풀기]

작은 스님이 $3\times26=78$(명)이면 큰스님은 22명이므로 큰스님과 작은 스님이 먹은 만두는 모두

$78\times\frac{1}{3}+22\times3=26+66=92$(개)

이므로 만두의 개수가 모자르다.

작은 스님이 $3\times25=75$(명)이면 큰스님은 25명이므로 큰스님과 작은 스님이 먹은 만두는 모두

$75\times\frac{1}{3}+25\times3=25+75=100$(개)

따라서 큰스님은 25명, 작은 스님은 75명이다.

답 풀이 참조

대단원 평가

Ⅱ. 문자와 식

01

다음 중에서 곱셈 기호 ×와 나눗셈 기호 ÷를 생략하여 나타낸 것으로 옳은 것은?

① $x\times x\times x=3x$

② $x\times y\div 2=\frac{xy}{2}$

③ $x\div(y\times 5)=\frac{5x}{y}$

④ $x\times 3-y\div 4=\frac{3x-y}{4}$

⑤ $0.1\times y\times x\times y=0.xy^2$

풀이 ① $x\times x\times x=x^3$ ③ $x\div(y\times 5)=\frac{x}{5y}$

④ $x\times 3-y\div 4=3x-\frac{y}{4}$ ⑤ $0.1\times y\times x\times y=0.1xy^2$

따라서 옳은 것은 ②이다.

답 ②

02

다음 중에서 문자를 사용하여 나타낸 식으로 옳지 않은 것은?

① 한 변의 길이가 a cm인 정사각형의 둘레의 길이 ➡ $4a$ cm

② 700원짜리 우유 x개를 사고 5000원을 냈을 때의 거스름돈 ➡ $(5000-700x)$원

③ 시속 8 km로 x시간 동안 달렸을 때의 이동 거리 ➡ $8x$ km

④ 십의 자리의 숫자가 3, 일의 자리의 숫자가 a인 수 ➡ $3a$

⑤ 30일 동안 a일을 제외하고 하루 4쪽씩 책을 읽었을 때 읽은 책의 총쪽수 ➡ $4(30-a)$쪽

풀이 ④ 십의 자리의 숫자가 3, 일의 자리의 숫자가 a인 수 ➡ $30+a$

따라서 옳지 않은 것은 ④이다.

답 ④

03

$x=-\frac{3}{2}$일 때, 다음 중에서 식의 값이 가장 큰 것은?

① $-x$ ② $\frac{1}{x}$ ③ $\frac{2}{3}x^2$

④ $-x^3$ ⑤ $(-x)^2$

풀이 ① $-x=-\left(-\frac{3}{2}\right)=\frac{3}{2}$

② $\frac{1}{x}$은 x의 역수이므로 $-\frac{2}{3}$

③ $\frac{2}{3}x^2=\frac{2}{3}\times\left(-\frac{3}{2}\right)^2=\frac{2}{3}\times\frac{9}{4}=\frac{3}{2}$

④ $-x^3=-\left(-\frac{3}{2}\right)^3=-\left(-\frac{27}{8}\right)=\frac{27}{8}$

⑤ $(-x)^2=\left\{-\left(-\frac{3}{2}\right)\right\}^2=\frac{9}{4}$

따라서 식의 값이 가장 큰 것은 ④이다.

답 ④

04

$x=-\frac{1}{2}$, $y=4$일 때, 식 xy^2+4x의 값을 구하시오.

풀이 $xy^2+4x=\left(-\frac{1}{2}\right)\times 4^2+4\times\left(-\frac{1}{2}\right)$

$=-8-2=-10$

답 -10

05

다음 중에서 다항식 $3x^2-x+8$에 대한 설명으로 옳지 않은 것은?

① 항은 3개이다.

② 상수항은 8이다.

③ 일차식이 아니다.

④ x의 계수는 1이다.

⑤ x^2의 계수는 3이다.

풀이 ③ 차수가 2이므로 일차식이 아니다.

④ x의 계수는 -1이다.

따라서 옳지 않은 것은 ④이다.

답 ④

06

다음 보기 중에서 계산 결과가 옳은 것을 모두 고르시오.

보기

ㄱ. $(5x-2)\times\frac{1}{6}=\frac{5}{6}x-\frac{1}{3}$

ㄴ. $(4x-7)\div\frac{1}{3}=12x-21$

ㄷ. $-8(-3x+2)=24x-16$

ㄹ. $(12x-4y)\div(-4)=-3x+1$

풀이 ㄱ. $(5x-2)\times\frac{1}{6}=\frac{5}{6}x-\frac{1}{3}$

ㄴ. $(4x-7)\div\frac{1}{3}=(4x-7)\times3$

$=12x-21$

ㄷ. $-8(-3x+2)=24x-16$

ㄹ. $(12x-4y)\div(-4)=(12x-4y)\times\left(-\frac{1}{4}\right)$

$=-3x+y$

따라서 옳은 것은 ㄱ, ㄴ, ㄷ이다.

답 ㄱ, ㄴ, ㄷ

07

다음 그림에서 색칠한 부분의 넓이를 문자를 사용한 식으로 나타내면?

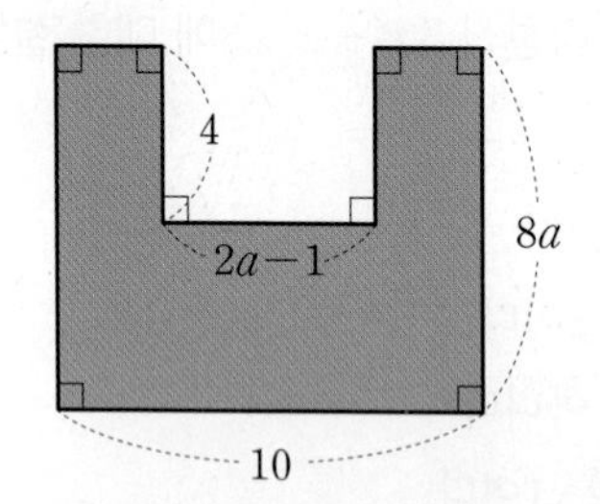

① $40a-8$ ② $40a+4$ ③ $72a-8$
④ $72a+4$ ⑤ $80a-8$

풀이 (색칠한 부분의 넓이) $=10\times8a-(2a-1)\times4$

$=80a-8a+4=72a+4$

답 ④

08

$3x+1-\left\{x+5-\frac{1}{2}(4x-2)\right\}$를 계산했을 때, x의 계수와 상수항의 합을 구하시오.

풀이 $3x+1-\left\{x+5-\frac{1}{2}(4x-2)\right\}$

$=3x+1-(x+5-2x+1)=3x+1-(-x+6)$

$=3x+1+x-6=4x-5$

따라서 x의 계수는 4, 상수항은 -5이므로 그 합은

$4+(-5)=-1$

답 -1

09

일차식 $2x+5$에서 어떤 일차식을 빼야 할 것을 잘못하여 더했더니 $-x+3$이 되었다. 바르게 계산한 식을 구하시오.

풀이 어떤 일차식을 A라고 하면

$2x+5+A=-x+3$이므로

$A=-x+3-(2x+5)$

$=-x+3-2x-5$

$=-3x-2$

따라서 바르게 계산한 식은

$2x+5-(-3x-2)=2x+5+3x+2$

$=5x+7$

답 $5x+7$

10

x의 계수가 -2, 상수항이 6인 일차식에 대하여 $x=2$일 때의 식의 값을 a, $x=-4$일 때의 식의 값을 b라고 하자. 이때 $b-a$의 값을 구하시오.

풀이 x의 계수가 -2, 상수항이 6인 일차식은 $-2x+6$이다.

이 식에 $x=2$를 대입하면

$a=-2\times2+6=2$

이 식에 $x=-4$를 대입하면

$b=-2\times(-4)+6=14$

따라서 $b-a=14-2=12$이다.

답 12

11

다음 보기 중에서 옳은 것을 모두 고르시오.

보기

ㄱ. $3x+2$는 등식이다.
ㄴ. $x+x=x+2$는 일차방정식이다.
ㄷ. $x=2$는 방정식 $5+2x=1$의 해이다.
ㄹ. $5(x-1)+3=5x-2$는 항등식이다.

풀이 ㄱ. $3x+2$는 일차식이다.

ㄴ. 방정식 $x+x=x+2$에서 우변의 모든 항을 좌변으로 이항하면

$$x+x-x-2=0$$

이고, 좌변을 정리하면

$$x-2=0$$

이므로 x에 대한 일차방정식이다.

ㄷ. $5+2x$에 $x=2$를 대입하면

$$5+2\times2=9$$

즉 $5+2\times2\neq1$이므로 방정식 $5+2x=1$의 해가 아니다.

ㄹ. 등식 $5(x-1)+3=5x-2$는 미지수 x에 어떤 값을 대입해도 항상 참이 되므로 항등식이다.

따라서 옳은 것은 ㄴ, ㄹ이다.

답 ㄴ, ㄹ

12

다음 등식이 x에 대한 항등식이 되도록 빈칸에 알맞은 것을 써넣으시오.

$$3(x-2)+4=2x+\square$$

풀이 주어진 등식이 x에 대한 항등식이므로 좌변을 간단히 하면

$$3(x-2)+4=3x-2$$

즉 주어진 등식은 $3x-2=2x+\square$

이때 양변이 서로 같아야 하므로

$$\square=3x-2-2x=x-2$$

답 $x-2$

13

다음 중에서 등식의 성질을 이용하여 계산한 것으로 옳지 <u>않은</u> 것은?

① $a=b$이면 $2a+1=2b+1$

② $\frac{a}{5}=b$이면 $a-2=5b-2$

③ $2a+1=3b+1$이면 $2a=3b$

④ $\frac{a}{3}=\frac{b}{2}$이면 $3a=2b$

⑤ $3a=b$이면 $3(a+1)=b+3$

풀이 ① $a=b$의 양변에 2를 곱하면 $2a=2b$

양변에 1을 더하면 $2a+1=2b+1$

② $\frac{a}{5}=b$의 양변에 5를 곱하면 $a=5b$

양변에서 2를 빼면 $a-2=5b-2$

③ $2a+1=3b+1$의 양변에서 1을 빼면 $2a=3b$

④ $\frac{a}{3}=\frac{b}{2}$의 양변에 6을 곱하면 $2a=3b$

⑤ $3a=b$의 양변에 3을 더하면

$$3a+3=b+3, \quad 3(a+1)=b+3$$

따라서 옳지 않은 것은 ④이다.

답 ④

14

다음 중에서 밑줄 친 항을 이항한 것으로 옳은 것은?

① $x\underline{-1}=3$ ➡ $x=3-1$

② $x\underline{+2}=-4$ ➡ $x=-4+2$

③ $2x=\underline{3x}+4$ ➡ $2x+3x=4$

④ $-x=\underline{-3x}+5$ ➡ $-x+3x=5$

⑤ $-2x\underline{+3}=\underline{-x}+1$ ➡ $-2x-x=1-3$

풀이 ① $x=3+1$

② $x=-4-2$

③ $2x-3x=4$

⑤ $-2x+x=1-3$

따라서 옳은 것은 ④이다.

답 ④

15

다음 일차방정식 중에서 해가 가장 큰 것은?

① $x+4=2x+3$ ② $\frac{3}{2}x=x+2$

③ $3(x+2)=2x-2$ ④ $\frac{4x+6}{5}=x+1$

⑤ $\frac{3}{4}x+2.5=0.5x-1.5$

풀이 ① $x+4=2x+3$에서

$-x=-1$, $x=1$

② $\frac{3}{2}x=x+2$에서

$\frac{1}{2}x=2$, $x=4$

③ $3(x+2)=2x-2$에서

$3x+6=2x-2$, $x=-8$

④ $\frac{4x+6}{5}=x+1$의 양변에 5를 곱하면

$4x+6=5(x+1)$

$4x+6=5x+5$, $x=1$

⑤ $\frac{3}{4}x+2.5=0.5x-1.5$의 양변에 20을 곱하면

$15x+50=10x-30$

$5x=-80$, $x=-16$

따라서 해가 가장 큰 것은 ②이다.

답 ②

16

다음 x에 대한 두 일차방정식의 해가 같을 때, 수 a에 대하여 a^2+a의 값을 구하시오.

$$5x-3=4x-1, \quad 2(x+2a)=-4x+a$$

풀이 일차방정식 $5x-3=4x-1$을 풀면 $x=2$

즉 일차방정식 $2(x+2a)=-4x+a$의 해가 $x=2$이므로

$2(2+2a)=-8+a$, $4+4a=-8+a$

$3a=-12$, $a=-4$

따라서 $a^2+a=(-4)^2-4=16-4=12$

답 12

17

가로의 길이가 4 cm, 세로의 길이가 6 cm인 직사각형에서 가로의 길이를 x cm, 세로의 길이를 2 cm만큼 늘였더니 그 넓이가 처음 넓이의 3배가 되었다. 이때 x의 값을 구하시오.

풀이 가로의 길이를 x cm, 세로의 길이를 2 cm만큼 늘인 직사각형의 넓이는 처음 넓이의 3배이므로

$(4+x)\times(6+2)=4\times6\times3$

$(4+x)\times8=72$, $32+8x=72$

$8x=40$, $x=5$

답 5

18

둘레의 길이가 2.7 km인 원 모양의 호수 둘레를 따라 상현이는 분속 60 m의 속력으로, 민주는 분속 75 m의 속력으로 걸었다. 상현이와 민주가 같은 지점에서 동시에 출발하여 서로 반대 방향으로 걸어갈 때, 두 사람은 출발한 지 몇 분 후에 처음으로 다시 만나는지 구하시오.

풀이 두 사람이 출발한 지 x분 후에 처음으로 다시 만난다고 하면

$60x+75x=2700$

$135x=2700$, $x=20$

따라서 출발한 지 20분 후에 처음으로 다시 만난다.

답 20분

 [19~20] 풀이 과정과 답을 써 보자.

19

학급 학생들의 활동지를 다음 그림과 같이 압정을 이용하여 게시판에 붙이려고 한다.

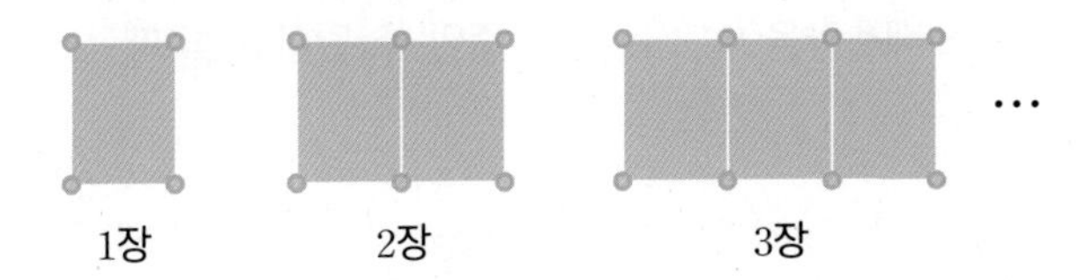

(1) x장의 활동지를 붙일 때, 필요한 압정의 개수를 문자를 사용한 식으로 나타내시오.

(2) 9장의 활동지를 붙일 때, 필요한 압정의 개수를 구하시오.

풀이 (1) 활동지 1장을 더 붙일 때마다 압정이 2개씩 더 필요하므로 x장의 활동지를 붙일 때 필요한 압정의 개수는

$4+2(x-1)=2x+2$ ◀ ㉮

(2) (1)의 식 $2x+2$에 $x=9$를 대입하면

$2\times9+2=20$

따라서 필요한 압정의 개수는 20이다. ◀ ㉯

답 (1) $2x+2$ (2) 20

채점 기준	배점
㉮ 필요한 압정의 개수를 문자를 사용한 식으로 나타내기	60 %
㉯ 9장의 활동지를 붙일 때 필요한 압정의 개수 구하기	40 %

20

어느 중학교의 작년 1학년 학생은 180명이었다. 올해는 작년에 비하여 남학생 수는 6 % 감소하고, 여학생 수는 5 % 증가하여 전체 2명이 감소하였다. 작년 여학생 수를 구하시오.

풀이 작년 여학생 수를 x라고 하면 작년 남학생 수는

$180-x$

올해 감소한 남학생 수는 $(180-x)\times\frac{6}{100}$

올해 증가한 여학생 수는 $x\times\frac{5}{100}$

이때 올해 학생 수가 작년에 비하여 2명 감소하였으므로

$-(180-x)\times\frac{6}{100}+x\times\frac{5}{100}=-2$ ◀ ㉮

이 방정식을 풀면

$-6(180-x)+5x=-200$

$-1080+6x+5x=-200$

$11x=880$

$x=80$

따라서 작년 여학생 수는 80이다. ◀ ㉯

답 80

채점 기준	배점
㉮ 문제의 뜻을 이해하고, 일차방정식 세우기	70 %
㉯ 작년 여학생 수 구하기	30 %

MEMO

탄소 발자국 줄이기

교과서 98~99쪽

1 유승이네 모둠에서 물티슈 사용을 줄인 학생이 4명, 장바구니를 이용한 학생이 x명이다. 1년 동안 이 두 실천 항목을 지키면 이산화탄소 배출량을 56.4 kg만큼 줄일 수 있다고 할 때, x의 값을 구해 보자.

풀이 물티슈 사용 줄이기는 연간 2.2 kg, 장바구니 이용하기는 연간 11.9 kg의 이산화탄소 배출량을 줄일 수 있으므로

$2.2\times4+11.9x=56.4$

$11.9x=47.6,\qquad x=4$

답 4

2 탄소 발자국 줄이기 실천 사항과 같은 방법으로 일차방정식 문제를 만들어 풀어 보자.

탄소 발자국 줄이기 실천 사항

예 우리 반에서 분리배출을 실천하는 학생이 4명이다.
1.5 km 이하를 도보로 통학하는 학생까지 포함하면 1년 동안 우리 반에서 줄일 수 있는 이산화탄소 배출량은 446.5 kg이다.

문제

1.5 km 이하를 도보로 통학하는 학생은 몇 명인지 구하시오.

풀이

1.5 km 이하를 도보로 통학하는 학생을 x명이라고 하자. 분리배출 실천하기는 연간 88 kg, 1.5 km 이하 도보로 통학하기는 연간 31.5 kg의 이산화탄소 배출량을 줄일 수 있으므로

$88\times4+31.5x=446.5$

$31.5x=94.5,\qquad x=3$

따라서 1.5 km 이하를 도보로 통학하는 학생은 3명이다.

답 풀이 참조

3 2에서 다른 친구가 만든 문제를 풀어 보고, 풀이 과정을 비교해 보자.

답 생략

Ⅲ 좌표평면과 그래프

1. 좌표평면과 그래프
2. 정비례와 반비례

행성의 위치나 우주 비행체의 궤도를 나타내기 위해서는 그림으로 보여 주는 것이 효과적인데, 수학에서는 이와 같이 어떤 상황을 그림으로 나타낸 것을 그래프라고 한다.

1 좌표평면과 그래프

교과서 103쪽

준비 ① 다음 표는 □와 △ 사이의 대응 관계를 나타낸 것이다. 표를 완성하고, □와 △ 사이의 대응 관계를 식으로 나타내시오.

□	1	2	3	4	5	6
△	3	6	9			

풀이 $3=1\times3$, $6=2\times3$, $9=3\times3$이므로 빈칸에 알맞은 수는

$4\times3=12$, $5\times3=15$, $6\times3=18$

따라서 표를 완성하면 다음과 같다.

□	1	2	3	4	5	6
△	3	6	9	12	15	18

즉, △는 □의 3배이므로

△$=3\times$□

답 표는 풀이 참조, △$=3\times$□

개념 초 5~6

- 한 양이 변할 때 다른 양이 그에 종속하여 변하는 대응 관계를 나타낸 표에서 규칙을 찾아 설명하고, □, △ 등을 사용하여 식으로 나타낸다.

단원의 학습흐름

이전에 배운 내용은

(초 3~4) 규칙을 수나 식으로 나타내기
(초 5~6) 대응 관계

이 단원에서는

순서쌍과 좌표
그래프

새로운 용어

좌표, 순서쌍, x축, y축, 좌표축, 원점, 좌표평면, x좌표, y좌표, 제1사분면, 제2사분면, 제3사분면, 제4사분면, 변수, 그래프

01 순서쌍과 좌표

학습 목표 순서쌍과 좌표를 이해하고, 그 편리함을 인식할 수 있다.

직선 위의 점의 위치는 어떻게 나타낼까

교과서 104~105쪽

개념 짚어보기

① **좌표**: 수직선 위의 한 점에 대응하는 수를 그 점의 **좌표**라고 한다.

② 점 P의 좌표가 a일 때, P(a)와 같이 나타낸다.

예 점 P의 좌표가 -3이면 P(-3)과 같이 나타낸다.

→ 수직선 위의 각 점에는 하나의 수가 대응한다.

도입 다음은 명준이가 자신에게 특별한 일이 있었던 연도를 수직선 위에 나타낸 것이다. 명준이의 첫 번째 가족 여행이 2017년임을 수직선 위에 나타내 보자.

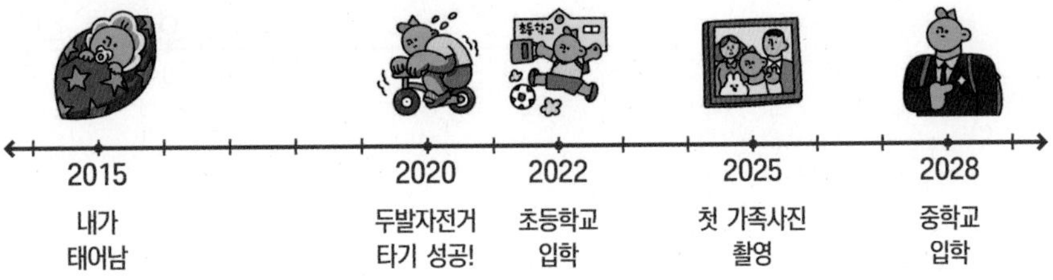

풀이 명준이의 첫 번째 가족 여행이 2017년임을 수직선 위에 나타내면 다음과 같다.

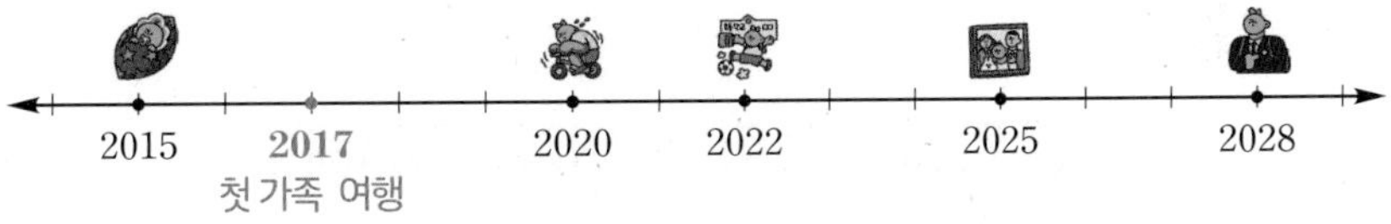

답 풀이 참조

확인1 빈칸에 알맞은 것을 써넣어 보자.

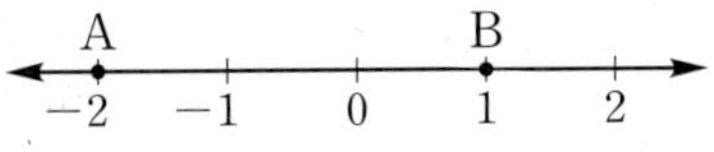

1 점 A의 좌표는 -2 이므로 이것을 기호로 A(-2)와 같이 나타낸다.

2 점 B의 좌표는 1이므로 이것을 기호로 B(1) 와/과 같이 나타낸다.

문제 1 다음 수직선 위의 네 점 A, B, C, D의 좌표를 각각 기호로 나타내시오.

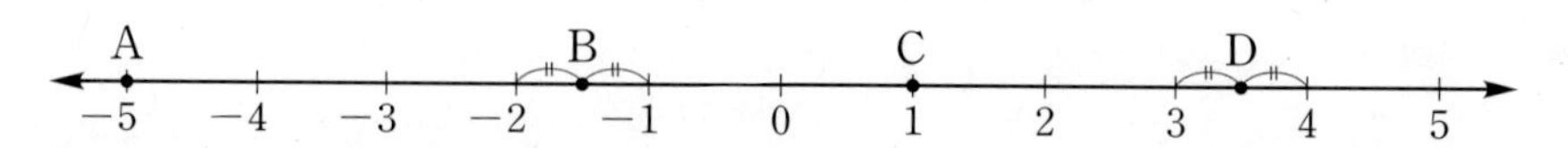

(풀이) 점 A는 -5를 나타내는 점이므로 $A(-5)$

점 B는 -2와 -1을 나타내는 점 사이의 한가운데 있는 점이므로 $B\left(-\frac{3}{2}\right)$

점 C는 1을 나타내는 점이므로 $C(1)$

점 D는 3과 4를 나타내는 점 사이의 한가운데 있는 점이므로 $D\left(\frac{7}{2}\right)$

답 $A(-5)$, $B\left(-\frac{3}{2}\right)$, $C(1)$, $D\left(\frac{7}{2}\right)$

문제 2 다음 점을 수직선 위에 나타내시오.

(1) $O(0)$ (2) $P(-4)$ (3) $Q\left(\frac{3}{2}\right)$ (4) $R\left(-\frac{2}{3}\right)$

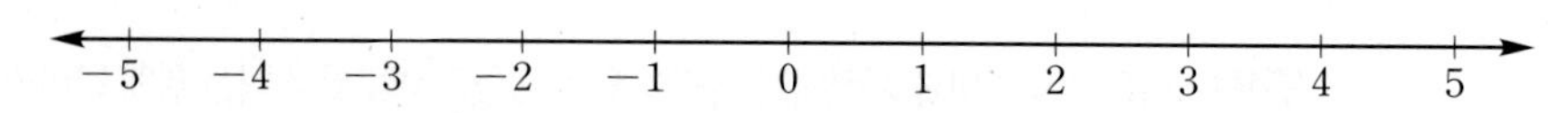

(풀이) 주어진 점을 수직선 위에 나타내면 다음과 같다.

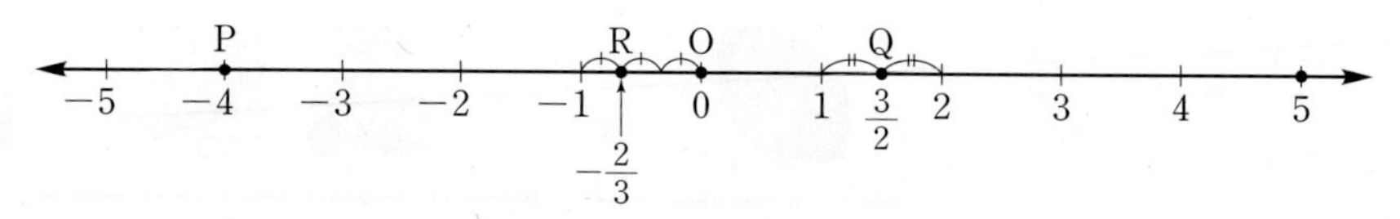

답 풀이 참조

평면 위의 점의 위치는 어떻게 나타낼까

교과서 106~107쪽

개념 짚어보기

❶ **순서쌍**: 수나 문자의 순서를 정하여 괄호 안에 짝 지어 나타낸 것

→ 순서쌍은 두 수의 순서를 정하여 나타낸 것이므로 두 순서쌍 (a, b)와 (b, a)는 서로 다르다.

❷ **좌표축**: 두 수직선이 점 O에서 서로 수직으로 만날 때, 가로의 수직선을 **x축**, 세로의 수직선을 **y축**이라 하고, x축과 y축을 통틀어 **좌표축**이라고 한다.

❸ **원점**: 두 좌표축이 만나는 점 O

❹ **좌표평면**: 두 좌표축이 정해져 있는 평면

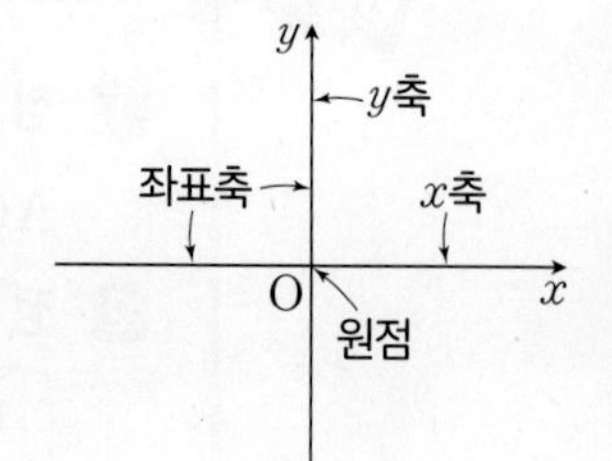

▶ 좌표축 위의 점의 좌표
① 원점: $(0, 0)$
② x축 위의 점
: $(x$좌표$, 0)$
③ y축 위의 점
: $(0, y$좌표$)$

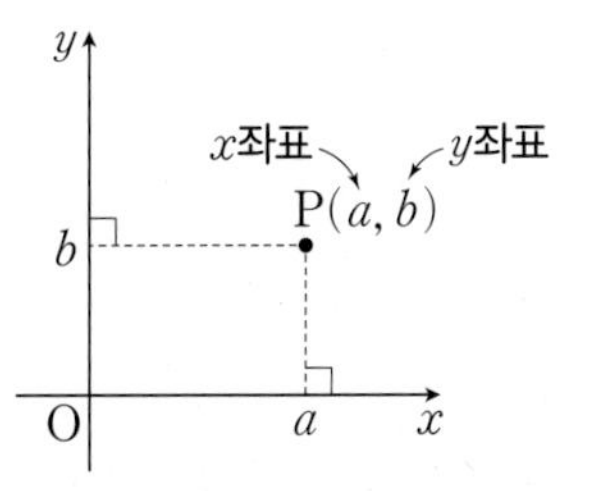

⑤ **좌표**: 좌표평면 위의 한 점 P에서 x축, y축에 각각 수선을 그어 이 수선이 x축, y축과 만나는 점에 대응하는 수를 각각 a, b라고 할 때, 순서쌍 (a, b)를 점 P의 **좌표**라 하고, $P(a, b)$와 같이 나타낸다. 이때 a를 점 P의 **x좌표**, b를 점 P의 **y좌표**라고 한다.

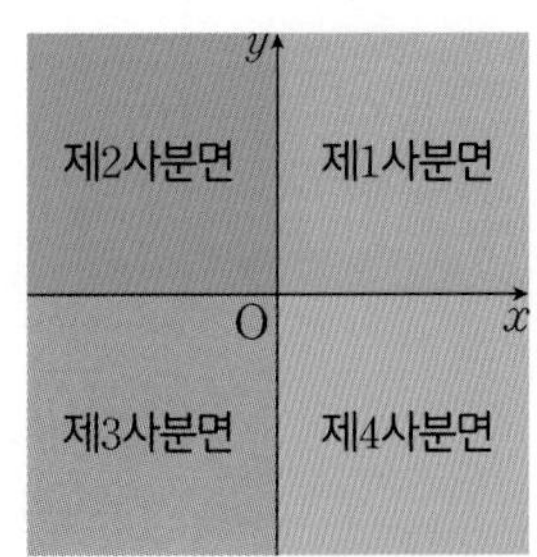

⑥ **사분면**: 좌표평면은 좌표축에 의하여 네 부분으로 나뉜다. 이때 네 부분을 각각 **제1사분면, 제2사분면, 제3사분면, 제4사분면**이라고 한다.
→ 좌표축은 어느 사분면에도 포함되지 않는다.

(−, +) (+, +)
(−, −) (+, −)

⑦ 각 사분면에 있는 점 (x, y)의 x좌표와 y좌표의 부호는 다음과 같다.

	제1사분면	제2사분면	제3사분면	제4사분면
x좌표의 부호	+	−	−	+
y좌표의 부호	+	+	−	−

도입 오른쪽 그림은 어떤 놀이공원 안내도의 일부이다.
놀이기구의 위치를 나타내기 위해 입구에서 오른쪽으로 5, 위쪽으로 3만큼 떨어진 곳에 있는 회전목마의 위치를 (5, 3)으로 나타내기로 하였다.
롤러코스터의 위치를 이와 같은 방법으로 나타내 보자.

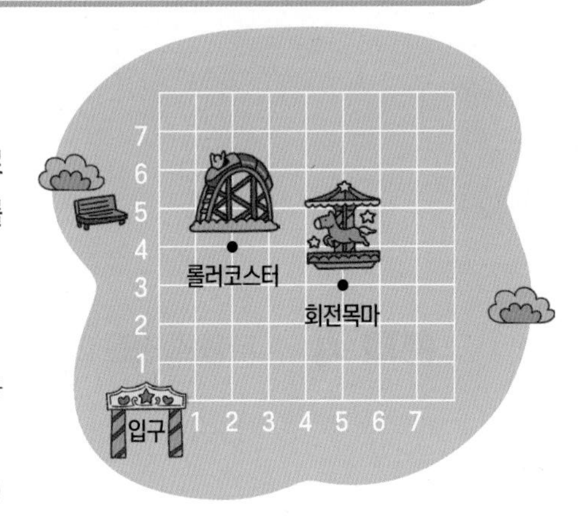

 롤러코스터는 입구에서 오른쪽으로 2, 위쪽으로 4만큼 떨어진 곳에 있으므로 $(2, 4)$로 나타낼 수 있다.

답 $(2, 4)$

확인 2 오른쪽 좌표평면을 보고, 빈칸에 알맞은 것을 써넣어 보자.

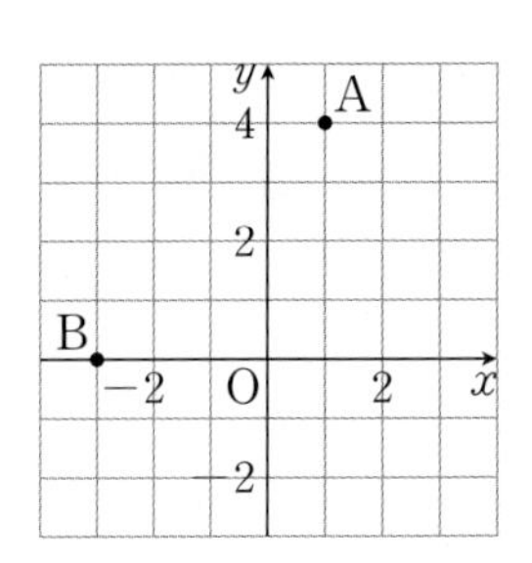

1 점 A의 x좌표는 1, y좌표는 [4]이므로 점 A의 좌표는 (1, [4])이다.

2 점 B의 좌표는 (−3, [0])이고, 기호로 [B(−3, 0)]와/과 같이 나타낸다.

문제 3 사자자리는 봄철 남쪽 밤하늘에서 볼 수 있는 별자리이다. 좌표평면 위에 다음 순서쌍을 좌표로 하는 점을 차례대로 선분으로 연결하여 사자자리를 완성하시오.

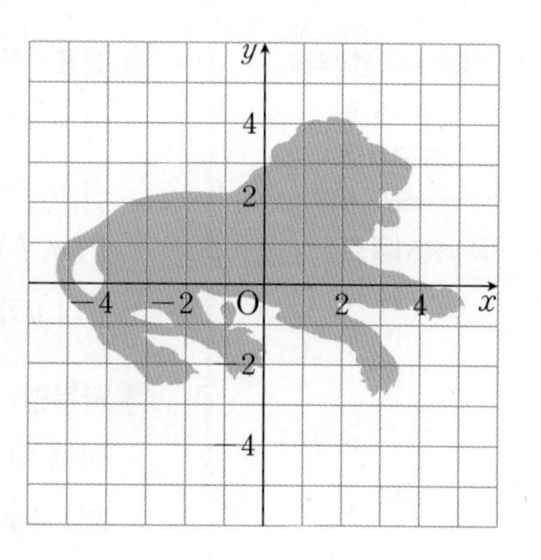

$(3, 3) \rightarrow (2, 4) \rightarrow (1, 3) \rightarrow (1, 2)$
$\rightarrow \left(-3, \frac{3}{2}\right) \rightarrow (-4, -1)$
$\rightarrow (-2, 0) \rightarrow (2, 0)$
$\rightarrow (2, 1) \rightarrow (1, 2)$

풀이 좌표평면 위에 주어진 순서쌍을 좌표로 하는 점을 차례대로 선분으로 연결하여 사자자리를 완성하면 오른쪽 그림과 같다.

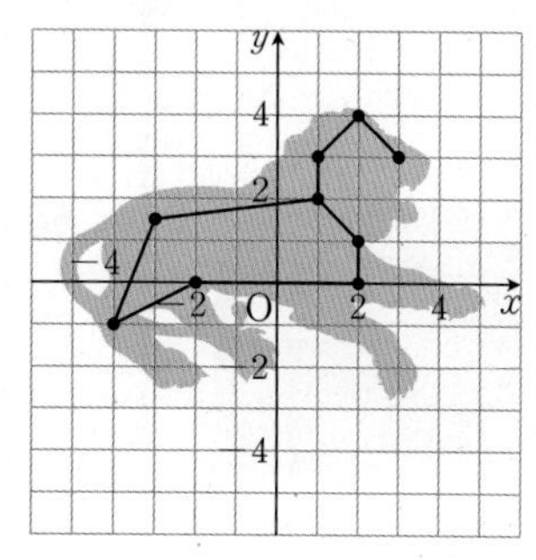

답 풀이 참조

문제 4 다음 각 점은 어느 사분면 위에 있는지 말하시오.

(1) $A(-2, 3)$ (2) $B\left(4, -\frac{1}{5}\right)$ (3) $C\left(\frac{1}{3}, \frac{7}{4}\right)$ (4) $D(-6, -9)$

답 (1) 제2사분면 (2) 제4사분면 (3) 제1사분면 (4) 제3사분면

문제 5 공연장이나 경기장의 좌석 번호와 같이 실생활에서 좌표를 사용한 예를 찾아보고, 좌표를 사용했을 때의 편리한 점을 말하시오.

풀이 예 기차나 비행기 좌석 표시
편리한 점: 좌표는 사물의 위치를 정확히 나타낼 수 있다.

답 풀이 참조

그래프

학습 목표 다양한 상황을 그래프로 나타내고, 주어진 그래프를 해석할 수 있다.

그래프는 무엇일까

교과서 108~109쪽

▶ 두 변수 x와 y 사이의 관계는 표 또는 식 또는 그래프로 나타낼 수 있다.

▶ 그래프는 점, 직선, 곡선 등으로 나타날 수 있다.

개념 짚어보기

❶ **변수**: x, y와 같이 여러 가지로 변하는 값을 나타내는 문자

❷ **그래프**: 두 변수 x, y의 순서쌍 (x, y)를 좌표로 하는 점 전체를 좌표평면 위에 나타낸 것

→ 그래프로 나타내면 변화나 상태를 한눈에 알아볼 수 있다.

도입 어느 제과점에서는 판매하는 원기둥 모양의 케이크 호수를 윗면의 지름의 길이에 따라 정한다고 한다.
다음 표는 원기둥 모양의 케이크가 x호일 때 케이크의 윗면의 지름의 길이 y cm를 나타낸 것이다.

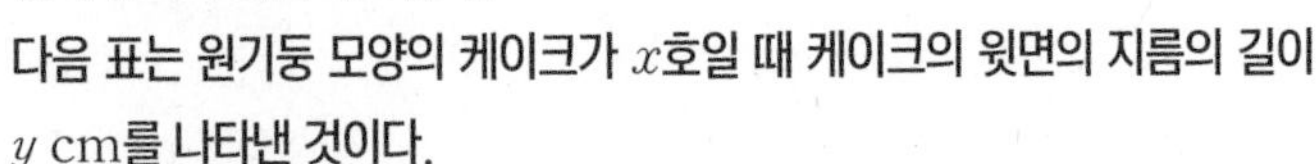

x	1	2	3	4	5	6
y	15	18	21	24	27	30

x와 y 사이의 관계를 좌표평면 위에 나타내는 방법을 말해 보자.

답 순서쌍 (x, y)를 좌표로 하는 점을 좌표평면 위에 나타낸다.

문제 1 다윤이는 다음 표와 같이 제주 올레길 x 코스를 y시간 동안 걸었다고 한다. 오른쪽 좌표평면 위에 두 변수 x와 y 사이의 관계를 그래프로 나타내시오.

x	1	4	6	9	10
y	5	6	3	4	7

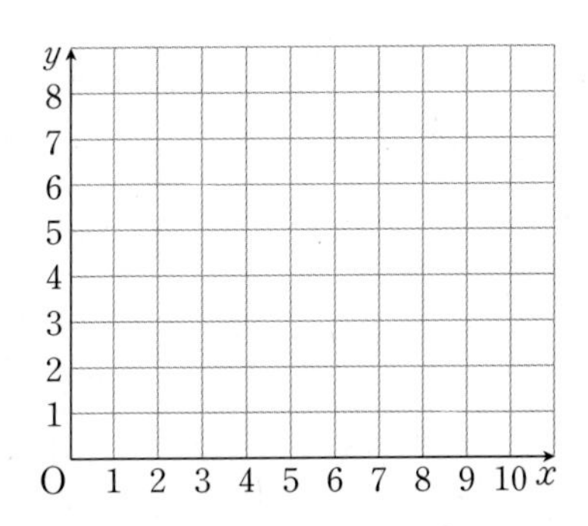

풀이 주어진 표에서 순서쌍 (x, y)는 다음과 같다.

$(1, 5)$, $(4, 6)$, $(6, 3)$, $(9, 4)$, $(10, 7)$

이 순서쌍을 좌표로 하는 점을 좌표평면 위에 나타내면 구하는 그래프는 오른쪽 그림과 같다.

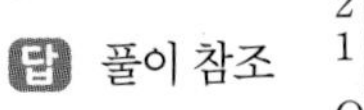
답 풀이 참조

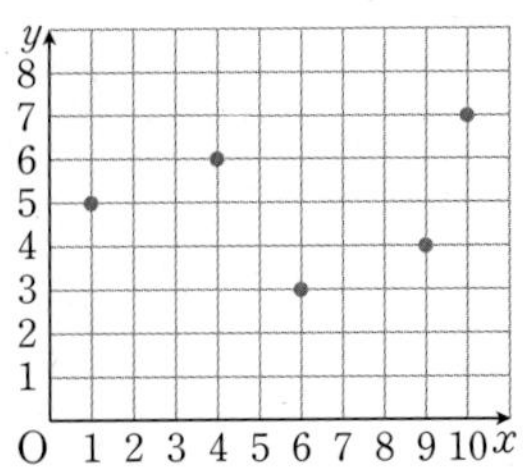

문제 2 두 변수 x, y에 대하여 y의 값은 x의 값의 2배보다 1만큼 더 크다.

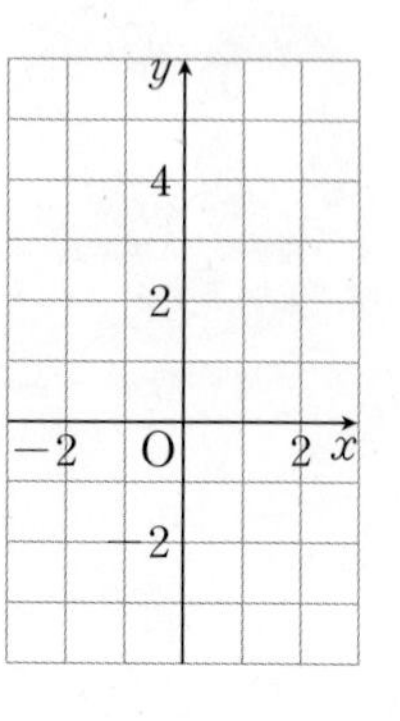

(1) 다음 표를 완성하시오.

x	-2	-1	0	1	2
y					

(2) 오른쪽 좌표평면 위에 두 변수 x와 y 사이의 관계를 그래프로 나타내시오.

풀이 (1) 주어진 표를 완성하면 다음과 같다.

x	-2	-1	0	1	2
y	-3	-1	1	3	5

(2) (1)의 표에서 순서쌍 (x, y)는 다음과 같다.

$(-2, -3), (-1, -1), (0, 1), (1, 3), (2, 5)$

이 순서쌍을 좌표로 하는 점을 좌표평면 위에 나타내면 구하는 그래프는 오른쪽 그림과 같다.

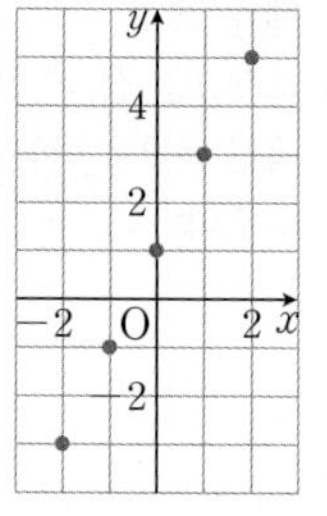

답 풀이 참조

다양한 상황을 그래프로 어떻게 나타낼까

교과서 110~111쪽

개념 짚어보기

❶ 우리 생활 주변에 일어나는 다양한 상황은 점, 직선, 곡선 등의 그래프로 나타낼 수 있다.

❷ 어떤 상황을 설명하거나 알아볼 때 자료가 충분하지 않으면 대략적인 상황을 그래프로 나타내기도 한다.

→ 변수 x의 값이 증가할 때, 변수 y의 값이 증가 또는 감소하는 경우 그래프의 모양은 다음과 같다.

x의 값이 증가할 때, y의 값도 증가한다.	x의 값이 증가할 때, y의 값은 감소한다.	x의 값이 증가할 때, y의 값은 변하지 않는다.
	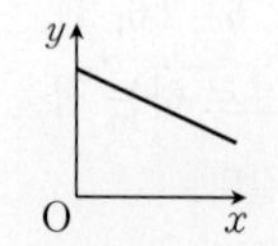	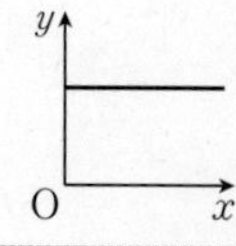

문제 3 다음 그림과 같이 서로 다른 모양의 그릇에 매초 일정한 양의 물을 넣는다. 물을 넣기 시작한 지 x초 후에 그릇에 담긴 물의 높이를 y cm라고 할 때, 두 변수 x와 y 사이의 관계를 나타내는 그래프를 찾아 연결하시오.

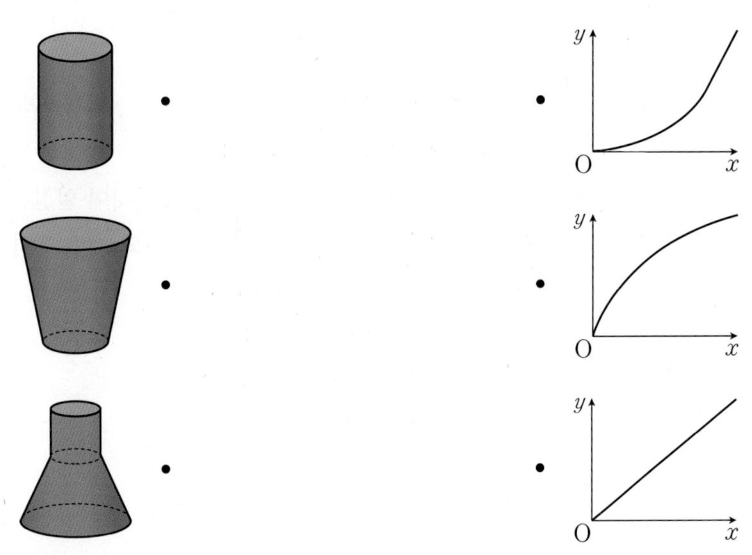

풀이 첫 번째 그릇은 폭이 일정하므로 물의 높이가 일정하게 증가한다.

두 번째 그릇은 폭이 위로 갈수록 넓어지므로 물의 높이가 처음에는 빠르게 증가하다가 점점 느리게 증가한다.

세 번째 그릇은 폭이 위로 갈수록 좁아지다가 일정해지므로 물의 높이가 처음에는 느리게 증가하다가 점점 빠르게 증가하고, 폭이 일정해지면 물의 높이가 일정하게 증가한다.

따라서 두 변수 x와 y 사이의 관계를 나타내는 그래프를 찾아 연결하면 다음 그림과 같다.

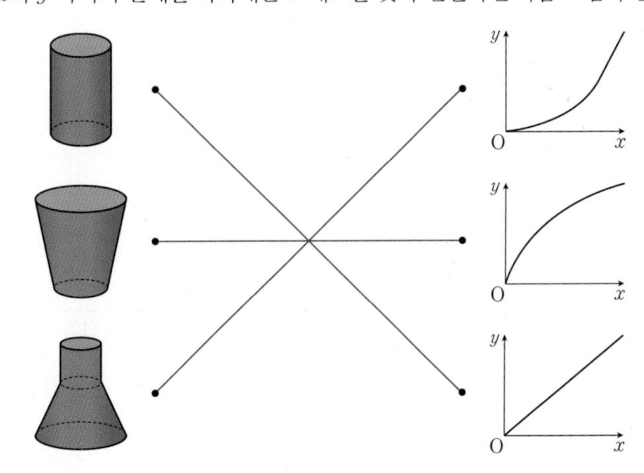

답 풀이 참조

그래프는 어떻게 해석할까

교과서 112~113쪽

개념 짚어보기

❶ 그래프를 해석하면 변화하는 양의 증가와 감소, 일정하게 반복되는 변화 등 그래프가 나타내는 변화와 상황을 파악할 수 있다.

예 오른쪽 그림은 집에서 자동차를 타고 출발하여 일정한 속력으로 달리다가 멈출 때, 경과 시간 x와 속력 y 사이의 관계를 그래프로 나타낸 것이다.

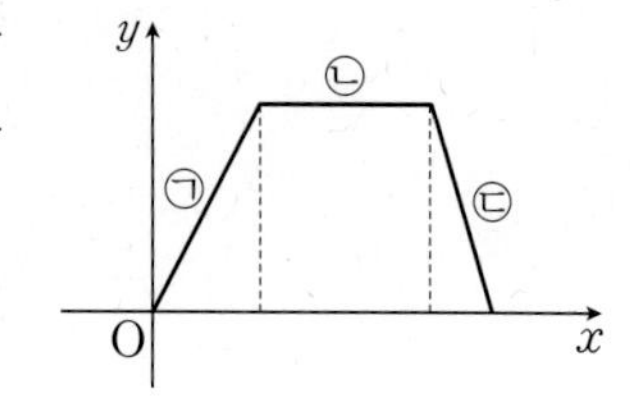

㉠ y의 값이 일정하게 증가한다.
→ 자동차의 속력이 점점 증가한다.

㉡ y의 값에 변화가 없다.
→ 자동차의 속력이 일정하다.

㉢ y의 값이 일정하게 감소한다.
→ 자동차의 속력이 점점 감소한다.

문제 4 어느 항구에서 하루 동안 시간에 따른 해수면의 높이를 조사하였다. 이 항구에서 시각이 x시일 때의 해수면의 높이를 y cm라고 하자. 다음 그림은 두 변수 x와 y 사이의 관계를 그래프로 나타낸 것이다.

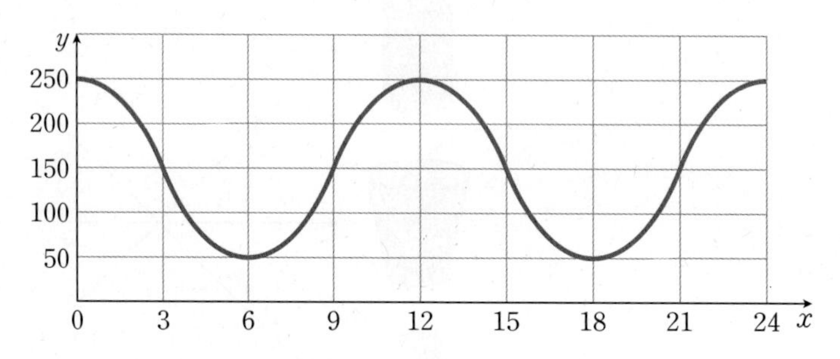

(1) 해수면의 높이가 가장 높을 때, 해수면의 높이와 그 시각을 구하시오.

(2) 해수면의 높이가 가장 낮을 때, 해수면의 높이와 그 시각을 구하시오.

(3) 해수면의 높이가 100 cm인 순간은 하루 동안 몇 번 있었는지 구하시오.

풀이 (1) 해수면의 높이가 가장 높을 때는 250 cm이고 그 시각은 0시, 12시, 24시이다.
(2) 해수면의 높이가 가장 낮을 때는 50 cm이고 그 시각은 6시, 18시이다.
(3) 그래프 위에 y의 값이 100인 점이 4개이므로 해수면의 높이가 100 cm인 순간은 하루 동안 4번 있었다.

답 (1) 해수면의 높이: 250 cm, 시각: 0시, 12시, 24시
(2) 해수면의 높이: 50 cm, 시각: 6시, 18시 (3) 4번

중단원 마무리

스스로 개념을 정리해요.

01 순서쌍과 좌표

(1) 수직선 위의 점 P에 대응하는 수가 a일 때, a는 점 P의 좌표(이)라고 한다.

(2) 수나 문자의 순서를 정하여 괄호 안에 짝 지어 나타낸 것을 순서쌍(이)라고 한다.

(3) 두 좌표축이 정해져 있는 평면을 좌표평면(이)라고 한다.

(4) 좌표평면은 좌표축에 의하여 네 부분으로 나뉜다. 이때 네 부분을 각각 제1사분면, 제2사분면, 제3사분면, 제4사분면이라고 한다.

(5) 점 P의 좌표가 (a, b)일 때, 이것을 기호로

와/과 같이 나타낸다.

02 그래프

(1) 여러 가지로 변하는 값을 나타내는 문자를 변수(이)라고 한다.

(2) 두 변수 x, y의 순서쌍 (x, y)를 좌표로 하는 점 전체를 좌표평면 위에 나타낸 것을 그래프(이)라고 한다.

01

다음 중에서 옳은 것에는 ○표를, 옳지 않은 것에는 ×표를 하시오.

(1) 순서쌍 $(1, 5)$와 순서쌍 $(5, 1)$은 서로 다르다. ( )

(2) 점 $(0, -1)$은 제1사분면 위의 점이다. ( )

(3) 그래프를 해석하면 그래프가 나타내는 변화와 상황을 파악할 수 있다. ( )

풀이 (1) 순서쌍은 두 수의 순서를 정하여 나타낸 것이므로 두 순서쌍 $(1, 5)$와 $(5, 1)$은 서로 다르다.

(2) 점 $(0, -1)$은 y축 위의 점이므로 어느 사분면에도 속하지 않는다.

(3) 그래프를 해석하면 변화하는 양의 증가와 감소, 일정하게 반복되는 변화 등 그래프가 나타내는 변화와 상황을 파악할 수 있다.

답 (1) ○ (2) × (3) ○

02

다음 수직선 위의 세 점 A, B, C의 좌표를 각각 기호로 나타내시오.

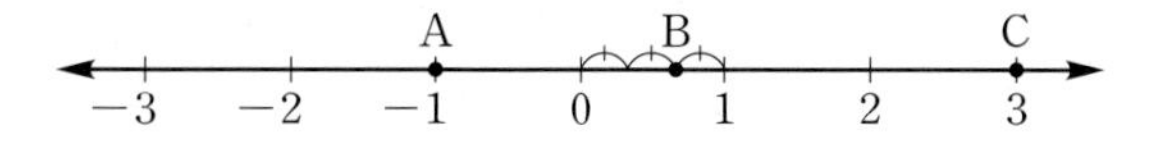

풀이 점 A는 -1을 나타내는 점이므로

$A(-1)$

점 B는 0과 1을 나타내는 점 사이를 3등분한 점 중에서 1을 나타내는 점에 가까운 점이므로

$B\left(\frac{2}{3}\right)$

점 C는 3을 나타내는 점이므로

$C(3)$

답 $A(-1)$, $B\left(\frac{2}{3}\right)$, $C(3)$

03

다음 표를 이용하여 두 변수 x와 y 사이의 관계를 좌표평면 위에 그래프로 나타내시오.

x	1	2	3	4	5
y	3	0	2	1	5

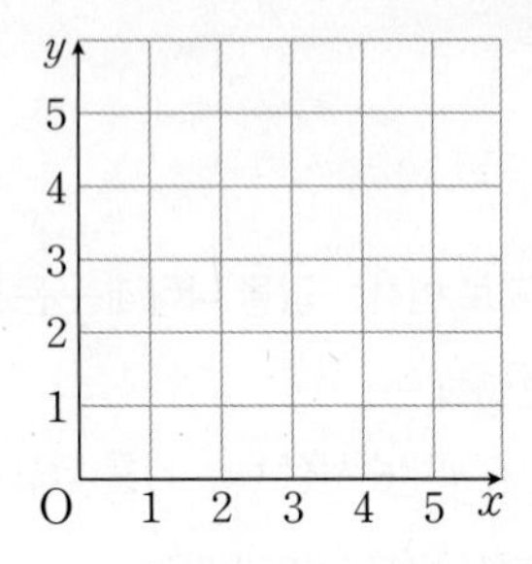

풀이 주어진 표에서 순서쌍 (x, y)는 다음과 같다.

$(1, 3)$, $(2, 0)$, $(3, 2)$, $(4, 1)$, $(5, 5)$

이 순서쌍을 좌표로 하는 점을 좌표평면 위에 나타내면 구하는 그래프는 다음 그림과 같다.

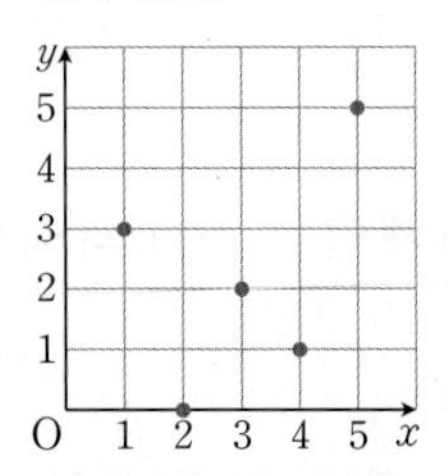

답 풀이 참조

04

다음 좌표평면 위의 네 점 A, B, C, D의 좌표를 각각 기호로 나타내시오.

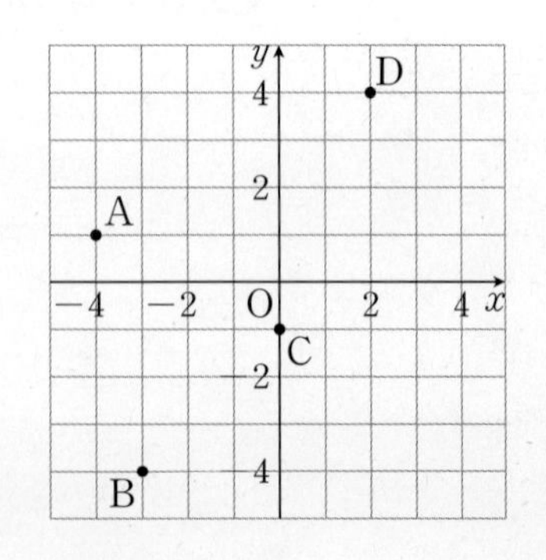

풀이 점 A의 x좌표는 -4, y좌표는 1이므로

$A(-4, 1)$

점 B의 x좌표는 -3, y좌표는 -4이므로

$B(-3, -4)$

점 C의 x좌표는 0, y좌표는 -1이므로

$C(0, -1)$

점 D의 x좌표는 2, y좌표는 4이므로

$D(2, 4)$

답 $A(-4, 1)$, $B(-3, -4)$, $C(0, -1)$, $D(2, 4)$

05

점 $P(a, b)$가 제4사분면 위의 점일 때, 다음은 어느 사분면 위의 점인지 구하시오.

(1) $(-a, b)$ (2) $(-b, -ab)$

풀이 점 $P(a, b)$가 제4사분면 위의 점이므로

$a>0$, $b<0$

(1) $a>0$에서 $-a<0$이고, $b<0$이므로 점 $(-a, b)$는 제3사분면 위의 점이다.

(2) $b<0$에서 $-b>0$이고, $a>0$, $-b>0$에서 $-ab>0$이므로 점 $(-b, -ab)$는 제1사분면 위의 점이다.

답 (1) 제3사분면 (2) 제1사분면

06

세 마리의 강아지가 빠르기 측정을 위해 운동장을 돌고 있다. 다음 그래프는 이 강아지들이 달린 거리를 시간에 따라 나타낸 것이다. 가장 빨리 달린 강아지의 이름을 말하시오.

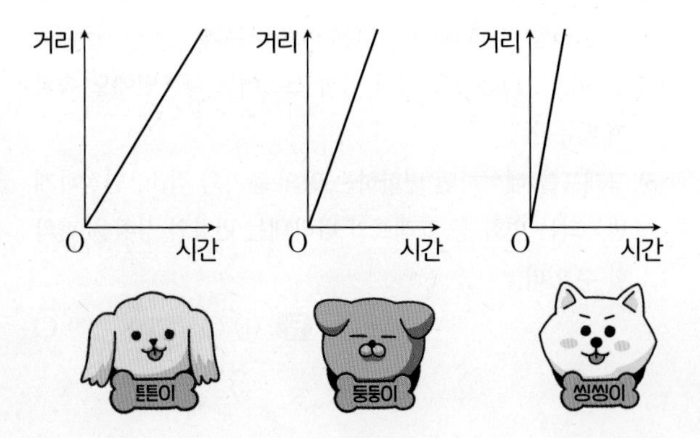

풀이 가장 빨리 달린 강아지의 속력이 가장 크고,

$$(\text{속력})=\frac{(\text{거리})}{(\text{시간})}$$

이므로 일정 시간 동안 가장 멀리 간 강아지의 속력이 가장 크다.

따라서 가장 빨리 달린 강아지는 씽씽이이다.

답 씽씽이

07

어떤 놀이기구가 1회 운행할 때, 시간 x초에 따른 놀이기구의 속력을 초속 y m라고 하자. 다음 그래프는 두 변수 x와 y 사이의 관계를 나타낸 것이다.

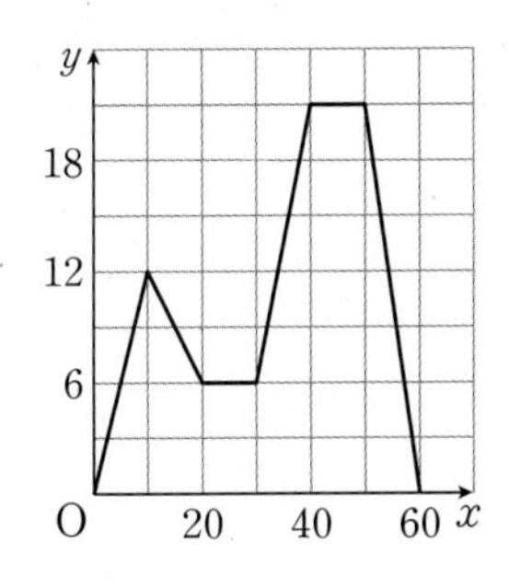

(1) 이 놀이기구의 1회 운행 시간을 구하시오.

(2) 이 놀이기구의 최고 속력을 구하시오.

풀이 (1) 주어진 그래프 위에서 y의 값이 0인 두 점의 좌표는 $(0, 0)$, $(60, 0)$

따라서 두 점의 x의 값의 차는 60이므로 1회 운행 시간은 60초이다.

(2) x의 값이 40 이상 50 이하일 때, y의 값이 21로 가장 크다. 즉 최고 속력은 초속 21 m이다.

답 (1) 60초 (2) 초속 21 m

08 발전

다음 그림과 같이 높이가 같은 세 가지 모양의 그릇 A, B, C에 매초 일정한 양의 물을 넣으려고 한다.

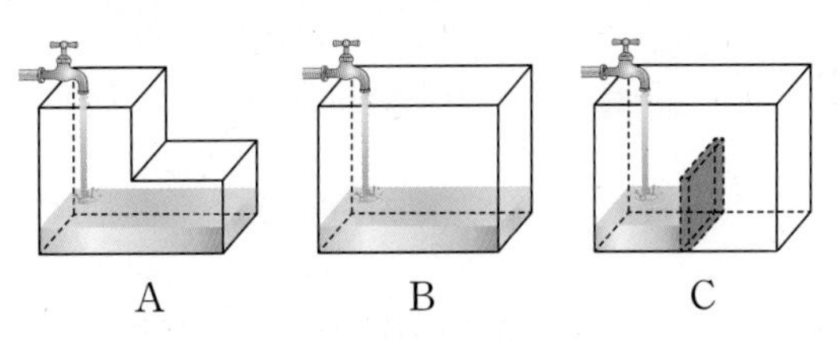

아래 그래프는 각 그릇의 물의 높이를 시간에 따라 나타낸 것이다. 각 그릇에 알맞은 그래프를 찾고, 그 이유를 설명하시오.

(단, 물의 높이는 가장 높은 지점으로 정한다.)

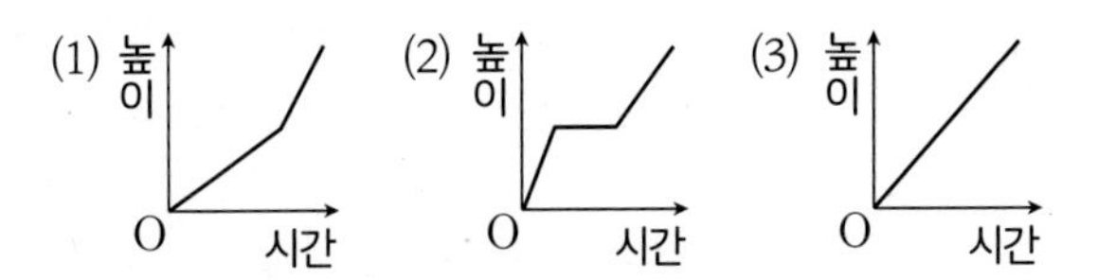

풀이 A: 일정한 속력으로 물의 높이가 높아지다가 그릇의 단면이 작아지면 물의 높이가 빠르게 높아진다.

따라서 알맞은 그래프는 (1)이다.

B: 그릇의 단면이 일정하므로 일정한 속력으로 물의 높이가 높아진다.

따라서 알맞은 그래프는 (3)이다.

C: 일정한 속력으로 그릇의 왼쪽에 물의 높이가 높아지다가 물이 그릇의 오른쪽에 채워지기 시작하면 물의 높이의 변화가 없다. 그릇의 오른쪽에 물이 채워진 후 물의 높이가 느리게 높아진다.

따라서 알맞은 그래프는 (2)이다.

답 A: (1), B: (3), C: (2)

2 정비례와 반비례

교과서 117쪽

준비 **1** 다음 비례식에서 □ 안에 알맞은 수를 써넣으시오.

(1) $5:6=40:\square$　　(2) $2:\square=12:30$

풀이 (1) $40=5\times8$이므로 $\square=6\times8=48$

(2) $12=2\times6$이므로 $\square\times6=30$, $\square=5$

답 (1) 48 (2) 5

개념 초 5~6

- 비례식에서 외항의 곱과 내항의 곱은 같다.
  → $a:b=c:d$이면 $ad=bc$

2 다음을 문자를 사용한 식으로 나타내시오.

(1) 한 장에 200원인 친환경 소재 봉지 x장의 가격

(2) 가로의 길이가 x cm, 세로의 길이가 5 cm인 직사각형의 넓이

풀이 (2) (직사각형의 넓이)=(가로의 길이)×(세로의 길이)

$=x\times5$

$=5x\,(\text{cm}^2)$

답 (1) $200x$원 (2) $5x$ cm^2

개념 중 1

- 수와 문자 사이의 곱에서는 곱셈 기호 ×를 생략하고, 수를 문자 앞에 쓴다.

단원의 학습흐름

이전에 배운 내용은	이 단원에서는	새로운 용어
초 3~4 규칙을 수나 식으로 나타내기 초 5~6 대응 관계 비와 비율 비례식과 비례배분	정비례 반비례	정비례, 반비례

01 정비례

[학습 목표] 정비례 관계를 이해하고, 그 관계를 표, 식, 그래프로 나타낼 수 있다.

정비례 관계는 무엇일까

교과서 118~119쪽

개념 짚어보기

▶ y가 x에 정비례하면 $y=ax\,(a\neq0)$에서 $\frac{y}{x}=a$이므로 $\frac{y}{x}$의 값은 수 a로 일정하다.

❶ **정비례**: 두 변수 x, y에 대하여 x의 값이 2배, 3배, 4배, …로 변함에 따라 y의 값도 2배, 3배, 4배, …로 변할 때, y는 x에 **정비례**한다고 한다.

❷ y가 x에 정비례할 때, 두 변수 x와 y 사이의 관계식은 $y=ax\,(a\neq0)$ 꼴이다.

예 $y=2x$, $y=-x$, $y=\frac{1}{3}x$ → y는 x에 정비례한다.

$y=x+4$, $y=\frac{2}{x}$ → y는 x에 정비례하지 않는다.

도입 '중력 변화 체험 기구'는 우주선이 우주를 향해 날아가거나 전투기가 빠른 속도로 급회전할 때 비행사가 느끼는 압력의 크기를 간접 체험할 수 있는 기구이다.
어느 우주 과학관에 있는 이 기구로 한 번에 4명씩 체험할 때, 기구의 가동 횟수와 체험하는 사람의 수 사이의 관계를 말해 보자.

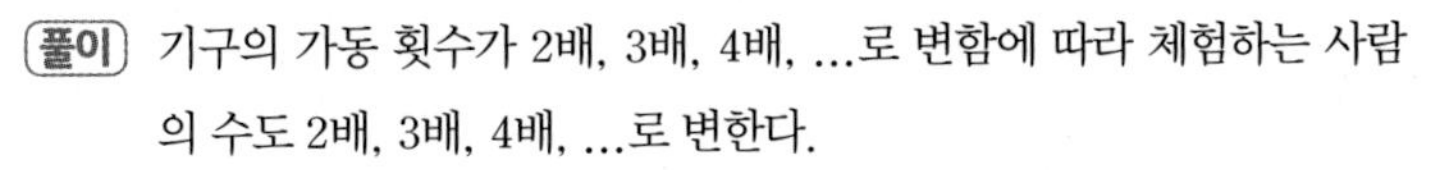

[풀이] 기구의 가동 횟수가 2배, 3배, 4배, …로 변함에 따라 체험하는 사람의 수도 2배, 3배, 4배, …로 변한다.

답 풀이 참조

문제 1 다음 표를 완성하여 y가 x에 정비례함을 확인하고, x와 y 사이의 관계식을 구하시오.

(1) 시속 60 km의 일정한 속력으로 달리는 자동차가 x시간 동안 달린 거리 y km

x(시간)	1	2	3	4	5
y(km)					

(2) 1병의 열량이 52 kcal인 과일 주스 x병의 열량 y kcal

x(병)	1	2	3	4	5
y(kcal)					

풀이 (1) 표를 완성하면 다음과 같다.

x(시간)	1	2	3	4	5
y(km)	60	120	180	240	300

x의 값이 1의 2배, 3배, 4배, ...로 변함에 따라 y의 값도 60의 2배, 3배, 4배, ...로 변하므로 y는 x에 정비례한다. 또 x와 y 사이의 관계식은 $y=60x$이다.

(2) 표를 완성하면 다음과 같다.

x(병)	1	2	3	4	5
y(kcal)	52	104	156	208	260

x의 값이 1의 2배, 3배, 4배, ...로 변함에 따라 y의 값도 52의 2배, 3배, 4배, ...로 변하므로 y는 x에 정비례한다. 또 x와 y 사이의 관계식은 $y=52x$이다.

답 (1) 표는 풀이 참조, $y=60x$ (2) 표는 풀이 참조, $y=52x$

문제 2 두 변수 x, y에 대하여 y가 x에 정비례하고, $x=3$일 때 $y=-6$이다. x와 y 사이의 관계식을 구하시오.

풀이 y가 x에 정비례하므로 $y=ax\,(a\neq0)$라고 하자.

$x=3$일 때 $y=-6$이므로 $-6=3a$, $a=-2$

따라서 구하는 관계식은 $y=-2x$

답 $y=-2x$

정비례 관계의 그래프는 어떻게 그릴 수 있을까

교과서 120~122쪽

개념 짚어보기

① 정비례 관계 $y=ax\,(a\neq0)$의 그래프는 원점을 지나는 직선이다.

(1) $a>0$일 때

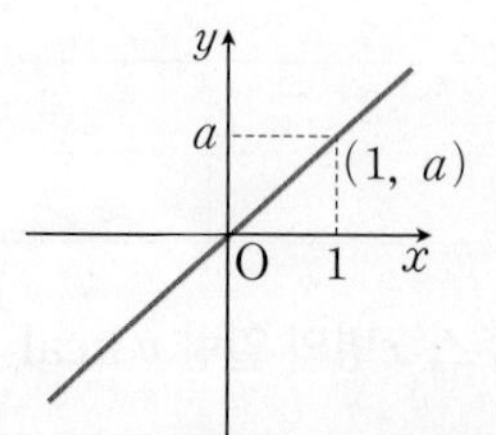

→ 제1사분면과 제3사분면을 지난다.

(2) $a<0$일 때

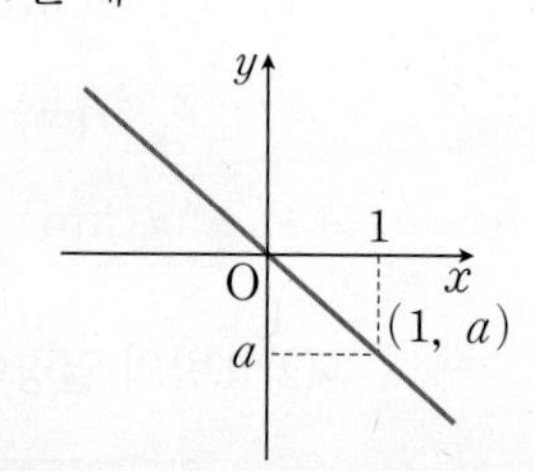

→ 제2사분면과 제4사분면을 지난다.

문제 3 다음 정비례 관계의 그래프를 오른쪽 좌표평면 위에 그리시오.

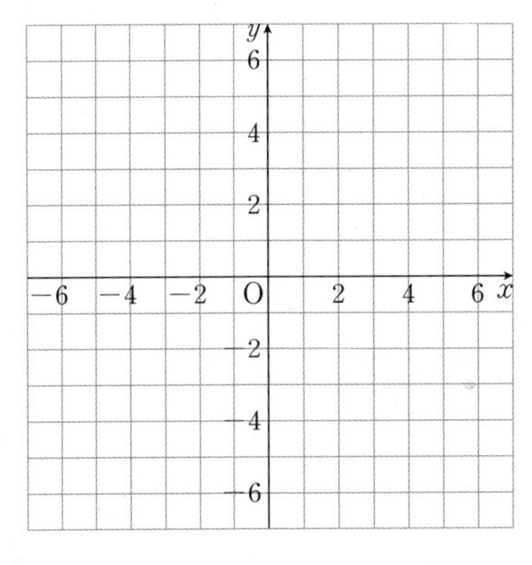

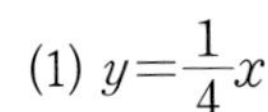

(1) $y=\frac{1}{4}x$	(2) $y=-\frac{1}{4}x$
(3) $y=x$	(4) $y=-x$
(5) $y=4x$	(6) $y=-4x$

풀이 (1) 정비례 관계 $y=\frac{1}{4}x$의 그래프는 원점과 점 $(4,\ 1)$을 지나는 직선이다.

(2) 정비례 관계 $y=-\frac{1}{4}x$의 그래프는 원점과 점 $(4,\ -1)$을 지나는 직선이다.

(3) 정비례 관계 $y=x$의 그래프는 원점과 점 $(1,\ 1)$을 지나는 직선이다.

(4) 정비례 관계 $y=-x$의 그래프는 원점과 점 $(1,\ -1)$을 지나는 직선이다.

(5) 정비례 관계 $y=4x$의 그래프는 원점과 점 $(1,\ 4)$를 지나는 직선이다.

(6) 정비례 관계 $y=-4x$의 그래프는 원점과 점 $(1,\ -4)$를 지나는 직선이다.

따라서 (1)~(6)의 그래프를 좌표평면 위에 그리면 다음과 같다.

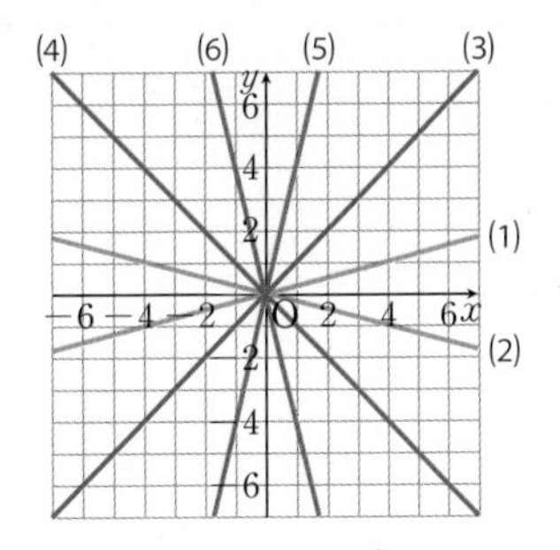

답 풀이 참조

문제 4 정비례 관계 $y=ax$의 그래프가 다음과 같을 때, 수 a의 값을 구하시오.

(1)

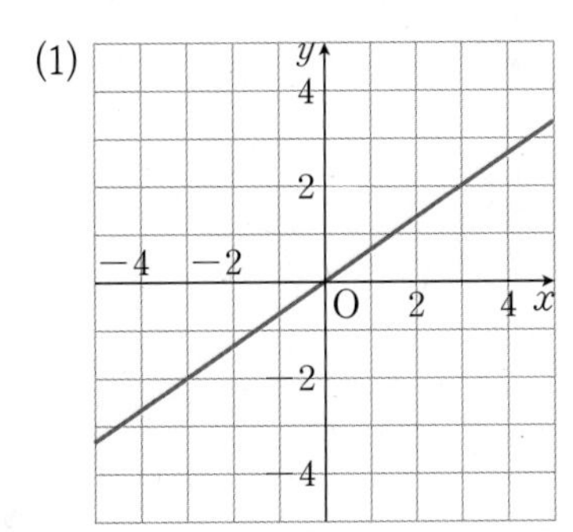

(2)

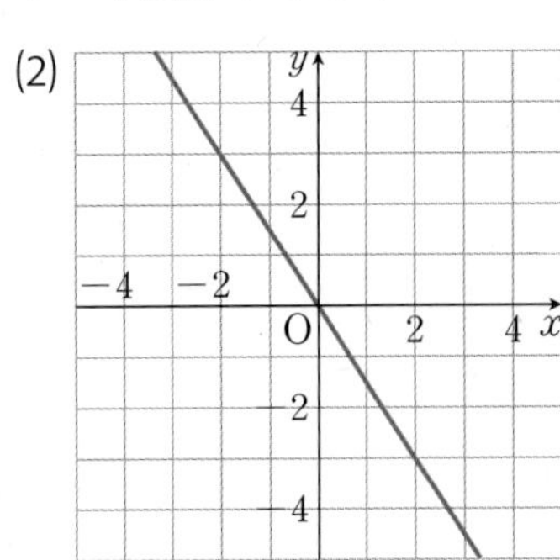

풀이 (1) 정비례 관계 $y=ax$의 그래프가 점 $(3, 2)$를 지나므로
$y=ax$에 $x=3$, $y=2$를 대입하면

$$2=3a, \quad a=\frac{2}{3}$$

(2) 정비례 관계 $y=ax$의 그래프가 점 $(-2, 3)$을 지나므로
$y=ax$에 $x=-2$, $y=3$을 대입하면

$$3=-2a, \quad a=-\frac{3}{2}$$

답 (1) $\frac{2}{3}$ (2) $-\frac{3}{2}$

문제 5

오른쪽 정비례 관계에 적합한 상황을 생각하여 문장으로 표현하고, 표와 그래프로 나타내시오.

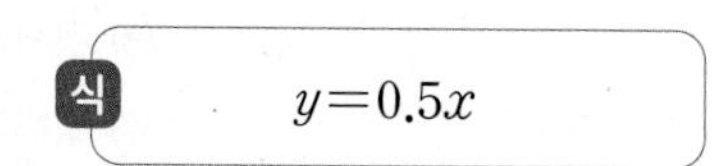

문장

표

x							
y							

그래프

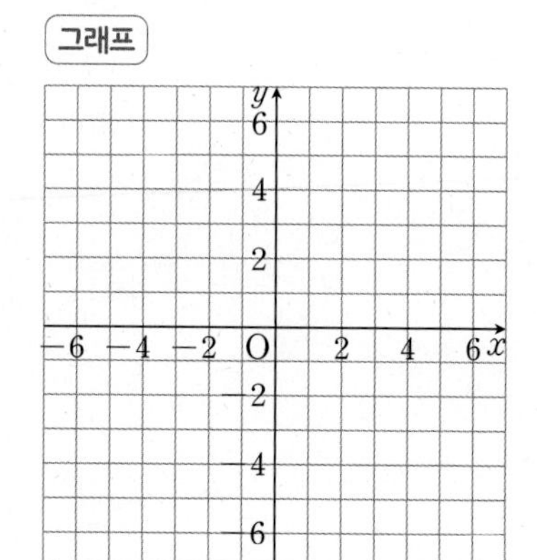

풀이 예 문장: 내가 쓰는 휴대 전화의 데이터 요금은 1 KB당 0.5원이다. 따라서 데이터를 x KB 이용하면 데이터 이용료는 y원이다.

표:

x	1	2	3	4	5	6	7
y	0.5	1	1.5	2	2.5	3	3.5

그래프:

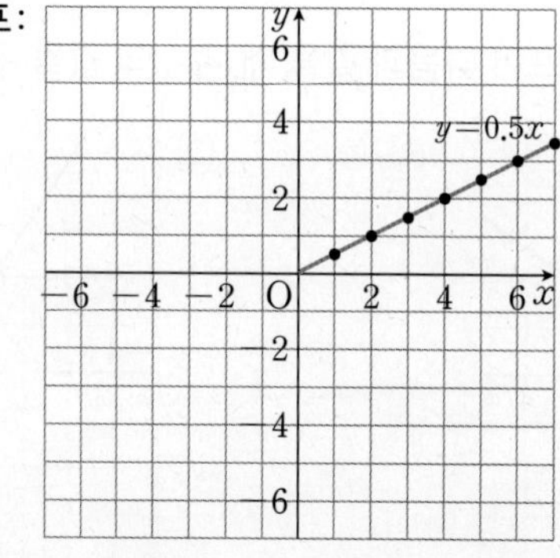

답 풀이 참조

반비례

학습 목표 반비례 관계를 이해하고, 그 관계를 표, 식, 그래프로 나타낼 수 있다.

반비례 관계는 무엇일까

교과서 124~125쪽

▶ y가 x에 반비례하면 $y=\frac{a}{x}\,(a\neq0)$에서 $xy=a$이므로 xy의 값은 수 a로 일정하다.

개념 짚어보기

① **반비례**: 두 변수 x, y에 대하여 x의 값이 2배, 3배, 4배, …로 변함에 따라 y의 값도 $\frac{1}{2}$배, $\frac{1}{3}$배, $\frac{1}{4}$배, …로 변할 때, y는 x에 **반비례**한다고 한다.

② y가 x에 반비례할 때, 두 변수 x와 y 사이의 관계식은 $y=\frac{a}{x}\,(a\neq0)$ 꼴이다.

예 $y=\frac{1}{x}$, $y=-\frac{2}{x}$ ➜ y는 x에 반비례한다.

$y=\frac{1}{3}x$, $y=\frac{1}{x}+4$ ➜ y는 x에 반비례하지 않는다.

도입 어느 봉사 단체에서 연탄 1200장을 배달하는 자원봉사에 참여할 사람을 모집하려고 한다. 자원봉사를 신청한 사람의 수가 10명, 20명, 30명, …으로 늘어날 때, 자원봉사자의 수와 1인당 배달해야 하는 연탄의 개수 사이의 관계를 말해 보자.

풀이 자원봉사자의 수가 2배, 3배, 4배, …로 변함에 따라 1인당 배달해야 하는 연탄의 개수는 $\frac{1}{2}$배, $\frac{1}{3}$배, $\frac{1}{4}$배, …로 변한다.

답 풀이 참조

문제 1 다음 표를 완성하여 y가 x에 반비례함을 확인하고, x와 y 사이의 관계식을 구하시오.

(1) 가로의 길이가 x cm, 넓이가 8 cm^{2}인 직사각형의 세로의 길이 y cm

x(cm)	1	2	4	8
y(cm)				

(2) 1분 동안 x자를 입력할 수 있는 학생이 1800자를 모두 입력할 때까지 걸리는 시간 y분

x(자)	100	200	300	400
y(분)				

풀이 (1) 표를 완성하면 다음과 같다.

x(cm)	1	2	4	8
y(cm)	8	4	2	1

x의 값이 1의 2배, 4배, …로 변함에 따라 y의 값이 8의 $\frac{1}{2}$배, $\frac{1}{4}$배, …로 변하므로 y는 x에 반비례한다. 또 x와 y 사이의 관계식은 $y=\frac{8}{x}$이다.

(2) 표를 완성하면 다음과 같다.

x(자)	100	200	300	400
y(분)	18	9	6	$\frac{9}{2}$

x의 값이 100의 2배, 3배, …로 변함에 따라 y의 값이 18의 $\frac{1}{2}$배, $\frac{1}{3}$배, …로 변하므로 y는 x에 반비례한다. 또 x와 y 사이의 관계식은 $y=\frac{1800}{x}$이다.

답 (1) 표는 풀이 참조, $y=\frac{8}{x}$ (2) 표는 풀이 참조, $y=\frac{1800}{x}$

문제 2 두 변수 x, y에 대하여 y가 x에 반비례하고, $x=2$일 때 $y=-10$이다. x와 y 사이의 관계식을 구하시오.

풀이 y가 x에 반비례하므로 $y=\frac{a}{x}$ $(a\neq0)$라고 하자.

$x=2$일 때 $y=-10$이므로 $-10=\frac{a}{2}$, $a=-20$

따라서 구하는 관계식은 $y=-\frac{20}{x}$

답 $y=-\frac{20}{x}$

반비례 관계의 그래프는 어떻게 그릴 수 있을까

교과서 126~128쪽

개념 짚어보기

① 반비례 관계 $y=\frac{a}{x}$ $(a\neq0)$의 그래프는 한 쌍의 매끄러운 곡선이다.

(1) $a>0$일 때

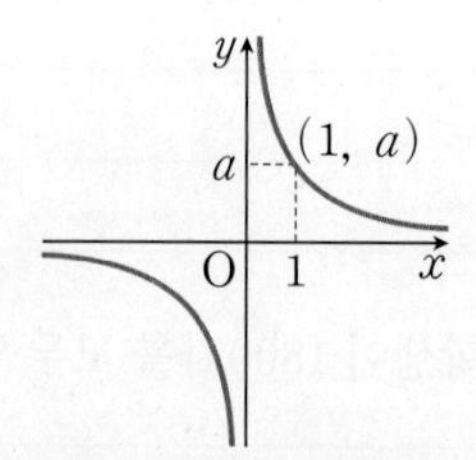

→ 제1사분면과 제3사분면을 지난다.

(2) $a<0$일 때

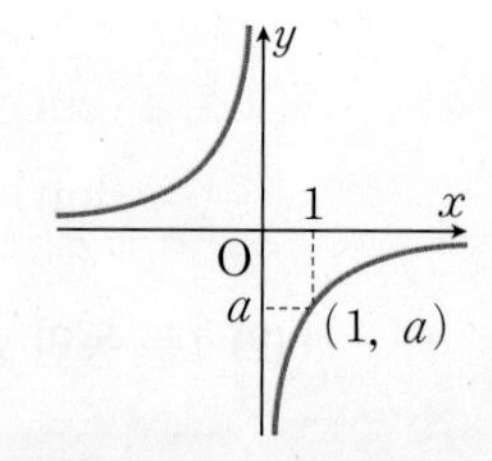

→ 제2사분면과 제4사분면을 지난다.

문제 3 다음 반비례 관계의 그래프를 오른쪽 좌표평면 위에 그리시오.

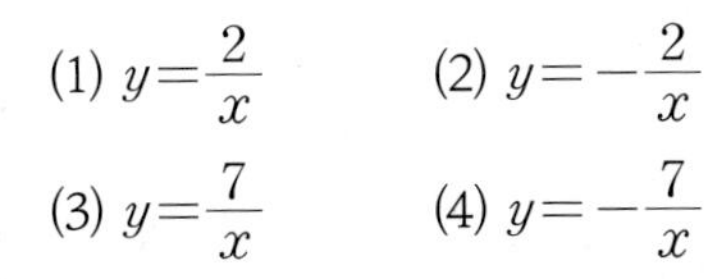

(1) $y=\frac{2}{x}$　　(2) $y=-\frac{2}{x}$

(3) $y=\frac{7}{x}$　　(4) $y=-\frac{7}{x}$

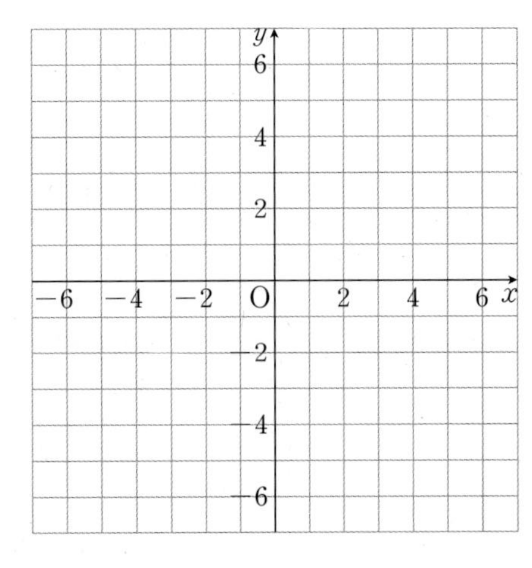

풀이 (1) 반비례 관계 $y=\frac{2}{x}$의 그래프는 네 점 $(-2, -1)$, $(-1, -2)$, $(1, 2)$, $(2, 1)$을 지나는 한 쌍의 매끄러운 곡선이다.

(2) 반비례 관계 $y=-\frac{2}{x}$의 그래프는 네 점 $(-2, 1)$, $(-1, 2)$, $(1, -2)$, $(2, -1)$을 지나는 한 쌍의 매끄러운 곡선이다.

(3) 반비례 관계 $y=\frac{7}{x}$의 그래프는 네 점 $(-7, -1)$, $(-1, -7)$, $(1, 7)$, $(7, 1)$을 지나는 한 쌍의 매끄러운 곡선이다.

(4) 반비례 관계 $y=-\frac{7}{x}$의 그래프는 네 점 $(-7, 1)$, $(-1, 7)$, $(1, -7)$, $(7, -1)$을 지나는 한 쌍의 매끄러운 곡선이다.

따라서 (1)~(4)의 그래프를 좌표평면 위에 그리면 다음과 같다.

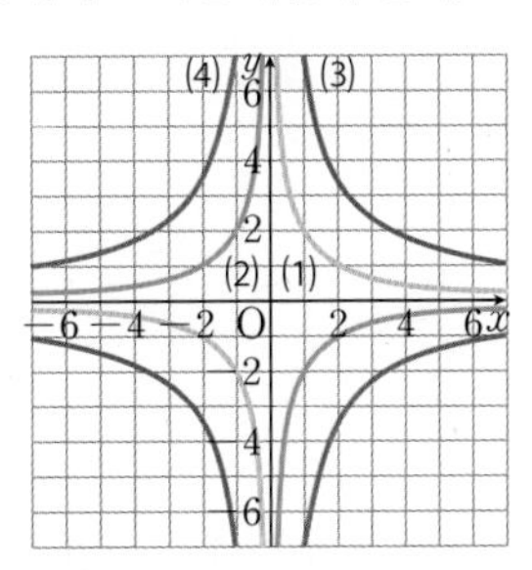

답 풀이 참조

문제 4 반비례 관계 $y=\frac{a}{x}$의 그래프가 다음과 같을 때, 수 a의 값을 구하시오.

(1)

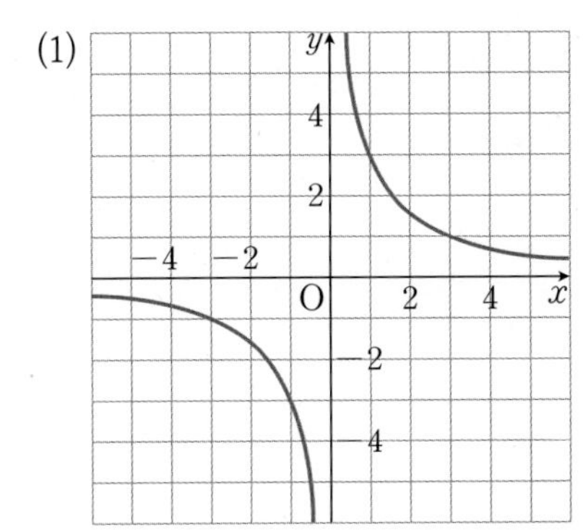

(2)

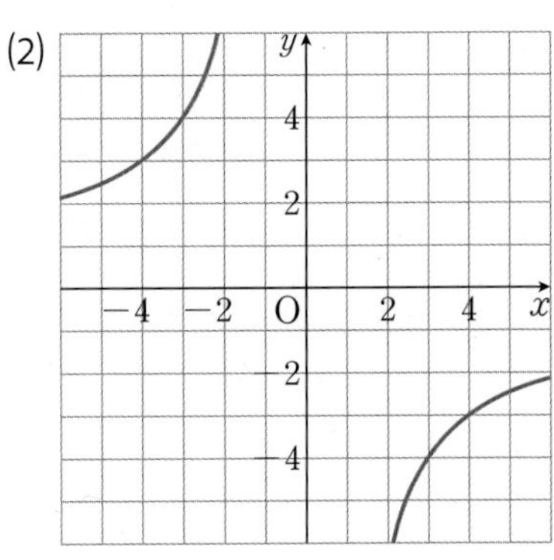

풀이 (1) 반비례 관계 $y=\frac{a}{x}$의 그래프가 점 $(1,\ 3)$을 지나므로

$y=\frac{a}{x}$에 $x=1$, $y=3$을 대입하면

$3=\frac{a}{1}$, $\qquad a=3$

(2) 반비례 관계 $y=\frac{a}{x}$의 그래프가 점 $(-4,\ 3)$을 지나므로

$y=\frac{a}{x}$에 $x=-4$, $y=3$을 대입하면

$3=-\frac{a}{4}$, $\qquad a=-12$

답 (1) 3 (2) -12

문제 5

오른쪽 반비례 관계에 적합한 상황을 생각하여 문장으로 표현하고, 표와 그래프로 나타내시오.

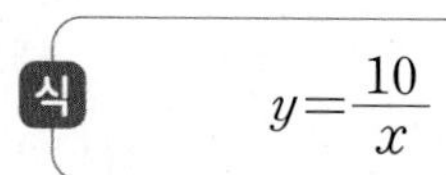

문장

표

x							
y							

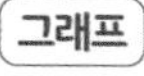

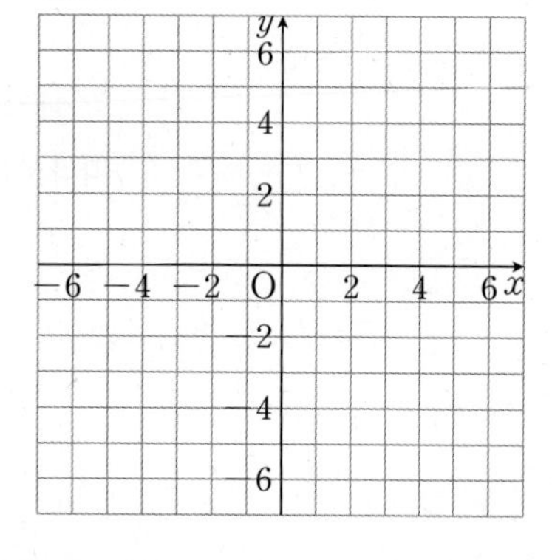

풀이 ⓔ 문장: 10 km 떨어진 두 지점을 시속 x km로 이동할 때 y시간이 걸린다.

표:

x	1	2	5	10
y	10	5	2	1

그래프:

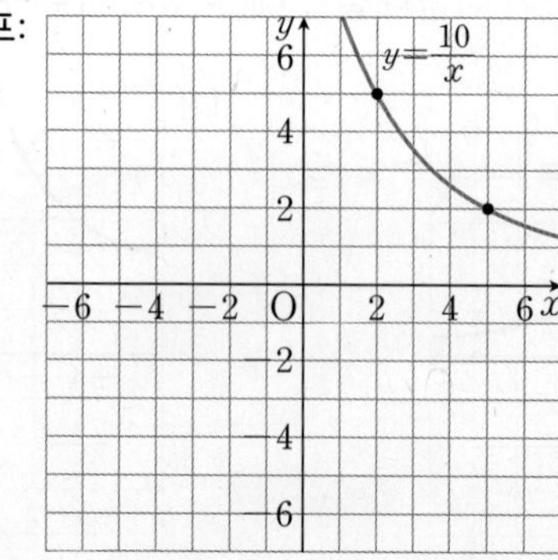

답 풀이 참조

교과서 129쪽

공학 도구로 그래프 그리기

활동 1 $y=ax$의 그래프와 $y=\frac{b}{x}$의 그래프를 관찰하여 두 그래프의 공통점과 차이점을 각각 2가지씩 말해 보자.

풀이

	$a>0$, $b>0$일 때	$a<0$, $b<0$일 때	특징
$y=ax$ $(a\neq0)$ 의 그래프			• 원점을 지난다. • 직선이다.
$y=\frac{b}{x}$ $(b\neq0)$ 의 그래프			• 원점을 지나지 않는다. • 한 쌍의 매끄러운 곡선이다.
특징	제 1 사분면과 제 3 사분면을 지난다.	제 2 사분면과 제 4 사분면을 지난다.	

예 공통점: ① a, b의 부호가 같으면 $y=ax$의 그래프와 $y=\frac{b}{x}$의 그래프는 같은 사분면을 지난다.

② 그래프에서 x의 값이 변함에 따라 y의 값이 변한다.

차이점: ① $y=ax$의 그래프는 원점을 지나지만 $y=\frac{b}{x}$의 그래프는 원점을 지나지 않는다.

② $y=ax$의 그래프는 직선이지만 $y=\frac{b}{x}$의 그래프는 곡선이다.

답 풀이 참조

교과서 130~131쪽

중단원 마무리

Ⅲ-2. 정비례와 반비례

스스로 개념을 정리해요.

01 정비례

(1) 두 변수 x, y에 대하여 x의 값이 2배, 3배, 4배, ...로 변함에 따라 y의 값도 2배, 3배, 4배, ...로 변할 때, y는 x에 [정 비 례] 한다고 한다.

(2) 정비례 관계 $y=ax\,(a\neq0)$의 그래프는 [원 점] 을/를 지나는 [직 선] 이다.

(3) 정비례 관계 $y=ax$의 그래프는 $a>0$일 때, 제 [1] 사분면, 제 [3] 사분면을 지나고, $a<0$일 때, 제 [2] 사분면, 제 [4] 사분면을 지난다.

02 반비례

(1) 두 변수 x, y에 대하여 x의 값이 2배, 3배, 4배, ...로 변함에 따라 y의 값이 $\frac{1}{2}$배, $\frac{1}{3}$배, $\frac{1}{4}$배, ...로 변할 때, y는 x에 [반 비 례] 한다고 한다.

(2) 반비례 관계 $y=\frac{a}{x}\,(a\neq0)$의 그래프는 한 쌍의 매끄러운 [곡 선] 이다.

(3) 반비례 관계 $y=\frac{a}{x}$의 그래프는 $a>0$일 때, 제 [1] 사분면, 제 [3] 사분면을 지나고, $a<0$일 때, 제 [2] 사분면, 제 [4] 사분면을 지난다.

01

다음 두 변수 x와 y 사이의 관계식에서 y가 x에 정비례하는 것에는 '정'을, y가 x에 반비례하는 것에는 '반'을 써넣으시오.

(1) $y=-2x$ (　　)

(2) $y=\frac{3}{x}$ (　　)

(3) $xy=-16$ (　　)

(4) $\frac{y}{x}=7$ (　　)

풀이 (3) $xy=-16$에서 $y=-\frac{16}{x}$

따라서 y가 x에 반비례한다.

(4) $\frac{y}{x}=7$에서 $y=7x$

따라서 y가 x에 정비례한다.

답 (1) 정 (2) 반 (3) 반 (4) 정

02

두 변수 x와 y 사이의 관계식이 다음과 같을 때, 그 그래프를 좌표평면 위에 그리시오.

(1) $y=\frac{1}{2}x$　　(2) $y=-5x$

(3) $y=\frac{8}{x}$　　(4) $y=-\frac{5}{x}$

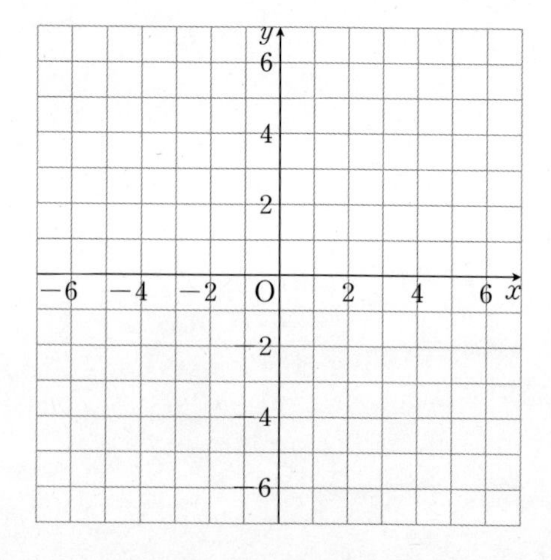

풀이 (1) 정비례 관계 $y=\frac{1}{2}x$의 그래프는 원점과 점 $(2,\ 1)$을 지나는 직선이다.

(2) 정비례 관계 $y=-5x$의 그래프는 원점과 점 $(-1, 5)$를 지나는 직선이다.

(3) 반비례 관계 $y=\frac{8}{x}$의 그래프는 네 점

$(-4, -2), (-2, -4), (2, 4), (4, 2)$

를 지나는 한 쌍의 매끄러운 곡선이다.

(4) 반비례 관계 $y=-\frac{5}{x}$의 그래프는 네 점

$(-5, 1), (-1, 5), (1, -5), (5, -1)$

을 지나는 한 쌍의 매끄러운 곡선이다.

따라서 (1)~(4)의 그래프를 좌표평면 위에 그리면 다음과 같다.

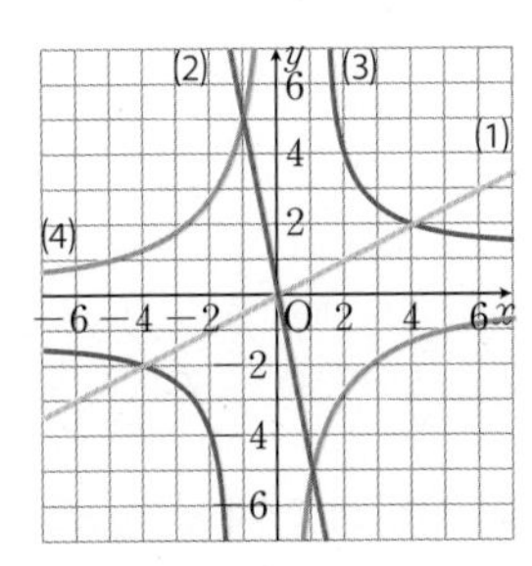

답 풀이 참조

03

두 변수 x, y에 대하여 y가 x에 정비례하고, $x=2$일 때 $y=-18$이다. $x=-5$일 때 y의 값을 구하시오.

풀이 y가 x에 정비례하므로 $y=ax$ $(a\neq0)$라고 하자.

$x=2$일 때, $y=-18$이므로

$-18=2a$

$a=-9$

따라서 $y=-9x$이므로 이 식에 $x=-5$를 대입하면

$y=-9\times(-5)=45$

답 45

04

달에서의 물체의 무게는 지구에서 측정한 무게의 $\frac{1}{6}$이다.

(1) 지구에서 x kg인 물체가 달에서 y kg이라고 할 때, 두 변수 x와 y 사이의 관계식을 구하시오.

(2) 지구에서의 몸무게가 72 kg인 우주 비행사가 달에 착륙했을 때의 몸무게를 구하시오.

풀이 (1) 지구에서 x kg인 물체는 달에서 $\frac{1}{6}x$ kg이므로 x와 y 사이의 관계식은

$y=\frac{1}{6}x$

(2) $y=\frac{1}{6}x$에 $x=72$를 대입하면

$y=\frac{1}{6}\times72=12$

따라서 달에 착륙했을 때의 몸무게는 12 kg이다.

답 (1) $y=\frac{1}{6}x$ (2) 12 kg

05

20 km 떨어진 두 지점을 시속 x km로 이동하는 데 걸리는 시간을 y시간이라고 하자. 두 변수 x와 y 사이의 관계식을 구하시오.

풀이 (시간)$=\frac{(거리)}{(속력)}$이므로 x와 y 사이의 관계식은

$y=\frac{20}{x}$

답 $y=\frac{20}{x}$

06

반비례 관계 $y=\frac{a}{x}$의 그래프가 두 점 $(5, 4)$, $(-10, b)$를 지날 때, a, b의 값을 각각 구하시오. (단, a는 수이다.)

풀이 $y=\frac{a}{x}$의 그래프가 점 $(5,\ 4)$를 지나므로

$y=\frac{a}{x}$에 $x=5$, $y=4$를 대입하면

$4=\frac{a}{5}$, $\quad a=20$

즉, $y=\frac{20}{x}$이고 이 그래프가 점 $(-10,\ b)$를 지나므로

$y=\frac{20}{x}$에 $x=-10$, $y=b$를 대입하면

$b=\frac{20}{-10}=-2$

답 $a=20$, $b=-2$

07

다음 (1)~(3)의 그래프에서 두 변수 x와 y 사이의 관계식을 각각 구하시오.

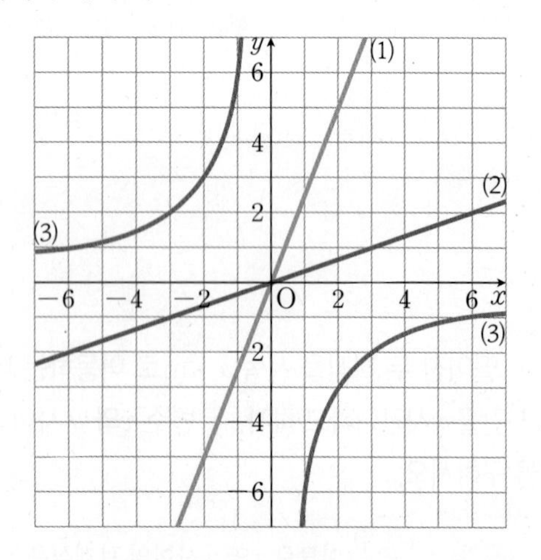

풀이 (1) y가 x에 정비례하므로 $y=ax\ (a\neq0)$라고 하자.

이 그래프가 점 $(2,\ 5)$를 지나므로

$y=ax$에 $x=2$, $y=5$를 대입하면

$5=2a$, $\quad a=\frac{5}{2}$

따라서 구하는 관계식은 $\quad y=\frac{5}{2}x$

(2) y가 x에 정비례하므로 $y=ax\ (a\neq0)$라고 하자.

이 그래프가 점 $(3,\ 1)$을 지나므로

$y=ax$에 $x=3$, $y=1$을 대입하면

$1=3a$, $\quad a=\frac{1}{3}$

따라서 구하는 관계식은 $\quad y=\frac{1}{3}x$

(3) y가 x에 반비례하므로 $y=\frac{a}{x}\ (a\neq0)$라고 하자.

이 그래프가 점 $(1,\ -6)$을 지나므로

$y=\frac{a}{x}$에 $x=1$, $y=-6$을 대입하면

$a=-6$

따라서 구하는 관계식은 $\quad y=-\frac{6}{x}$

답 (1) $y=\frac{5}{2}x$ (2) $y=\frac{1}{3}x$ (3) $y=-\frac{6}{x}$

08 발전

다음 그림과 같이 정비례 관계 $y=ax$의 그래프와 반비례 관계 $y=\frac{12}{x}$의 그래프가 $x=-3$인 점에서 만날 때, 수 a의 값을 구하시오.

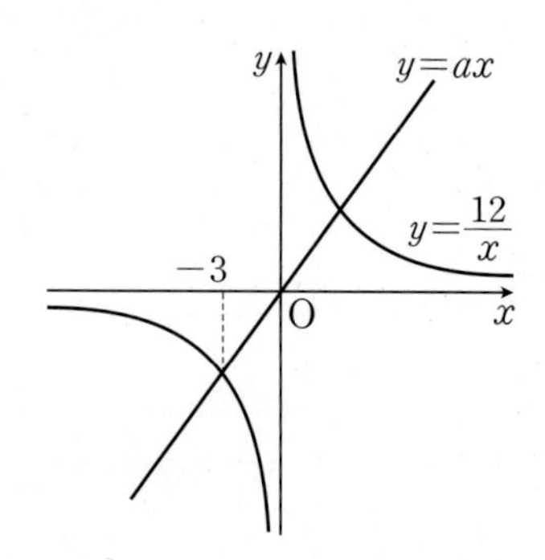

풀이 $y=ax$의 그래프와 $y=\frac{12}{x}$의 그래프가 만나는 점의 x좌표가 -3이므로 $y=\frac{12}{x}$에 $x=-3$을 대입하면

$y=\frac{12}{-3}=-4$

즉, $y=ax$의 그래프와 $y=\frac{12}{x}$의 그래프가 만나는 점의 좌표는 $(-3,\ -4)$이다.

따라서 $y=ax$의 그래프가 점 $(-3,\ -4)$를 지나므로

$y=ax$에 $x=-3$, $y=-4$를 대입하면

$-4=-3a$, $\quad a=\frac{4}{3}$

답 $\frac{4}{3}$

대단원 평가

III. 좌표평면과 그래프

01

다음 좌표평면 위의 점의 좌표로 옳지 않은 것은?

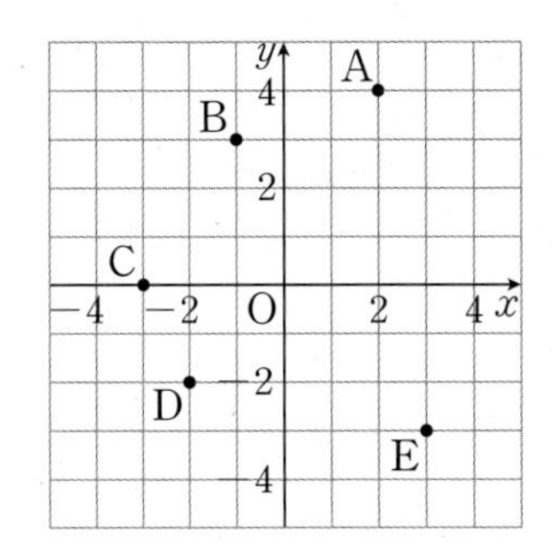

① A(2, 4) ② B(−1, 3)
③ C(0, −3) ④ D(−2, −2)
⑤ E(3, −3)

풀이 ③ C(−3, 0)
따라서 옳지 않은 것은 ③이다.

답 ③

02

다음  중에서 옳은 것을 모두 고르시오.

보기
ㄱ. x축 위의 모든 점의 y좌표는 0이다.
ㄴ. 점 $(-3,\ -5)$는 제3사분면에 속한다.
ㄷ. 점 $(2,\ -5)$와 점 $(-5,\ 2)$는 같은 사분면 위에 있다.
ㄹ. 점 $(4,\ 0)$은 어느 사분면에도 속하지 않는다.

풀이 ㄱ. x축 위의 점은 (x좌표, 0) 꼴로 y좌표가 0이다.
ㄷ. 점 $(2,\ -5)$는 제4사분면 위의 점이고, 점 $(-5,\ 2)$는 제2사분면 위의 점이므로 서로 다른 사분면 위에 있다.
ㄹ. 점 $(4,\ 0)$은 x축 위의 점이므로 어느 사분면에도 속하지 않는다.
이상에서 옳은 것은 ㄱ, ㄴ, ㄹ이다.

답 ㄱ, ㄴ, ㄹ

03

두 수 a와 b에 대하여 $ab<0$, $a<b$일 때, 점 $\left(a-b,\ -\frac{a}{b}\right)$는 어느 사분면 위의 점인지 구하시오.

풀이 $ab<0$이므로 두 수 a와 b의 부호는 서로 다르다.
이때 $a<b$이므로
$a<0$, $b>0$
따라서 $a-b<0$, $-\frac{a}{b}>0$이므로 점 $\left(a-b,\ -\frac{a}{b}\right)$는 제2사분면 위의 점이다.

답 제2사분면

04

다음 표는 휴대 전화를 x시간 사용한 후 남은 배터리의 양 y %를 조사하여 나타낸 것이다. 두 변수 x와 y 사이의 관계를 그래프로 나타내시오.

x	0	2	4	6	8
y	100	70	50	20	10

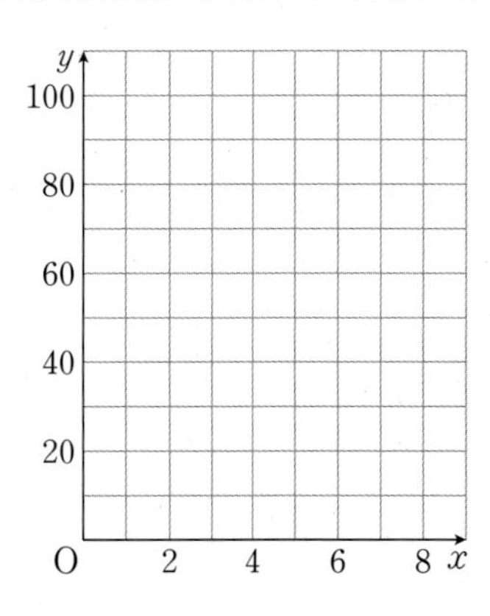

풀이 주어진 표에서 순서쌍 (x, y)는 다음과 같다.

$(0, 100), (2, 70), (4, 50), (6, 20), (8, 10)$

이 순서쌍을 좌표로 하는 점을 좌표평면 위에 나타내면 구하는 그래프는 다음 그림과 같다.

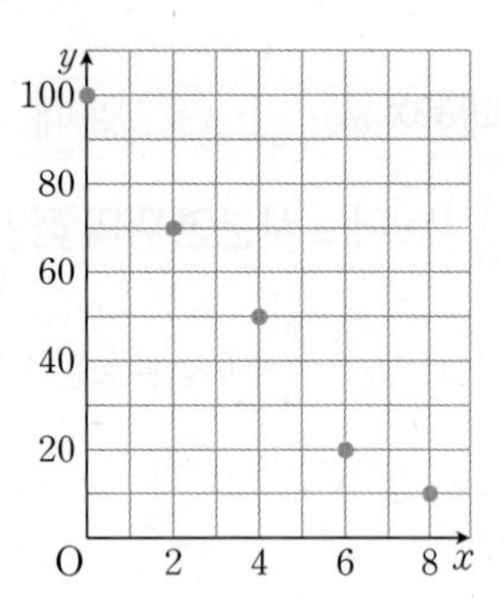

답 풀이 참조

05

새로 출시된 이모티콘의 판매량이 처음에는 느리게 증가하다가 점점 빠르게 증가했다고 한다. 다음 중에서 이모티콘의 판매량을 시간에 따라 나타낸 그래프로 알맞은 것은?

① 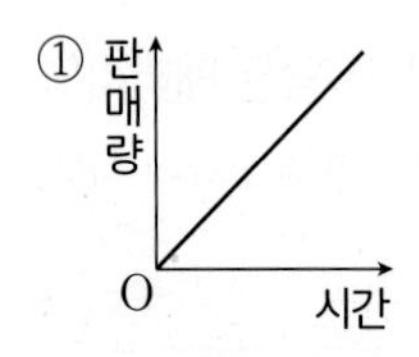

② 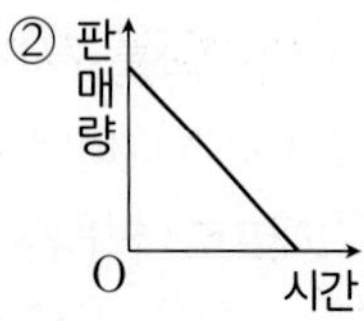

③ 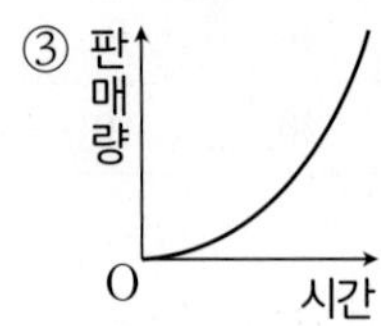

④ 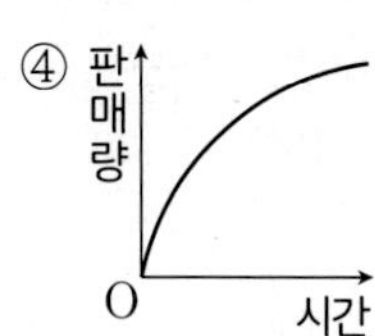

⑤ 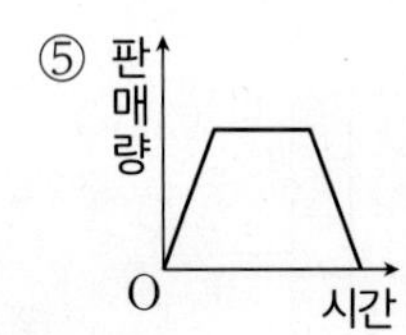

풀이 이모티콘의 판매량이 시간에 따라 느리게 증가하다가 점점 빠르게 증가하는 그래프는 ③이다.

답 ③

06

수연이가 6 cm짜리 막대기의 그림자 길이를 측정하였다. 아래 그림은 측정을 시작한 지 x시간 후 그림자의 길이를 y cm라고 할 때, 두 변수 x와 y 사이의 관계를 그래프로 나타낸 것이다. 다음 중에서 옳지 않은 것은?

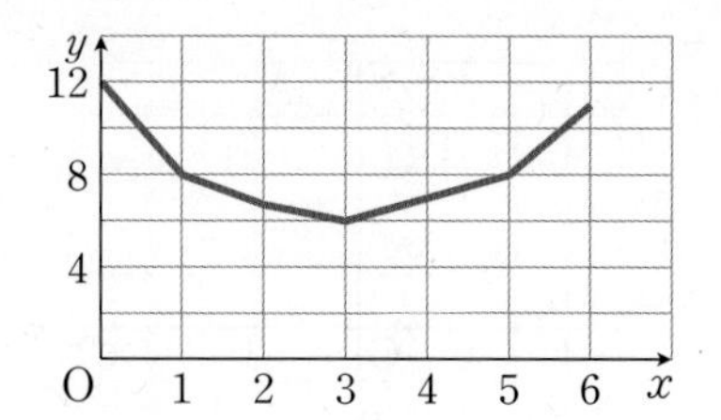

① 측정을 시작한 지 3시간 후의 그림자의 길이가 가장 짧다.

② 측정을 시작한 지 1시간 후의 그림자의 길이는 8 cm이다.

③ 측정을 시작한 직후부터 1시간 후까지 그림자의 길이가 4 cm 줄었다.

④ 측정을 시작한 지 6시간 후의 그림자의 길이는 막대의 길이의 2배이다.

⑤ 그림자의 길이는 짧아지다가 다시 길어진다.

풀이 ② 그래프가 점 $(1, 8)$을 지나므로 측정을 시작한 지 1시간 후의 그림자의 길이는 8 cm이다.

③ 측정을 시작할 때 그림자의 길이는 12 cm이고 1시간 후 그림자의 길이는 8 cm이므로 그림자의 길이가 4 cm 줄었다.

④ 측정을 시작한 지 6시간 후의 그림자의 길이는 약 11 cm이므로 막대의 길이 6 cm의 2배가 아니다.

⑤ 그림자의 길이는 측정을 시작한 지 3시간까지 짧아지다가 6시간까지 다시 길어진다.

따라서 옳지 않은 것은 ④이다.

답 ④

07

다음 중에서 y가 x에 정비례하지 않는 것을 모두 고르면? (정답 2개)

① 자연수 x의 7배인 수 y

② 자연수 x의 역수 y

③ 한 권에 1000원인 공책 x권의 가격 y원

④ 한 변의 길이가 x cm인 정사각형의 둘레의 길이 y cm

⑤ 하루 중 낮의 길이가 x시간일 때 밤의 길이 y시간

풀이 ① $y=7x$ ② $y=\frac{1}{x}$ ③ $y=1000x$

④ $y=4x$ ⑤ $y=24-x$

따라서 정비례하지 않는 것은 ②, ⑤이다.

답 ②, ⑤

08

정비례 관계 $y=ax$의 그래프가 두 점 $\left(-6, \frac{1}{2}\right)$, $(24, b)$를 지날 때, ab의 값을 구하시오. (단, a는 수이다.)

풀이 정비례 관계 $y=ax$의 그래프가 점 $\left(-6, \frac{1}{2}\right)$을 지나므로 $y=ax$에 $x=-6$, $y=\frac{1}{2}$을 대입하면

$\frac{1}{2}=-6a$, $a=-\frac{1}{12}$

즉, $y=-\frac{1}{12}x$이고 이 그래프가 점 $(24, b)$를 지나므로

$y=-\frac{1}{12}x$에 $x=24$, $y=b$를 대입하면

$b=\left(-\frac{1}{12}\right)\times 24=-2$

따라서 $ab=\left(-\frac{1}{12}\right)\times(-2)=\frac{1}{6}$이다.

답 $\frac{1}{6}$

09

다음 보기 중에서 정비례 관계 $y=-\frac{2}{5}x$의 그래프에 대한 설명으로 옳은 것을 모두 고르시오.

보기
ㄱ. 점 $(-5, 2)$를 지난다.
ㄴ. 원점을 지나는 직선이다.
ㄷ. 제2사분면과 제4사분면을 지난다.

풀이 ㄱ. $y=-\frac{2}{5}x$에 $x=-5$를 대입하면

$y=\left(-\frac{2}{5}\right)\times(-5)=2$

즉, 그래프는 점 $(-5, 2)$를 지난다.

ㄴ. 정비례 관계의 그래프이므로 원점을 지나는 직선이다.

ㄷ. $-\frac{2}{5}<0$이므로 그래프는 제2사분면과 제4사분면을 지난다.

따라서 ㄱ, ㄴ, ㄷ 모두 옳다.

답 ㄱ, ㄴ, ㄷ

10

학교에서 900 m 떨어진 기후 변화 체험관까지 일정한 속력으로 윤아는 자전거를 타고 가고, 지민이는 걸어서 가기로 했다. 다음 그림은 두 사람이 학교에서 동시에 출발하여 x분 동안 이동한 거리를 y m라고 할 때, 두 변수 x와 y 사이의 관계를 그래프로 나타낸 것이다. 윤아가 기후 변화 체험관에 도착한 지 몇 분 후에 지민이가 도착하는지 구하시오.

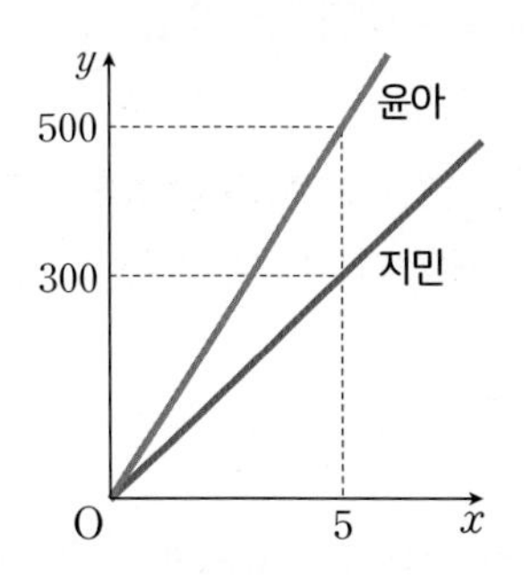

풀이 윤아는 5분 동안 500 m를 이동했으므로

$y=ax$에 $x=5$, $y=500$을 대입하면

$500=5a$, $a=100$

즉, $y=100x$이므로 윤아가 900 m를 가는 데 걸리는 시간은

$900=100x$, $x=9$(분)

지민이는 5분 동안 300 m를 이동했으므로

$y=bx$에 $x=5$, $y=300$을 대입하면

$300=5b$, $b=60$

즉, $y=60x$이므로 지민이가 900 m를 가는 데 걸리는 시간은

$900=60x$, $x=15$(분)

따라서 윤아가 기후 변화 체험관에 도착한 지 $15-9=6$(분) 후에 지민이가 도착한다.

답 6분

11

다음 중에서 x의 값이 2배, 3배, 4배, …로 변함에 따라 y의 값이 $\frac{1}{2}$배, $\frac{1}{3}$배, $\frac{1}{4}$배, …로 변하는 것을 모두 고르면? (정답 2개)

① $y=-x$ ② $y=\frac{x}{5}$

③ $y=-\frac{1}{x}$ ④ $y=-\frac{2}{3}x$

⑤ $y=\frac{16}{x}$

풀이 x의 값이 2배, 3배, 4배, …로 변함에 따라 y의 값이 $\frac{1}{2}$배, $\frac{1}{3}$배, $\frac{1}{4}$배, …로 변하면 y는 x에 반비례한다.

이때 ①, ②, ④는 정비례 관계이고, ③, ⑤는 반비례 관계이다.

답 ③, ⑤

12

두 변수 x, y에 대하여 y가 x에 반비례할 때, x와 y 사이의 관계를 표로 나타내면 다음과 같다. $a+b+c$의 값을 구하시오.

x	6	a	2	9
y	b	18	27	c

풀이 y가 x에 반비례하므로 $y=\frac{k}{x}\,(k\neq0)$라고 하자.

$x=2$일 때 $y=27$이므로 $27=\frac{k}{2}$에서 　 $k=54$

즉, $y=\frac{54}{x}$이므로

$x=6$, $y=b$를 대입하면 　 $b=\frac{54}{6}=9$

$x=a$, $y=18$을 대입하면 　 $18=\frac{54}{a}$, 　 $a=3$

$x=9$, $y=c$를 대입하면 　 $c=\frac{54}{9}=6$

따라서 $a+b+c=3+9+6=18$이다. 　 답 18

13

다음 중에서 반비례 관계 $y=-\frac{10}{x}$의 그래프 위의 점이 아닌 것을 모두 고르면? (정답 2개)

① $(1, -10)$ 　 ② $(-5, 2)$

③ $(0, 0)$ 　 ④ $(5, -2)$

⑤ $\left(8, \frac{4}{5}\right)$

풀이 ① $y=-\frac{10}{1}=-10$ 　 ② $y=-\frac{10}{-5}=2$

③ $y=-\frac{10}{x}$의 그래프는 원점을 지나지 않는다.

④ $y=-\frac{10}{5}=-2$ 　 ⑤ $y=-\frac{10}{8}=-\frac{5}{4}\neq\frac{4}{5}$

따라서 $y=-\frac{10}{x}$의 그래프 위의 점이 아닌 것은 ③, ⑤이다.

답 ③, ⑤

14

다음 그림은 반비례 관계 $y=\frac{a}{x}$의 그래프이다. $a+b$의 값을 구하시오. (단, a는 수이다.)

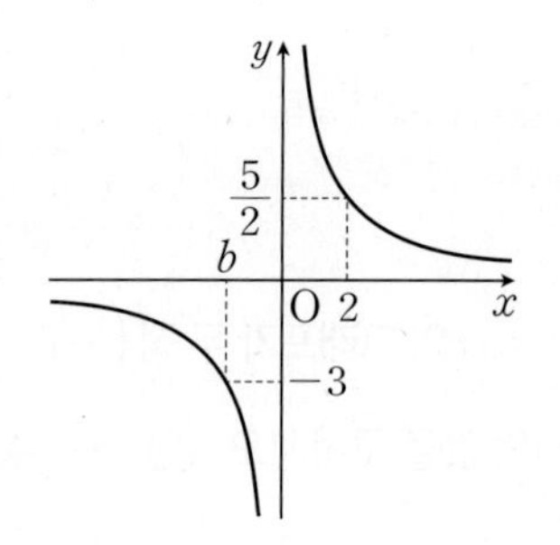

풀이 $y=\frac{a}{x}$의 그래프가 점 $\left(2, \frac{5}{2}\right)$를 지나므로

$y=\frac{a}{x}$에 $x=2$, $y=\frac{5}{2}$를 대입하면

$\frac{5}{2}=\frac{a}{2}$, 　 $a=5$

즉, $y=\frac{5}{x}$이고 이 그래프가 점 $(b, -3)$을 지나므로

$y=\frac{5}{x}$에 $x=b$, $y=-3$을 대입하면

$-3=\frac{5}{b}$, 　 $b=-\frac{5}{3}$

따라서 $a+b=5-\frac{5}{3}=\frac{10}{3}$이다.

답 $\frac{10}{3}$

15

아래 (1)~(4)의 그래프에 알맞은 x와 y 사이의 관계식을 다음 보기 중에서 각각 고르시오.

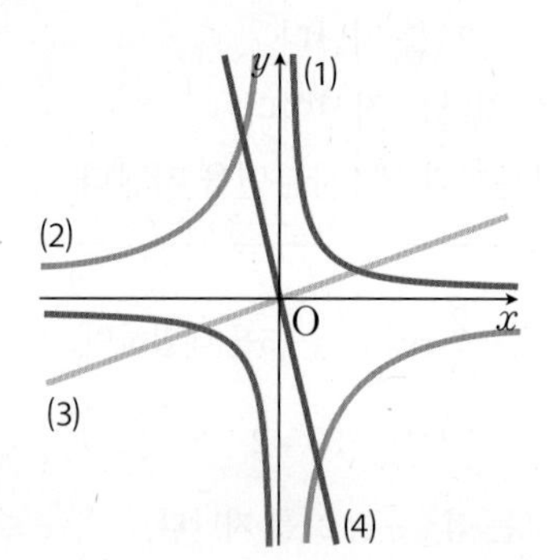

보기

ㄱ. $y=\frac{1}{4}x$ 　 ㄴ. $y=-6x$

ㄷ. $y=-\frac{9}{x}$ 　 ㄹ. $y=\frac{2}{x}$

풀이 (1) 반비례 관계 $y=\frac{a}{x}$ $(a\neq0)$의 그래프이고 제1사분면과 제3사분면을 지나므로 $a>0$

따라서 관계식으로 알맞은 것은 ㄹ이다.

(2) 반비례 관계 $y=\frac{a}{x}$ $(a\neq0)$의 그래프이고 제2사분면과 제4사분면을 지나므로 $a<0$

따라서 관계식으로 알맞은 것은 ㄷ이다.

(3) 정비례 관계 $y=ax$ $(a\neq0)$의 그래프이고 제1사분면과 제3사분면을 지나므로 $a>0$

따라서 관계식으로 알맞은 것은 ㄱ이다.

(4) 정비례 관계 $y=ax$ $(a\neq0)$의 그래프이고 제2사분면과 제4사분면을 지나므로 $a<0$

따라서 관계식으로 알맞은 것은 ㄴ이다.

답 (1) ㄹ (2) ㄷ (3) ㄱ (4) ㄴ

16

반비례 관계 $y=\frac{12}{x}$의 그래프 위의 점 중에서 x좌표와 y좌표가 모두 자연수인 점의 개수를 구하시오.

풀이 $y=\frac{12}{x}$에서 x좌표와 y좌표가 모두 자연수가 되려면 x좌표가 1, 2, 3, 4, 6, 12이어야 하므로 그 점을 순서쌍 (x, y)로 나타내면 다음과 같다.

$(1, 12)$, $(2, 6)$, $(3, 4)$, $(4, 3)$, $(6, 2)$, $(12, 1)$

따라서 x좌표와 y좌표가 모두 자연수인 점의 개수는 6이다.

답 6

[17~18] 풀이 과정과 답을 써 보자.

17

좌표평면 위의 네 점 $A(3, 2)$, $B(-4, 2)$, $C(-6, -1)$, $D(1, -1)$을 꼭짓점으로 하는 사각형 ABCD의 넓이를 구하시오.

풀이 네 점 A, B, C, D를 좌표평면 위에 나타내면 다음 그림과 같다.

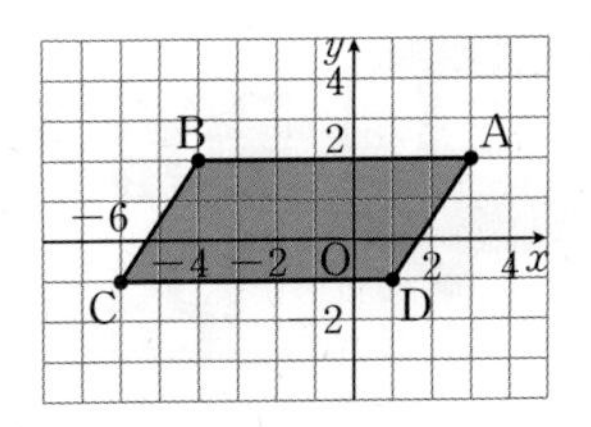

◀ ㉮

사각형 ABCD는 밑변의 길이가 $3-(-4)=7$, 높이가 $2-(-1)=3$인 평행사변형이므로 구하는 넓이는

$7\times3=21$ ◀ ㉯

답 21

채점 기준	배점
㉮ 네 점 A, B, C, D를 좌표평면 위에 나타내기	60 %
㉯ 사각형 ABCD의 넓이 구하기	40 %

18

다음 그림과 같이 반비례 관계 $y=\frac{24}{x}$의 그래프 위의 한 점 P에서 x축, y축에 각각 수선을 그었을 때, x축과 만나는 점을 A, y축과 만나는 점을 B라고 하자. 직사각형 OAPB의 넓이를 구하시오. (단, O는 원점이다.)

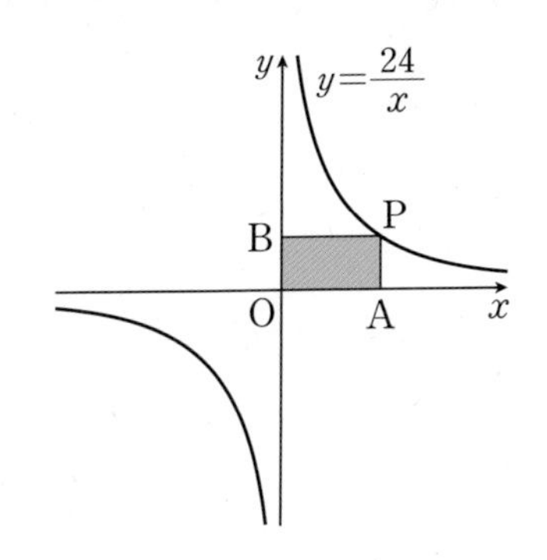

풀이 점 P의 좌표를 (a, b)라고 하면

$A(a, 0)$, $B(0, b)$

점 P는 $y=\frac{24}{x}$의 그래프 위에 있으므로

$b=\frac{24}{a}$, 즉 $ab=24$ ◀ ㉮

이때 점 P는 제1사분면 위의 점이므로 직사각형 OAPB의 가로의 길이는 a, 세로의 길이는 b이다.

따라서 직사각형 OAPB의 넓이는 $ab=24$ ◀ ㉯

답 24

채점 기준	배점
㉮ 점 P의 x좌표와 y좌표 사이의 관계식 구하기	60 %
㉯ 직사각형 OAPB의 넓이 구하기	40 %

교과서 136~137쪽

글에 제시된 상황은 그래프로, 그래프는 글로 표현하기

1 상황을 그래프로 표현하기

다음 상황을 읽고, 시간에 따른 물의 높이 변화를 그래프로 나타내 보자.

친구들과 함께 물통에 물을 채우는데 몇 번을 부어도 물통이 채워지지 않았다. 물통을 이리저리 살펴보니, 물통의 아랫부분에서 물이 새고 있었다. 새는 부분을 어떻게 막을지 고민하다가 새는 부분에 테이프를 붙였다. 다시 물통에 물을 부었더니 물통이 가득 채워졌다.

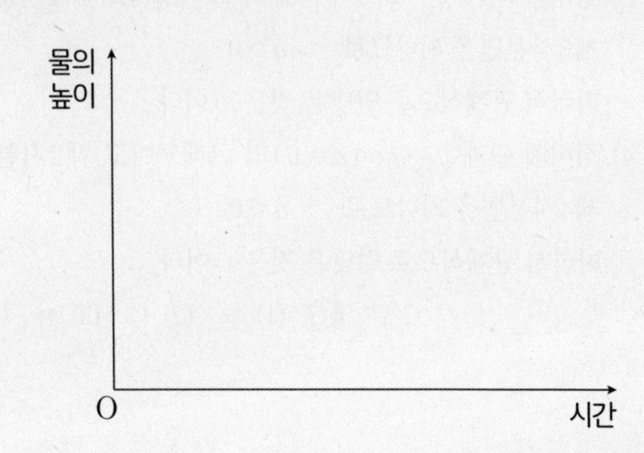

풀이 ㉠ 물통의 아랫부분에서 물이 새고 있으므로 물을 부으면 물의 높이가 0에서 시작하여 증가하다가 감소하여 다시 물의 높이가 0이 된다. 물을 몇 번을 부어도 물통이 채워지지 않았으므로 이런 현상이 반복된다. 물통의 새는 부분에 테이프를 붙이면 물통에 물이 가득 채워지므로 물의 높이가 증가하다가 일정하게 유지된다.

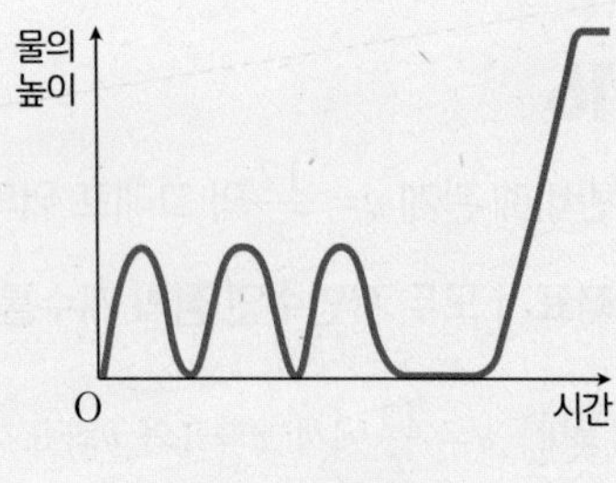

답 풀이 참조

2 그래프를 상황으로 표현하기

다음은 유현이와 다빈이가 시간에 따라 이동한 거리를 나타낸 그래프이다. 그래프에 나타난 상황을 글로 써 보자.

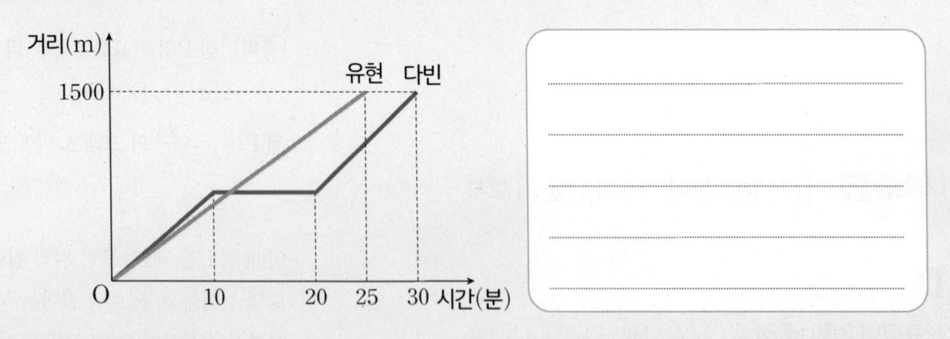

풀이 ㉠ 쌍둥이인 유현이와 다빈이가 집에서 동시에 출발하여 1500 m 떨어진 전통시장으로 심부름을 갔다. 유현이는 일정한 속도로 이동하여 25분 만에 시장에 도착했는데, 다빈이는 가는 도중 친구를 만나 10분 동안 이야기를 나눈 후 후다닥 달려가서 출발한 지 30분 만에 시장에 도착했다.

답 풀이 참조

IV 도형의 기초

1. 기본 도형
2. 작도와 합동

수영장 안의 모든 사물은 점, 선, 면을 바탕으로 이루어져 있다. 이처럼 우리가 살아가는 세상의 모든 사물은 점, 선, 면을 바탕으로 그릴 수 있다.

1 기본 도형

교과서 141쪽

준비 ① **오른쪽 그림에서 서로 수직인 직선과 서로 평행한 직선을 모두 말하시오.**

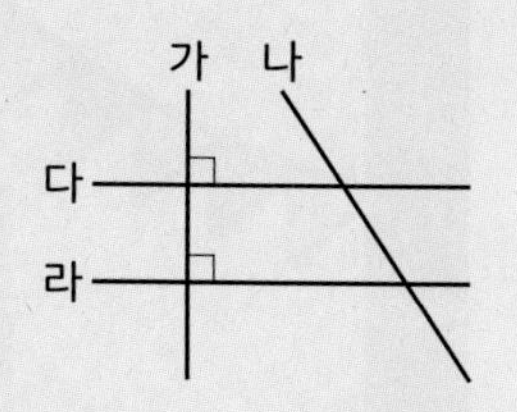

풀이 서로 수직인 직선은 두 직선이 만나서 이루는 각이 직각이어야 한다.
따라서 주어진 그림에서 서로 수직인 직선은

직선 가와 직선 다, 직선 가와 직선 라

이다.
또 평행한 직선은 두 직선이 서로 만나지 않아야 한다.
따라서 주어진 그림에서 서로 평행한 직선은

직선 다와 직선 라

이다.

답 수직인 직선: 직선 가와 직선 다, 직선 가와 직선 라
평행한 직선: 직선 다와 직선 라

개념 초 3~4

- **수직**: 두 직선이 만나서 이루는 각이 직각인 두 직선의 관계

참고 두 직선이 서로 수직으로 만나면 한 직선을 다른 직선에 대한 수선이라고 한다.

- **평행**: 서로 만나지 않는 두 직선의 관계

단원의 학습 흐름

이전에 배운 내용은	이 단원에서는	새로운 용어
초 3~4 도형의 기초	점, 선, 면 각 위치 관계 동위각과 엇각	교점, 교선, $\overleftrightarrow{AB}$, $\overrightarrow{AB}$, $\overline{AB}$, 두 점 사이의 거리, 중점, $\angle ABC$, 평각, 교각, 맞꼭지각, 직교, $\perp$, 수직이등분선, 수선의 발, $/\!/$, 꼬인 위치, 동위각, 엇각

01 점, 선, 면

학습 목표 점, 선, 면을 이해하고, 실생활 상황에서 점, 선, 면을 찾을 수 있다.

도형의 기본 요소는 무엇일까

교과서 142~143쪽

개념 짚어보기

1. **도형의 기본 요소**: 점, 선, 면

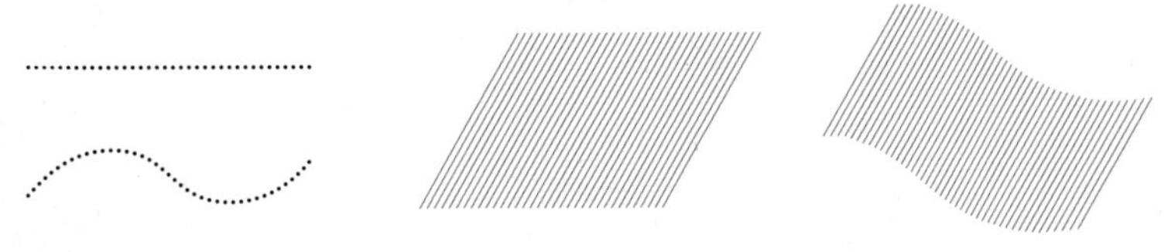

→ 선은 무수히 많은 점으로 이루어져 있고, 면은 무수히 많은 선으로 이루어져 있다.

2. **평면도형**: 삼각형, 사각형, 원과 같이 한 평면 위에 있는 도형
3. **입체도형**: 직육면체, 원기둥, 원뿔과 같이 한 평면 위에 있지 않은 도형
4. **교점**: 선과 선 또는 선과 면이 만나서 생기는 점
5. **교선**: 면과 면이 만나서 생기는 선

▶ 면과 면이 만날 때는 교점이 생기지 않는다.

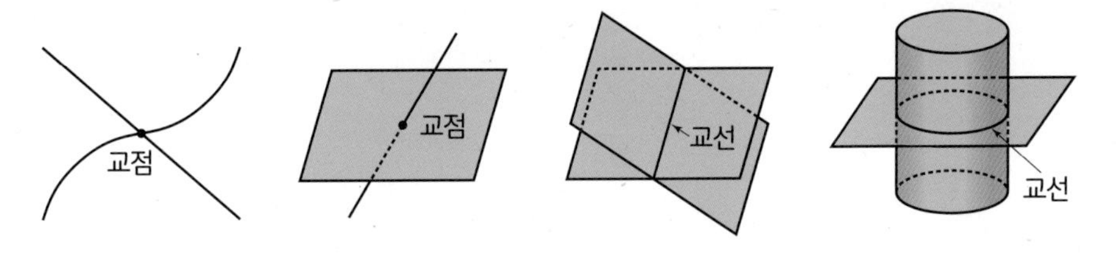

도입 픽셀(pixel)은 디지털 이미지를 구성하는 최소 단위로, 이미지를 이루는 점 각각을 말한다. 왼쪽 그림과 같이 점으로 이루어진 그림을 오른쪽에 그린 후 점, 선, 면을 찾아보자.

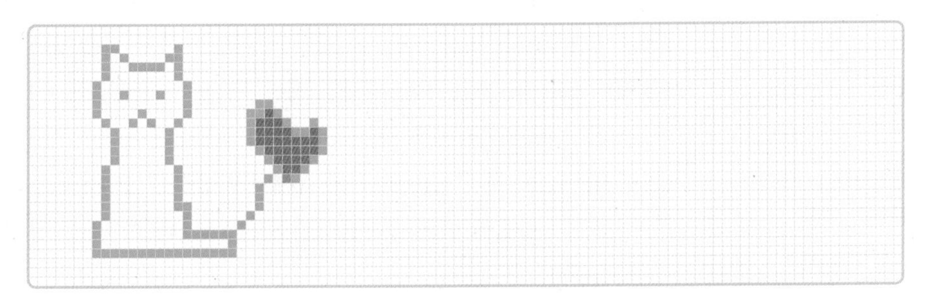

풀이 그림 생략

예 주어진 그림에서 고양이의 눈은 점, 꼬리에 연결된 줄은 선, 하트 모양의 풍선은 면이다.

답 풀이 참조

오른쪽 직육면체를 보고, 빈칸에 알맞은 것을 써넣어 보자.

1 선과 선이 만나서 생기는 교점은 모두 8 개이다.

2 면과 면이 만나서 생기는 교선은 모두 12 개이다.

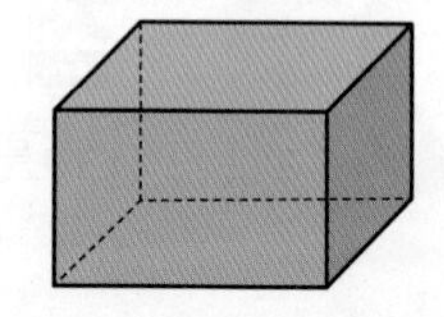

문제 1 그림을 보고, 다음을 각각 구하시오.

(1) 교점의 개수

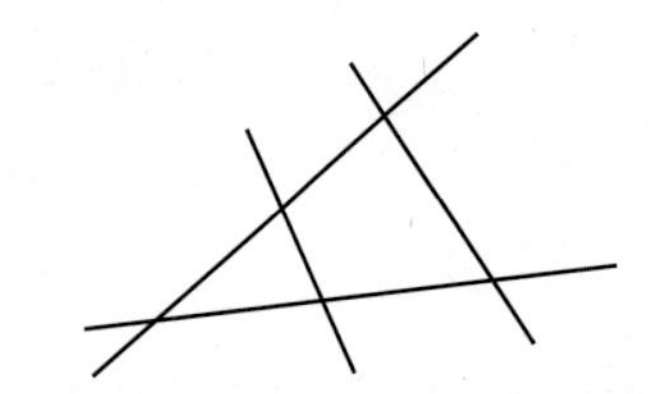

(2) 교점과 교선의 개수

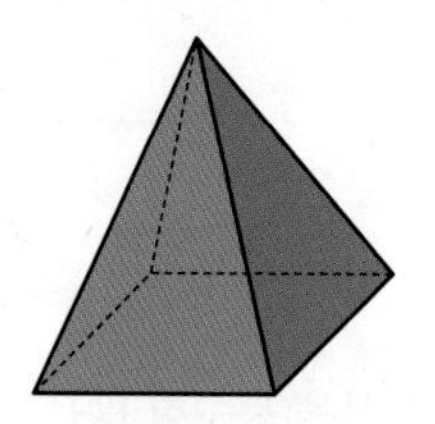

풀이 (1) 두 직선이 5개의 점에서 만나므로 교점의 개수는 5이다.

(2) 입체도형에서 교점의 개수는 꼭짓점의 개수와 같으므로 5이다.

또 교선의 개수는 모서리의 개수와 같으므로 8이다.

답 (1) 5 (2) 교점의 개수: 5, 교선의 개수: 8

직선, 반직선, 선분은 기호로 어떻게 나타낼까

교과서 144~145쪽

개념 짚어보기

1 한 점을 지나는 직선은 무수히 많지만, 서로 다른 두 점을 지나는 직선은 오직 하나뿐이다.

2 **직선 AB**: 두 점 A, B를 지나는 직선 AB를 기호로 $\overleftrightarrow{AB}$ 와 같이 나타내거나 간단히 직선 l로 나타내기도 한다.

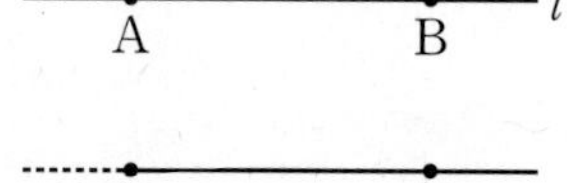

3 **반직선 AB**: 직선 AB 위의 점 A에서 시작하여 점 B의 방향으로 한없이 뻗은 반직선 AB를 기호로 $\overrightarrow{AB}$와 같이 나타낸다.

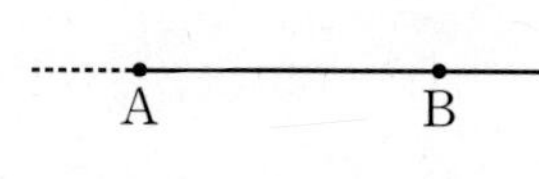

4 **선분 AB**: 직선 AB 위의 점 A에서 점 B까지의 부분인 선분 AB를 기호로 $\overline{AB}$와 같이 나타낸다.

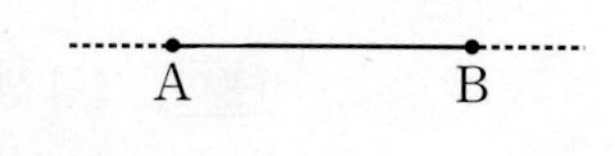

참고 보통 점은 대문자 A, B, C, ...로 나타내고, 직선은 소문자 l, m, n, ...으로 나타낸다.

▶ $\overleftrightarrow{AB}$와 $\overleftrightarrow{BA}$는 같은 직선이다.

▶ $\overrightarrow{AB}$와 $\overrightarrow{BA}$는 서로 다른 반직선이다.

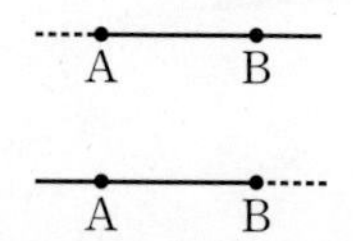

▶ $\overline{AB}$와 $\overline{BA}$는 같은 선분이다.

⑤ **두 점 A, B 사이의 거리**: 두 점 A, B를 잇는 무수히 많은 선 중에서 길이가 가장 짧은 선인 선분 AB의 길이

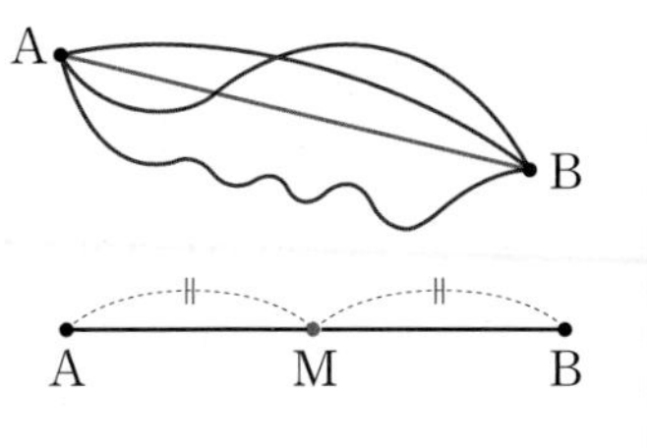

⑥ **중점**: 선분 AB 위의 점 M에 대하여 $\overline{AM}=\overline{MB}$일 때, 점 M을 선분 AB의 **중점**이라고 한다.

→ $\overline{AM}=\frac{1}{2}\overline{AB}$

도입 우리 주변에서 여러 가지 선을 찾을 수 있다.
아래 사진에서 직선, 반직선, 선분이라고 생각할 수 있는 것을 말해 보자.

풀이
- 수평선은 끝없이 펼쳐져 있으므로 직선이다.
- 레이저 광선은 한쪽으로 끝없이 나아가므로 반직선이다.
- 사다리는 양 끝 점이 있으므로 선분이다.

답 풀이 참조

문제 2

오른쪽 그림과 같이 세 점 A, B, C가 한 직선 위에 있을 때, 다음 중에서 서로 같은 것끼리 짝 지으시오.

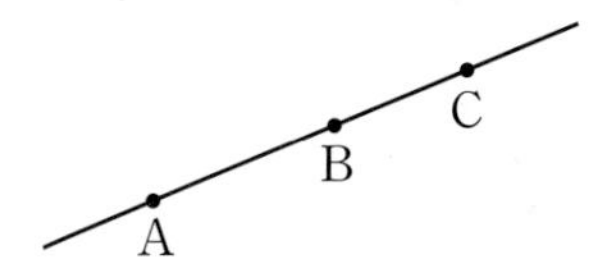

$\overline{AB}$, $\overleftrightarrow{AB}$, $\overrightarrow{BC}$, $\overline{BA}$, $\overrightarrow{AB}$, $\overleftrightarrow{AC}$, $\overline{CB}$, $\overrightarrow{AC}$

풀이 세 점 A, B, C 중에서 서로 다른 두 점을 지나는 직선은 모두 같은 직선이다. 따라서 서로 같은 직선은 $\overleftrightarrow{AB}$와 $\overleftrightarrow{AC}$이다.
같은 점에서 시작하여 같은 방향으로 한없이 뻗은 반직선은 모두 같은 반직선이다. 따라서 서로 같은 반직선은 $\overrightarrow{AB}$와 $\overrightarrow{AC}$이다.
$\overline{AB}$와 $\overline{BA}$는 같은 선분이다.

답 $\overleftrightarrow{AB}$와 $\overleftrightarrow{AC}$, $\overrightarrow{AB}$와 $\overrightarrow{AC}$, $\overline{AB}$와 $\overline{BA}$

문제 3 오른쪽 그림의 세 점 A, B, C를 이용하여 다음에 해당하는 선을 그리고, 기호로 나타내시오.

A

C

B

(1) 직선 AB

(2) 반직선 CA

(3) 선분 BC

풀이 직선 AB, 반직선 CA, 선분 BC를 각각 그리고, 기호로 나타내면 오른쪽 그림과 같다.

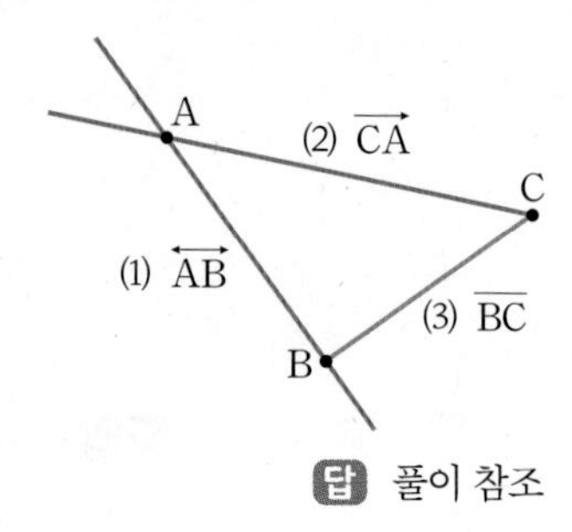

답 풀이 참조

문제 4 다음 그림에서 점 M은 $\overline{AB}$의 중점이고, 점 N은 $\overline{AM}$의 중점이다. 빈칸에 알맞은 것을 써넣으시오.

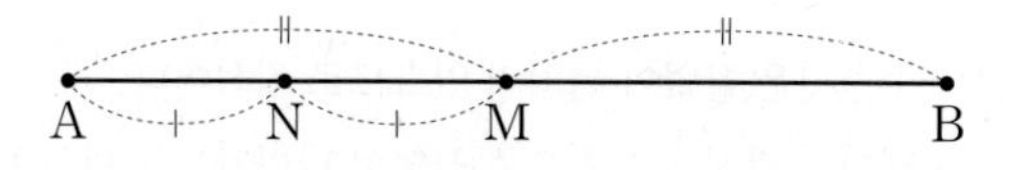

(1) $\overline{AM}=\square\,\overline{AN}$

(2) $\overline{AN}=\square\,\overline{AB}$

(3) $\overline{AB}=12$ cm일 때, $\overline{AN}=\square$ cm

풀이 (1) 점 N은 $\overline{AM}$의 중점이므로 $\overline{AM}=2\overline{AN}$

(2) 점 M은 $\overline{AB}$의 중점이므로 $\overline{AM}=\frac{1}{2}\overline{AB}$

또 $\overline{AN}=\frac{1}{2}\overline{AM}$이므로

$$\overline{AN}=\frac{1}{2}\overline{AM}$$
$$=\frac{1}{2}\times\frac{1}{2}\overline{AB}$$
$$=\frac{1}{4}\overline{AB}$$

(3) (2)에서 $\overline{AN}=\frac{1}{4}\overline{AB}$이므로

$$\overline{AN}=\frac{1}{4}\times12=3\,(\text{cm})$$

답 (1) 2 (2) $\frac{1}{4}$ (3) 3

각

학습 목표 각을 이해하고, 실생활 상황에서 각을 찾을 수 있다.

각은 기호로 어떻게 나타낼까

교과서 146~147쪽

▶ ∠AOB와 ∠BOA는 같은 각이다.

▶ • 예각: 0°보다 크고 직각보다 작은 각
• 둔각: 직각보다 크고 180°보다 작은 각

개념 짚어보기

① **각 AOB**: 한 점 O에서 시작하는 두 반직선 OA와 OB로 이루어진 도형을 각 AOB라 하고, 기호로 **∠AOB**와 같이 나타낸다.

→ ∠AOB에서 점 O를 각의 꼭짓점, 두 반직선 OA와 OB를 각의 변이라고 한다.

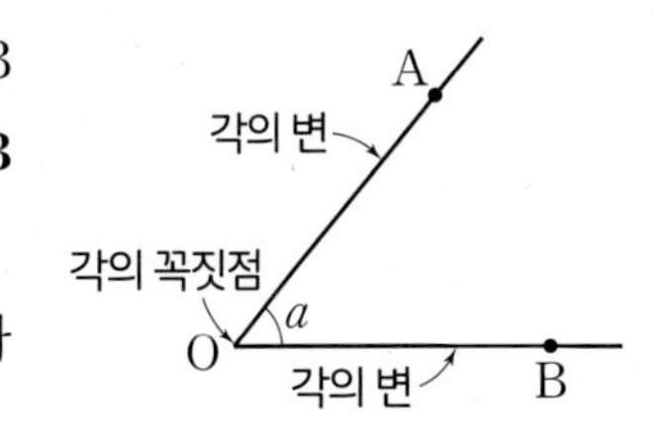

② **평각**: ∠AOB의 두 변 OA와 OB가 점 O를 중심으로 서로 반대쪽에 있으면서 한 직선을 이룰 때, ∠AOB를 **평각**이라고 한다. 이때 평각의 크기는 180°이다.

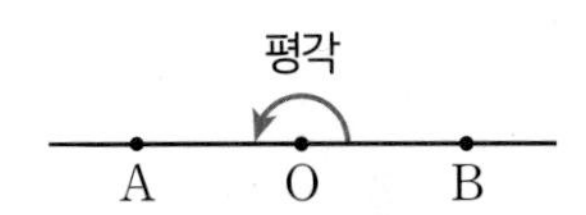

③ **직각**: 평각의 크기의 $\frac{1}{2}$인 각, 즉 크기가 90°인 각

도입 회사 이름, 상품 이름이나 책의 제목 따위를 특별하게 나타내기 위하여 독특한 글자체로 디자인한 것을 로고(logo)라고 한다. 오른쪽 그림은 '각'이라는 글자로 로고를 만든 것이다. 로고 '각'에서 각을 찾아 표시해 보자.

풀이 예

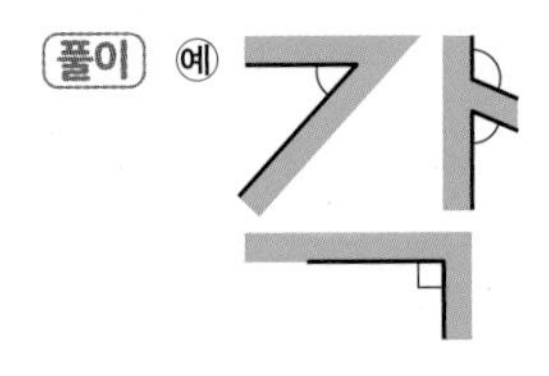

답 풀이 참조

문제 1 오른쪽 그림은 우리나라 전통 놀이인 돌차기에서 사용되는 놀이판이다. $\angle a$, $\angle b$, $\angle c$를 점 O, A, B, C, D를 사용하여 각각 기호로 나타내시오.

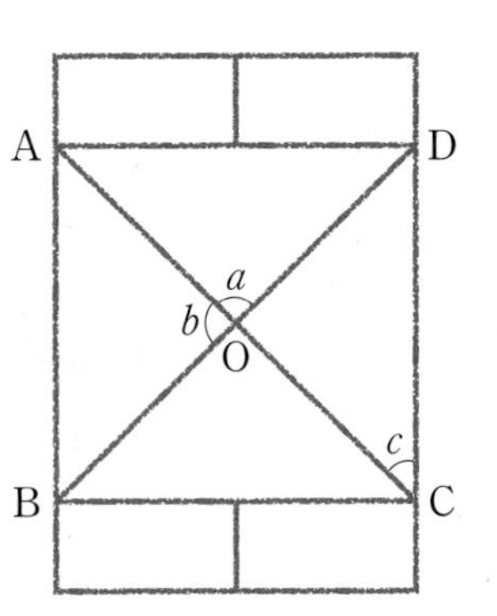

풀이 $\angle a=\angle \mathrm{AOD}$ (또는 $\angle \mathrm{DOA}$)

$\angle b=\angle \mathrm{AOB}$ (또는 $\angle \mathrm{BOA}$)

$\angle c=\angle \mathrm{OCD}$ (또는 $\angle \mathrm{DCO}$ 또는 $\angle \mathrm{ACD}$ 또는 $\angle \mathrm{DCA}$)

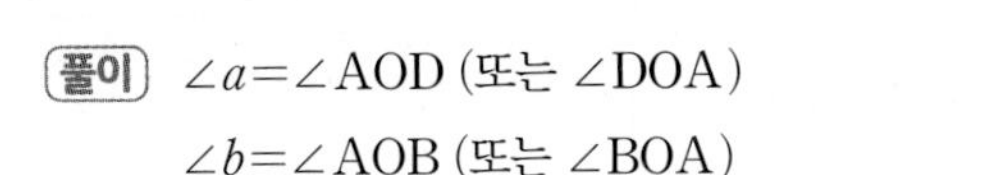

답 풀이 참조

문제 2 다음 그림에서 $\angle \mathrm{AOB}$가 평각일 때, $\angle x$의 크기를 구하시오.

(1) (2)

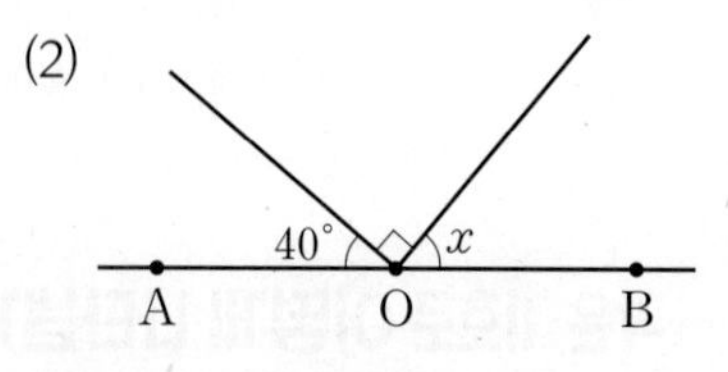

풀이 (1) $\angle \mathrm{AOB}$는 평각이므로 $\angle x+30^\circ=180^\circ$, $\angle x=150^\circ$

(2) $40^\circ+90^\circ+\angle x=180^\circ$이므로 $\angle x=50^\circ$

답 (1) 150° (2) 50°

맞꼭지각은 무엇일까

교과서 148~149쪽

개념 짚어보기

❶ **교각**: 두 직선이 한 점에서 만날 때 생기는 네 각
→ $\angle a$, $\angle b$, $\angle c$, $\angle d$

❷ **맞꼭지각**: 교각 중에서 서로 마주 보는 각
→ $\angle a$와 $\angle c$, $\angle b$와 $\angle d$

❸ **맞꼭지각의 성질**: 맞꼭지각의 크기는 서로 같다.
→ $\angle a=\angle c$, $\angle b=\angle d$

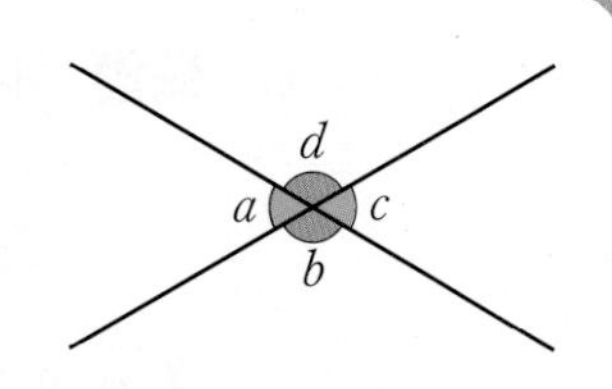

도입 **오른쪽 그림은 직사각형 모양의 투명 종이에 마주 보는 두 꼭짓점을 잇는 두 대각선을 그려서 생기는 네 각을 표시한 것이다. 이웃하는 꼭짓점이 겹치도록 투명 종이를 접어서 마주 보는 $\angle a$와 $\angle c$, $\angle b$와 $\angle d$의 크기를 각각 비교하여 말해 보자.**

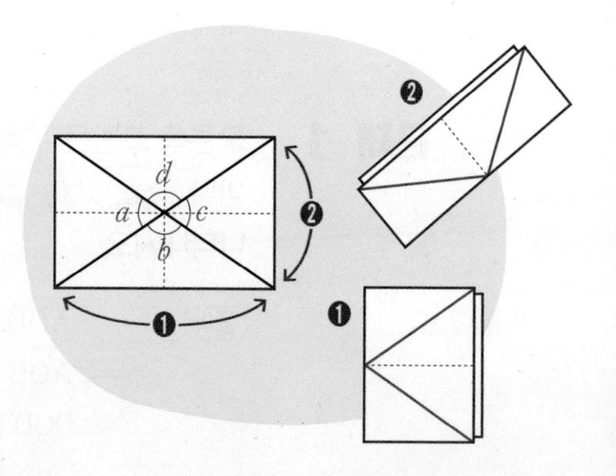

풀이 투명 종이를 접으면 $\angle a$와 $\angle c$, $\angle b$와 $\angle d$가 각각 서로 포개어지므로

$\angle a=\angle c$, $\angle b=\angle d$

답 $\angle a=\angle c$, $\angle b=\angle d$

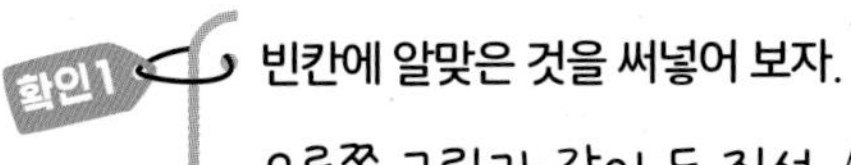

빈칸에 알맞은 것을 써넣어 보자.

오른쪽 그림과 같이 두 직선 AB와 CD가 한 점 O에서 만날 때, $\angle$AOC의 맞꼭지각은 [$\angle$BOD] 이고, 그 크기는 [55°] 이다.

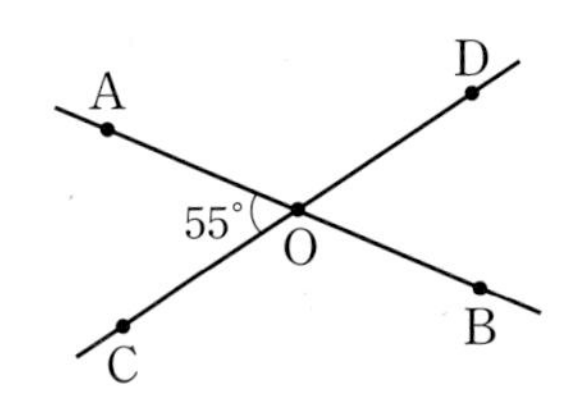

문제 3 오른쪽 그림과 같이 세 직선이 한 점 O에서 만난다. 다음 각의 맞꼭지각을 찾고, 그 크기를 구하시오.

(1) $\angle$BOC (2) $\angle$AOF (3) $\angle$DOE

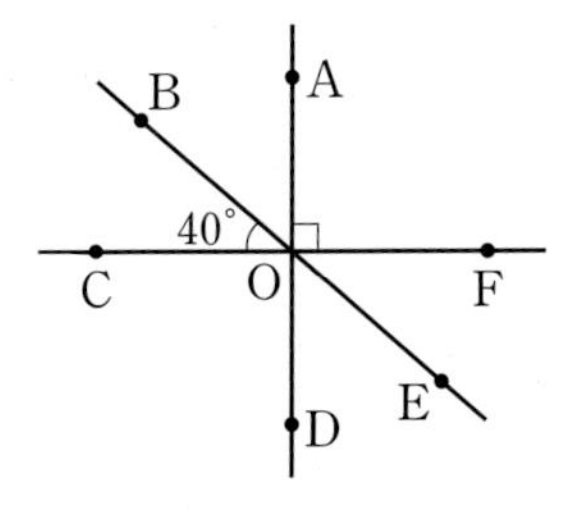

풀이 (1) $\angle$BOC의 맞꼭지각은 $\angle$EOF이고, 맞꼭지각의 크기는 같으므로 $\angle EOF=40°$

(2) $\angle$AOF의 맞꼭지각은 $\angle$DOC이고, 맞꼭지각의 크기는 같으므로 $\angle DOC=90°$

(3) $\angle$DOE의 맞꼭지각은 $\angle$AOB이다. $\angle AOB+40°=90°$이므로 $\angle AOB=50°$

답 (1) $\angle$EOF, 40° (2) $\angle$DOC, 90° (3) $\angle$AOB, 50°

문제 4 다음 그림에서 맞꼭지각을 찾을 수 있는 것에 ○표를 하시오.

풀이 예

답 풀이 참조

서로 마주 보는 각의 크기가 같으면 맞꼭지각일까?

다음 지예와 도윤이의 대화에서 누구의 말이 옳은지 판단하고, 그 이유를 설명해 보자.

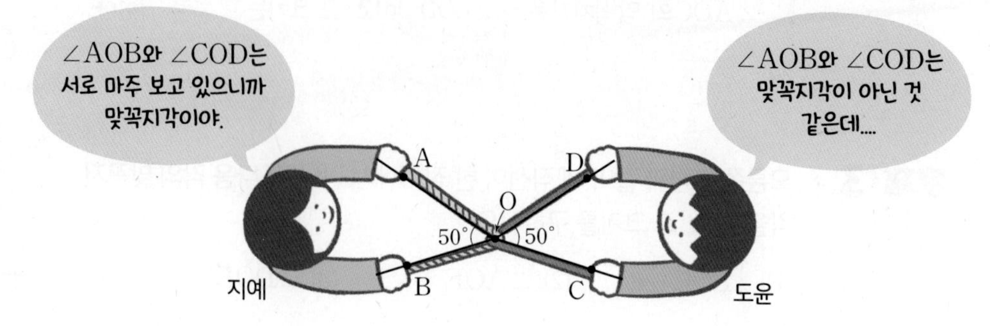

∠AOB와 ∠COD는 서로 마주 보고 있으니까 맞꼭지각이야.
∠AOB와 ∠COD는 맞꼭지각이 아닌 것 같은데....
A
D
O
50°
50°
B
C
지예
도윤

풀이 도윤이의 말이 옳다.

세 점 A, O, C가 한 직선 위에 있지 않고, 세 점 B, O, D가 한 직선 위에 있지 않으므로 ∠AOB와 ∠COD는 두 직선이 한 점에서 만나 생기는 맞꼭지각이 아니다.

답 풀이 참조

직교, 수직이등분선, 수선의 발은 무엇일까

교과서 150~151쪽

▶ 두 선분 AB와 CD가 직교할 때, 기호로 $\overline{AB}\perp\overline{CD}$와 같이 나타낸다.

개념 짚어보기

① **직교**: 두 직선 AB와 CD의 교각이 직각일 때, 두 직선은 **직교**한다고 하며, 기호로 $\overleftrightarrow{AB}\perp\overleftrightarrow{CD}$와 같이 나타낸다.

② **수직과 수선**: 두 직선이 직교할 때 두 직선은 서로 수직이고, 한 직선은 다른 직선의 수선이다.

③ **수직이등분선**: 선분 AB의 중점 M을 지나고 선분 AB에 수직인 직선 l

→ $\overline{AM}=\overline{MB}$, $l\perp\overline{AB}$

④ **수선의 발**: 직선 l 위에 있지 않은 점 P에서 직선 l에 수선을 그어 생기는 교점을 H라고 할 때, 이 점 H를 점 P에서 직선 l에 내린 **수선의 발**이라고 한다.

⑤ **점과 직선 사이의 거리**: 직선 l 위에 있지 않은 점 P에서 직선 l에 내린 수선의 발 H에 대하여 선분 PH의 길이를 점 P와 직선 l 사이의 거리라고 한다.

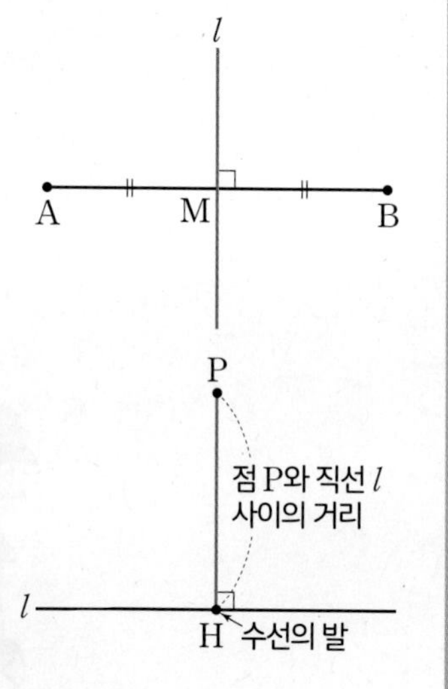

도입 오른쪽 그림은 직사각형 모양의 종이를 이웃하는 꼭짓점이 겹치도록 반으로 두 번 접었다 펼쳤을 때 생기는 두 선분을 그린 것이다. 두 선분 AC와 BD의 교각의 크기를 말해 보자.

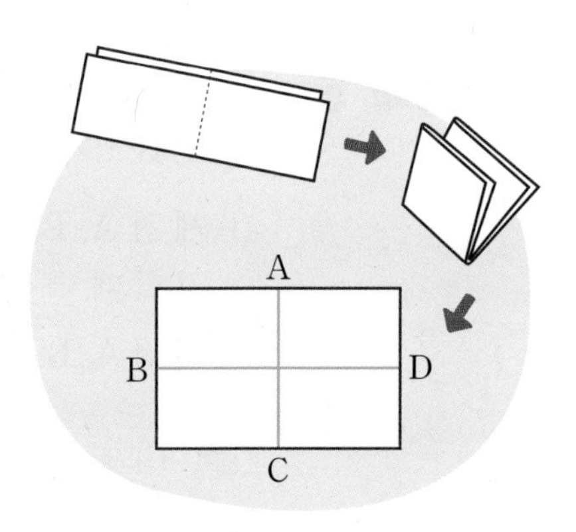

풀이 두 선분 AC와 BD의 교점을 O라고 하면

$\angle AOC = \angle BOD = 180°$

두 선분 AC와 BD의 교각은 종이를 접었을 때 모두 포개어지므로 그 크기는

$180° \times \frac{1}{2} = 90°$

답 90°

빈칸에 알맞은 것을 써넣어 보자.

오른쪽 그림과 같이 직선 AB와 선분 CD가 서로 직교하고 $\overline{CM} = \overline{DM}$이다.

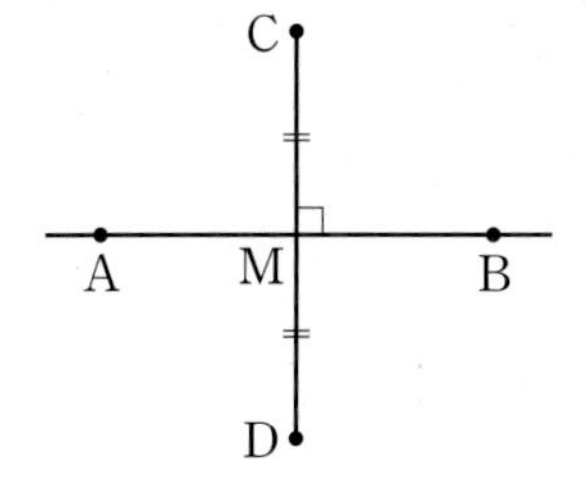

1 $\overline{AB}$ [⊥] $\overline{CD}$

2 직선 AB는 선분 CD의 [수직이등분선]이다.

문제 5 오른쪽 그림에서 직선 CM은 선분 AB의 수직이등분선이다. $\overline{MB} = 7$ cm일 때, 다음을 구하시오.

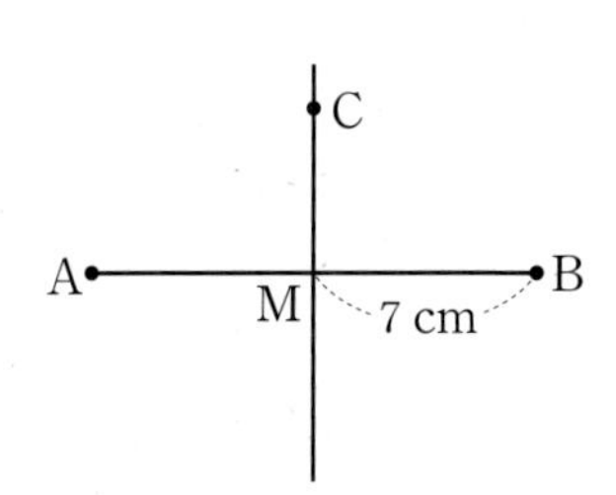

(1) $\overline{AB}$의 길이

(2) $\angle CMB$의 크기

풀이 (1) 직선 CM이 선분 AB의 수직이등분선이므로

$\overline{AM} = \overline{BM}$,

$\overline{AB} = \overline{AM} + \overline{BM} = 7 + 7 = 14$ (cm)

(2) 직선 CM이 선분 AB의 수직이등분선이므로

$\angle CMB = 90°$

답 (1) 14 cm (2) 90°

문제 6 오른쪽 그림과 같이 한 눈금의 길이가 1인 모눈종이 위에 직선 l과 세 점 A, B, C가 있다.

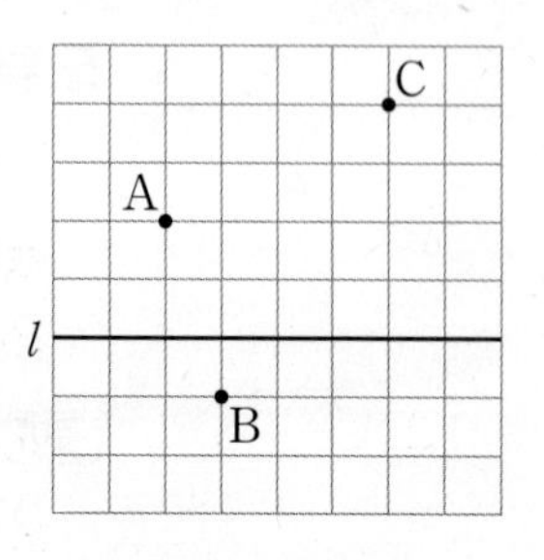

(1) 세 점 A, B, C에서 직선 l에 내린 수선의 발을 각각 P, Q, R라고 할 때, 세 점 P, Q, R를 모눈종이 위에 나타내시오.

(2) 세 점 A, B, C와 직선 l 사이의 거리를 각각 구하시오.

풀이 (1) 세 점 P, Q, R를 모눈종이 위에 나타내면 오른쪽 그림과 같다.

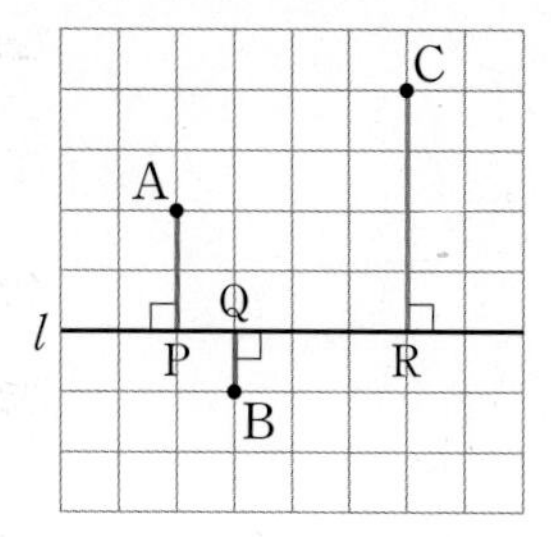

(2) 점 A에서 직선 l에 내린 수선의 발은 점 P이므로 점 A와 직선 l 사이의 거리는

$\overline{AP}=2$

점 B에서 직선 l에 내린 수선의 발은 점 Q이므로 점 B와 직선 l 사이의 거리는

$\overline{BQ}=1$

점 C에서 직선 l에 내린 수선의 발은 점 R이므로 점 C와 직선 l 사이의 거리는

$\overline{CR}=4$

답 (1) 풀이 참조
(2) 점 A와 직선 l 사이의 거리: 2,
점 B와 직선 l 사이의 거리: 1,
점 C와 직선 l 사이의 거리: 4

문제 7 오른쪽 사다리꼴 ABCD에서 다음을 구하시오.

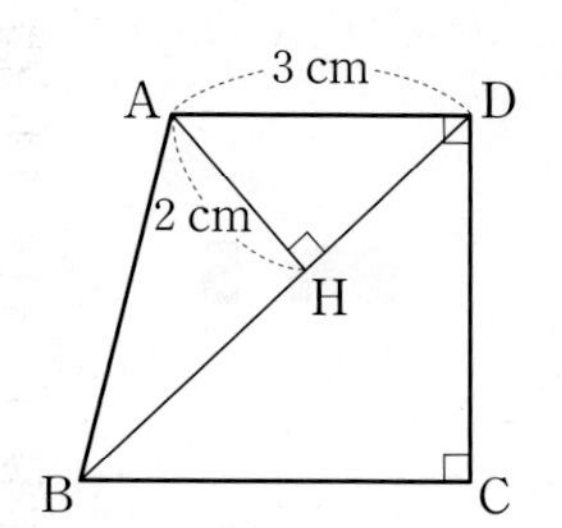

(1) 점 A에서 $\overline{BD}$에 내린 수선의 발

(2) 점 A와 $\overline{BD}$ 사이의 거리

(3) 점 A와 $\overline{CD}$ 사이의 거리

풀이 (1) 점 A에서 $\overline{BD}$에 내린 수선의 발은 점 A에서 $\overline{BD}$에 수선을 그어 생긴 교점과 같다.
따라서 점 A에서 $\overline{BD}$에 내린 수선의 발은 점 H이다.

(2) 점 A에서 $\overline{BD}$에 내린 수선의 발은 점 H이므로 점 A와 $\overline{BD}$ 사이의 거리는

$\overline{AH}=2\text{ cm}$

(3) 점 A에서 $\overline{CD}$에 내린 수선의 발은 점 D이므로 점 A와 $\overline{CD}$ 사이의 거리는

$\overline{AD}=3\text{ cm}$

답 (1) 점 H (2) 2 cm (3) 3 cm

03 위치 관계

학습 목표 실생활 상황과 연결하여 점, 직선, 평면의 위치 관계를 설명할 수 있다.

평면에서 점과 직선, 직선과 직선 사이에는 어떤 위치 관계가 있을까

교과서 152~153쪽

개념 짚어보기

❶ 점과 직선의 위치 관계

(1) 점이 직선 위에 있다.

(2) 점이 직선 위에 있지 않다.

→ 점 A는 직선 l 위에 있다.

→ 점 B는 직선 l 위에 있지 않다.

참고 점이 직선 위에 있을 때 직선이 그 점을 지난다고 한다. 또 점이 직선 위에 있지 않을 때 직선은 그 점을 지나지 않는다고 한다.

❷ 두 직선의 평행

한 평면 위에 있는 두 직선 l, m이 서로 만나지 않을 때 두 직선 l, m은 서로 평행하다고 하고, 기호로 $l /\!/ m$과 같이 나타낸다.

❸ 평면에서 두 직선의 위치 관계

(1) 한 점에서 만난다.

(2) 일치한다.

(3) 평행하다.

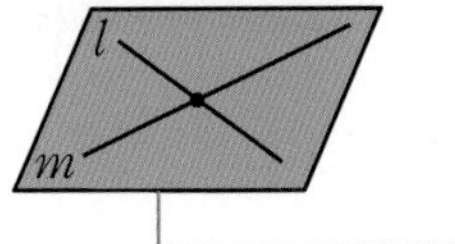

l, m

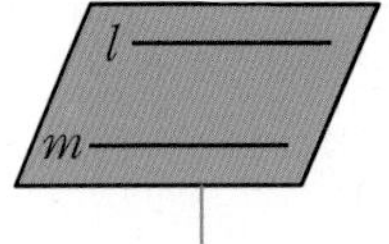

두 직선이 만난다.

두 직선이 만나지 않는다.

도입 우리나라 민속놀이의 하나인 고누는 땅이나 종이 위에 판을 그려 놓고 두 편으로 나누어 말을 많이 따거나 말 길을 막는 것을 다투는 놀이이다.
오른쪽 그림과 같은 고누판에 직선 l을 그을 때, 세 개의 말 A, B, C 중 직선 l 위에 있는 말과 직선 l 위에 있지 않은 말을 각각 말해 보자.

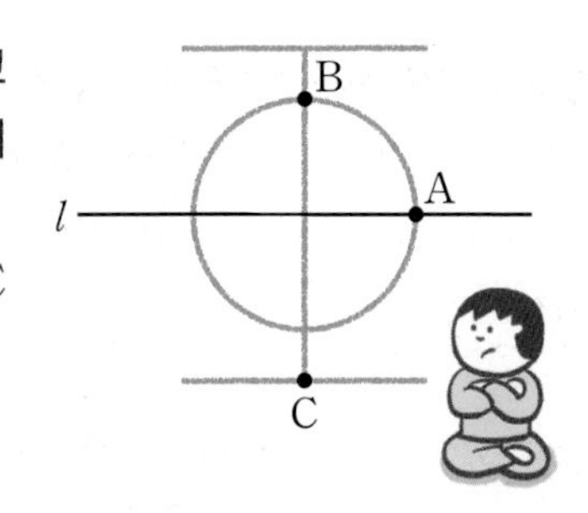

풀이 직선 l이 말 A를 지난다.
따라서 직선 l 위에 있는 말은 A이고, 직선 l 위에 있지 않은 말은 B, C이다.

답 직선 l 위에 있는 말: A,
직선 l 위에 있지 않은 말: B, C

문제 1 오른쪽 그림과 같이 두 직선 l, m과 두 점 A, B가 한 평면 위에 있을 때, 다음을 말하시오.

(1) 점 A와 직선 l의 위치 관계

(2) 직선 m과 점 B의 위치 관계

(3) 직선 l과 직선 m의 위치 관계

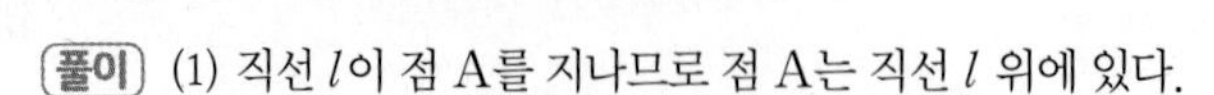

풀이 (1) 직선 l이 점 A를 지나므로 점 A는 직선 l 위에 있다.

(2) 직선 m이 점 B를 지나지 않으므로 점 B는 직선 m 위에 있지 않다.

(3) 두 직선 l, m은 한 점에서 만난다.

답 (1) 점 A는 직선 l 위에 있다.

(2) 점 B는 직선 m 위에 있지 않다.

(3) 한 점에서 만난다.

문제 2 테니스는 직사각형 모양의 경기장에서 중앙에 네트를 치고, 양쪽에서 라켓으로 공을 주고받아 승부를 겨루는 구기 종목이다. 다음 그림과 같이 테니스 경기장에 세 직선 l, m, n을 그렸다.

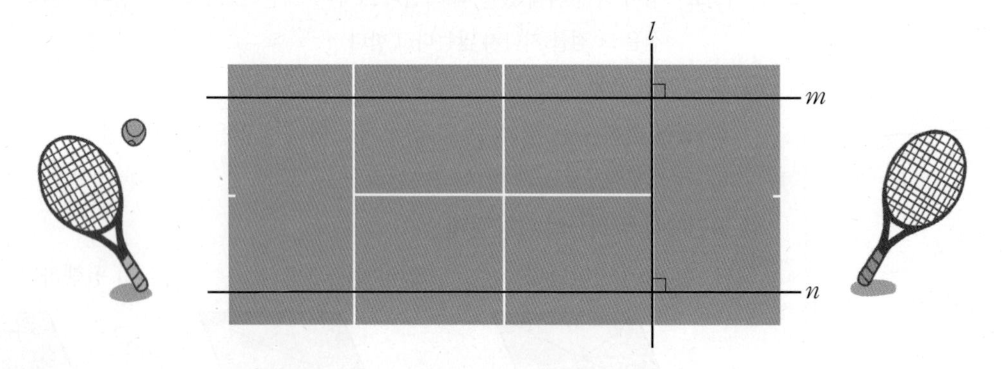

(1) 직선 l과 한 점에서 만나는 직선을 모두 말하시오.

(2) 직선 m과 평행한 직선을 찾아 그 관계를 기호로 나타내시오.

풀이 (1) 직선 l은 직선 m, 직선 n과 각각 한 점에서 만난다.

(2) 두 직선 m, n은 모두 직선 l과 수직이므로 서로 평행하다. 즉, $m /\!/ n$

답 (1) 직선 m, 직선 n (2) $m /\!/ n$

공간에서 직선과 직선, 직선과 평면 사이에는 어떤 위치 관계가 있을까

교과서 154~155쪽

개념 짚어보기

❶ **꼬인 위치**

공간에서 두 직선이 서로 만나지도 않고 평행하지도 않을 때, 두 직선을 **꼬인 위치**에 있다고 한다.

❷ **공간에서 두 직선의 위치 관계**

(1) 한 점에서 만난다. (2) 일치한다. (3) 평행하다. (4) 꼬인 위치에 있다.

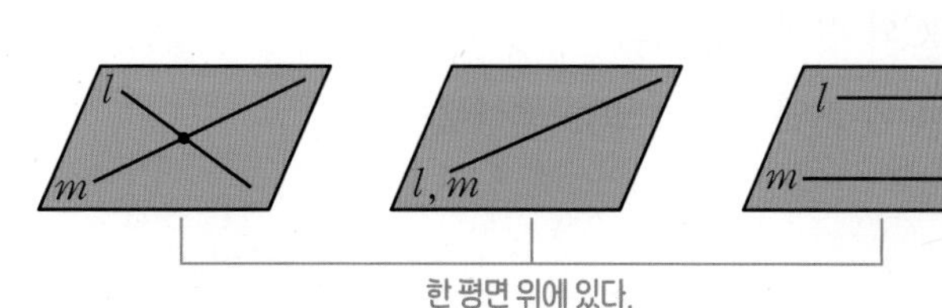

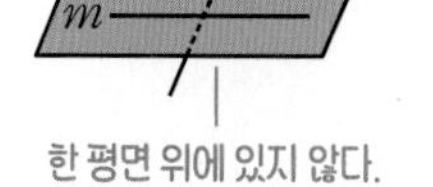

❸ **직선과 평면의 평행**

공간에서 직선 l이 평면 P와 만나지 않을 때, 직선 l과 평면 P는 서로 평행하다고 하고, 이것을 기호로 $l \,/\!/\, P$와 같이 나타낸다.

참고 보통 평면은 대문자 P, Q, R, ...로 나타낸다.

❹ **공간에서 직선과 평면의 위치 관계**

(1) 한 점에서 만난다. (2) 직선이 평면에 포함된다. (3) 평행하다.

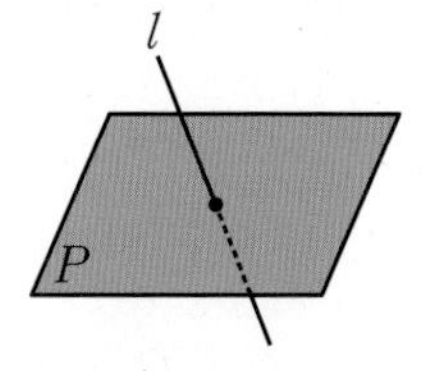

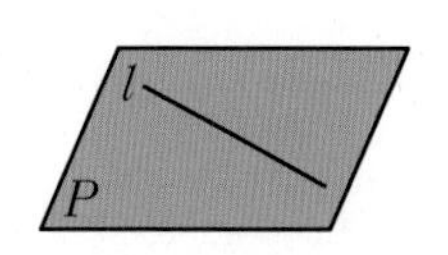

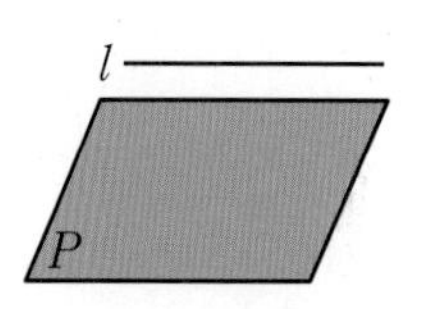

❺ **직선과 평면의 수직**

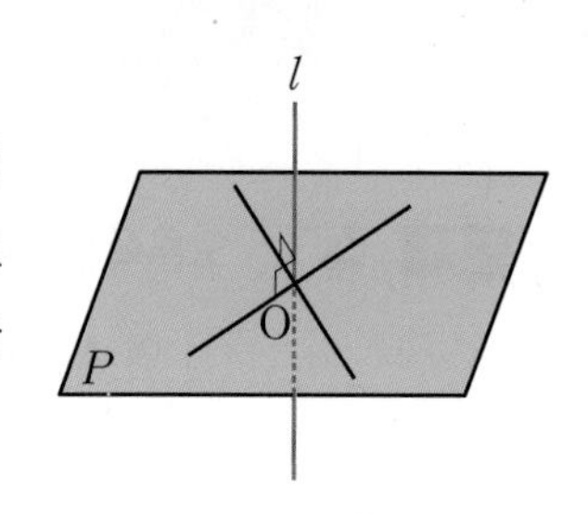

직선 l이 평면 P와 한 점 O에서 만나고 점 O를 지나는 평면 P 위의 모든 직선과 수직일 때, 직선 l과 평면 P는 서로 수직이다 또는 직교한다고 하고, 이것을 기호로 $l \perp P$와 같이 나타낸다.

이때 직선 l은 평면 P의 수선, 점 O를 수선의 발이라고 한다.

참고 직선 l이 점 O를 지나는 평면 P 위의 서로 다른 두 직선과 수직이면 직선 l과 평면 P는 서로 수직이다.

도입 오른쪽 그림과 같이 축구 골대에 두 직선 l, m을 그었다. 두 직선 l, m이 만나는지, 평행한지 말해 보자.

풀이 두 직선 l, m은 한 평면 위에 있지 않으므로 서로 만나지도 않고 평행하지도 않다.

답 서로 만나지도 않고 평행하지도 않다.

문제 3 오른쪽 사각뿔에서 다음을 모두 구하시오.

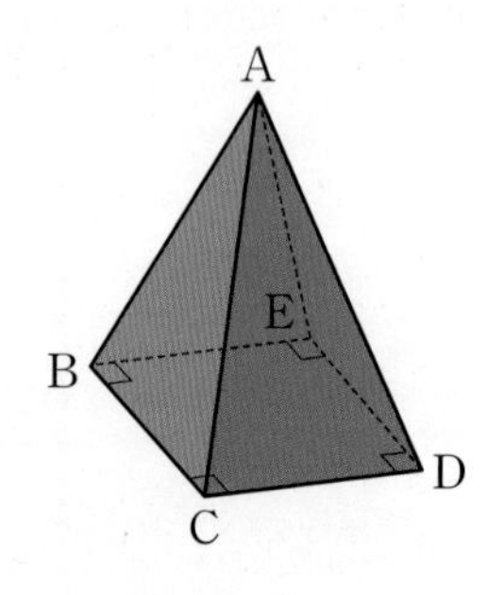

(1) 모서리 AB와 한 점에서 만나는 모서리

(2) 모서리 BC와 평행한 모서리

(3) 모서리 CD와 꼬인 위치에 있는 모서리

풀이 (1) 모서리 AB와 점 A에서 만나는 모서리는 모서리 AC, 모서리 AD, 모서리 AE이고, 모서리 AB와 점 B에서 만나는 모서리는 모서리 BC, 모서리 BE이다.

(2) 모서리 BC와 평행한 모서리는 모서리 BC와 한 평면 위에 있고, 서로 만나지 않는 모서리이므로 모서리 ED이다.

(3) 모서리 CD와 꼬인 위치에 있는 모서리는 모서리 CD와 만나지도 않고, 평행하지도 않은 모서리이므로 모서리 AB, 모서리 AE이다.

답 (1) 모서리 AC, 모서리 AD, 모서리 AE, 모서리 BC, 모서리 BE
(2) 모서리 ED (3) 모서리 AB, 모서리 AE

문제 4 오른쪽 삼각기둥에서 다음을 모두 구하시오.

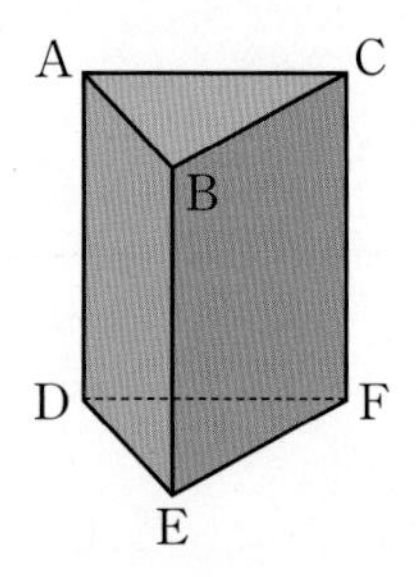

(1) 면 ADEB와 한 점에서 만나는 모서리

(2) 면 ADEB에 포함되는 모서리

(3) 면 DEF에 평행한 모서리

(4) 면 DEF와 수직인 모서리

풀이 (1) 면 ADEB와 점 A에서 만나는 모서리는 모서리 AC
면 ADEB와 점 B에서 만나는 모서리는 모서리 BC
면 ADEB와 점 D에서 만나는 모서리는 모서리 DF
면 ADEB와 점 E에서 만나는 모서리는 모서리 EF

(2) 면 ADEB에 포함되는 모서리는
모서리 AB, 모서리 AD, 모서리 BE, 모서리 DE이다.

(3) 면 DEF에 평행한 모서리는 면 ABC에 포함된 모서리이므로
모서리 AB, 모서리 AC, 모서리 BC이다.

(4) 면 DEF와 수직인 모서리는 모서리 AD, 모서리 BE, 모서리 CF이다.

답 (1) 모서리 AC, 모서리 BC, 모서리 DF, 모서리 EF
(2) 모서리 AB, 모서리 AD, 모서리 BE, 모서리 DE
(3) 모서리 AB, 모서리 AC, 모서리 BC
(4) 모서리 AD, 모서리 BE, 모서리 CF

04 동위각과 엇각

학습 목표 평행선에서 동위각과 엇각의 성질을 이해하고 설명할 수 있다.

동위각과 엇각은 무엇이고 평행선에서 어떤 성질이 있을까

교과서 156~158쪽

개념 짚어보기

❶ 동위각과 엇각

(1) **동위각**: 한 평면 위에서 두 직선 l, m이 다른 한 직선 n과 만날 때 생기는 8개의 교각 중에서 서로 같은 위치에 있는 각

→ $\angle a$와 $\angle e$, $\angle b$와 $\angle f$, $\angle c$와 $\angle g$, $\angle d$와 $\angle h$

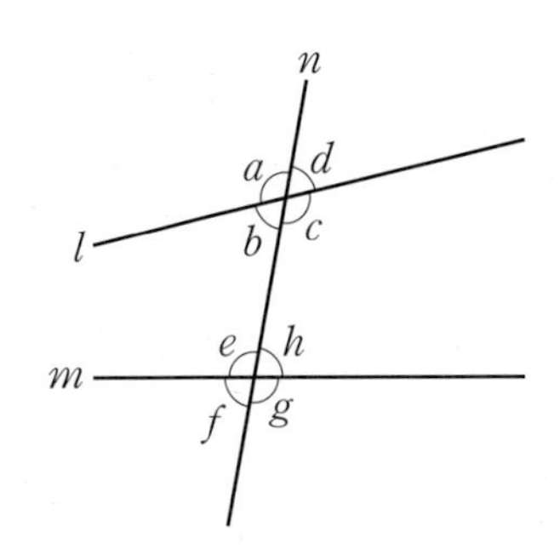

(2) **엇각**: 한 평면 위에서 두 직선 l, m이 다른 한 직선 n과 만날 때 생기는 8개의 교각 중에서 서로 엇갈린 위치에 있는 각

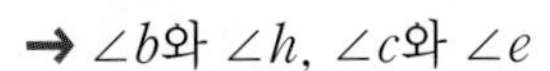

→ $\angle b$와 $\angle h$, $\angle c$와 $\angle e$

참고 엇각은 두 직선 l, m 사이에 있는 각이므로 $\angle a$와 $\angle g$, $\angle d$와 $\angle f$는 엇각이 아니다.

❷ 평행선과 동위각

한 평면 위에서 서로 다른 두 직선이 한 직선과 만날 때

(1) 두 직선이 서로 평행하면 동위각의 크기는 같다.

→ $l /\!/ m$이면 $\angle a = \angle b$

(2) 동위각의 크기가 같으면 두 직선은 서로 평행하다.

→ $\angle a = \angle b$이면 $l /\!/ m$

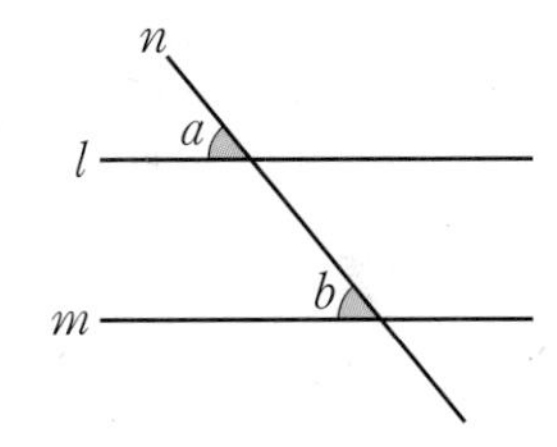

❸ 평행선과 엇각

한 평면 위에서 서로 다른 두 직선이 한 직선과 만날 때

(1) 두 직선이 서로 평행하면 엇각의 크기는 같다.

→ $l /\!/ m$이면 $\angle b = \angle c$

참고 $l /\!/ m$이면

$\angle a = \angle c$ (맞꼭지각), $\angle a = \angle b$ (동위각)

이므로 $\angle b = \angle c$

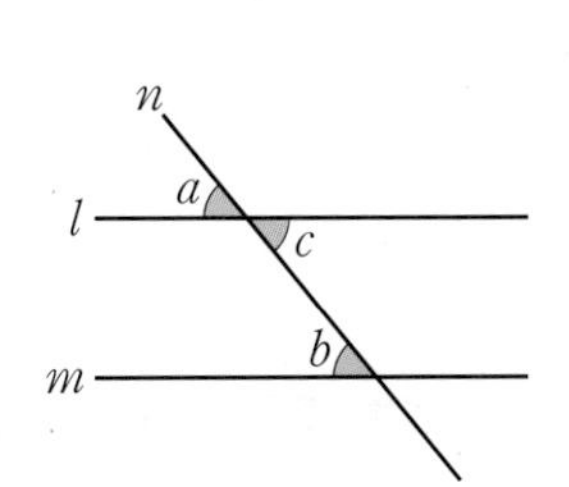

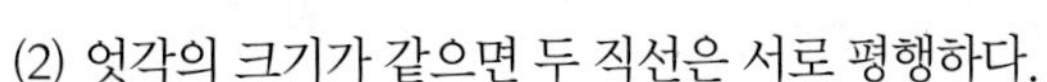

(2) 엇각의 크기가 같으면 두 직선은 서로 평행하다.

→ $\angle b = \angle c$이면 $l /\!/ m$

참고 맞꼭지각의 크기는 항상 같지만 동위각과 엇각의 크기는 두 직선이 평행할 때만 같다.

도입 다음 그림은 정우네 동네의 일부를 나타낸 것이다.

(1) 병원은 가 위치에서 왼쪽 위에 있다고 할 때, 나 위치에서 왼쪽 위에 있는 것을 찾아보자.

(2) 공원과 빵집이 서로 엇갈린 위치에 있다고 할 때, 우체국과 서로 엇갈린 위치에 있는 것을 찾아보자.

풀이 (1) 나 위치에서 왼쪽 위에 있는 것은 공원이다.

(2) 우체국과 서로 엇갈린 위치에 있는 것은 도서관이다.

답 (1) 공원 (2) 도서관

문제 1 오른쪽 그림에서 다음을 구하시오.

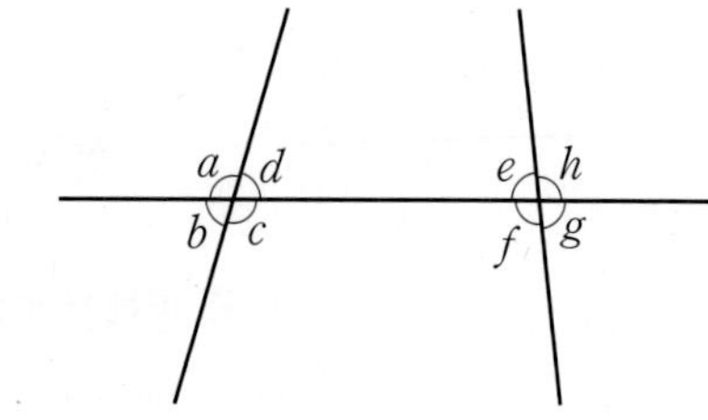

(1) $\angle a$의 동위각

(2) $\angle c$의 동위각

(3) $\angle e$의 엇각

(4) $\angle f$의 엇각

풀이 (1) $\angle a$와 서로 같은 위치에 있는 각은 $\angle e$

(2) $\angle c$와 서로 같은 위치에 있는 각은 $\angle g$

(3) $\angle e$와 서로 엇갈린 위치에 있는 각은 $\angle c$

(4) $\angle f$와 서로 엇갈린 위치에 있는 각은 $\angle d$

답 (1) $\angle e$ (2) $\angle g$ (3) $\angle c$ (4) $\angle d$

문제 2 다음 그림에서 $l /\!/ m$일 때, $\angle a$와 $\angle b$의 크기를 각각 구하시오.

(1)

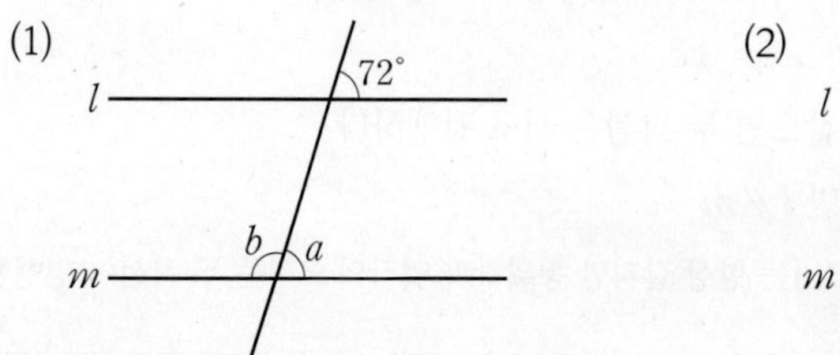

(2)

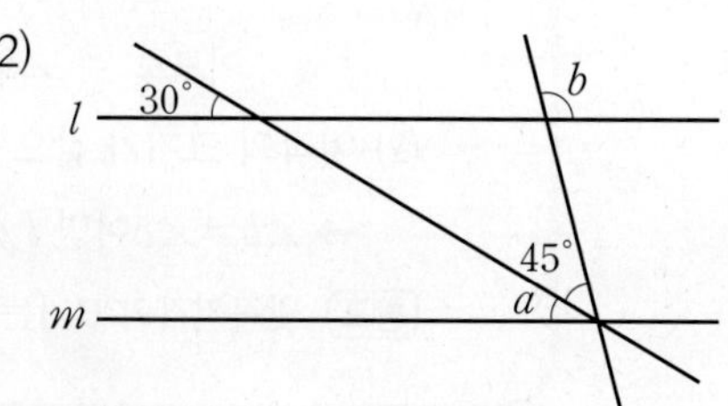

풀이 (1) 동위각의 성질에 의하여 $\angle a=72^\circ$

$\angle a+\angle b=180^\circ$이므로 $72^\circ+\angle b=180^\circ$

$\angle b=180^\circ-72^\circ=108^\circ$

(2) 동위각의 성질에 의하여 $\angle a=30^\circ$

동위각의 성질에 의하여 $\angle a+45^\circ+\angle b=180^\circ$이므로

$30^\circ+45^\circ+\angle b=180^\circ$, $75^\circ+\angle b=180^\circ$

$\angle b=180^\circ-75^\circ=105^\circ$

답 (1) $\angle a=72^\circ$, $\angle b=108^\circ$ (2) $\angle a=30^\circ$, $\angle b=105^\circ$

문제 3 다음 그림에서 $l /\!/ m$일 때, $\angle a$와 $\angle b$의 크기를 각각 구하시오.

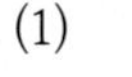

(1)

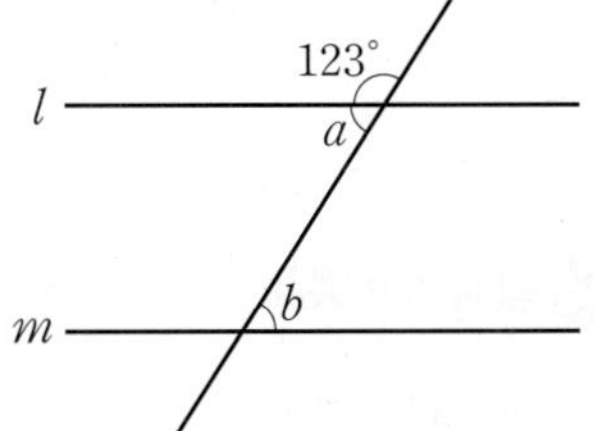

(2)

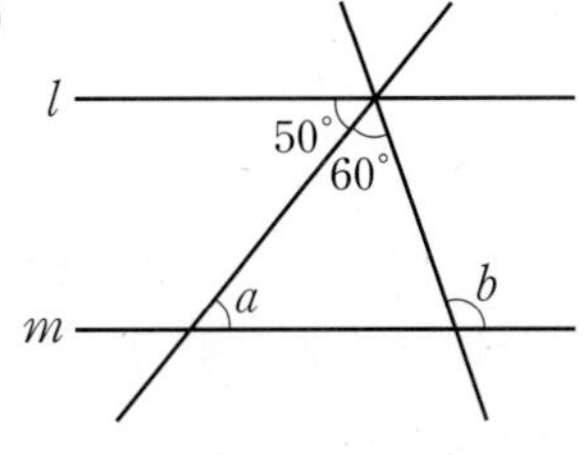

풀이 (1) $\angle a+123^\circ=180^\circ$이므로 $\angle a=180^\circ-123^\circ=57^\circ$

$l /\!/ m$이므로 엇각의 성질에 의하여

$\angle b=\angle a=57^\circ$

(2) $l /\!/ m$이므로 엇각의 성질에 의하여

$\angle a=50^\circ$, $\angle b=50^\circ+60^\circ=110^\circ$

답 (1) $\angle a=57^\circ$, $\angle b=57^\circ$ (2) $\angle a=50^\circ$, $\angle b=110^\circ$

문제 4 오른쪽 그림에서 $\angle a+\angle b=180^\circ$일 때, $l /\!/ m$임을 설명하시오.

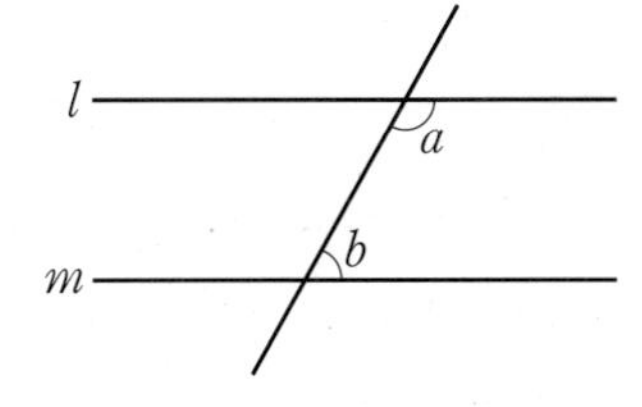

풀이 다음 그림과 같이 $\angle a$의 엇각을 $\angle c$라고 하면

$\angle b+\angle c=180^\circ$

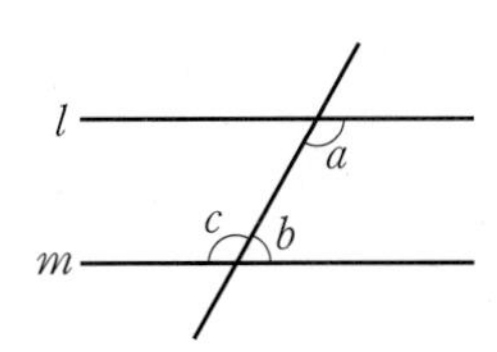

이때 $\angle a+\angle b=180^\circ$이므로

$\angle b+\angle c=\angle a+\angle b$

즉, $\angle c=\angle a$이다.

따라서 엇각의 크기가 같으므로 $l /\!/ m$이다.

답 풀이 참조

중단원 마무리

스스로 개념을 정리해요.

01 점, 선, 면

(1) 선과 선 또는 선과 면이 만나서 생기는 점을 교점(이)라 하고, 면과 면이 만나서 생기는 선을 교선(이)라고 한다.

(2) 직선 AB, 반직선 AB, 선분 AB를 각각 기호로 $\overleftrightarrow{AB}$, $\overrightarrow{AB}$, $\overline{AB}$ 와/과 같이 나타낸다.

(3) 선분 AB를 이등분하는 점을 선분 AB의 중점(이)라고 한다.

02 각

(1) 두 직선의 교각 중 서로 마주 보는 각을 맞꼭지각(이)라 하고, 그 크기는 서로 같다.

(2) 직선 위에 있지 않은 점 P에서 직선에 수선을 그어 생기는 교점을 점 P에서 직선에 내린 수선의 발(이)라고 한다.

03 위치 관계

평면	두 직선의 위치 관계	① 한 점에서 만난다. ② 일치한다. ③ 평행하다.
공간	두 직선의 위치 관계	① 한 점에서 만난다. ② 일치한다. ③ 평행하다. ④ 꼬인 위치에 있다.
	직선과 평면의 위치 관계	① 한 점에서 만난다. ② 직선이 평면에 포함된다. ③ 평행하다.

04 동위각과 엇각

한 평면 위에서 서로 다른 두 직선이 한 직선과 만날 때

(1) 두 직선이 평행하면 동위각 와/과 엇각의 크기는 각각 서로 같다.

(2) 동위각 또는 엇각의 크기가 각각 같으면 두 직선은 서로 평행하다.

01

다음 중에서 옳은 것에는 ○표를, 옳지 않은 것에는 ×표를 하시오.

(1) $\overrightarrow{AB}$와 $\overrightarrow{BA}$는 서로 같은 반직선이다. (　　)

(2) 공간에서 서로 만나지 않는 두 직선은 꼬인 위치에 있다. (　　)

풀이 (1) $\overrightarrow{AB}$와 $\overrightarrow{BA}$는 서로 다른 반직선이다.

(2) 공간에서 서로 만나지 않는 두 직선은 평행하거나 꼬인 위치에 있다.

답 (1) × (2) ×

02

오른쪽 그림에서 $l \parallel m$일 때, $\angle a$와 $\angle b$의 크기를 각각 구하시오.

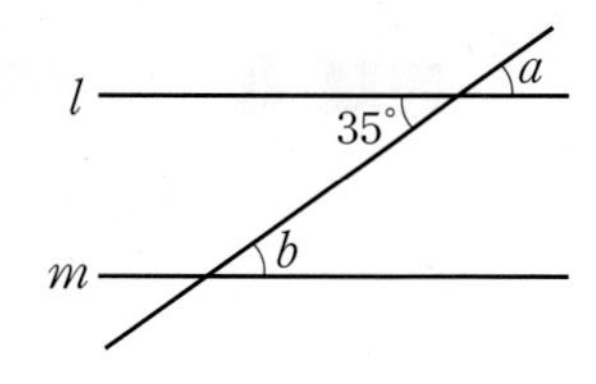

풀이 주어진 그림에서

$\angle a=35°$ (맞꼭지각)

$l \parallel m$이므로 동위각의 성질에 의하여

$\angle b=\angle a$

$\angle b=35°$

답 $\angle a=35°$, $\angle b=35°$

03

다음 그림에서 점 B는 $\overline{AC}$의 중점이고, $\overline{AB}=\overline{CD}$이다. $\overline{AD}=15$ cm일 때, $\overline{BC}$의 길이를 구하시오.

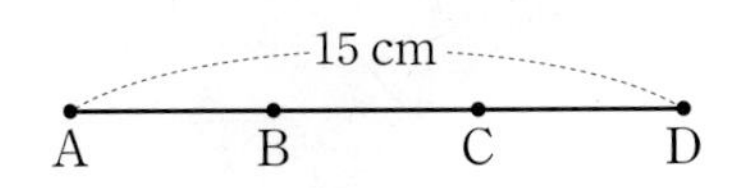

풀이 점 B는 $\overline{AC}$의 중점이므로

$\overline{AB}=\overline{BC}$

$\overline{AB}=\overline{CD}$이므로 $\overline{AB}=\overline{BC}=\overline{CD}$

따라서 $\overline{AD}=\overline{AB}+\overline{BC}+\overline{CD}=3\overline{BC}$이므로

$\overline{BC}=\frac{1}{3}\overline{AD}$

이때 $\overline{AD}=15$ cm이므로

$\overline{BC}=\frac{1}{3}\times 15=5$(cm)

답 5 cm

04

다음 그림과 같이 세 직선이 한 점에서 만날 때, $\angle a$, $\angle b$, $\angle c$의 크기를 각각 구하시오.

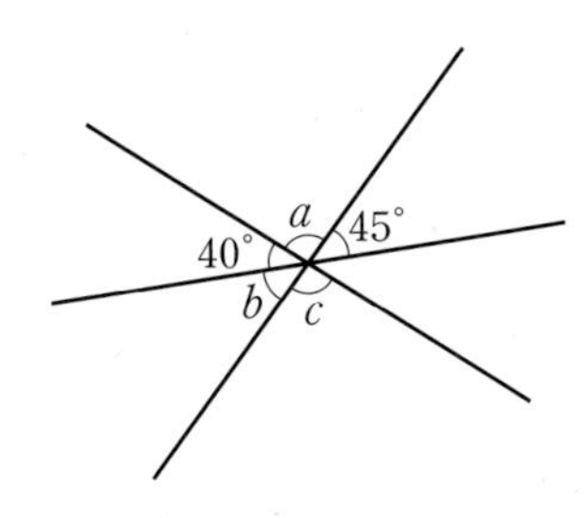

풀이 $40°+\angle a+45°=180°$이므로

$85°+\angle a=180°$

$\angle a=180°-85°=95°$

$\angle b=45°$ (맞꼭지각)

$\angle c=\angle a=95°$ (맞꼭지각)

답 $\angle a=95°$, $\angle b=45°$, $\angle c=95°$

05

아래 평행사변형 ABCD에서 다음을 구하시오.

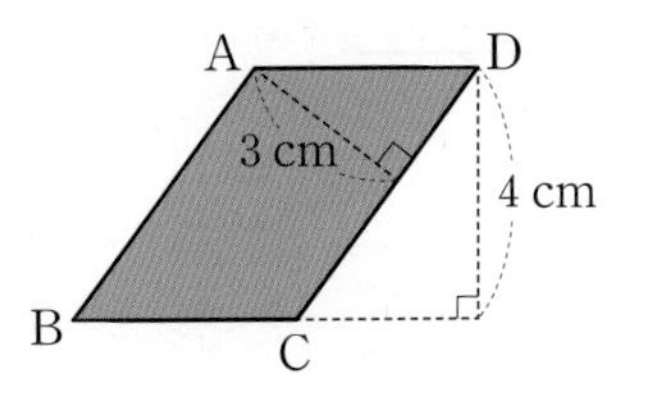

(1) 점 A와 변 CD 사이의 거리

(2) 점 A와 변 BC 사이의 거리

풀이 (1)

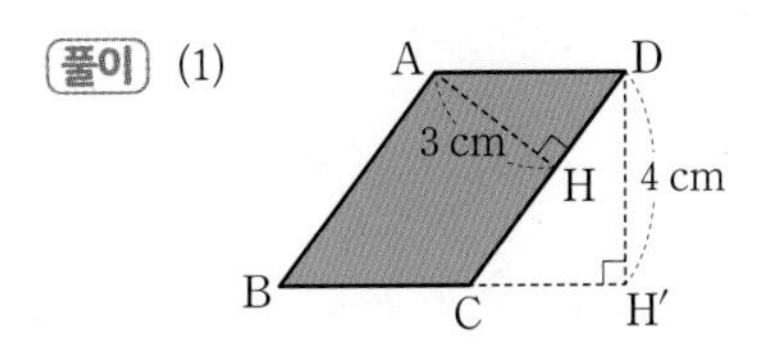

위의 그림과 같이 점 A에서 직선 CD에 내린 수선의 발을 H라고 하면 점 A와 변 CD 사이의 거리는

$\overline{AH}=3$ cm

(2) 점 D에서 직선 BC에 내린 수선의 발을 H′이라고 하면 점 A와 변 BC 사이의 거리는

$\overline{DH'}=4$ cm

답 (1) 3 cm (2) 4 cm

06

오른쪽 직육면체에서 다음을 모두 구하시오.

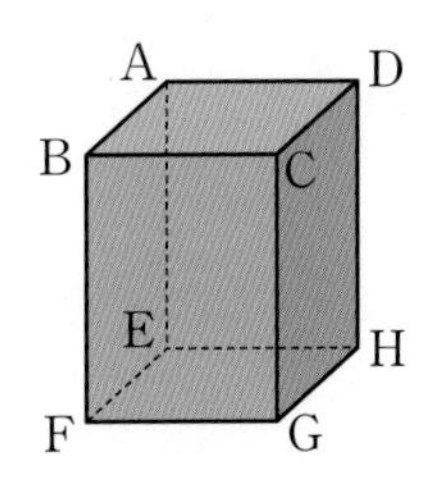

(1) 모서리 AB와 꼬인 위치에 있는 모서리

(2) 모서리 AB와 평행한 면

풀이 (1) 모서리 AB와 꼬인 위치에 있는 모서리는 모서리 AB와 만나지도 않고 평행하지도 않는 모서리이므로 모서리 CG, 모서리 DH, 모서리 EH, 모서리 FG이다.

(2) 모서리 AB와 평행한 면은 모서리 AB와 만나지 않는 면이므로 면 CGHD, 면 EFGH이다.

답 (1) 모서리 CG, 모서리 DH, 모서리 EH, 모서리 FG
(2) 면 CGHD, 면 EFGH

07

다음 그림에서 $l /\!/ m$일 때, $\angle x$의 크기를 구하시오.

(1)

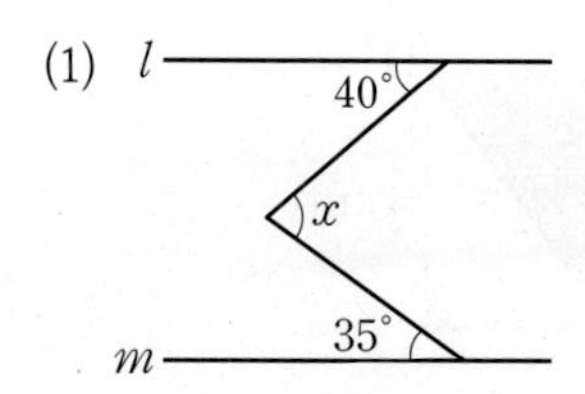

(2)

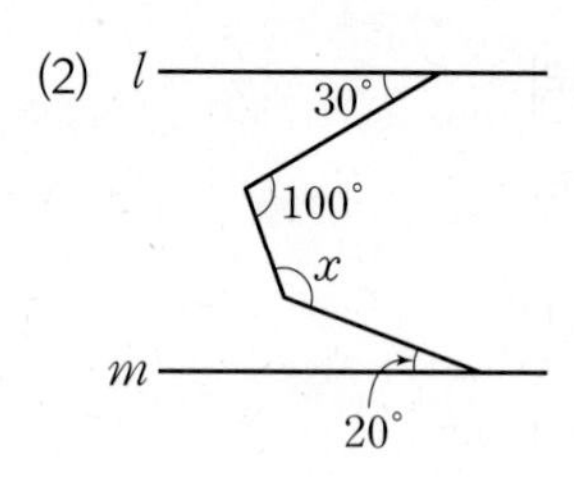

풀이 (1) 오른쪽 그림과 같이 두 직선 l, m에 평행한 직선 n을 그으면 평행선과 엇각의 성질에 의하여

$\angle x=40^\circ+35^\circ=75^\circ$

(2) 오른쪽 그림과 같이 두 직선 l, m에 평행한 두 직선 p, q를 그으면 평행선과 엇각의 성질에 의하여

$\angle x=110^\circ+20^\circ=130^\circ$

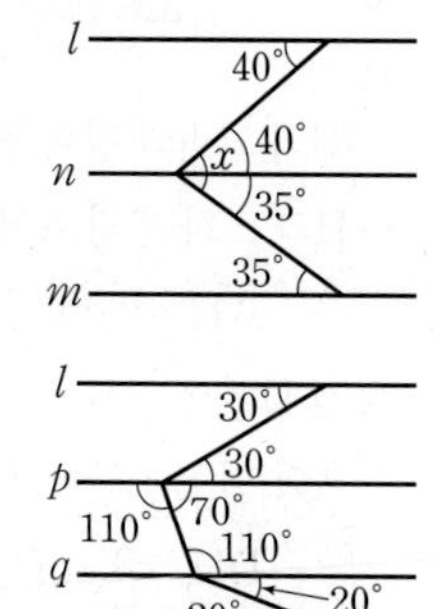

답 (1) 75° (2) 130°

08 발전

다음 그림은 직사각형 모양의 종이를 접은 것이다. $\angle x$, $\angle y$, $\angle z$의 크기를 각각 구하시오.

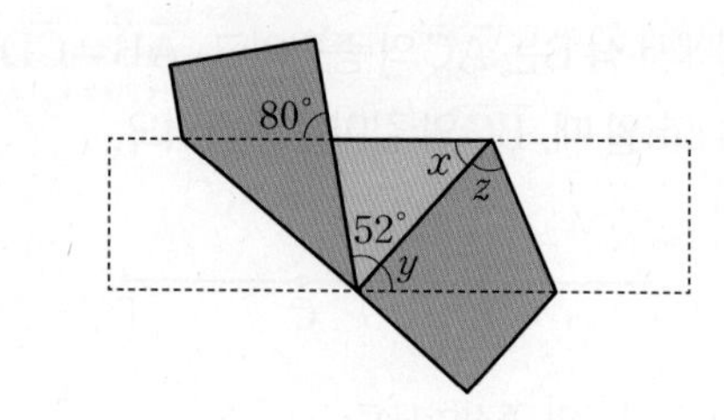

풀이

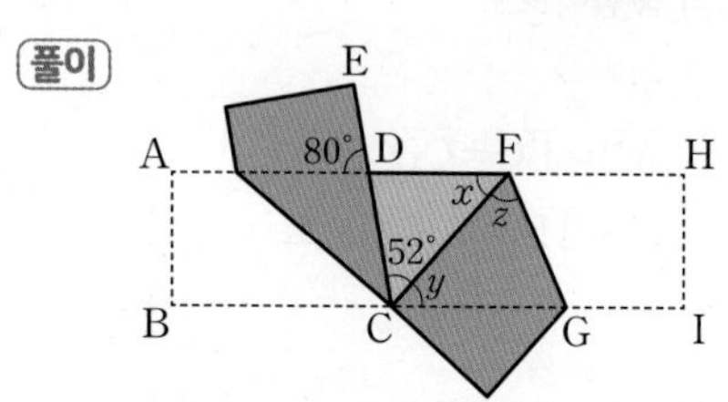

위의 그림에서 $\angle \mathrm{BCE}=\angle \mathrm{ADE}=80^\circ$ (동위각)이므로

$\angle y=180^\circ-(80^\circ+52^\circ)=48^\circ$

$\angle x=\angle y=48^\circ$ (엇각)

또 $\angle \mathrm{CFG}=\angle \mathrm{GFH}$ (접은 각), $\angle \mathrm{GFH}=\angle \mathrm{FGC}$ (엇각)

이므로 $\angle \mathrm{CFG}=\angle \mathrm{FGC}$

따라서 삼각형 CFG에서

$\angle z=\frac{1}{2}\times(180^\circ-48^\circ)=66^\circ$

답 $\angle x=48^\circ$, $\angle y=48^\circ$, $\angle z=66^\circ$

MEMO

2 작도와 합동

교과서 163쪽

준비 ① 서로 합동인 도형끼리 짝 지으시오.

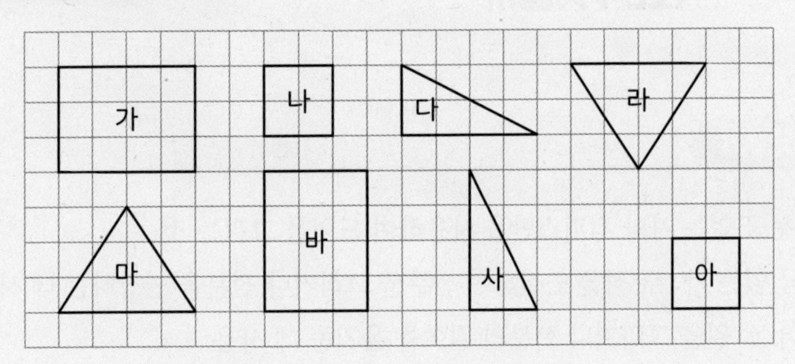

풀이 모양과 크기가 같아서 포개었을 때 완전히 겹쳐지는 도형끼리 짝 지으면

가와 바, 나와 아, 다와 사, 라와 마

이다.

답 가와 바, 나와 아, 다와 사, 라와 마

개념 초 5~6

- **합동**: 모양과 크기가 같아서 포개었을 때 완전히 겹쳐지는 두 도형의 관계

참고 서로 합동인 두 도형을 포개었을 때 완전히 겹치는 점을 대응점, 겹치는 변을 대응변, 겹치는 각을 대응각이라고 한다.

단원의 학습흐름

이전에 배운 내용은	이 단원에서는	새로운 용어
초 5~6 합동과 대칭	삼각형의 작도 삼각형의 합동	작도, $\triangle ABC$, 대변, 대각, $\equiv$, 삼각형의 합동 조건

01 삼각형의 작도

학습 목표 • 작도의 뜻을 알고, 간단한 도형을 작도할 수 있다.
• 삼각형을 작도하고, 그 과정을 설명할 수 있다.

작도는 무엇일까

교과서 164~165쪽

개념 짚어보기

❶ **작도**: 눈금 없는 자와 컴퍼스만을 사용하여 도형을 그리는 것

→ 눈금 없는 자: 두 점을 연결하여 선분을 그리거나 선분을 연장하는 데 사용

→ 컴퍼스: 원을 그리거나 선분의 길이를 옮기는 데 사용

❷ **선분 AB와 길이가 같은 선분 CD 작도하기**

1 눈금 없는 자를 사용하여 직선 l을 긋고, 그 위에 점 C를 잡는다.

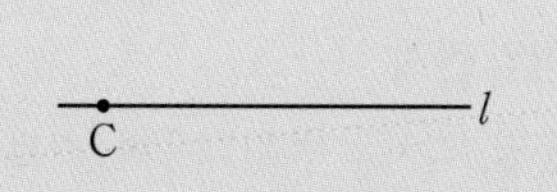

2 컴퍼스를 사용하여 $\overline{AB}$의 길이를 잰다.

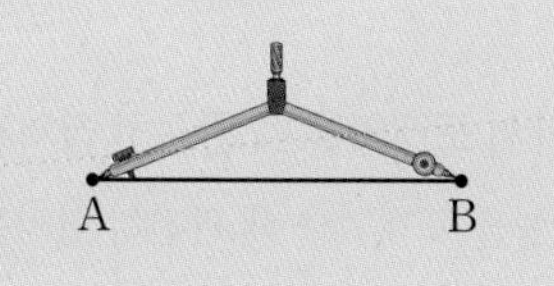

3 점 C를 중심으로 반지름의 길이가 $\overline{AB}$인 원을 그려 직선 l과의 교점을 D라고 하면 $\overline{CD}$가 작도된다.

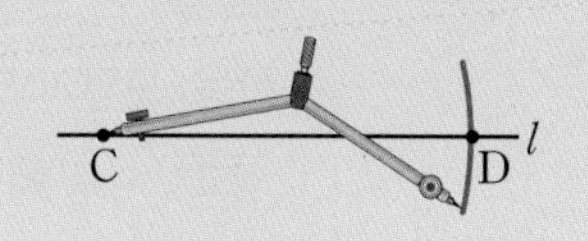

참고 선분의 길이를 잴 때 눈금 있는 자를 사용하지 않도록 주의한다.

❸ **∠XOY와 크기가 같고 반직선 AB를 한 변으로 하는 각 작도하기**

1 점 O를 중심으로 적당한 원을 그려 $\overrightarrow{OX}$, $\overrightarrow{OY}$와의 교점을 각각 P, Q라고 한다.

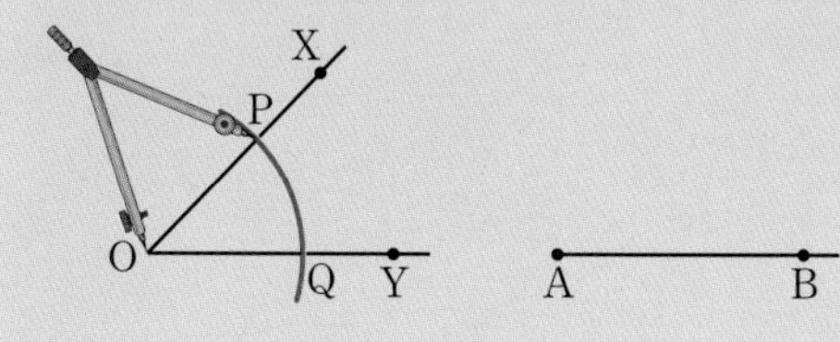

2 점 A를 중심으로 하고 반지름의 길이가 $\overline{OP}$인 원을 그려 $\overrightarrow{AB}$와의 교점을 C라고 한다.

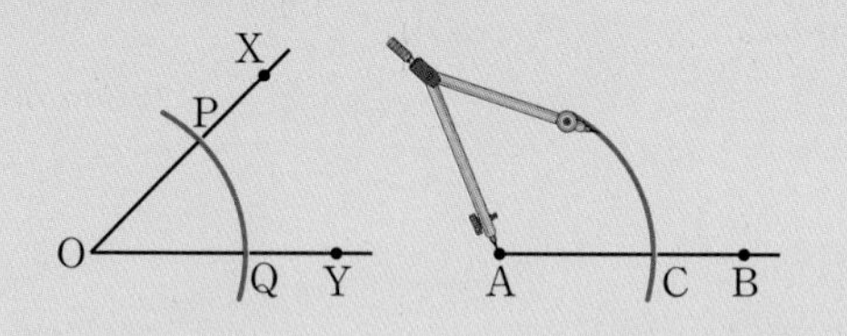

3 점 C를 중심으로 하고 반지름의 길이가 $\overline{PQ}$인 원을 그려 2 에서 그린 원과의 교점을 D라고 한다.

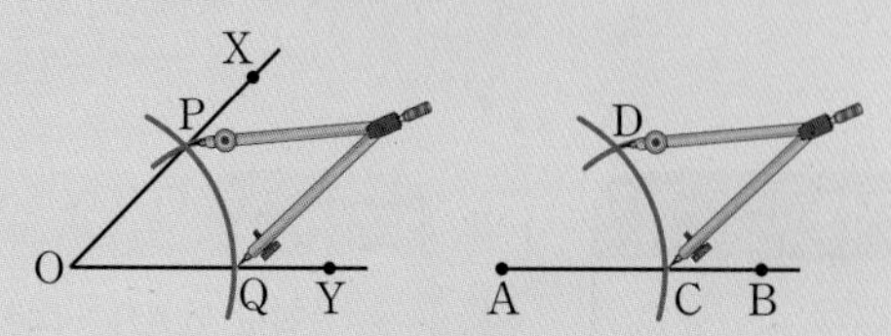

4 $\overrightarrow{AD}$를 그으면 ∠XOY와 크기가 같은 ∠DAB가 작도된다.

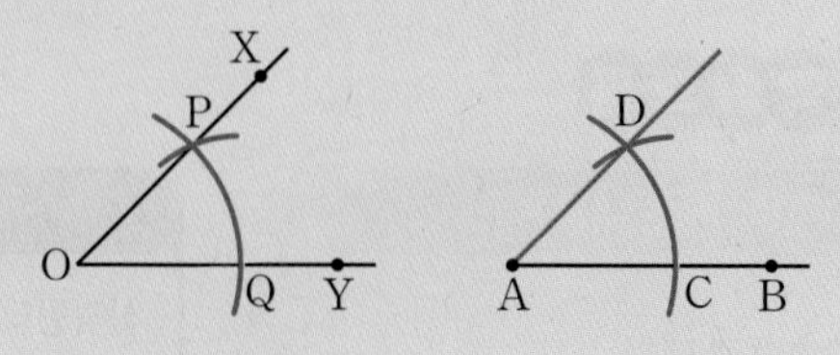

도입 서울 북부와 여의도를 잇는 다리는 서강대교, 마포대교, 원효대교로 모두 세 개가 있다. 오른쪽 지도는 이 세 다리의 양 끝점을 표시한 것이다. 지도에 다리를 선분으로 그리는 방법과 세 다리의 길이를 비교하는 방법을 생각하여 말해 보자.

(풀이) 눈금 없는 자를 사용하여 선분을 그리고, 컴퍼스를 사용하여 세 다리의 길이를 비교한다.

답 풀이 참조

오른쪽 그림의 선분 AB를 점 B의 방향으로 연장하여 $\overline{AC}=2\overline{AB}$가 되도록 선분 AC를 작도하시오.

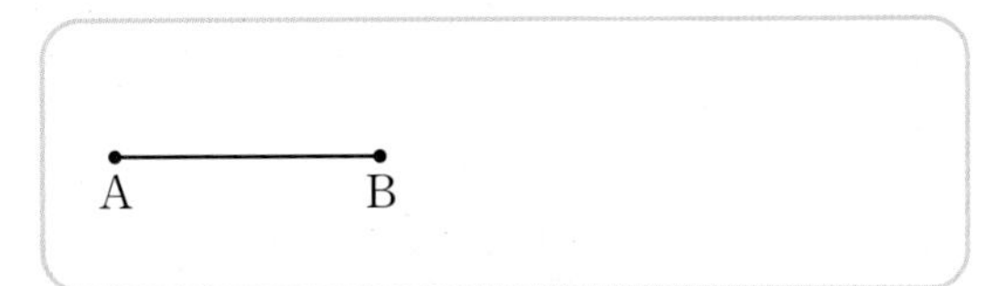

(풀이) ❶ 점 B의 방향으로 선분을 연장하여 반직선 AB를 그린다.
❷ 컴퍼스를 사용하여 선분 AB의 길이를 잰다.
❸ 점 B를 중심으로 하고 반지름의 길이가 $\overline{AB}$인 원을 그려 반직선 AB와의 교점을 C라고 하면 $\overline{AC}=2\overline{AB}$인 선분 AC가 작도된다.

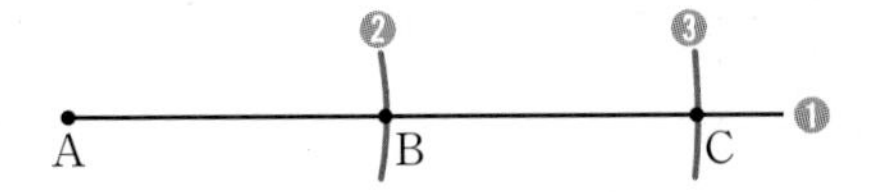

오른쪽 그림의 ∠XOY와 크기가 같고, 반직선 AB를 한 변으로 하는 각을 작도하시오.

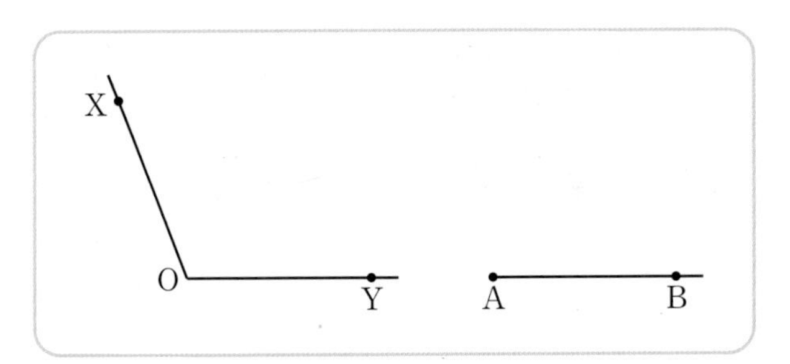

(풀이) ❶ 점 O를 중심으로 하는 원을 그려 $\overrightarrow{OX}$, $\overrightarrow{OY}$와의 교점을 각각 P, Q라고 한다.
❷ 점 A를 중심으로 하고 반지름의 길이가 $\overline{OP}$인 원을 그려 $\overrightarrow{AB}$와의 교점을 D라고 한다.
❸ $\overline{PQ}$의 길이를 잰다.
❹ 점 D를 중심으로 하고 반지름의 길이가 $\overline{PQ}$인 원을 그려 ❷에서 그린 원과의 교점을 C라고 한다.
❺ $\overrightarrow{AC}$를 그으면 ∠XOY와 크기가 같은 ∠CAB가 작도된다.

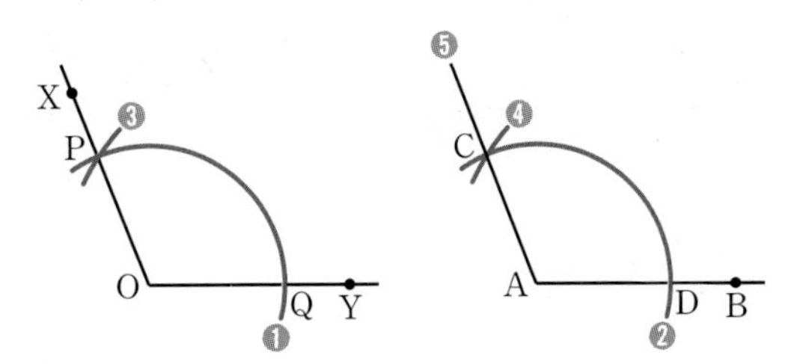

문제 1 오른쪽 그림에서 ㉠~㉥은 점 P를 지나고 직선 l에 평행한 직선 m을 작도하는 과정을 나타낸 것이다.

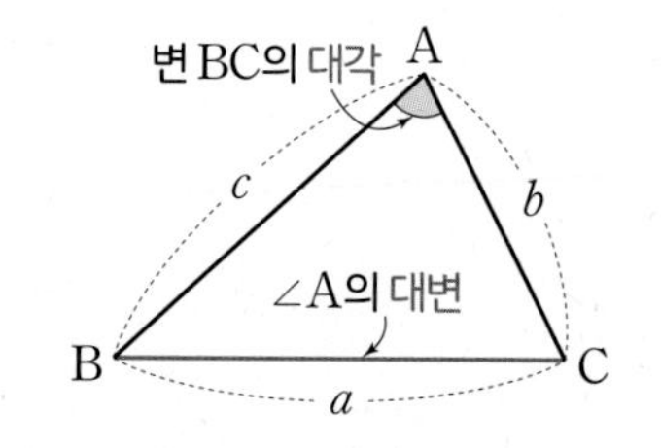

(1) 작도 순서를 바르게 나열하시오.

(2) 이 작도에서 이용한 평행선의 성질을 말하시오.

풀이 (1) ㉠－㉤－㉡－㉥－㉢－㉣ 또는 ㉠－㉡－㉤－㉥－㉢－㉣

(2) 주어진 작도는 '한 평면 위에서 서로 다른 두 직선이 한 직선과 만날 때, 동위각의 크기가 같으면 두 직선은 서로 평행하다.'를 이용한 것이다.

답 풀이 참조

삼각형은 어떻게 작도할까

교과서 166~170쪽

개념 짚어보기

❶ 삼각형 ABC를 기호로 △**ABC**와 같이 나타낸다.

❷ **대변**: 한 각과 마주 보는 변

❸ **대각**: 한 변과 마주 보는 각

➜ 삼각형에서 한 변의 길이는 다른 두 변의 길이의 합보다 작다.

변 BC의 대각 A, c, b, ∠A의 대변, B, C, a

❹ **길이가 각각 a, b, c인 선분을 세 변으로 하는 삼각형 ABC 작도하기**

1 직선 l을 긋고, 그 위에 길이가 a인 $\overline{BC}$를 작도한다.

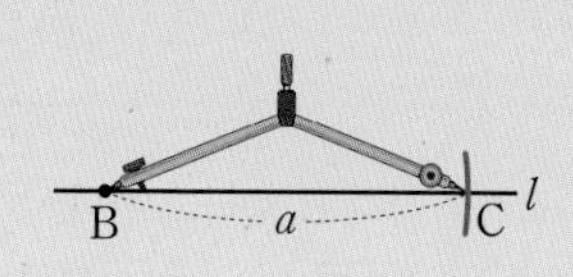

2 점 B를 중심으로 반지름의 길이가 c인 원을 그린다.

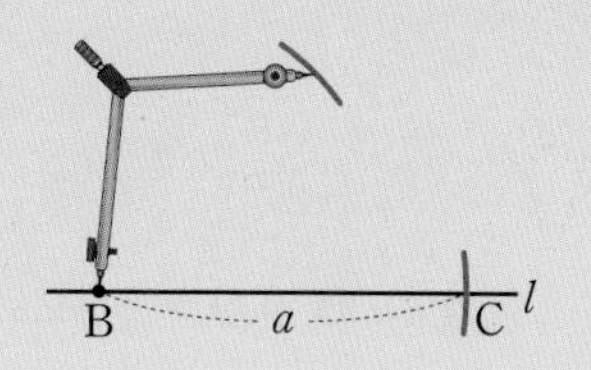

3 점 C를 중심으로 반지름의 길이가 b인 원을 그려 **2** 에서 그린 원과의 교점을 A라고 한다.

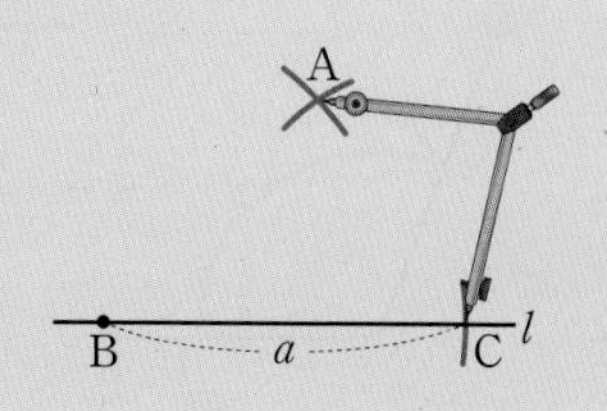

4 $\overline{AB}$와 $\overline{AC}$를 그으면 △ABC가 작도된다.

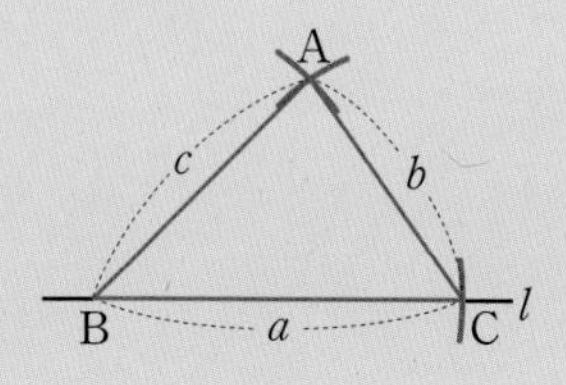

⑤ 길이가 각각 a, c인 선분을 두 변으로 하고 $\angle$B를 그 끼인각으로 하는 삼각형 ABC 작도하기

1 직선 l을 긋고, 그 위에 길이가 a인 $\overline{BC}$를 작도한다.

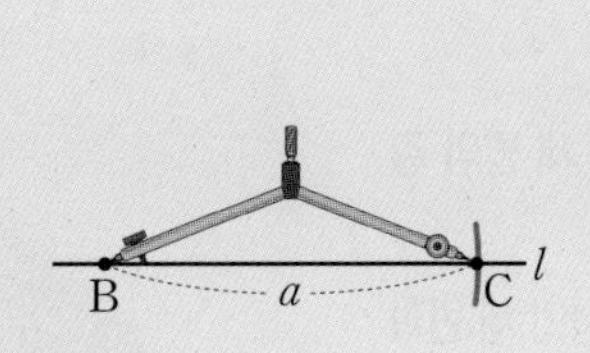

2 $\overrightarrow{BC}$를 한 변으로 하고 $\angle$B와 크기가 같은 각을 작도한다.

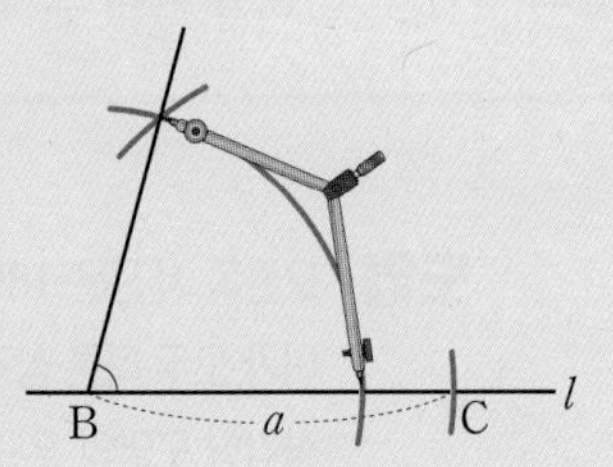

3 점 B를 중심으로 반지름의 길이가 c인 원을 그려 그 교점을 A라고 한다.

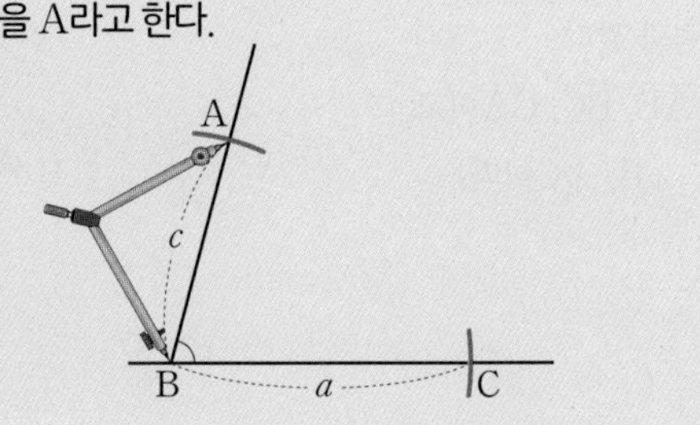

4 $\overline{AC}$를 그으면 $\triangle$ABC가 작도된다.

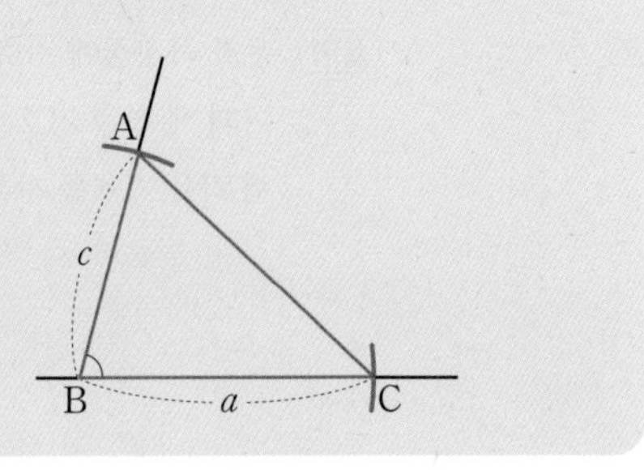

⑥ 길이가 a인 선분을 한 변으로 하고 $\angle$B와 $\angle$C를 그 양 끝 각으로 하는 삼각형 ABC 작도하기

1 직선 l을 긋고, 그 위에 길이가 a인 $\overline{BC}$를 작도한다.

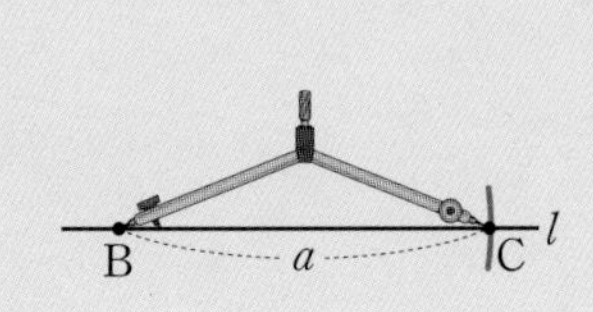

2 $\overrightarrow{BC}$를 한 변으로 하고 $\angle$B와 크기가 같은 $\angle$XBC를 작도한다.

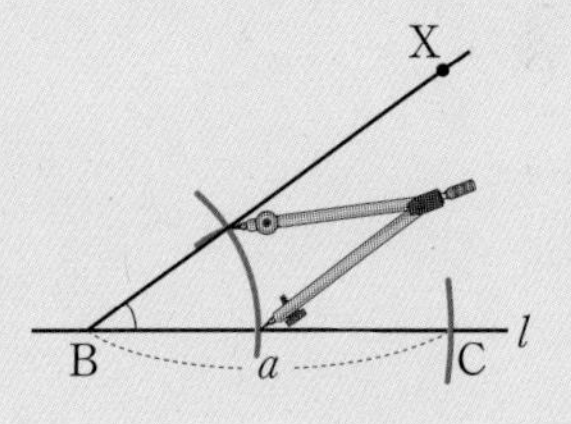

3 $\overrightarrow{CB}$를 한 변으로 하고 $\angle$C와 크기가 같은 $\angle$YCB를 작도한다.

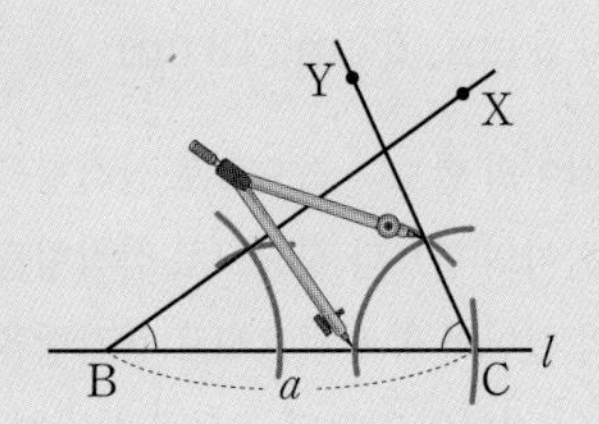

4 $\overrightarrow{BX}$와 $\overrightarrow{CY}$의 교점을 A라고 하면 $\triangle$ABC가 작도된다.

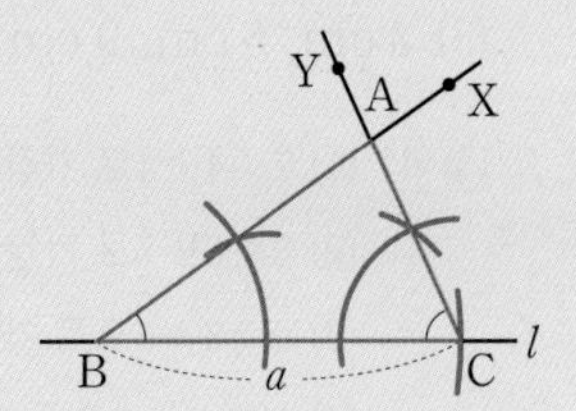

❼ 삼각형이 하나로 정해지는 경우

(1) 세 변의 길이가 주어질 때

(2) 두 변의 길이와 그 끼인각의 크기가 주어질 때

(3) 한 변의 길이와 그 양 끝 각의 크기가 주어질 때

도입 오른쪽 사진은 1896년에 콜롬비아에서 만들어진 세 변의 길이가 모두 다른 삼각형 모양의 우표이다.
삼각형 모양의 우표 꼭짓점에 기호를 붙이고 삼각형의 세 변과 세 각을 기호를 사용하여 나타내 보자.

풀이 우표 꼭짓점에 기호를 붙이면 오른쪽 그림과 같다.
이때 세 변을 기호를 사용하여 나타내면 $\overline{AB}$, $\overline{BC}$, $\overline{CA}$이고,
세 각을 기호를 사용하여 나타내면 $\angle A$, $\angle B$, $\angle C$이다.

답 풀이 참조

오른쪽 $\triangle ABC$를 보고, 빈칸에 알맞은 것을 써넣어 보자.

1 $\angle A$의 대변의 길이는 [10 cm]이다.

2 변 AC의 대각의 크기는 [60°]이다.

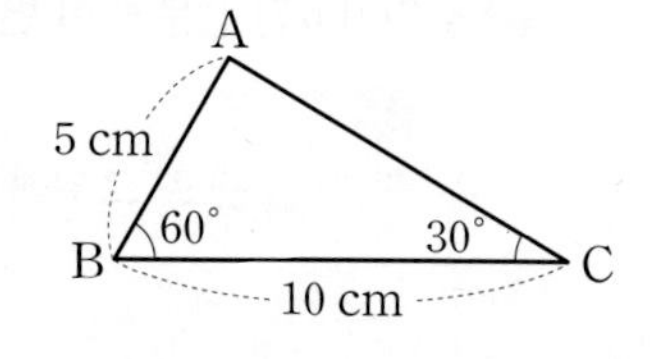

문제 2 다음과 같이 주어진 길이를 세 변의 길이로 하는 삼각형을 만들려고 한다. 삼각형을 만들 수 없는 것을 모두 찾고, 그 이유를 말하시오.

(1) 4 cm, 4 cm, 7 cm (2) 6 cm, 7 cm, 8 cm

(3) 3 cm, 6 cm, 9 cm (4) 5 cm, 6 cm, 13 cm

풀이 (1) $7<4+4$로 가장 긴 변의 길이가 다른 두 변의 길이의 합보다 작으므로 삼각형을 만들 수 있다.
(2) $8<6+7$로 가장 긴 변의 길이가 다른 두 변의 길이의 합보다 작으므로 삼각형을 만들 수 있다.
(3) $9=3+6$으로 가장 긴 변의 길이가 다른 두 변의 길이의 합과 같으므로 삼각형을 만들 수 없다.
(4) $13>5+6$으로 가장 긴 변의 길이가 다른 두 변의 길이의 합보다 크므로 삼각형을 만들 수 없다.

답 (3), (4), 풀이 참조

스스로 작도하기 3

▶ 142쪽 개념 짚어보기 ④의 과정을 따라 작도한다.

길이가 각각 a, b, c인 선분을 세 변으로 하는 삼각형을 1~4의 과정을 따라 작도한 후, 4의 삼각형과 모양과 크기를 비교해 보자.

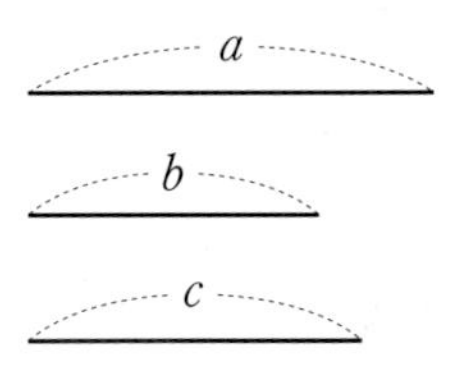

풀이 4의 삼각형과 모양과 크기가 같다.

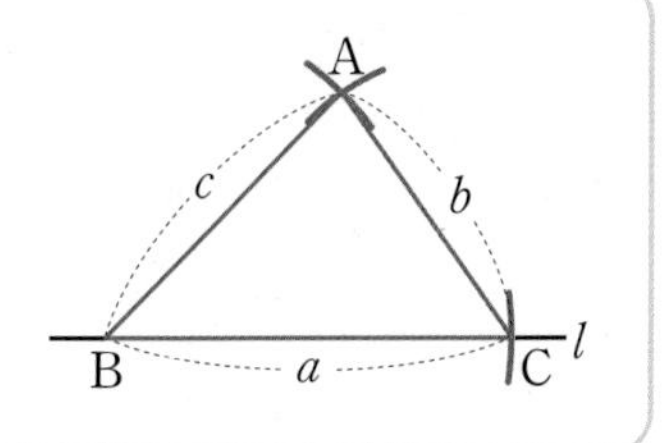

스스로 작도하기 4

▶ 143쪽 개념 짚어보기 ⑤의 과정을 따라 작도한다.

길이가 각각 a, c인 선분을 두 변으로 하고 $\angle B$를 그 끼인각으로 하는 삼각형을 1~4의 과정을 따라 작도한 후, 4의 삼각형과 모양과 크기를 비교해 보자.

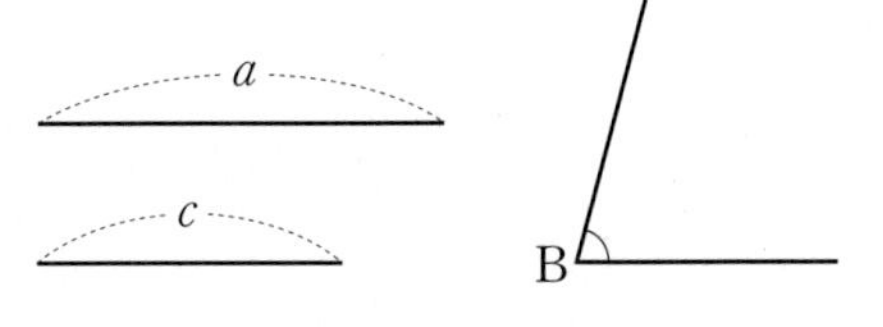

풀이 4의 삼각형과 모양과 크기가 같다.

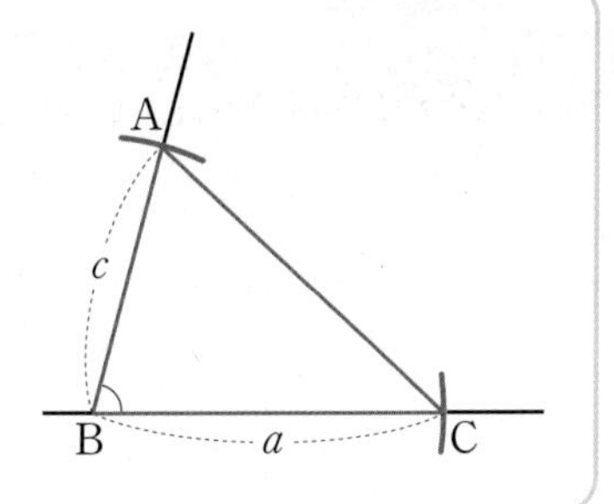

스스로 작도하기 5

▶ 143쪽 개념 짚어보기 ⑥의 과정을 따라 작도한다.

길이가 a인 선분을 한 변으로 하고 $\angle B$와 $\angle C$를 그 양 끝 각으로 하는 삼각형을 1~4의 과정을 따라 작도한 후, 4의 삼각형과 모양과 크기를 비교해 보자.

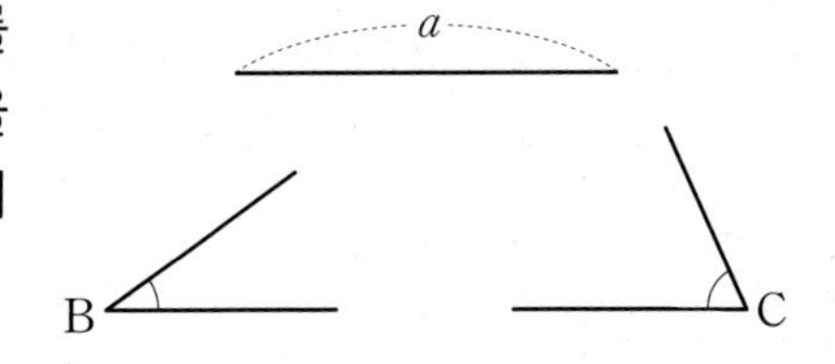

풀이 4의 삼각형과 모양과 크기가 같다.

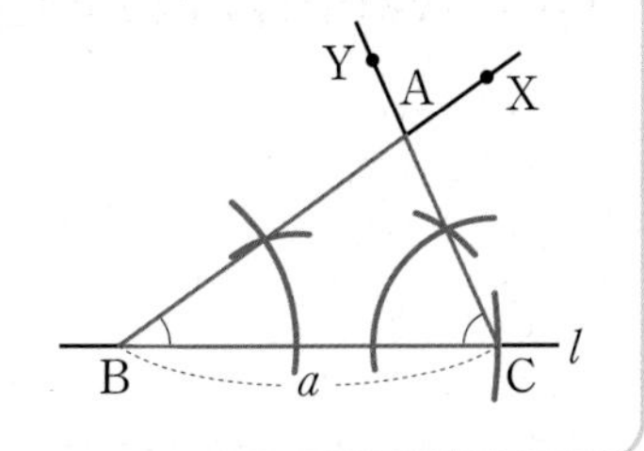

문제 3 한 변의 길이와 한 각의 크기가 다음 그림과 같은 $\triangle ABC$를 작도하려고 한다. 삼각형이 하나로 정해지기 위해 필요한 조건 한 가지를 보기에서 모두 찾고, 그 이유를 설명하시오.

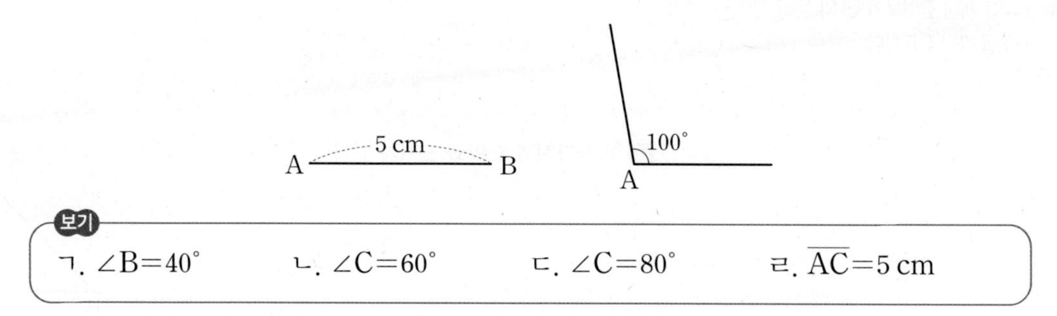

보기

ㄱ. $\angle B=40^\circ$ ㄴ. $\angle C=60^\circ$ ㄷ. $\angle C=80^\circ$ ㄹ. $\overline{AC}=5\text{ cm}$

풀이 ㄱ. 한 변의 길이와 그 양 끝 각의 크기가 주어진 경우이므로 삼각형이 하나로 정해진다.

ㄴ. $\angle C=60^\circ$이면 $\angle B=180^\circ-(100^\circ+60^\circ)=20^\circ$

따라서 한 변의 길이와 그 양 끝 각의 크기가 주어진 경우이므로 삼각형이 하나로 정해진다.

ㄷ. $\angle A+\angle C=100^\circ+80^\circ=180^\circ$이므로 삼각형을 만들 수 없다.

ㄹ. 두 변의 길이와 그 끼인각의 크기가 주어진 경우이므로 삼각형이 하나로 정해진다.

이상에서 삼각형이 하나로 정해지기 위해 필요한 조건 한 가지는 ㄱ, ㄴ, ㄹ이다.

답 ㄱ, ㄴ, ㄹ

수학 게시판, 답해 주세요!

다음은 어느 수학 게시판에 올라온 질문과 그에 대한 답변 중 하나이다. 또 다른 답변을 생각하여 적어 보자.

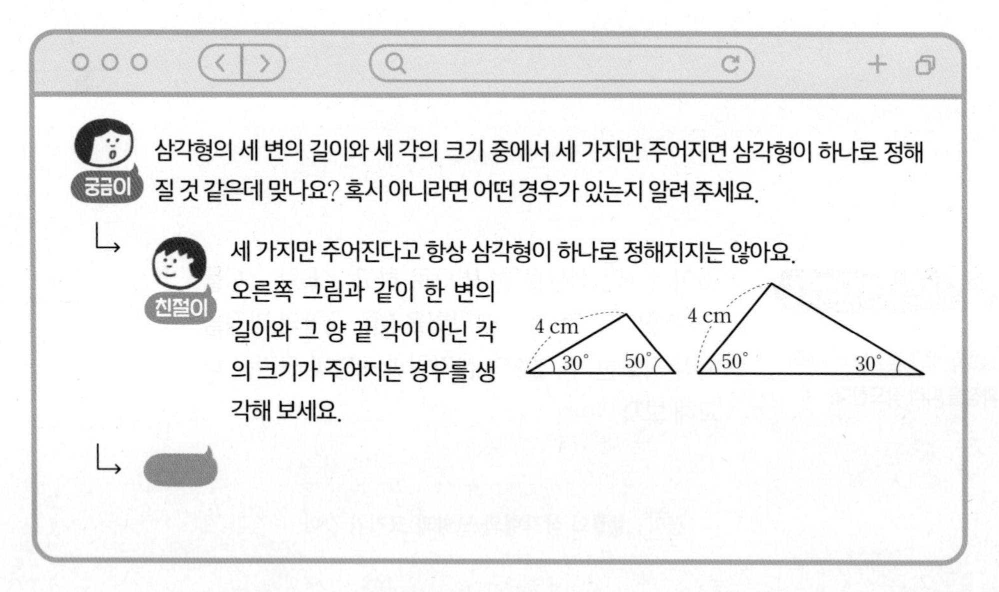

풀이 예 오른쪽 그림과 같이 세 각의 크기가 주어지는 경우도 삼각형이 하나로 정해지지 않아요.

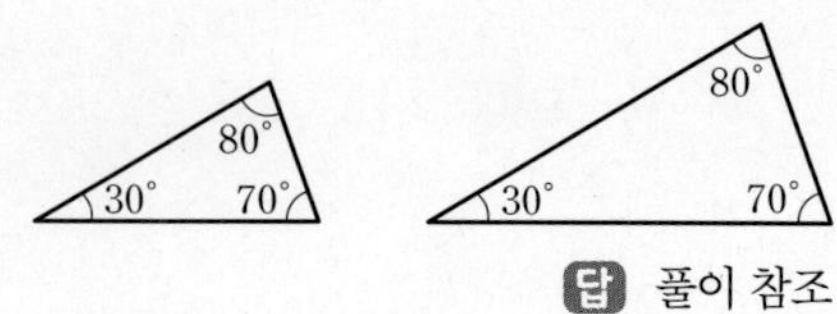

답 풀이 참조

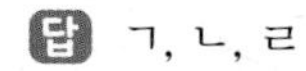

삼각형의 합동

학습 목표 삼각형의 합동 조건을 이해하고, 이를 이용하여 두 삼각형이 합동인지 판별할 수 있다.

삼각형의 합동 조건은 무엇일까

교과서 172~173쪽

개념 짚어보기

❶ **합동**

삼각형 ABC와 삼각형 DEF가 서로 합동일 때, 이것을 기호로 $\triangle ABC \equiv \triangle DEF$와 같이 나타낸다.

→ 이때 두 삼각형의 꼭짓점은 대응하는 차례대로 쓴다.

❷ 서로 합동인 두 도형은 대응변의 길이가 서로 같고, 대응각의 크기도 서로 같다.

→ 즉, $\triangle ABC \equiv \triangle DEF$일 때

$\overline{AB}=\overline{DE}$, $\overline{BC}=\overline{EF}$, $\overline{CA}=\overline{FD}$,

$\angle A=\angle D$, $\angle B=\angle E$, $\angle C=\angle F$

가 성립한다.

❸ **삼각형의 합동 조건**

두 삼각형은 다음의 각 경우에 서로 합동이다.

(1) 대응하는 세 변의 길이가 각각 같을 때 (SSS 합동)

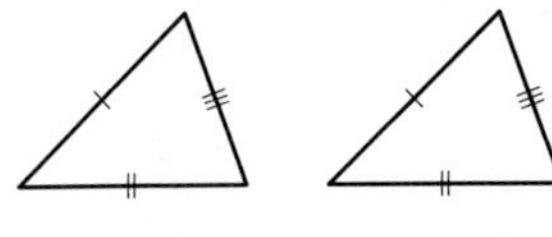

(2) 대응하는 두 변의 길이가 각각 같고, 그 끼인각의 크기가 같을 때 (SAS 합동)

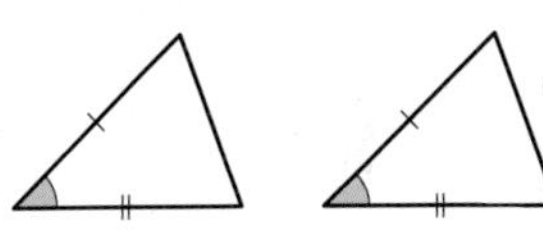

(3) 대응하는 한 변의 길이가 같고, 그 양 끝 각의 크기가 각각 같을 때 (ASA 합동)

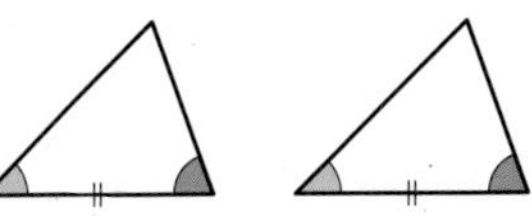

도입 오른쪽 그림과 같이 삼각형 모양의 선글라스에 합동인 두 삼각형 ABC와 DEF를 그렸다.
$\triangle ABC$와 $\triangle DEF$에서 대응점, 대응변, 대응각을 각각 말해 보자.

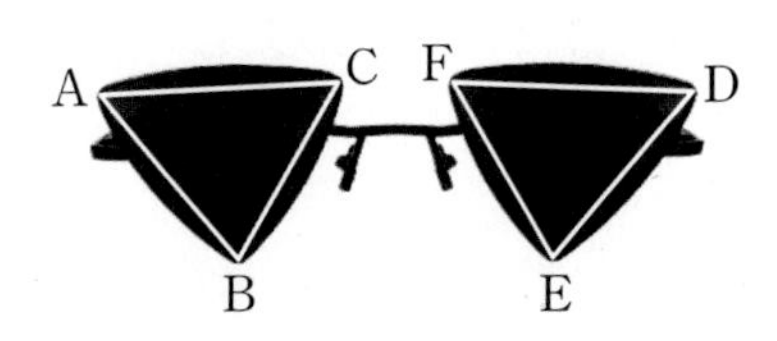

풀이 점 A, 점 B, 점 C의 대응점은 각각 점 D, 점 E, 점 F이고,
$\overline{AB}$, $\overline{BC}$, $\overline{CA}$의 대응변은 각각 $\overline{DE}$, $\overline{EF}$, $\overline{FD}$이다.
또 $\angle A$, $\angle B$, $\angle C$의 대응각은 각각 $\angle D$, $\angle E$, $\angle F$이다.

답 풀이 참조

문제 1 오른쪽 그림에서 $\triangle ABC \equiv \triangle DEF$일 때, 다음을 구하시오.

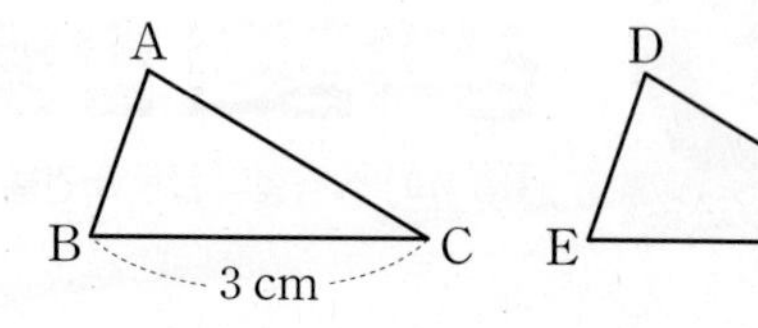

(1) 변 EF의 길이

(2) $\angle C$의 크기

(풀이) (1) 변 EF는 변 BC에 대응되므로 $\overline{EF}=\overline{BC}=3\text{ cm}$

(2) $\angle C$는 $\angle F$에 대응되므로 $\angle C=\angle F=30^\circ$

답 (1) 3 cm (2) 30°

문제 2 다음 중에서 서로 합동인 두 삼각형을 찾고, 각각의 합동 조건을 말하시오.

(1)

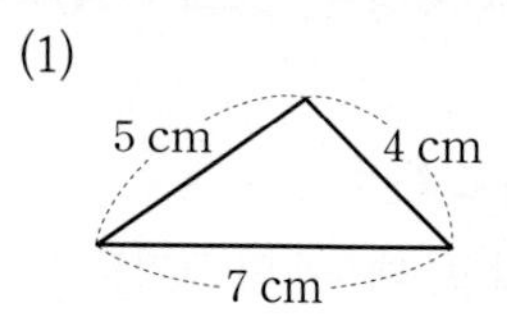

(2)

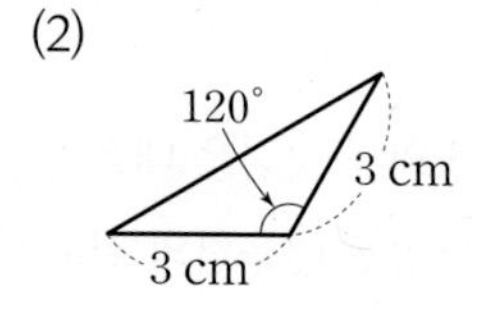

(3)

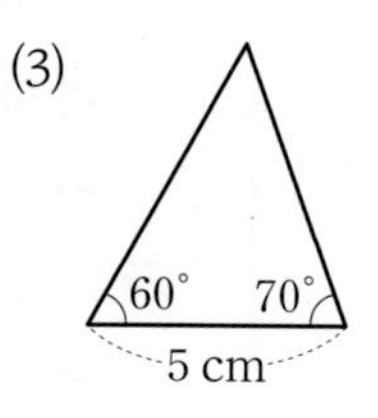

(4)

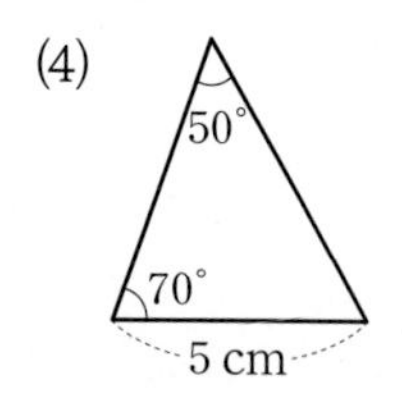

(5)

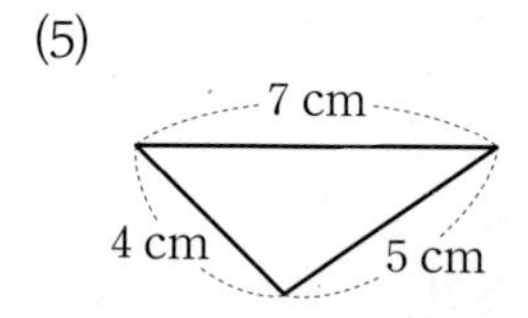

(6)

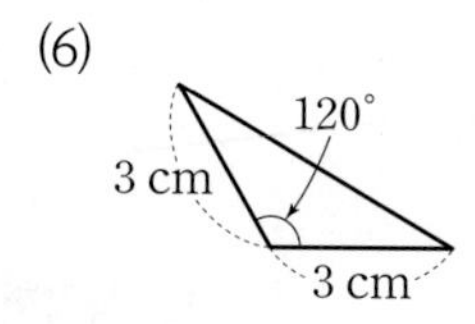

(풀이) (4)의 삼각형에서 나머지 한 각의 크기는

$180^\circ-(50^\circ+70^\circ)=60^\circ$

이므로 (3)의 삼각형은 (4)의 삼각형과 ASA 합동이다.

답 (1)과 (5), SSS 합동
(2)와 (6), SAS 합동
(3)과 (4), ASA 합동

문제 3 다음 두 삼각형 ABC와 DEF가 서로 합동이 되기 위해 필요한 최소한의 조건을 모두 말하고, 그 이유를 설명하시오.

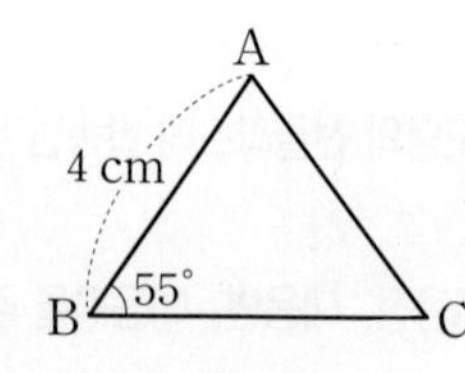

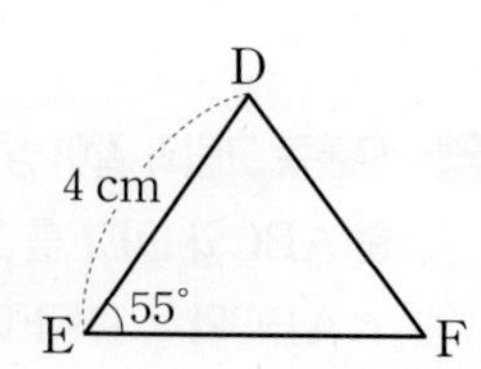

(풀이) $\overline{BC}=\overline{EF}$인 경우

➡ 대응하는 두 변의 길이가 각각 같고, 그 끼인각의 크기가 같으므로 합동이 된다.

$\angle A=\angle D$ 또는 $\angle C=\angle F$인 경우

➡ 대응하는 한 변의 길이가 같고, 그 양 끝 각의 크기가 각각 같으므로 합동이 된다.

답 풀이 참조

교과서 174~175쪽

중단원 마무리

스스로 개념을 정리해요.

01 삼각형의 작도

(1) 눈금 없는 자 와/과 컴퍼스 만을 사용하여 도형을 그리는 것을 작도라고 한다.

(2) 삼각형 ABC를 기호로 △ABC 와/과 같이 나타낸다.

(3) 삼각형에서 한 각과 마주 보는 변을 대변, 한 변과 마주 보는 각을 대각 (이)라고 한다.

02 삼각형의 합동

두 삼각형은 다음의 각 경우에 서로 합동이다.

① 대응하는 세 변 의 길이가 각각 같을 때 (SSS 합동)

② 대응하는 두 변의 길이가 각각 같고, 그 끼인각 의 크기가 같을 때 (SAS 합동)

③ 대응하는 한 변의 길이가 같고, 그 양 끝 각 의 크기가 각각 같을 때 (ASA 합동)

01

다음 중에서 옳은 것에는 ○표를, 옳지 않은 것에는 ×표를 하시오.

(1) 작도에서 선분의 길이를 잴 때 눈금 없는 자를 사용한다. ( )

(2) 세 각의 크기가 주어진 삼각형은 모양과 크기가 한 가지로 정해진다. ( )

(3) △ABC와 △DEF가 서로 합동일 때, △ABC≡△DEF와 같이 나타낸다. ( )

풀이 (1) 눈금 없는 자는 두 점을 연결하여 선분을 그리거나 선분을 연장하는 데 사용하고, 컴퍼스는 원을 그리거나 선분의 길이를 옮기는 데 사용한다.

(2) 세 각의 크기가 주어지더라도 삼각형의 크기는 서로 다를 수 있다.

(3) △ABC와 △DEF가 서로 합동일 때, 기호로

△ABC≡△DEF와 같이 나타낸다.

이때 두 삼각형의 꼭짓점은 대응하는 차례대로 쓴다.

답 (1) × (2) × (3) ○

02

다음 그림에서 ㉠~㉤은 ∠XOY와 크기가 같고 반직선 PQ를 한 변으로 하는 각을 작도하는 과정을 나타낸 것이다. 작도 순서를 바르게 나열하시오.

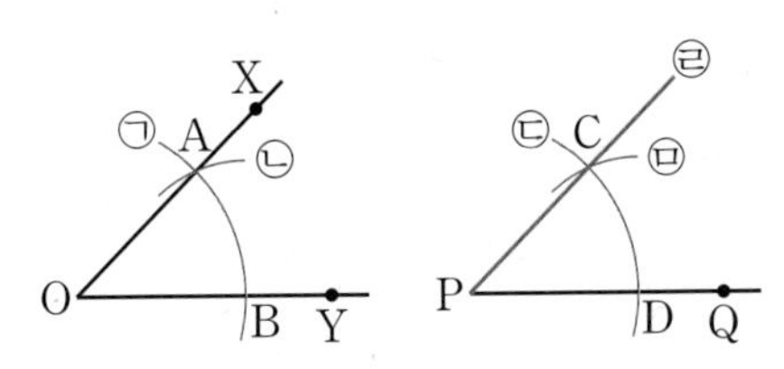

풀이 ㉠ 점 O를 중심으로 하는 원을 그리고 $\overrightarrow{OX}$, $\overrightarrow{OY}$와의 교점을 각각 A, B라고 한다.

㉢ 점 P를 중심으로 하고 반지름의 길이가 $\overline{OA}$인 원을 그린다. 이때 $\overrightarrow{PQ}$와의 교점을 D라고 한다.

㉡ $\overline{AB}$의 길이를 잰다.

㉤ 점 D를 중심으로 하고 반지름의 길이가 $\overline{AB}$인 원을 그린다. 이때 ㉢에서 그린 원과의 교점을 C라고 한다.

㉣ $\overrightarrow{PC}$를 그으면 ∠XOY와 크기가 같고 반직선 PQ를 한 변으로 하는 ∠CPQ가 작도된다.

따라서 작도 순서는

㉠-㉢-㉡-㉤-㉣ 또는

㉢-㉠-㉡-㉤-㉣이다.

답 ㉠-㉢-㉡-㉤-㉣ 또는 ㉢-㉠-㉡-㉤-㉣

03

아래 그림에서 $\triangle ABC \equiv \triangle DEF$일 때, 다음을 구하시오.

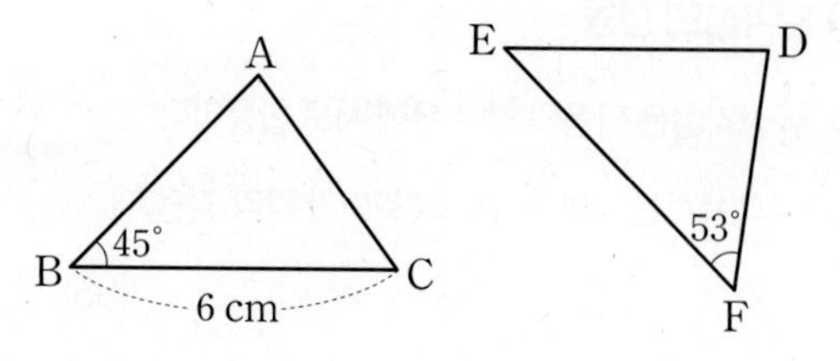

(1) $\angle C$, $\angle E$의 크기

(2) $\overline{EF}$의 길이

풀이 (1) $\angle C = \angle F = 53°$, $\angle E = \angle B = 45°$

(2) $\overline{EF} = \overline{BC} = 6$ cm

답 (1) $\angle C = 53°$, $\angle E = 45°$ (2) 6 cm

04

한 변의 길이가 오른쪽 그림과 같은 정삼각형을 작도하시오.

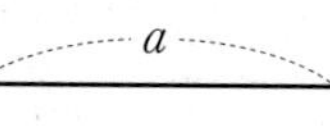

풀이 ❶ 직선을 긋고, 직선 위의 한 점에서 반지름의 길이가 a인 원을 그려 직선과의 교점을 표시한다.

❷ ❶에서 그린 원과 같은 중심에서 반지름의 길이가 a인 원을 그린다.

❸ ❶에서 표시한 교점을 중심으로 반지름의 길이가 a인 원을 그린다.

❹ ❷, ❸에서 그린 원의 교점과 ❶에서 그린 길이가 a인 선분의 양 끝 점을 그으면 정삼각형이 작도된다.

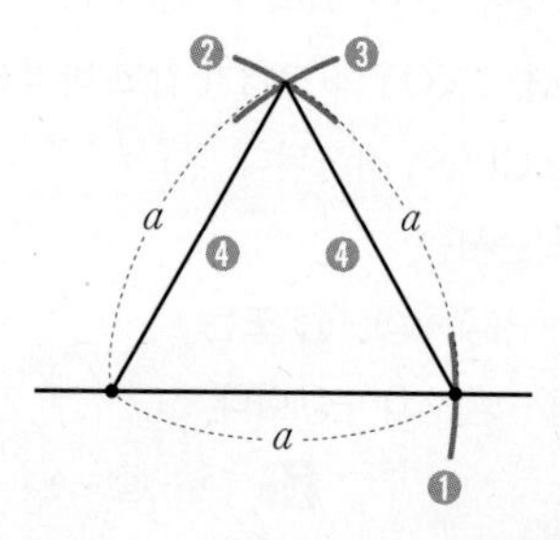

답 풀이 참조

05

다음 보기 중에서 $\triangle ABC$가 하나로 정해지는 것을 모두 고르시오.

보기

ㄱ. $\overline{AB} = 5$ cm, $\angle A = 40°$, $\angle B = 50°$

ㄴ. $\overline{AB} = 4$ cm, $\overline{BC} = 5$ cm, $\angle B = 60°$

ㄷ. $\angle A = 60°$, $\angle B = 40°$, $\angle C = 80°$

ㄹ. $\overline{AB} = 10$ cm, $\overline{BC} = 5$ cm, $\overline{CA} = 4$ cm

풀이 ㄱ. 한 변의 길이와 그 양 끝 각의 크기가 주어졌으므로 삼각형이 하나로 정해진다.

ㄴ. 두 변의 길이와 그 끼인각의 크기가 주어졌으므로 삼각형이 하나로 정해진다.

ㄷ. 세 각의 크기가 주어졌으므로 삼각형이 하나로 정해지지 않는다.

ㄹ. $10 > 5 + 4$이므로 삼각형이 만들어지지 않는다.

이상에서 $\triangle ABC$가 하나로 정해지는 것은 ㄱ, ㄴ이다.

답 ㄱ, ㄴ

06

다음 그림에서 $\overline{AC} = \overline{DB}$, $\angle ACB = \angle DBC$일 때, $\triangle ABC$와 합동인 삼각형을 찾아 기호 ≡를 사용하여 나타내고, 합동 조건을 말하시오.

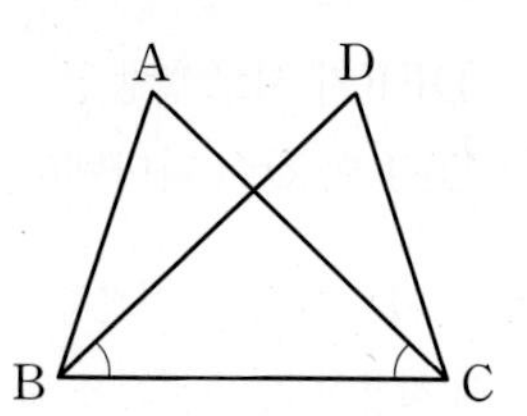

풀이 $\triangle ABC$와 $\triangle DCB$에서

$\overline{AC} = \overline{DB}$ …… ①

$\angle ACB = \angle DBC$ …… ②

$\overline{BC}$는 공통 …… ③

①, ②, ③에서 대응하는 두 변의 길이가 각각 같고, 그 끼인각의 크기가 같으므로

$\triangle ABC \equiv \triangle DCB$ (SAS 합동)

답 $\triangle ABC \equiv \triangle DCB$ (SAS 합동)

07

다음 그림과 같은 $\triangle ABC$와 $\triangle DEF$에서 $\overline{AB}=\overline{DE}$, $\overline{BC}=\overline{EF}$이다. $\triangle ABC \equiv \triangle DEF$가 되기 위해 필요한 최소한의 조건을 모두 말하시오.

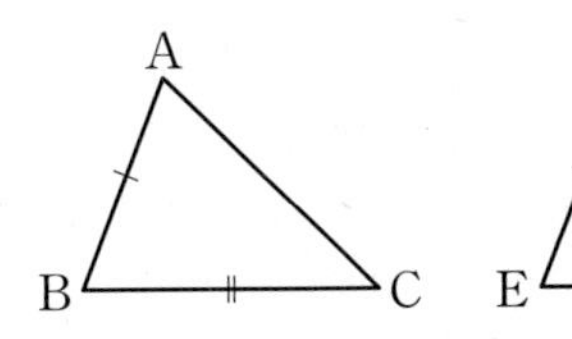

풀이 $\triangle ABC$와 $\triangle DEF$에서

$\overline{AB}=\overline{DE}$, $\overline{BC}=\overline{EF}$

이므로

$\overline{AC}=\overline{DF}$이면 $\triangle ABC \equiv \triangle DEF$ (SSS 합동)

$\angle B=\angle E$이면 $\triangle ABC \equiv \triangle DEF$ (SAS 합동)

답 $\overline{AC}=\overline{DF}$ 또는 $\angle B=\angle E$

08

다음 그림에서 두 사각형 ABCD와 사각형 CEFG는 각각 한 변의 길이가 3 cm, 4 cm인 정사각형이다. $\overline{BG}=5$ cm일 때, $\overline{DE}$의 길이를 구하시오.

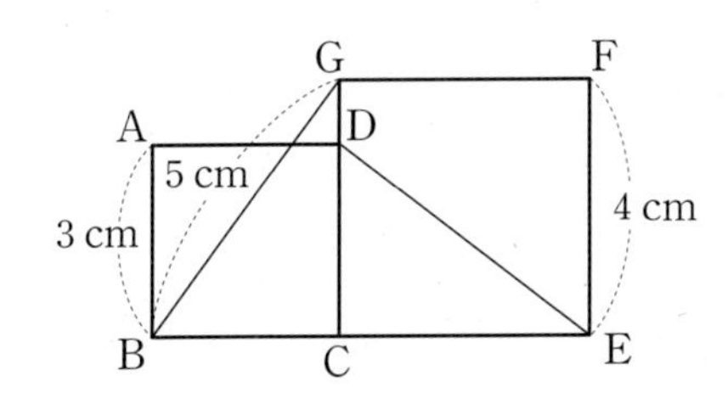

풀이 $\triangle BCG$와 $\triangle DCE$에서

$\overline{BC}=\overline{DC}$ ...... ①

$\overline{CG}=\overline{CE}$ ...... ②

$\angle BCG=\angle DCE=90^\circ$ ...... ③

①, ②, ③에서 대응하는 두 변의 길이가 각각 같고, 그 끼인 각의 크기가 같으므로

$\triangle BCG \equiv \triangle DCE$ (SAS 합동)

따라서 $\overline{DE}$는 $\overline{BG}$에 대응되므로

$\overline{DE}=\overline{BG}=5$ cm

답 5 cm

09 발전

다음 그림은 정삼각형 ABC에서 $\overline{BC}$의 연장선 위에 점 D를 잡고, $\overline{CD}$를 한 변으로 하는 정삼각형 ECD를 그린 것이다. 이때 $\overline{AD}$와 $\overline{BE}$의 교점을 F라고 하자.

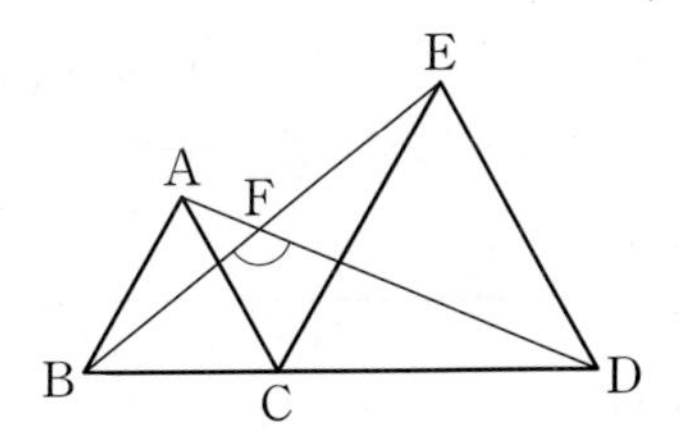

(1) $\triangle ACD$와 합동인 삼각형을 찾고, 합동 조건을 말하시오.

(2) $\angle BFD$의 크기를 구하시오.

풀이 (1) $\triangle ABC$와 $\triangle ECD$가 정삼각형이므로

$\triangle ACD$와 $\triangle BCE$에서

$\overline{AC}=\overline{BC}$ ...... ①

$\overline{CD}=\overline{CE}$ ...... ②

$\angle ACD=\angle ACE+\angle ECD=\angle ACE+60^\circ$

이고,

$\angle BCE=\angle BCA+\angle ACE=60^\circ+\angle ACE$

이므로

$\angle ACD=\angle BCE$ ...... ③

①, ②, ③에서 대응하는 두 변의 길이가 각각 같고, 그 끼인각의 크기가 같으므로

$\triangle ACD \equiv \triangle BCE$ (SAS 합동)

(2)

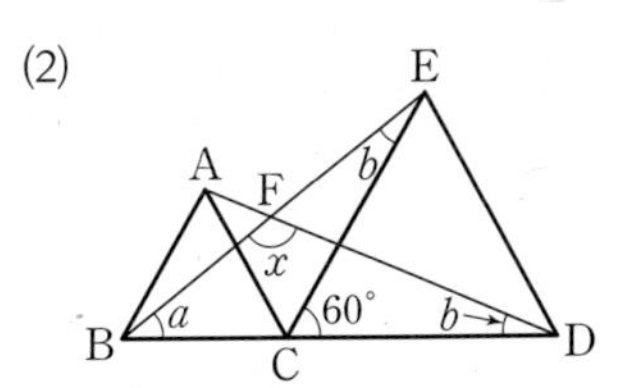

$\angle EBC=\angle a$, $\angle BEC=\angle b$라고 하면 $\triangle BCE$에서

$\angle a+\angle b+(180^\circ-60^\circ)=180^\circ$

$\angle a+\angle b=60^\circ$

이때 $\angle ADC=\angle BEC=\angle b$이므로 $\triangle FBD$에서

$\angle BFD+\angle a+\angle b=180^\circ$

$\angle BFD+60^\circ=180^\circ$

$\angle BFD=120^\circ$

답 (1) $\triangle BCE$, SAS 합동

(2) 120°

대단원 평가

IV. 도형의 기초

01

아래 그림에서 점 C는 $\overline{AD}$의 중점이고, 점 B는 $\overline{AC}$의 중점일 때, 다음 중에서 옳지 않은 것은?

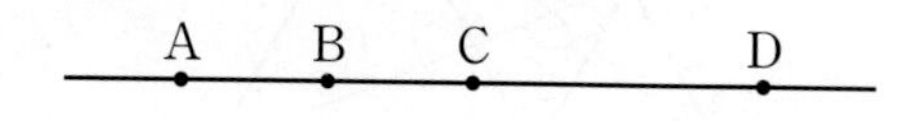

① $\overleftrightarrow{AB}=\overleftrightarrow{CD}$　② $\overrightarrow{BC}=\overrightarrow{BD}$
③ $\overline{AB}=\overline{BC}$　④ $\overline{AD}=4\overline{AB}$
⑤ $\overline{BC}=\frac{1}{3}\overline{CD}$

풀이 ② 같은 점에서 시작하여 같은 방향으로 한없이 뻗은 반직선은 모두 같은 반직선이므로

$\overrightarrow{BC}=\overrightarrow{BD}$

③ 점 B는 $\overline{AC}$의 중점이므로

$\overline{AB}=\overline{BC}$

④ $\overline{AD}=2\overline{AC}=2\times2\overline{AB}=4\overline{AB}$

⑤ $\overline{CD}=\overline{AC}=2\overline{BC}$이므로

$\overline{BC}=\frac{1}{2}\overline{CD}$

따라서 옳지 않은 것은 ⑤이다.

답 ⑤

02

다음 그림에서 $\overline{AB}=2\overline{AM}$, $\overline{BN}=\frac{1}{2}\overline{BC}$이고 $\overline{AC}=18\text{ cm}$일 때, $\overline{MN}$의 길이를 구하시오.

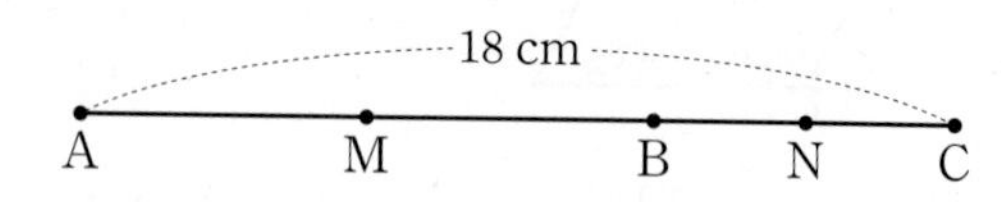

풀이 $\overline{MB}=\frac{1}{2}\overline{AB}$,

$\overline{BN}=\frac{1}{2}\overline{BC}$이므로

$$\overline{MN}=\overline{MB}+\overline{BN}=\frac{1}{2}(\overline{AB}+\overline{BC})$$
$$=\frac{1}{2}\overline{AC}$$
$$=\frac{1}{2}\times18=9(\text{cm})$$

답 9 cm

03

다음 그림에서 x의 값을 구하시오.

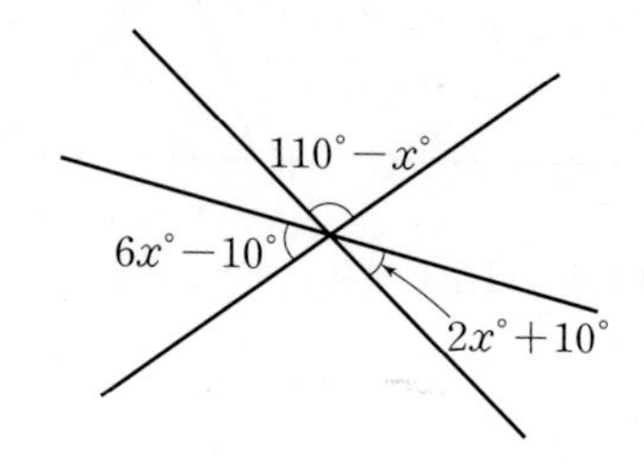

풀이

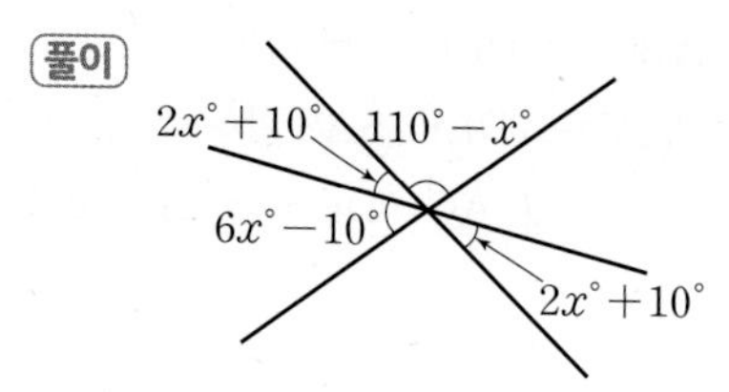

맞꼭지각의 크기는 서로 같으므로 위의 그림에서

$$(6x-10)+(110-x)+(2x+10)=180$$

이므로

$$7x+110=180,\qquad 7x=70$$
$$x=10$$

답 10

04

다음 그림의 평행사변형 ABCD에서 점 A와 직선 BC 사이의 거리를 x cm, 점 B와 직선 CD 사이의 거리를 y cm라고 할 때, $x+y$의 값을 구하시오.

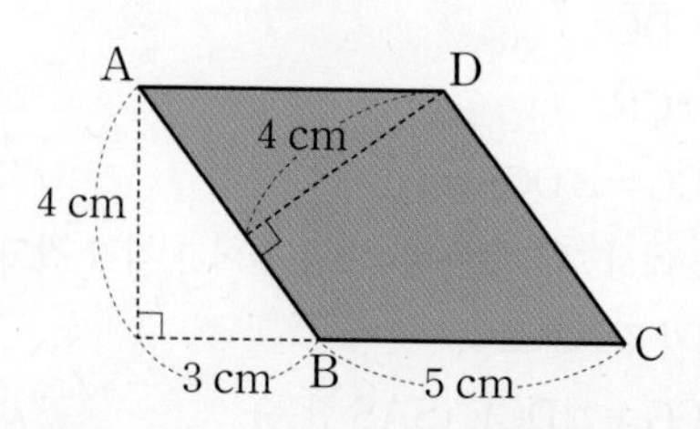

풀이 $x=4$, $y=4$이므로

$x+y=8$

답 8

05

한 평면 위에 있는 서로 다른 세 직선 l, m, n에 대하여 $l /\!/ m$, $m \perp n$일 때, 다음 중에서 두 직선 l과 n에 대한 설명으로 옳은 것은?

① 일치한다.
② 만나지 않는다.
③ 직교한다.
④ 평행하다.
⑤ 꼬인 위치에 있다.

풀이 직선 l, m, n을 한 평면 위에 나타내면 다음 그림과 같으므로 두 직선 l과 n은 직교한다.

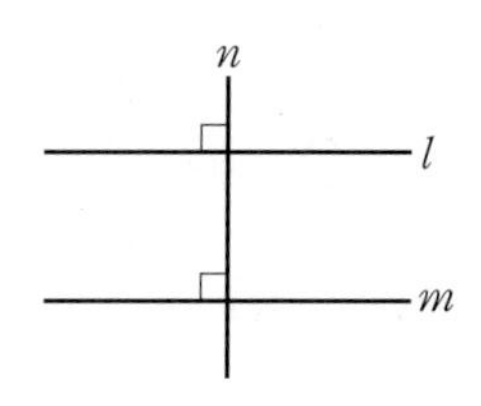

답 ③

06

아래 전개도로 만든 정육면체에서 다음 중 옳은 것은?

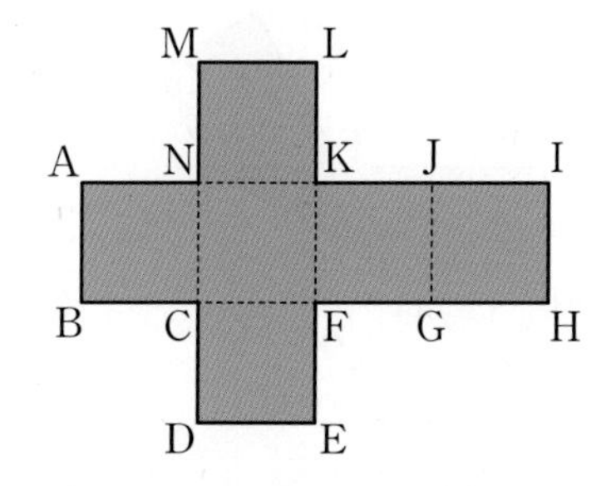

① $\overline{AB}$와 $\overline{DE}$는 일치한다.
② $\overline{AB}$와 $\overline{LK}$는 꼬인 위치에 있다.
③ $\overline{BC}$와 $\overline{NK}$는 한 평면 위에 있다.
④ $\overline{CN}$과 $\overline{EF}$는 서로 평행하다.
⑤ $\overline{HI}$와 $\overline{MN}$은 만나지 않는다.

풀이 주어진 전개도로 만들 수 있는 정육면체는 다음 그림과 같다.

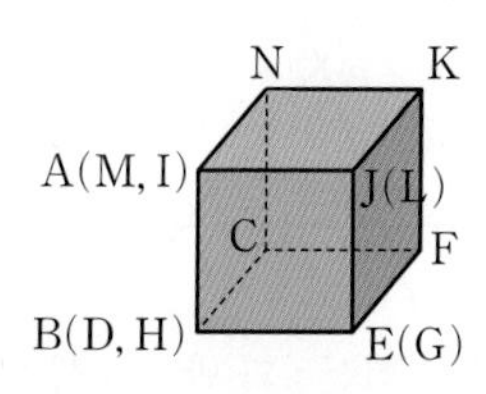

① $\overline{AB}$와 $\overline{DE}$는 한 점에서 만난다.
③ $\overline{BC}$와 $\overline{NK}$는 꼬인 위치에 있다.
④ $\overline{CN}$과 $\overline{EF}$는 꼬인 위치에 있다.
⑤ $\overline{HI}$와 $\overline{MN}$은 한 점에서 만난다.

따라서 옳은 것은 ②이다.

답 ②

참고
주어진 전개도로 만든 정육면체에서 모서리 AB와 꼬인 위치에 있는 모서리는 다음과 같은 순서로 구하면 쉽다.
(1) 모서리 AB와 한 점에서 만나는 모서리를 제외한다.
(2) 모서리 AB와 평행한 모서리를 제외한다.
(3) 남겨진 모든 모서리가 모서리 AB와 꼬인 위치에 있는 모서리이다.

참고
(1) $\overline{AB}$와 일치한다. : $\overline{IH}$
(2) $\overline{AB}$와 평행하다. : $\overline{JG}$, $\overline{KF}$, $\overline{NC}$
(3) $\overline{AB}$와 한 점에서 만난다. : $\overline{AN}$, $\overline{ML}$, $\overline{BC}$, $\overline{DE}$
(4) $\overline{AB}$와 꼬인 위치에 있다. : $\overline{JK}$, $\overline{KN}$, $\overline{EF}$, $\overline{FC}$
➡ 입체도형의 한 모서리와 일치하거나 평행하거나 한 점에서 만나거나 꼬인 위치에 있는 모서리의 개수의 총합은 주어진 입체도형의 모서리의 개수와 같다.

07

오른쪽 그림에서 다음을 모두 찾으시오.

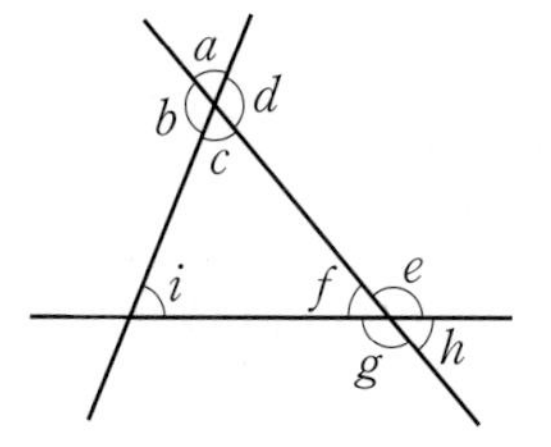

(1) $\angle i$의 동위각
(2) $\angle i$의 엇각

풀이 다음 그림과 같이 세 직선을 각각 l, m, n이라고 하자.

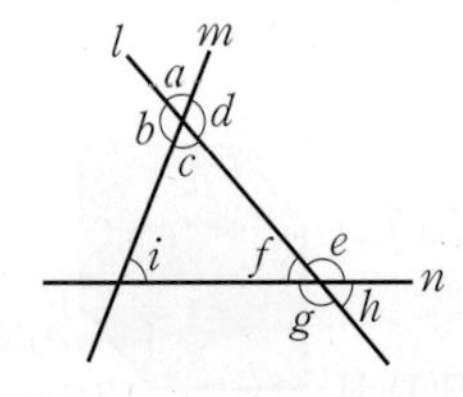

(1) 두 직선 l, m이 한 직선 n과 만나서 생기는 각 중에서 $\angle i$와 같은 위치에 있는 각은 $\angle e$이다.
또 두 직선 l, n이 한 직선 m과 만나서 생기는 각 중에서 $\angle i$와 같은 위치에 있는 각은 $\angle d$이다.

(2) 두 직선 l, m이 한 직선 n과 만나서 생기는 각 중에서 $\angle i$와 엇갈린 위치에 있는 각은 $\angle g$이다.
또 두 직선 l, n이 한 직선 m과 만나서 생기는 각 중에서 $\angle i$와 엇갈린 위치에 있는 각은 $\angle b$이다.

답 (1) $\angle d$, $\angle e$
(2) $\angle b$, $\angle g$

08

다음 그림에서 서로 평행한 직선을 찾아 기호로 나타내고, 그 이유를 설명하시오.

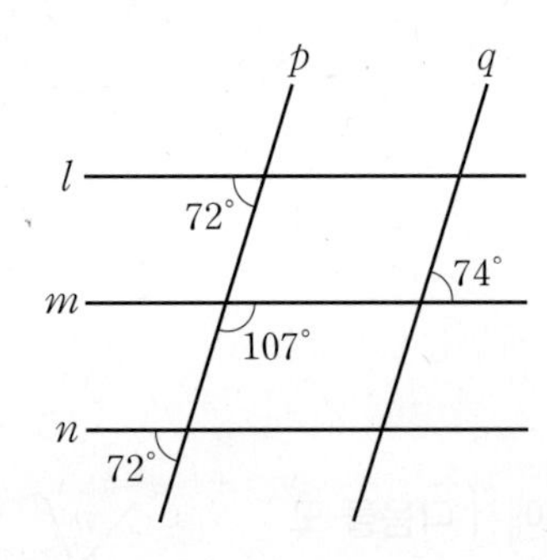

풀이 $l /\!/ n$

이유: 두 직선 l, n이 직선 p와 만나서 생기는 동위각의 크기가 $72°$로 같으므로 두 직선 l, n은 평행하다.

답 풀이 참조

09

다음 그림에서 $l /\!/ m$일 때, $\angle x$의 크기를 구하시오.

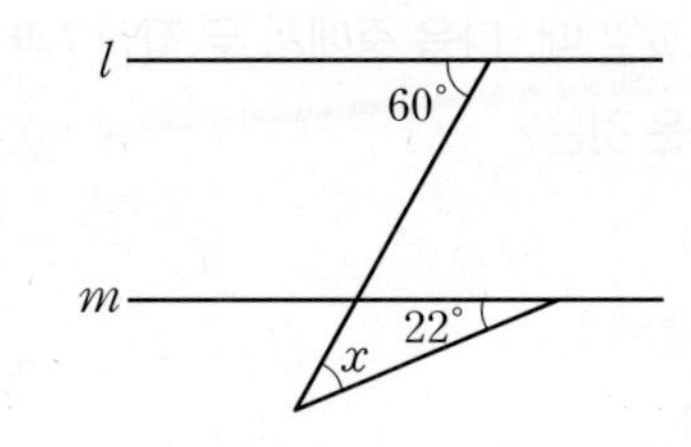

풀이

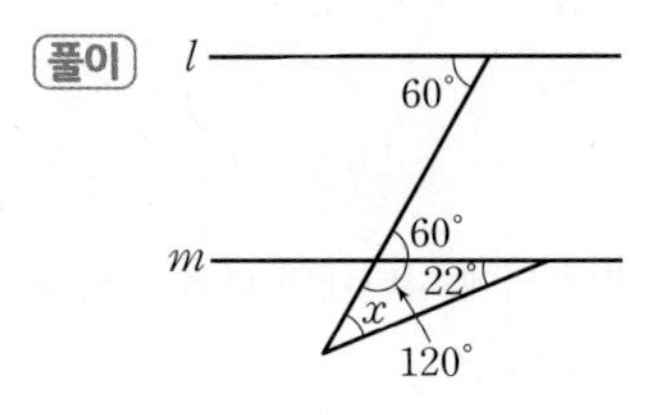

위의 그림의 삼각형에서

$$120° + \angle x + 22° = 180°$$

이므로

$$\angle x = 180° - (120° + 22°) = 38°$$

답 $38°$

10

다음 그림과 같이 직사각형 모양의 종이를 $\angle \mathrm{EGC} = 30°$가 되도록 접었을 때, $\angle \mathrm{AFG}$의 크기를 구하시오.

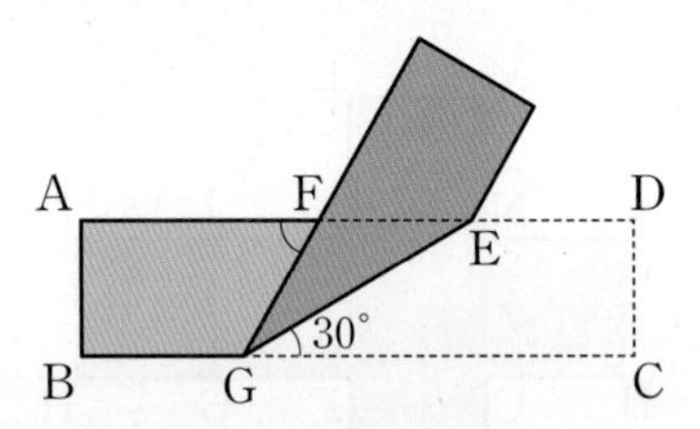

풀이 접은 각의 크기는 같으므로

$$\angle \mathrm{FGE} = \angle \mathrm{EGC} = 30°$$

이때 $\overline{\mathrm{AD}} /\!/ \overline{\mathrm{BC}}$이므로

$$\angle \mathrm{AFG} = \angle \mathrm{FGC} = \angle \mathrm{FGE} + \angle \mathrm{EGC} = 30° + 30° = 60°$$

답 $60°$

11

다음 그림에서 $l /\!/ m$일 때, 보기 중에서 옳은 것을 모두 고르시오.

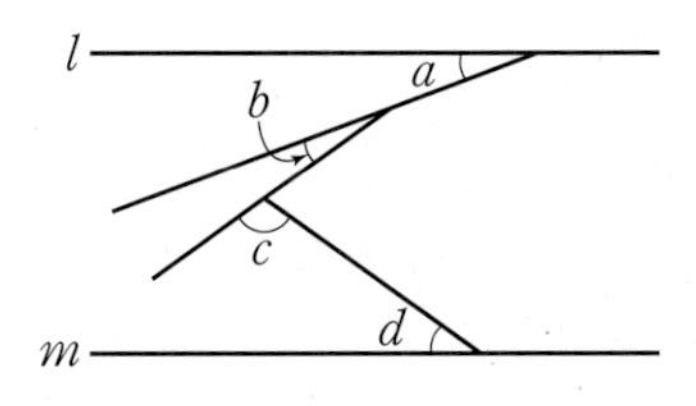

보기

ㄱ. $\angle a+\angle b+\angle d=\angle c$

ㄴ. $\angle a=20^{\circ}$, $\angle c=110^{\circ}$일 때, $\angle b+\angle d=50^{\circ}$이다.

ㄷ. $\angle a+\angle b+\angle c+\angle d=180^{\circ}$이다.

풀이 다음 그림과 같이 두 직선 l, m에 평행한 두 직선 n, p를 그어 보자.

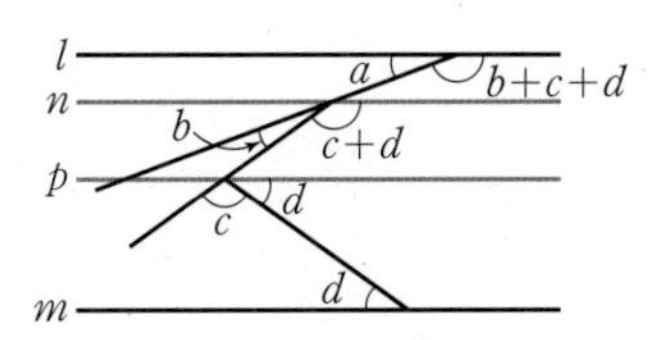

$\angle a+\angle b+\angle c+\angle d=180^{\circ}$이므로 옳은 것은 ㄴ, ㄷ이다.

답 ㄴ, ㄷ

12

두 변의 길이가 각각 4 cm, 8 cm인 삼각형이 있다. 이 삼각형의 나머지 한 변의 길이를 x cm라고 할 때, x의 값의 범위를 구하시오.

풀이 (i) 가장 긴 변의 길이가 x cm일 때

$x<4+8$, $x<12$

(ii) 가장 긴 변의 길이가 8 cm일 때

$8<x+4$, $x>4$

(i), (ii)에서 구하는 x의 값의 범위는

$4<x<12$

답 $4<x<12$

13

다음은 두 변 AB, AC의 길이와 ∠A의 크기가 주어졌을 때 직선 l 위에 변 AB가 놓이도록 삼각형 ABC를 작도하는 과정이다. 작도 순서를 바르게 나열하시오.

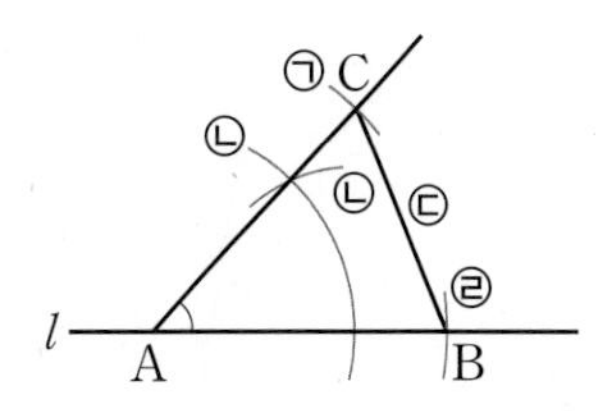

㉠ 점 A를 지나고 직선 l이 아닌 반직선 위에 선분 AC를 그린다.

㉡ 점 A를 꼭짓점으로 하고 ∠A와 크기가 같은 각을 그린다.

㉢ 점 B와 점 C를 연결하여 삼각형 ABC를 그린다.

㉣ 직선 l 위에 선분 AB를 그린다.

풀이 두 변의 길이와 그 끼인각의 크기가 주어진 삼각형을 다음 순서에 따라 작도할 수 있다.

㉣ 직선 l 위에 선분 AB를 그린다.

㉡ 점 A를 꼭짓점으로 하고 ∠A와 크기가 같은 각을 그린다.

㉠ 점 A를 지나고 직선 l이 아닌 반직선 위에 선분 AC를 그린다.

㉢ 점 B와 점 C를 연결하여 삼각형 ABC를 그린다.

따라서 작도 순서는

㉣－㉡－㉠－㉢

이다.

답 ㉣－㉡－㉠－㉢

14

다음 그림에서 $\overline{AF}$와 $\overline{CD}$의 교점 E는 $\overline{CD}$의 중점이다. $\overline{AD} /\!/ \overline{BF}$이고, $\overline{AE}=4\text{ cm}$일 때, $\overline{EF}$의 길이를 구하시오.

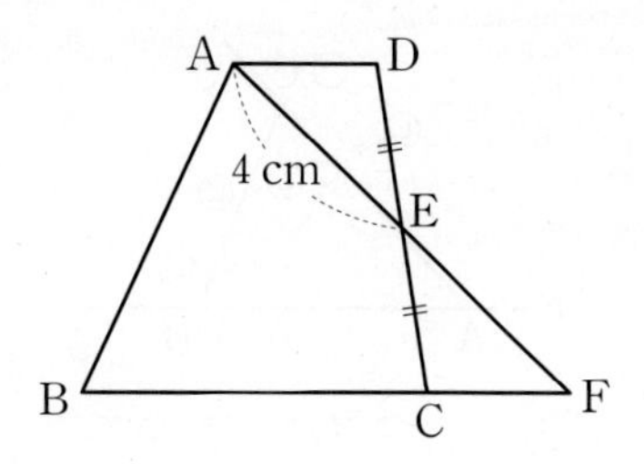

풀이 △ADE와 △FCE에서

$\overline{DE}=\overline{CE}$ …… ①

$\angle AED=\angle FEC$ (맞꼭지각) …… ②

$\angle ADE=\angle FCE$ (엇각) …… ③

①, ②, ③에서 대응하는 한 변의 길이가 같고, 그 양 끝 각의 크기가 각각 같으므로

△ADE≡△FCE (ASA 합동)

따라서 $\overline{EF}$의 길이는

$\overline{EF}=\overline{EA}=4\text{ cm}$

답 4 cm

15

다음 그림에서 $\overline{OA}=\overline{OC}$, $\overline{AB}=\overline{CD}$일 때, △AOD≡△COB임을 설명하시오.

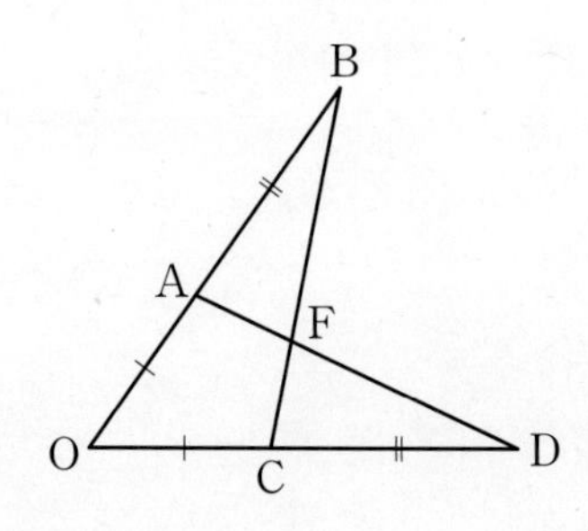

풀이 △AOD와 △COB에서

$\overline{OA}=\overline{OC}$ …… ①

∠O는 공통 …… ②

$\overline{OD}=\overline{OC}+\overline{CD}$

$=\overline{OA}+\overline{AB}$

$=\overline{OB}$ …… ③

①, ②, ③에서 대응하는 두 변의 길이가 각각 같고, 그 끼인 각의 크기가 같으므로

△AOD≡△COB (SAS 합동)

답 풀이 참조

16

다음 그림에서 △ABC는 정삼각형이고 $\overline{AD}=\overline{BE}=\overline{CF}$일 때, ∠DEF의 크기를 구하시오.

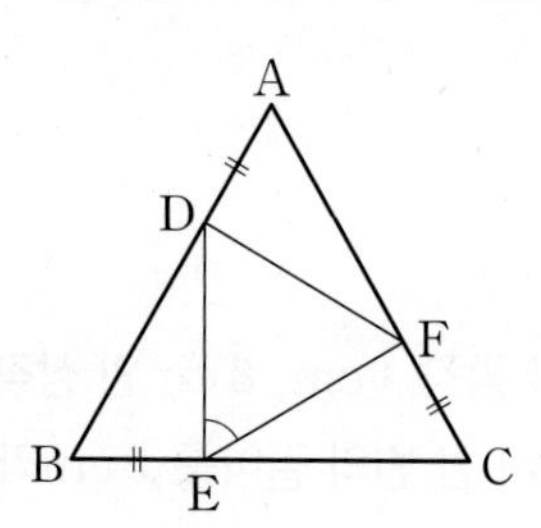

풀이 △ABC가 정삼각형이고

$\overline{AD}=\overline{BE}=\overline{CF}$ …… ①

이므로

$\overline{AF}=\overline{BD}=\overline{CE}$ …… ②

$\angle A=\angle B=\angle C=60^\circ$ …… ③

①, ②, ③에서 대응하는 두 변의 길이가 각각 같고, 그 끼인 각의 크기가 같으므로

△FAD≡△DBE≡△ECF (SAS 합동)

이때 $\overline{FD}=\overline{DE}=\overline{EF}$이므로 △DEF는 정삼각형이다.

따라서 $\angle DEF=60^\circ$이다.

답 60°

[17~18] 풀이 과정과 답을 써 보자.

17

다음 그림에서 $\overleftrightarrow{AD} /\!/ \overleftrightarrow{BE}$이고, $\angle ABC = \angle CBE$, $\angle BAC = \angle CAD$일 때, $\angle x$의 크기를 구하시오.

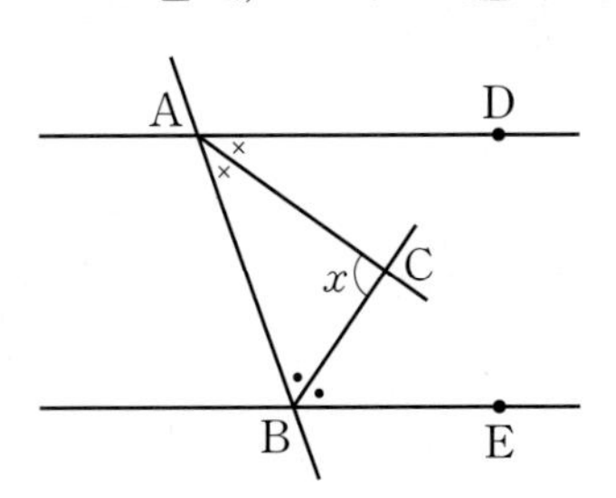

풀이

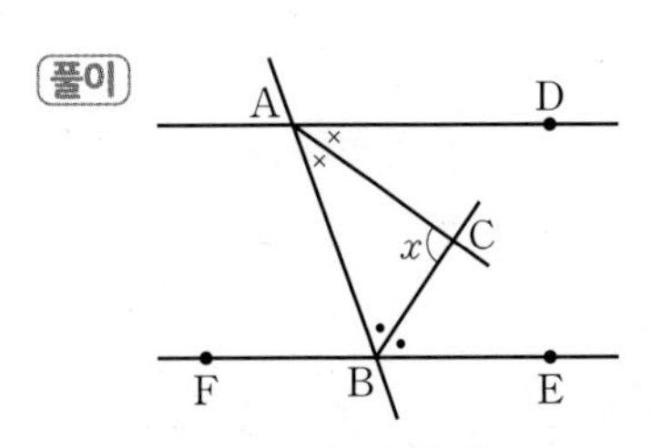

위의 그림에서 $\overleftrightarrow{AD} /\!/ \overleftrightarrow{BE}$이므로

$\angle DAB = \angle FBA$ (엇각)

이때 $\angle FBE$는 평각이므로

$\angle CAB + \angle CBA = \frac{1}{2}\angle FBE$

$= \frac{1}{2} \times 180°$

$= 90°$ ◀ ㉮

따라서 $\triangle ABC$에서

$\angle CAB + \angle CBA + \angle x = 180°$

$\angle x = 180° - 90°$

$= 90°$ ◀ ㉯

답 $90°$

채점 기준	배점
㉮ $\angle CAB + \angle CBA$의 크기 구하기	60 %
㉯ $\angle x$의 크기 구하기	40 %

18

오른쪽 그림과 같이 한 변의 길이가 2 cm인 두 정사각형이 있다. 정사각형 ABCD의 두 대각선의 교점 위에 정사각형 EFGH의 한 꼭짓점 E가 놓여 있다.

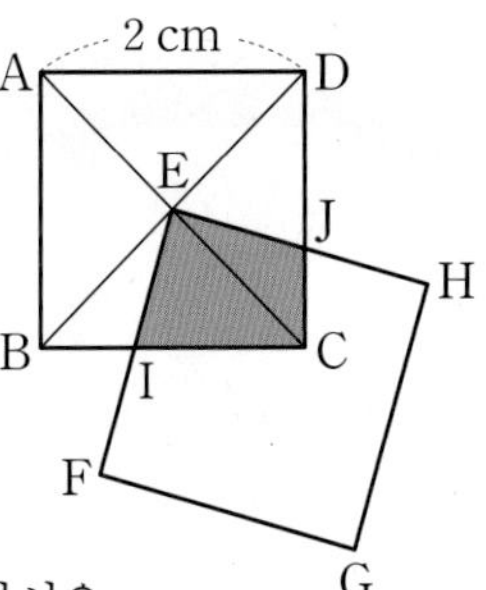

(1) $\triangle EBI \equiv \triangle ECJ$임을 설명하시오.

(2) 사각형 EICJ의 넓이를 구하시오.

풀이 (1) $\triangle EBI$와 $\triangle ECJ$에서

$\overline{BE} = \frac{1}{2}\overline{BD} = \frac{1}{2}\overline{AC} = \overline{CE}$ …… ①

$\angle EBI = \angle ECJ = 45°$ …… ②

$\angle BEI = 90° - \angle IEC$

$= \angle CEJ$ …… ③ ◀ ㉮

①, ②, ③에서 대응하는 한 변의 길이가 같고, 그 양 끝 각의 크기가 각각 같으므로

$\triangle EBI \equiv \triangle ECJ$ (ASA 합동) ◀ ㉯

(2) (사각형 EICJ의 넓이)

$=(\triangle EIC$의 넓이$)+(\triangle ECJ$의 넓이$)$

$=(\triangle EIC$의 넓이$)+(\triangle EBI$의 넓이$)$ ◀ ㉰

$=(\triangle EBC$의 넓이$)$

$=\frac{1}{4}\times$(사각형 ABCD의 넓이)

$=\frac{1}{4}\times 2 \times 2$

$=1\,(\text{cm}^2)$ ◀ ㉱

답 (1) 풀이 참조 (2) 1 cm^2

	채점 기준	배점
(1)	㉮ 두 삼각형의 합동 요소 찾기	40 %
	㉯ 두 삼각형이 합동임을 나타내기	20 %
(2)	㉰ 합동인 두 삼각형의 넓이가 같음을 알기	20 %
	㉱ 사각형 EICJ의 넓이 구하기	20 %

교과서 180~181쪽

작도를 이용한 보물 지도 만들기

1 보물 지도를 만들기 위한 상황을 모둠원들과 논의해 보자.

풀이 예 해적이 숨겨 놓은 보물을 찾아보자.

답 풀이 참조

2 아래 지도에 보물의 위치를 표시하고, 여러 가지 작도 방법을 이용하여 보물을 찾을 수 있는 단서를 적어 보자.

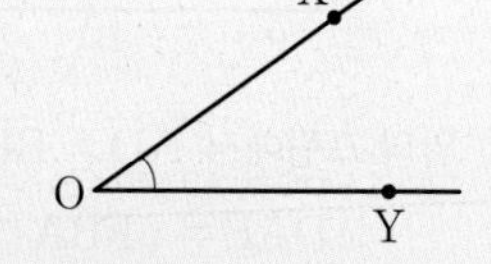

풀이 예 ❶ 난파된 배(A)와 버려진 나무통(B)을 잇는 선분 AB를 긋는다.

❷ 한 변을 선분 AB로 하고, 오른쪽의 ∠XOY와 크기가 같은 각인 ∠CAB를 작도한다.

❸ 큰 나무(D)와 무너진 성(E)을 잇는 직선 DE를 긋는다.

❹ ❷에서 그린 각의 반직선 AC와 ❸에서 그린 직선 DE의 교점에 보물이 숨겨져 있다.

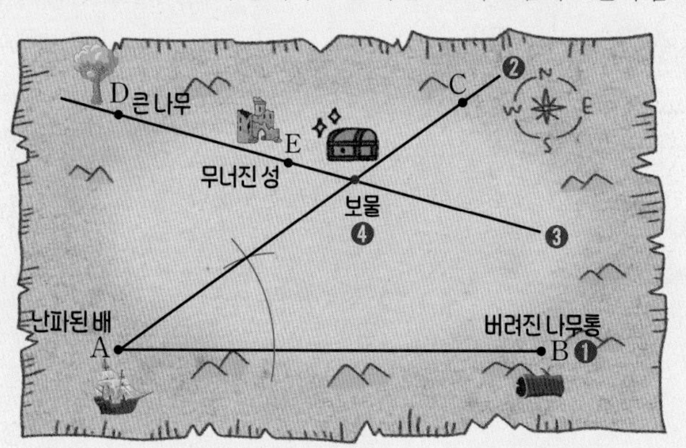

답 풀이 참조

3 다른 모둠과 바꾸어 2의 단서를 이용하여 작도한 후, 작도한 결과가 보물의 위치와 같은지 확인해 보자.

답 생략

도형의 성질

1. 평면도형의 성질
2. 입체도형의 성질

평면도형과 입체도형의 구조와 특징은 예술 작품에도 활용된다. 모든 사물은 도형으로 구성되어 있으므로 도형의 구조와 특징을 잘 아는 것이 필요하다.

1 평면도형의 성질

교과서 185쪽

준비 ① 다음 □ 안에 알맞은 각도를 써넣으시오.

(1)

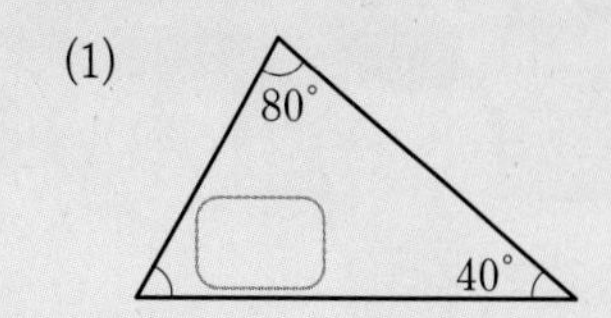

(2)

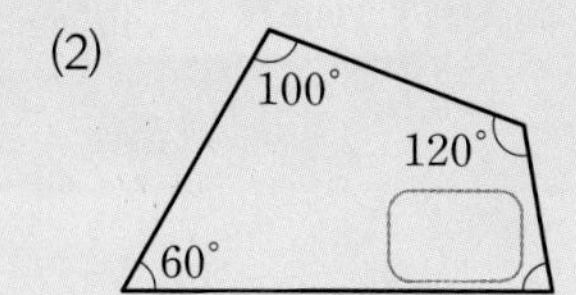

풀이 (1) 삼각형의 세 각의 크기의 합은 $180°$이므로

$\square+80°+40°=180°$, $\square=60°$

(2) 사각형의 네 각의 크기의 합은 $360°$이므로

$\square+120°+100°+60°=360°$, $\square=80°$

답 (1) $60°$ (2) $80°$

개념 초 3~4

- 삼각형의 세 각의 크기의 합은 $180°$이다.
- 사각형의 네 각의 크기의 합은 $360°$이다.

② 반지름의 길이가 3 cm인 원의 둘레의 길이와 넓이를 각각 구하시오.

(단, 원주율은 3.14로 계산한다.)

풀이 (원의 둘레의 길이)=(반지름의 길이)$\times 2\times$(원주율)

$=3\times2\times3.14=18.84$ (cm)

(원의 넓이)=(반지름의 길이)$\times$(반지름의 길이)$\times$(원주율)

$=3\times3\times3.14=28.26$ (cm^2)

답 둘레의 길이: 18.84 cm, 넓이: 28.26 cm^2

개념 초 5~6

- (원의 둘레의 길이)=(지름의 길이)$\times$(원주율)=(반지름의 길이)$\times2\times$(원주율)
- (원의 넓이)=(반지름의 길이)$\times$(반지름의 길이)$\times$(원주율)

단원의 학습흐름

이전에 배운 내용은

초 3~4 원의 구성 요소
다각형
여러 가지 삼각형과 사각형

초 5~6 다각형의 둘레와 넓이
원주율과 원의 넓이

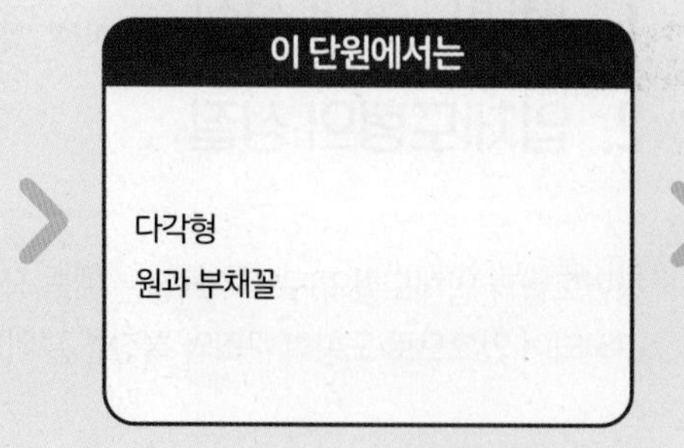

새로운 용어

내각, 외각, 호, $\overset{\frown}{AB}$, 할선, 현, 부채꼴, 중심각, 활꼴, π

01 다각형

학습 목표 다각형의 성질을 이해하고 설명할 수 있다.

삼각형의 내각과 외각에는 어떤 성질이 있을까

교과서 186~187쪽

개념 짚어보기

❶ **다각형**: 선분으로만 둘러싸인 평면도형
→ 변: 다각형을 이루는 각 선분
→ 꼭짓점: 변과 변이 만나는 점

❷ **내각**: 다각형에서 이웃하는 두 변으로 이루어진 내부의 각

❸ **외각**: 다각형의 각 꼭짓점에서 한 변과 그 변에 이웃한 변의 연장선으로 이루어진 각

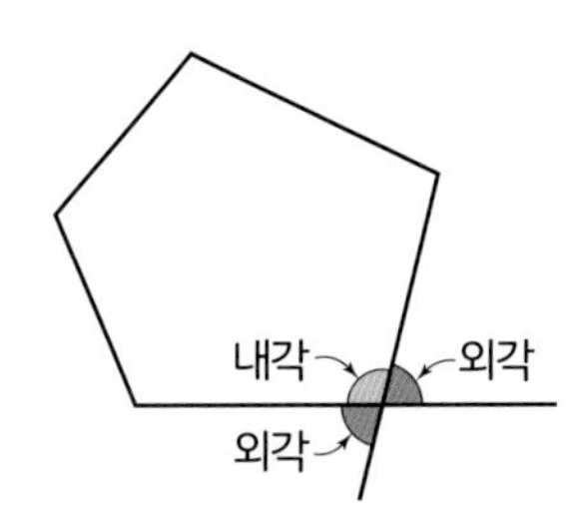

▶ 다각형에서 한 내각에 대한 외각은 2개가 있지만 맞꼭지각으로 그 크기가 서로 같기 때문에 2개 중 하나만 생각한다.

❹ **삼각형의 내각과 외각의 성질**

(1) 삼각형의 세 내각의 크기의 합은 180°이다.

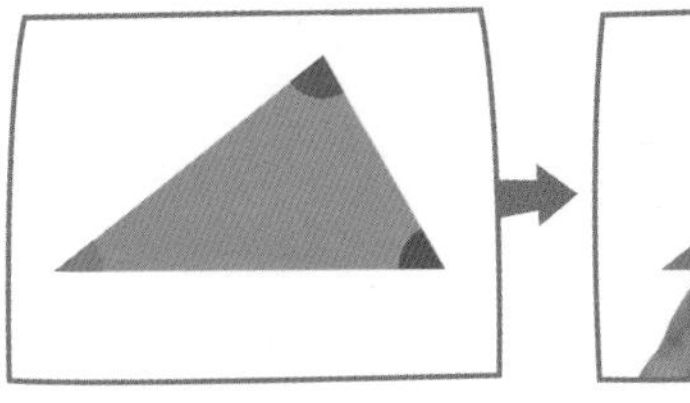

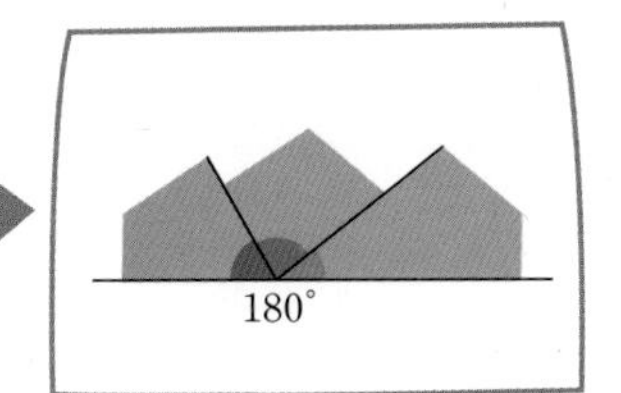

(2) 삼각형의 한 외각의 크기는 그와 이웃하지 않는 두 내각의 크기의 합과 같다.

예) 오른쪽 △ABC에서
∠A=∠ACE (엇각),
∠B=∠ECD (동위각)이므로

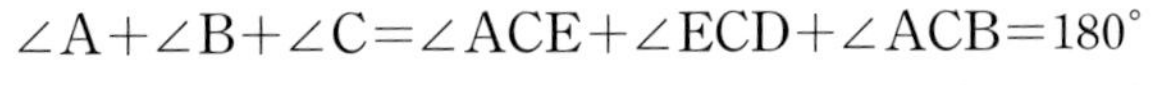

$\angle A+\angle B+\angle C=\angle ACE+\angle ECD+\angle ACB=180°$

$\angle ACD=\angle ACE+\angle ECD=\angle A+\angle B$

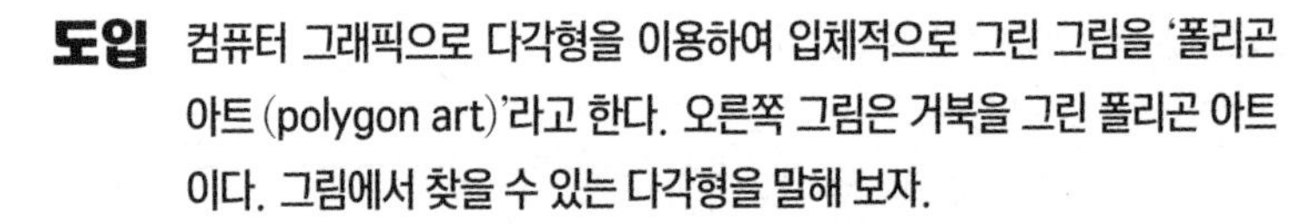

도입 컴퓨터 그래픽으로 다각형을 이용하여 입체적으로 그린 그림을 '폴리곤 아트 (polygon art)'라고 한다. 오른쪽 그림은 거북을 그린 폴리곤 아트이다. 그림에서 찾을 수 있는 다각형을 말해 보자.

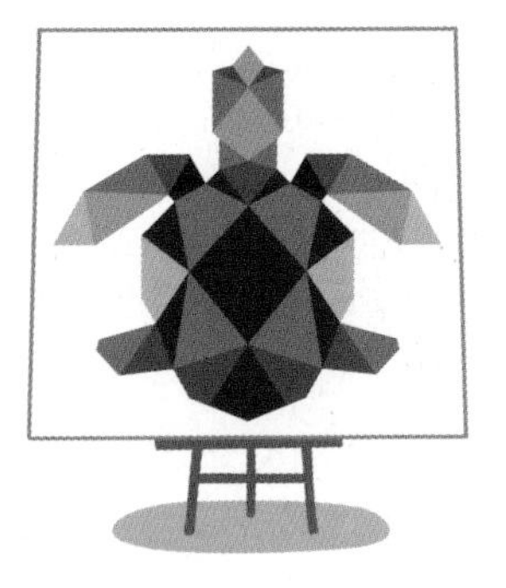

풀이 선분이 3개, 4개, …인 다각형이 있으므로 그림에서 찾을 수 있는 다각형은 삼각형, 사각형 등이다.

답 삼각형, 사각형 등

문제 1 오른쪽 사각형 ABCD에서 $\angle A$의 외각을 표시하고, 그 크기를 구하시오.

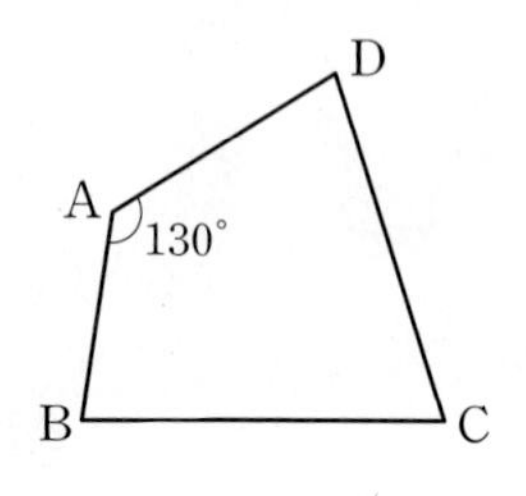

풀이 사각형 ABCD에서 $\angle A$의 외각을 표시하면 오른쪽 그림과 같고,
그 크기는

$180° - 130° = 50°$

이다.

A D 130° B C

답 풀이 참조, 50°

확인 1 오른쪽 삼각형을 보고, 빈칸에 알맞은 것을 써넣어 보자.

$\triangle ABC$에서 $\angle C$의 외각은 $\angle ACD$ 이고,
그 크기는

$\angle ACD = \angle A + \angle B$ (또는 50°)

$= 70° + 50° = 120°$

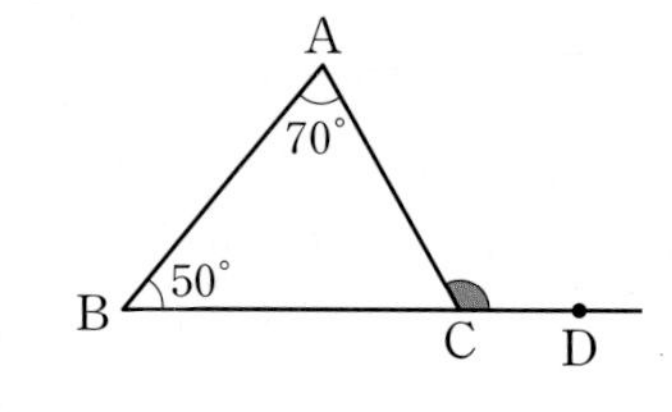

문제 2 다음 그림에서 $\angle x$의 크기를 구하시오.

(1)

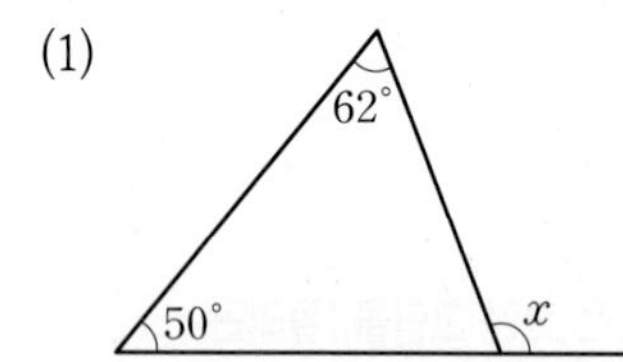

(2)

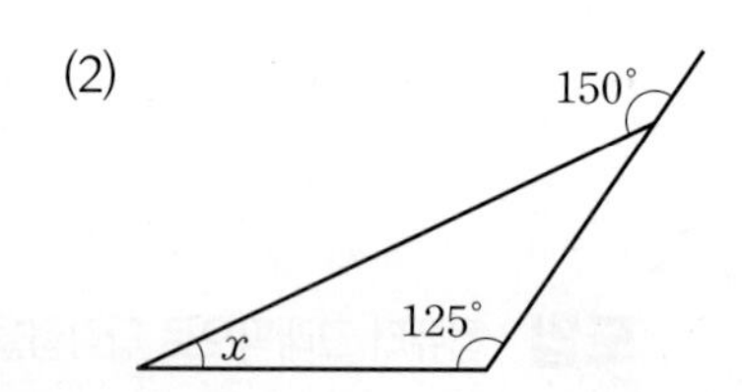

풀이 (1) 삼각형의 한 외각의 크기는 그와 이웃하지 않는 두 내각의 크기의 합과 같으므로

$\angle x = 62° + 50° = 112°$

(2) 삼각형의 한 외각의 크기는 그와 이웃하지 않는 두 내각의 크기의 합과 같으므로

$\angle x + 125° = 150°$

$\angle x = 150° - 125° = 25°$

답 (1) 112° (2) 25°

다각형의 내각의 크기의 합은 어떻게 구할까

교과서 188~189쪽

개념 짚어보기

① 다각형의 내각의 크기의 합

n각형의 내각의 크기의 합은

$180° \times (n-2)$

② 정다각형의 한 내각의 크기

정n각형의 한 내각의 크기는

$\dfrac{180° \times (n-2)}{n}$

▶ 모든 변의 길이가 같고 모든 각의 크기가 같은 다각형을 정다각형이라고 한다.

도입 다음 그림과 같은 사각형, 오각형, 육각형 내부의 한 점에서 각 꼭짓점을 잇는 선분을 모두 긋고, 각각 몇 개의 삼각형으로 나누어지는지 말해 보자.

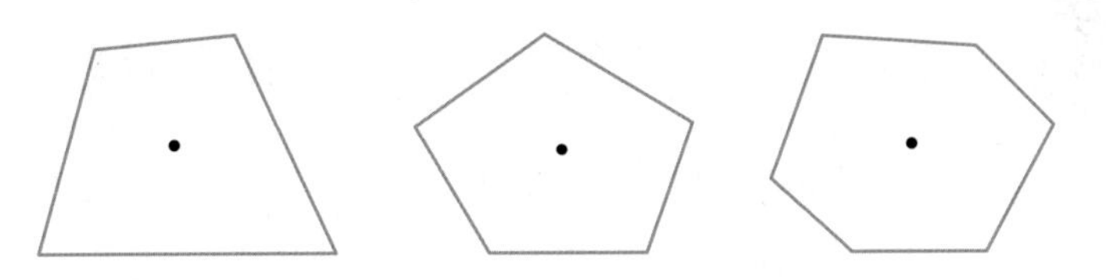

풀이 다음 그림과 같이 다각형의 각 변은 새로 생기는 삼각형의 한 변이 된다.
따라서 사각형, 오각형, 육각형은 각각 4개, 5개, 6개의 삼각형으로 나누어진다.

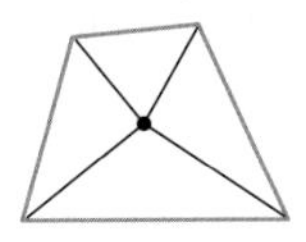
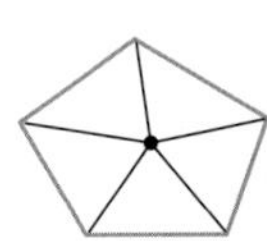
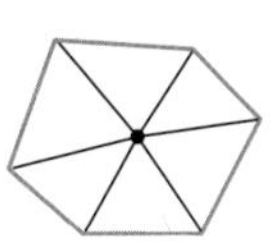

답 풀이 참조

확인 2 빈칸에 알맞은 것을 써넣어 보자.

1 팔각형의 내각의 크기의 합은 $180° \times ($ 8 $-2)=$ 1080°

2 정팔각형의 한 내각의 크기는 $\dfrac{1080°}{8}=$ 135°

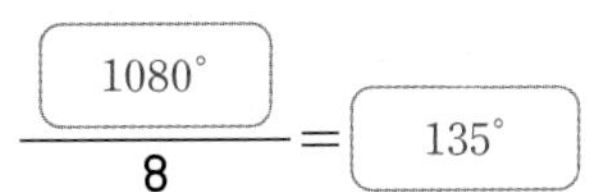

문제 3 다음 다각형의 내각의 크기의 합을 구하시오.

(1) 칠각형 (2) 십각형

풀이 (1) $180° \times (7-2) = 180° \times 5 = 900°$

(2) $180° \times (10-2) = 180° \times 8 = 1440°$

답 (1) 900° (2) 1440°

문제 4 다음 정다각형의 한 내각의 크기를 구하시오.

(1) 정구각형 (2) 정십이각형

풀이 (1) $\frac{180° \times (9-2)}{9} = 140°$ (2) $\frac{180° \times (12-2)}{12} = 150°$

답 (1) 140° (2) 150°

여러 가지 방법으로 다각형의 내각의 크기의 합 구하기

다음은 영서와 예지가 오각형의 내각의 크기의 합을 구한 방법이다. 영서와 예지의 방법으로 n각형의 내각의 크기의 합이 $180° \times (n-2)$임을 설명해 보자.

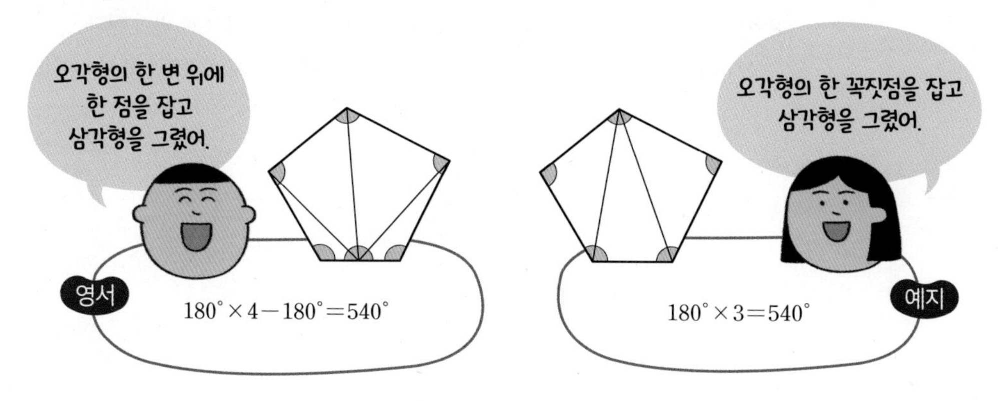

풀이 • 영서의 방법

n각형은 $(n-1)$개의 삼각형으로 나누어진다.

$(n-1)$개의 삼각형의 내각의 크기의 합은 $180° \times (n-1)$이고, n각형의 한 변에 모인 각의 크기의 합은 180°이므로 n각형의 내각의 크기의 합은

$180° \times (n-1) - 180° = 180° \times (n-2)$

• 예지의 방법

n각형은 $(n-2)$개의 삼각형으로 나누어진다.

삼각형의 세 내각의 크기의 합은 180°이므로 n각형의 내각의 크기의 합은

$180° \times (n-2)$

답 풀이 참조

다각형의 외각의 크기의 합은 얼마일까

교과서 190~191쪽

개념 짚어보기

❶ 다각형의 외각의 크기의 합

n각형의 외각의 크기의 합은 $360°$이다.

❷ 정다각형의 한 외각의 크기

정n각형의 한 외각의 크기는 $\frac{360°}{n}$이다.

▶ 정다각형은 내각의 크기가 모두 같으므로 외각의 크기도 모두 같다.

도입 다음 그림과 같이 종이에 그린 사각형의 외각을 오린 후, 외각의 꼭짓점이 한 점에서 만나도록 모았다. 사각형의 외각의 크기의 합을 말해 보자.

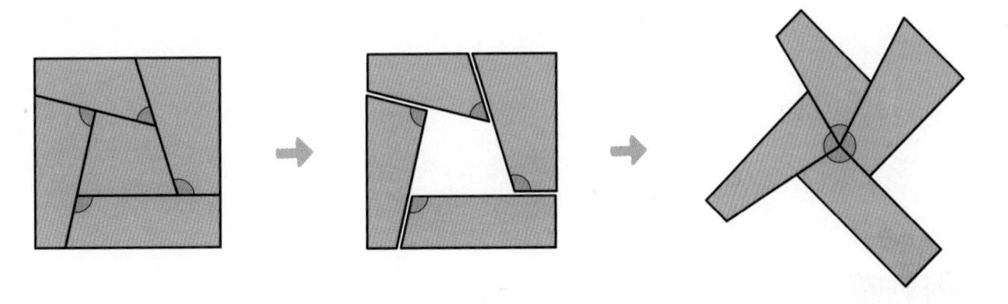

풀이 사각형의 외각을 모두 오려 내면 4개의 외각이 생긴다. 오려 낸 사각형의 외각의 꼭짓점이 한 점에서 만나도록 모으면 $360°$가 되므로 사각형의 외각의 크기의 합은 $360°$이다.

답 풀이 참조

확인 3 빈칸에 알맞은 것을 써넣어 보자.

1 팔각형의 외각의 크기의 합은 [$360°$]이다.

2 정팔각형의 한 외각의 크기는 $\frac{[\ 360°\ ]}{8}=$ [$45°$]

문제 5 다음 그림에서 $\angle x$의 크기를 구하시오.

(1)

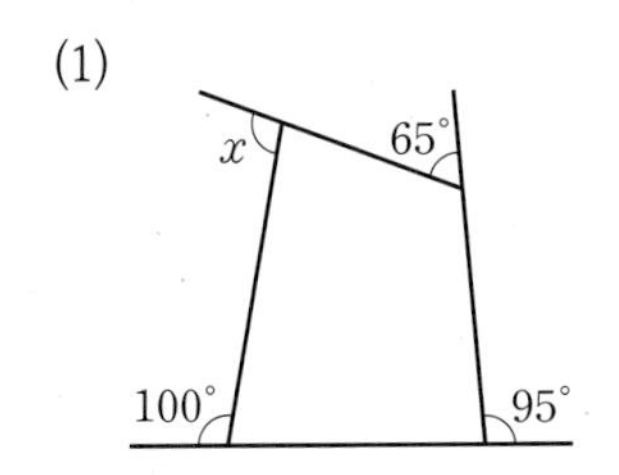

(2)

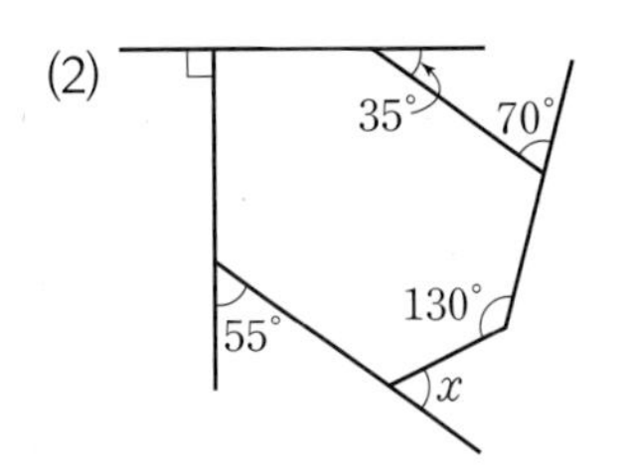

풀이 (1) 외각의 크기의 합은 360°이므로

$$\angle x+100°+95°+65°=360°, \quad \angle x=100°$$

(2) 한 꼭짓점에서 크기가 130°인 내각에 대한 외각의 크기는 50°이고 외각의 크기의 합은 360°이므로

$$\angle x+50°+70°+35°+90°+55°=360°, \quad \angle x=60°$$

답 (1) 100° (2) 60°

문제 6 다음 정다각형의 한 외각의 크기를 구하시오.

(1) 정십각형 (2) 정십오각형

풀이 (1) $\frac{360°}{10}=36°$ (2) $\frac{360°}{15}=24°$

답 (1) 36° (2) 24°

블록코딩으로 정다각형 그리기

다음은 알지오매스를 이용하여 한 변의 길이가 10인 정삼각형과 정오각형을 각각 그리는 블록코딩을 만든 것이다. 두 블록코딩의 차이점을 말하고, 한 변의 길이가 8인 정십이각형을 그리는 블록코딩을 만들어 보자.

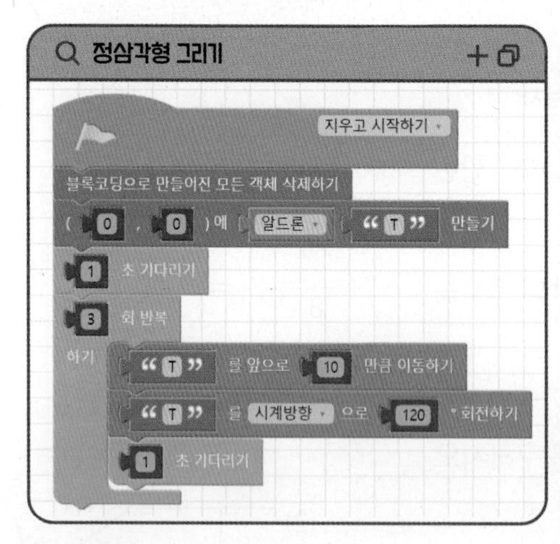

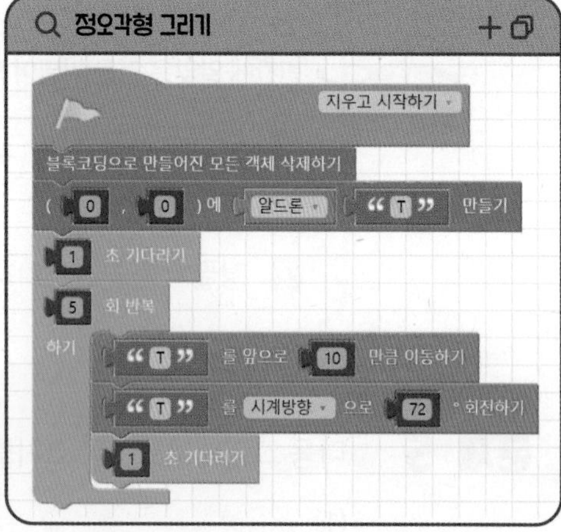

풀이
- **차이점**: 블록코딩의 반복 횟수가 다르고, 회전하는 각의 크기가 다르다.
- **한 변의 길이가 8인 정십이각형을 그리는 블록코딩**: 주어진 블록코딩에서 '3', '5'를 '12'로, '10'을 '8'로 바꾸고, '120', '72'를 '30'으로 바꾼다.

답 풀이 참조

다각형의 대각선의 개수는 어떻게 구할까

교과서 192~193쪽

▶ 다각형에서 이웃하지 않는 두 꼭짓점을 이은 선분을 대각선이라고 한다.

개념 짚어보기

① n각형의 한 꼭짓점에서 그을 수 있는 대각선의 개수는 $(n-3)$이다.

② **다각형의 대각선의 개수**

n각형의 대각선의 개수는 $\frac{n(n-3)}{2}$이다.

도입 다음 그림과 같은 사각형, 오각형, 육각형의 한 꼭짓점에서 대각선을 긋고, 한 꼭짓점에서 그을 수 있는 대각선의 개수를 각각 말해 보자.

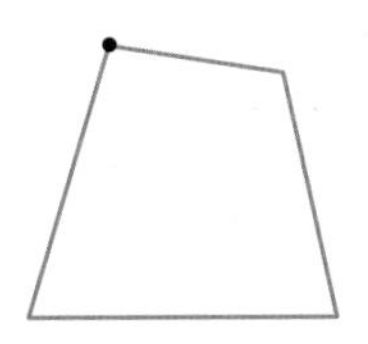 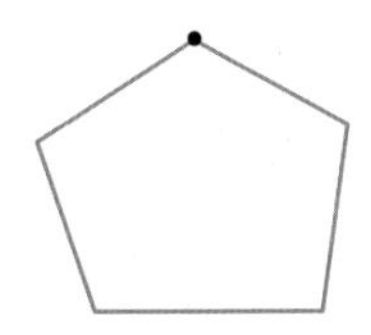 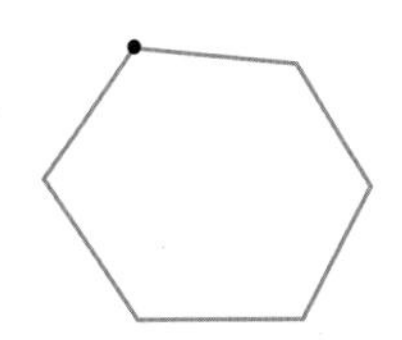

풀이 사각형, 오각형, 육각형의 한 꼭짓점에서 대각선을 그으면 오른쪽 그림과 같고, 그 개수는 각각 1, 2, 3이다.

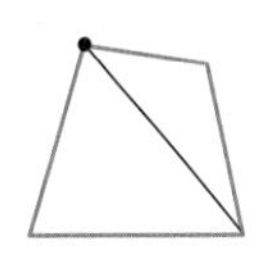 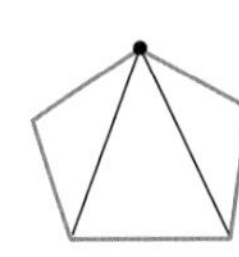 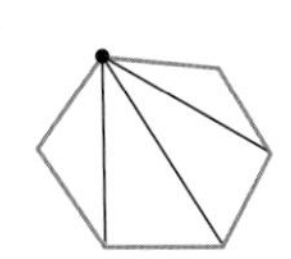

답 풀이 참조

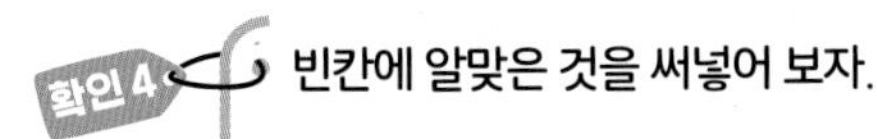

다각형	사각형	오각형	육각형
꼭짓점의 개수	4	5	6
한 꼭짓점에서 그을 수 있는 대각선의 개수	$4-3=1$	$5-3=2$	$6-3=3$
대각선의 개수	$\frac{4\times 1}{2}=2$	$\frac{5\times 2}{2}=5$	$\frac{6\times 3}{2}=9$

문제 7 다음 다각형의 대각선의 개수를 구하시오.

(1) 칠각형

(2) 십이각형

풀이 (1) $\frac{7\times(7-3)}{2}=14$

(2) $\frac{12\times(12-3)}{2}=54$

답 (1) 14 (2) 54

문제 8 다음은 선우가 대각선의 개수를 정리한 표인데 물감이 튀어 일부가 보이지 않는다. 표를 완성하시오.

다각형의 이름	팔각형		
한 꼭짓점에서 그을 수 있는 대각선의 개수	5	7	10
대각선의 개수			65

풀이 팔각형의 대각선의 개수는 $\frac{8\times(8-3)}{2}=20$

한 꼭짓점에서 그을 수 있는 대각선의 개수가 7인 다각형을 n각형이라고 하면

$n-3=7$, $n=10$

이므로 십각형의 대각선의 개수는 $\frac{10\times(10-3)}{2}=35$

또 한 꼭짓점에서 그을 수 있는 대각선의 개수가 10인 다각형을 m각형이라고 하면

$m-3=10$, $m=13$

따라서 표를 완성하면 다음과 같다.

다각형의 이름	팔각형	십각형	십삼각형
한 꼭짓점에서 그을 수 있는 대각선의 개수	5	7	10
대각선의 개수	20	35	65

답 (위부터) 십각형, 십삼각형 / 20, 35

문제 9 11명의 학생이 둘러앉아 있다. 자신과 이웃하여 앉은 두 학생을 제외한 모든 학생과 서로 한 번씩 손뼉맞장구를 치려고 한다.

(1) 손뼉맞장구는 모두 몇 번 치게 되는지 구하시오.

(2) 손뼉맞장구를 치는 횟수를 구하는 과정에서 이용한 다각형의 성질을 말하시오.

풀이 (1) $\frac{11\times(11-3)}{2}=44$(번)

(2) 11명의 학생을 다각형의 각 꼭짓점으로 생각하면 손뼉맞장구를 치는 횟수는 십일각형의 대각선의 개수와 같다.

답 (1) 44번 (2) 풀이 참조

원과 부채꼴

학습 목표 부채꼴의 중심각과 호의 관계를 이해하고, 이를 이용하여 부채꼴의 호의 길이와 넓이를 구할 수 있다.

부채꼴은 무엇일까

교과서 194~195쪽

개념 짚어보기

❶ **원**: 한 점 O로부터 일정한 거리에 있는 모든 점으로 이루어진 평면도형

→ 점 O는 원의 중심이고, 원의 중심에서 원 위의 한 점을 이은 선분이 원 O의 반지름이다.

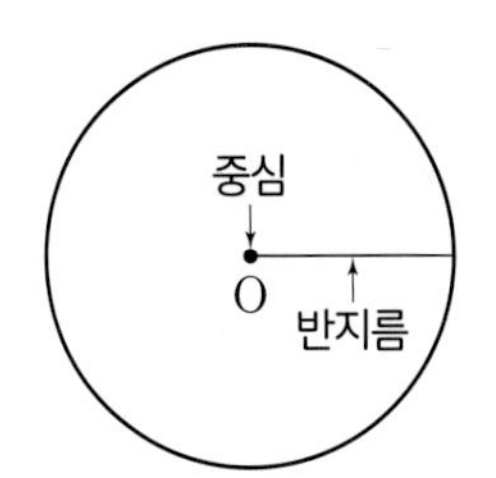

❷ **호**: 원 O 위에 두 점을 잡으면 원은 두 부분으로 나누어지는데 이 두 부분을 각각 **호**라고 한다. 양 끝 점이 A, B인 호를 호 AB라 하고, 기호로 $\overset{\frown}{AB}$와 같이 나타낸다.

→ $\overset{\frown}{AB}$는 보통 길이가 짧은 쪽의 호를 나타낸다.
이때 길이가 긴 쪽의 호는 그 호 위에 한 점 C를 잡아 $\overset{\frown}{ACB}$와 같이 나타낸다.

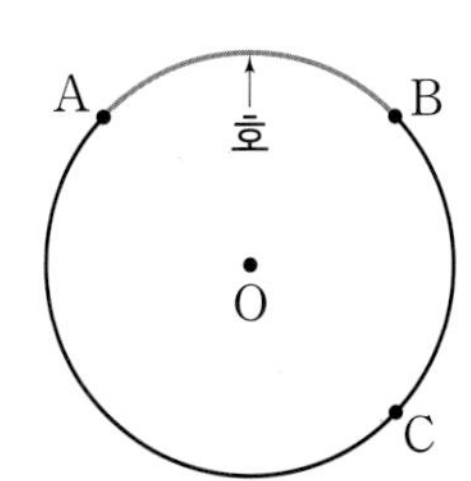

❸ **할선**: 원 위의 두 점을 지나는 직선

❹ **현**: 원 위의 두 점을 이은 선분

→ 원의 지름은 그 원에서 가장 긴 현이다.

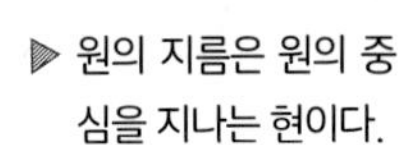

▶ 원의 지름은 원의 중심을 지나는 현이다.

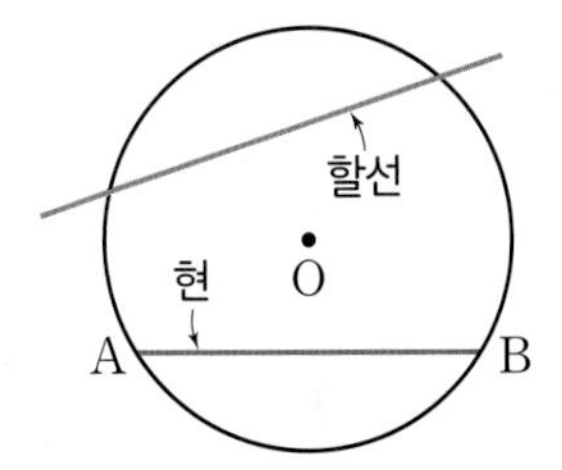

❺ **부채꼴**: 원 O에서 두 반지름 OA, OB와 호 AB로 이루어진 도형을 **부채꼴**이라 하고, 이것을 부채꼴 AOB라고 한다.

❻ **중심각**: 부채꼴 AOB에서 두 반지름 OA, OB가 이루는 ∠AOB를 부채꼴 AOB의 **중심각** 또는 호 AB에 대한 중심각이라고 한다.

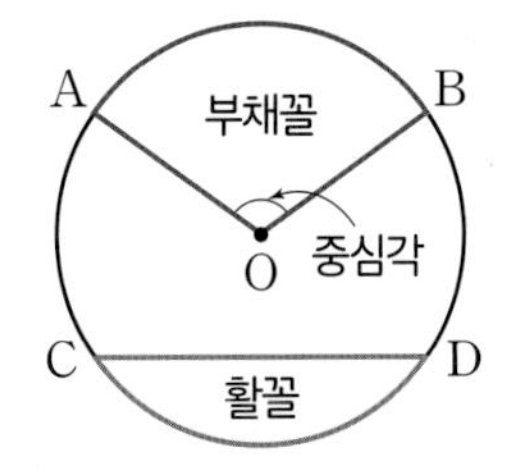

참고 중심각이 ∠AOB이면 호 AB는 ∠AOB에 대한 호라 하고, 현 AB는 ∠AOB에 대한 현이라고 한다.

❼ **활꼴**: 원 O에서 현과 호로 이루어진 도형

→ 반원은 활꼴인 동시에 부채꼴이다.

도입 야외에 설치된 운동 기구 중 '파도 타기'는 발판에 올라서서 손잡이를 잡고 허리를 좌우로 흔드는 기구로, 골반 스트레칭과 좌우 균형을 잡는 효과가 있다.
'파도 타기'로 운동할 때 발판이 움직이며 나타내는 도형은 어떤 도형의 일부인지 말해 보자.

풀이 예 운동 기구인 '파도 타기'는 한 지점으로부터 발판까지 길이가 정해져 있으므로 운동 기구가 좌우로 흔들릴 때 발판이 나타내는 도형은 원의 일부라고 말할 수 있다.

답 예 원의 일부이다.

문제 1 오른쪽 그림의 원 O 위에 다음을 나타내시오.

(1) 호 AB

(2) 현 CD

(3) 부채꼴 BOC

(4) 호 AD에 대한 중심각

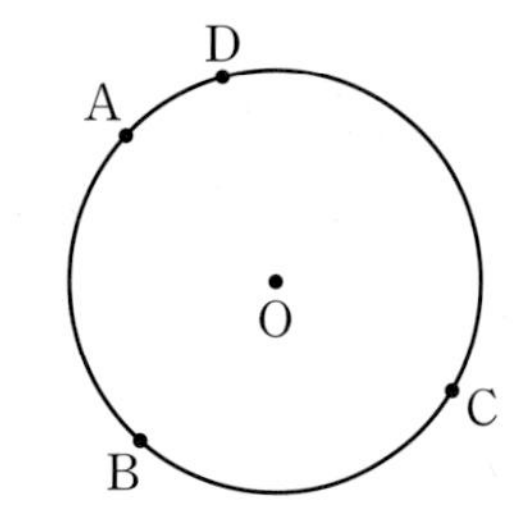

풀이 원 O 위에 (1)~(4)를 나타내면 오른쪽 그림과 같다.

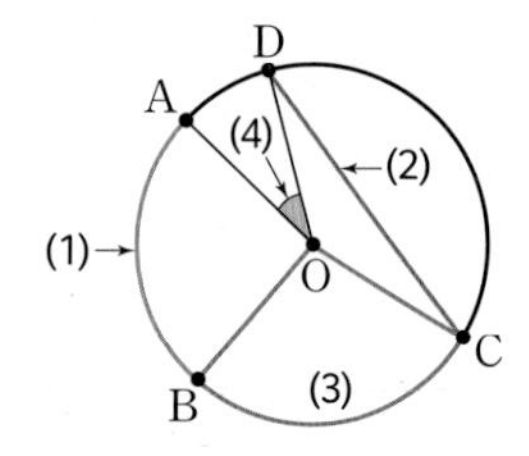

답 풀이 참조

부채꼴이면서 활꼴인 도형

공학 도구를 이용하여 [그림 1]과 같이 원 O 위에 중심각의 크기가 85°인 부채꼴 AOB를 그린 후, 점 B를 원을 따라 움직여 [그림 2]와 같이 중심각의 크기가 180°가 되게 하였다.

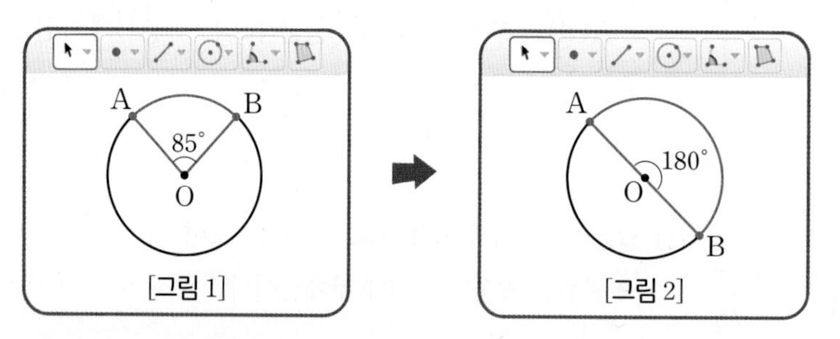

[그림 1] [그림 2]

1 [그림 1]과 [그림 2]에서 두 도형의 차이점을 말해 보자.

2 [그림 2]의 도형이 부채꼴이면서 활꼴인 이유를 설명해 보자.

풀이 1 예 중심각의 크기가 다르다.

2 [그림 2]에서 두 반지름 $\overline{OA}$, $\overline{OB}$가 이루는 각의 크기는 180°이므로 이 두 반지름과 호 AB로 이루어진 부채꼴 AOB는 현 AB와 호 AB로 이루어진 활꼴이다.

따라서 [그림 2]의 도형은 부채꼴이면서 동시에 활꼴이다.

답 풀이 참조

부채꼴에는 어떤 성질이 있을까

교과서 196~197쪽

개념 짚어보기

1 부채꼴의 중심각의 크기와 호의 길이, 넓이 사이의 관계

한 원에서

(1) 중심각의 크기가 같은 두 부채꼴의 호의 길이와 넓이는 각각 같다.

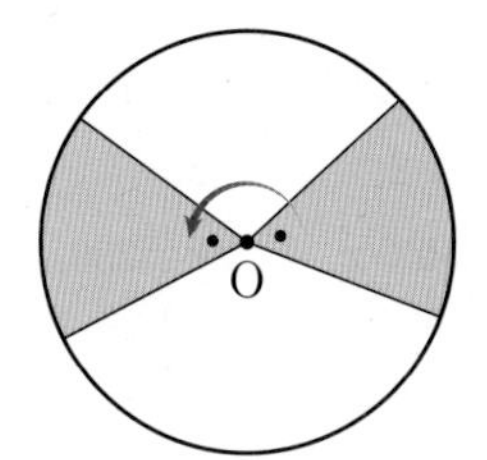

(2) 부채꼴의 호의 길이와 넓이는 각각 중심각의 크기에 정비례한다.

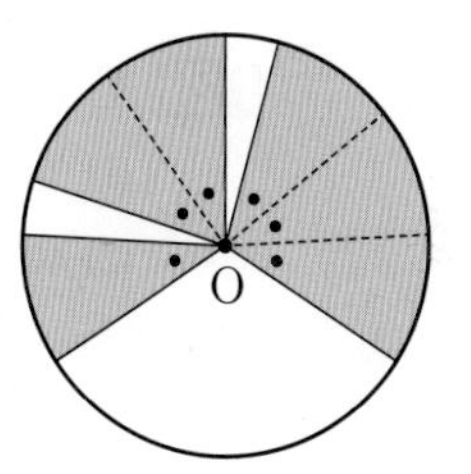

▶ (1), (2)는 합동인 두 원에서도 성립한다.

확인 1 오른쪽 그림을 보고, 빈칸에 알맞은 것을 써넣어 보자.

부채꼴 COD의 중심각의 크기 100°는 부채꼴 AOB의 중심각의 크기 50°의 [2]배이므로 부채꼴 AOB의 넓이가 12 cm^2이면 부채꼴 COD의 넓이는 [24] cm^2이다.

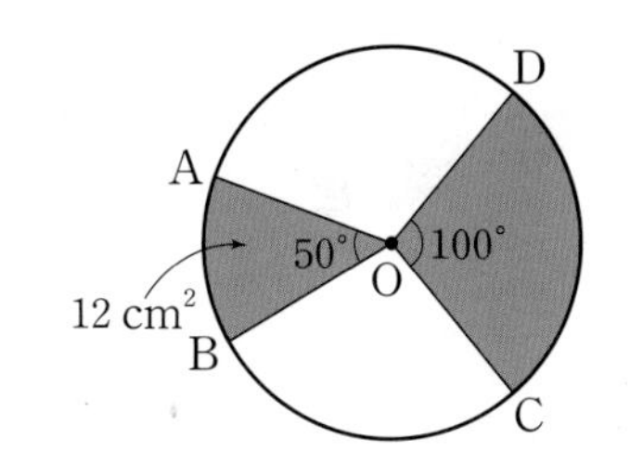

문제 2 다음 그림에서 x의 값을 구하시오.

(1)

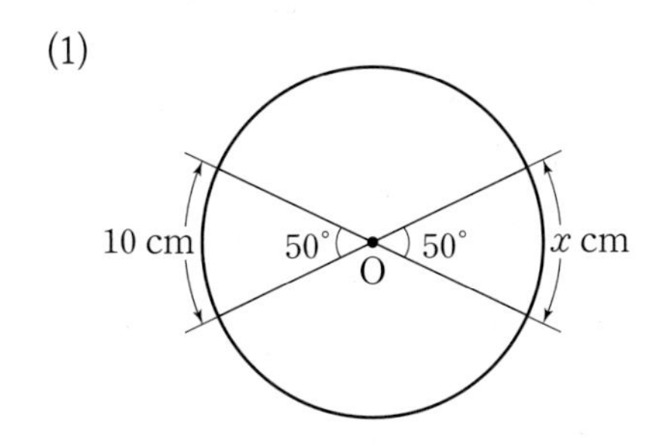

(2)

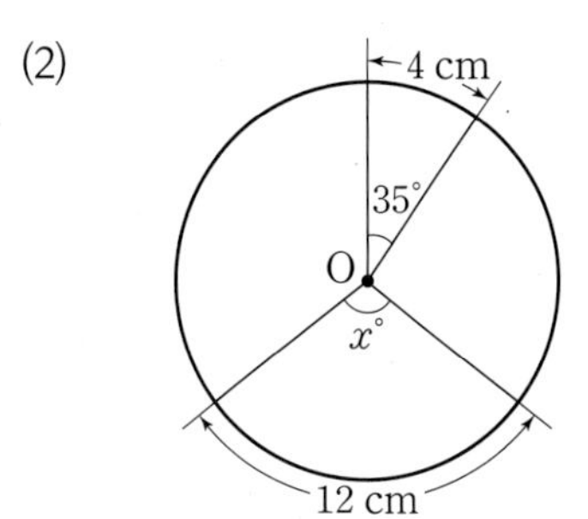

풀이 (1) 한 원에서 중심각의 크기가 같은 두 부채꼴의 호의 길이는 같으므로

$x=10$

(2) 한 원에서 부채꼴의 호의 길이는 중심각의 크기에 정비례하므로

$35 : x=4 : 12$, $35 : x=1 : 3$

$x=105$

답 (1) 10 (2) 105

문제 3 다음 그림에서 x의 값을 구하시오.

(1)

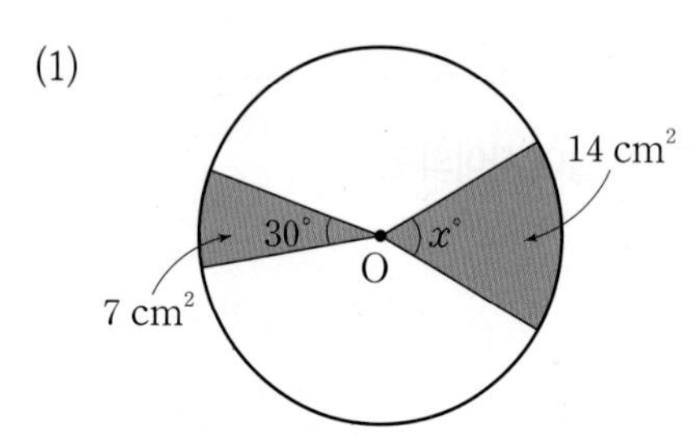

(2)

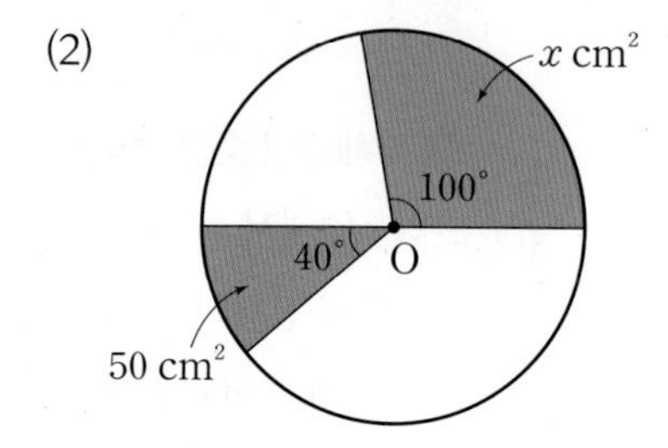

풀이 한 원에서 부채꼴의 넓이는 중심각의 크기에 정비례하므로

(1) $30 : x=7 : 14$, $30 : x=1 : 2$, $x=60$

(2) $40 : 100=50 : x$, $2 : 5=50 : x$, $2x=250$, $x=125$

답 (1) 60 (2) 125

부채꼴의 중심각의 크기와 현의 길이

오른쪽 그림의 원 O에서 $\angle AOB=\angle BOC$이다.

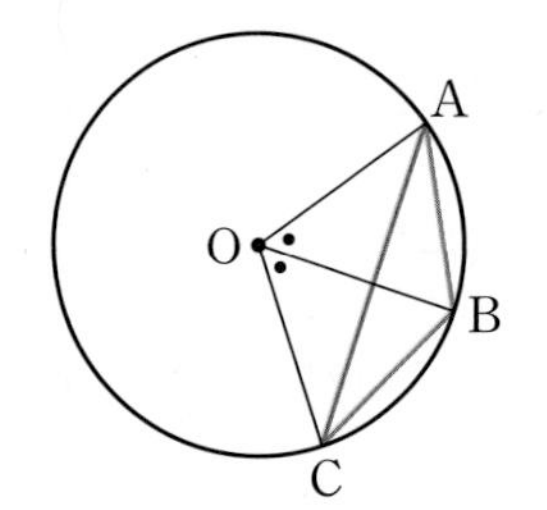

1 그림을 보고 $\overline{AB}=\overline{BC}$이고 $\overline{AC}\neq 2\overline{AB}$임을 설명해 보자.

2 그림에서 $\overline{AB}+\overline{BC}$의 길이와 $\overline{AC}$의 길이를 비교하여 한 원에서 현의 길이는 중심각의 크기에 정비례하지 않음을 설명해 보자.

풀이 **1** 두 삼각형 AOB와 BOC는 서로 합동이므로 $\overline{AB}=\overline{BC}$이다.

이때 삼각형 ACB에서 $\overline{AB}=\overline{BC}$이므로 $\overline{AC}<2\overline{AB}$이다.

따라서 $\overline{AC}\neq 2\overline{AB}$이다.

2 원 O에서 $\angle AOC=2\angle AOB$이고 $\overline{AC}\neq 2\overline{AB}$이므로 중심각의 크기가 2배가 될 때, 현의 길이는 2배가 되지 않음을 알 수 있다.

따라서 한 원에서 현의 길이는 중심각의 크기에 정비례하지 않는다.

답 풀이 참조

부채꼴의 호의 길이와 넓이는 어떻게 구할까

교과서 198~199쪽

▶ (원주율)
=(원주)
÷(지름의 길이)

개념 짚어보기

❶ **원주율**: 원에서 지름의 길이에 대한 원주의 비율인 원주율을 기호로 π와 같이 나타내고, '파이'라고 읽는다.

→ 원주율은 원의 크기에 관계없이 항상 일정하다.

→ π의 값은 3.141592⋯와 같이 한없이 계속되는 소수이다.

❷ **원의 둘레의 길이와 넓이**

반지름의 길이가 r인 원의 둘레의 길이를 l, 넓이를 S라고 하면

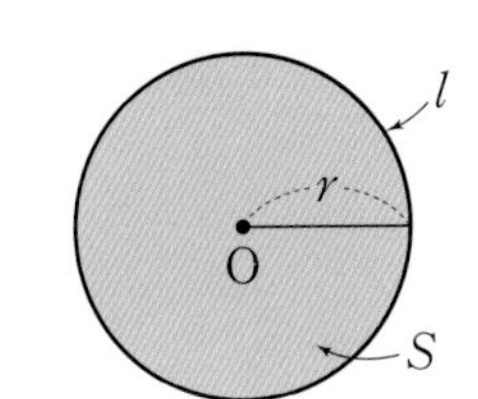

(1) $l=2\pi r$

(2) $S=\pi r^2$

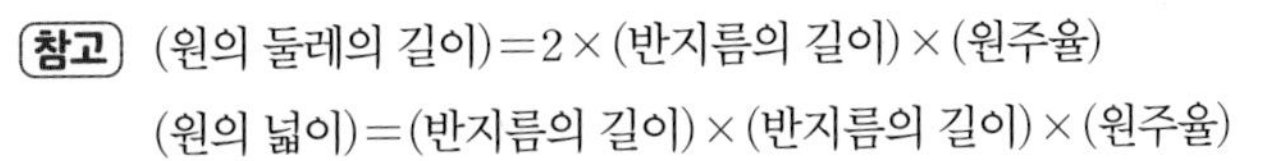

참고 (원의 둘레의 길이)=2×(반지름의 길이)×(원주율)

(원의 넓이)=(반지름의 길이)×(반지름의 길이)×(원주율)

❸ **부채꼴의 호의 길이와 넓이**

반지름의 길이가 r이고 중심각의 크기가 $x°$인 부채꼴의 호의 길이를 l, 넓이를 S라고 하면

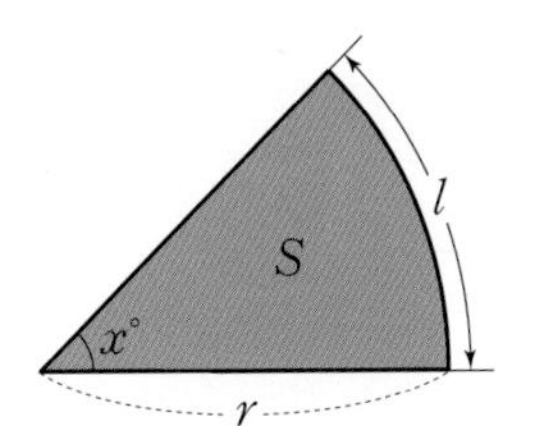

(1) $l=2\pi r\times\frac{x}{360}$

$S=\pi r^2\times\frac{x}{360}$

(2) $S=\frac{1}{2}rl$

참고 **부채꼴의 넓이 S를 구하는 방법**

(1) 반지름의 길이 r와 중심각의 크기 $x°$를 알 때: $S=\pi r^2\times\frac{x}{360}$를 이용

(2) 반지름의 길이 r와 호의 길이 l을 알 때: $S=\frac{1}{2}rl$을 이용

빈칸에 알맞은 것을 써넣어 보자.

반지름의 길이가 4 cm인 원의 둘레의 길이 l과 넓이 S는 각각

$l=2\times\pi\times$ [4] $=$ [8π] (cm),

$S=\pi\times$ [4]$^2=$ [16π] (cm^2)

문제 4 다음 부채꼴의 호의 길이와 넓이를 각각 구하시오.

(1)

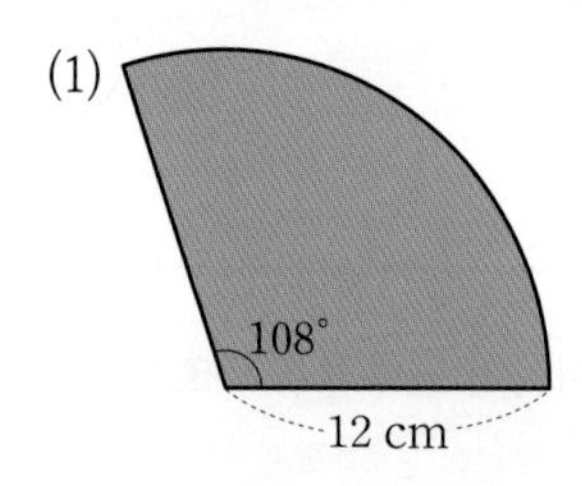

(2)

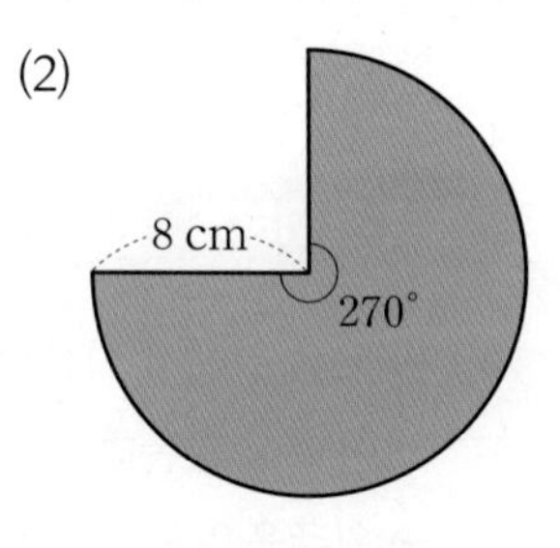

(풀이) 부채꼴의 호의 길이를 l, 넓이를 S라고 하면

(1) 반지름의 길이가 12 cm이고, 중심각의 크기가 108°이므로

$$l=2\times\pi\times12\times\frac{108}{360}=\frac{36}{5}\pi\,(\text{cm})$$

$$S=\pi\times12^2\times\frac{108}{360}=\frac{216}{5}\pi\,(\text{cm}^2)$$

(2) 반지름의 길이가 8 cm이고, 중심각의 크기가 270°이므로

$$l=2\times\pi\times8\times\frac{270}{360}=12\pi\,(\text{cm})$$

$$S=\pi\times8^2\times\frac{270}{360}=48\pi\,(\text{cm}^2)$$

답 (1) 호의 길이: $\frac{36}{5}\pi$ cm, 넓이: $\frac{216}{5}\pi$ cm^2

(2) 호의 길이: 12π cm, 넓이: 48π cm^2

문제 5 반지름의 길이가 10 cm이고 호의 길이가 3π cm인 부채꼴의 넓이를 구하시오.

(풀이) 반지름의 길이가 10 cm이고 호의 길이가 3π cm이므로 부채꼴의 넓이는

$$\frac{1}{2}\times10\times3\pi=15\pi\,(\text{cm}^2)$$

답 15π cm^2

교과서 200~201쪽

중단원 마무리

V-1. 평면도형의 성질

스스로 개념을 정리해요.

01 다각형

(1) 삼각형의 한 외각의 크기는 그와 이웃하지 않는 두 내 각 의 크기의 합과 같다.

(2) n각형의 내각의 크기의 합은 $180^\circ \times (n-$ 2 $)$이고, 외각의 크기의 합은 360° 이다.

(3) 정n각형의 한 내각의 크기는 $\dfrac{180^\circ \times (n-2)}{n}$이고, 한 외각의 크기는 $\dfrac{360^\circ}{n}$이다.

(4) n각형의 대각선의 개수는 $\dfrac{n(n-3)}{2}$이다.

02 원과 부채꼴

(1) 한 원에서 부채꼴의 호의 길이와 넓이는 각각 중 심 각 의 크기에 정비례한다.

(2) 반지름의 길이가 r, 중심각의 크기가 x°인 부채꼴의 호의 길이를 l, 넓이를 S라고 하면

① $l=$ $2\pi r$ $\times \dfrac{x}{360}$

$S=$ πr^2 $\times \dfrac{x}{360}$

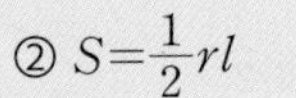

② $S=\dfrac{1}{2}rl$

기본

01

다음 중에서 옳은 것에는 ○표를, 옳지 않은 것에는 ×표를 하시오.

(1) 한 꼭짓점에서 그을 수 있는 대각선이 13개인 다각형은 십오각형이다. (　　)

(2) 원에서 길이가 가장 긴 현은 그 원의 지름이다. (　　)

(3) 반지름의 길이가 3 cm, 중심각의 크기가 80°인 부채꼴의 넓이는 4π cm^{2}이다. (　　)

풀이 (1) 한 꼭짓점에서 그을 수 있는 대각선의 개수가 13인 다각형을 n각형이라고 하면

$n-3=13,\quad n=16$

따라서 십육각형이다.

(3) 부채꼴의 넓이는 $\pi \times 3^2 \times \dfrac{80}{360}=2\pi\,(\text{cm}^2)$

답 (1) × (2) ○ (3) ×

02

정구각형에 대하여 다음을 구하시오.

(1) 내각의 크기의 합

(2) 한 외각의 크기

(3) 대각선의 개수

풀이 (1) 정구각형의 내각의 크기의 합은

$180^\circ \times (9-2)=1260^\circ$

(2) 다각형의 외각의 크기의 합은 360°이므로 정구각형의 한 외각의 크기는

$\dfrac{360^\circ}{9}=40^\circ$

(3) 정구각형의 대각선의 개수는

$\dfrac{9\times(9-3)}{2}=27$

답 (1) 1260° (2) 40° (3) 27

03

다음 그림에서 x, y의 값을 각각 구하시오.

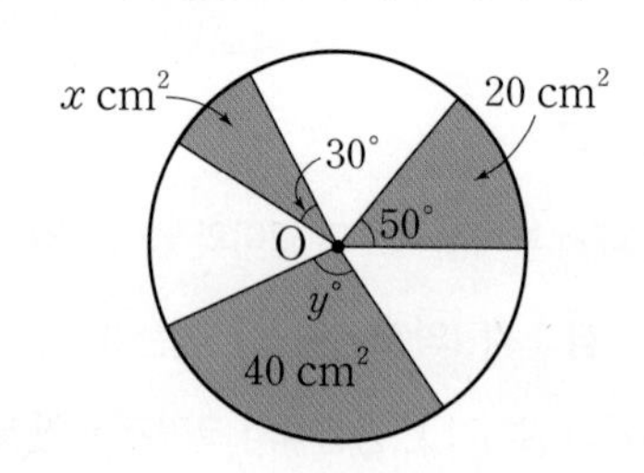

풀이 한 원에서 부채꼴의 넓이는 중심각의 크기에 정비례하므로

$30:50=x:20$, $3:5=x:20$

$5x=60$, $x=12$

$50:y=20:40$, $50:y=1:2$

$y=100$

답 $x=12$, $y=100$

04

다음 그림에서 $\angle x$의 크기를 구하시오.

(1)

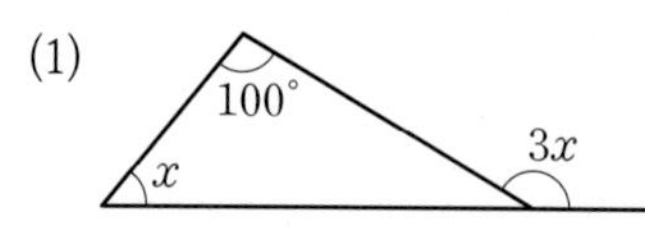

(2)

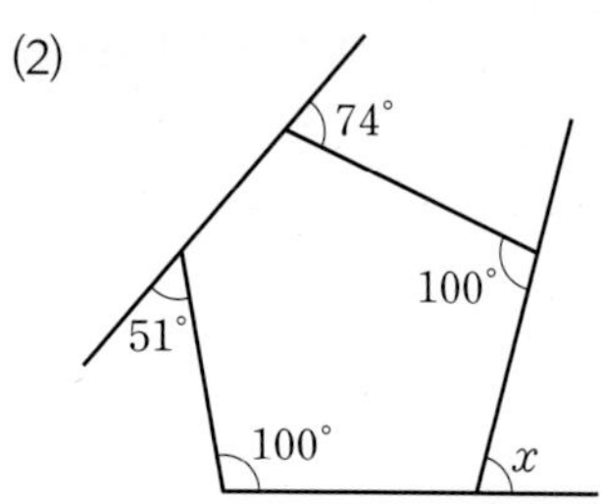

풀이 (1) 삼각형의 한 외각의 크기는 이와 이웃하지 않는 두 내각의 크기의 합과 같으므로

$3\angle x=100°+\angle x$

$3\angle x-\angle x=100°$

$2\angle x=100°$, $\angle x=50°$

(2) 다각형의 내각과 외각의 크기의 합은 180°이다.

이때 한 꼭짓점에서 크기가 100°인 내각에 대한 외각의 크기는 80°이므로

$80°+\angle x+80°+74°+51°=360°$

$\angle x=75°$

답 (1) 50° (2) 75°

05

다음 그림과 같이 점 E를 한 꼭짓점으로 하는 두 정오각형 ABCDE와 IEFGH가 있다. 네 점 C, D, F, G가 한 직선 위에 있을 때, $\angle x$의 크기를 구하시오.

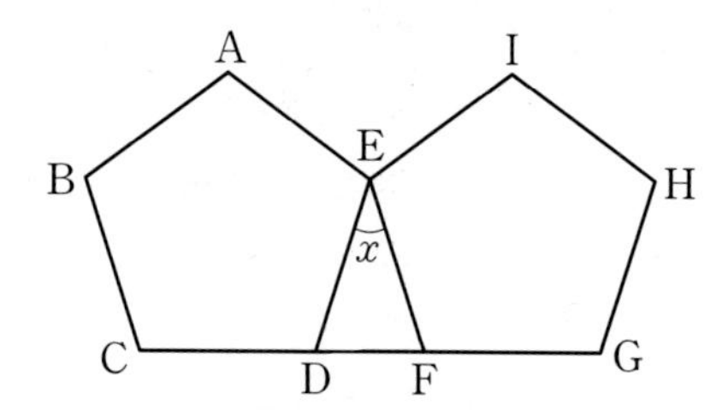

풀이 정오각형의 한 내각의 크기는

$\frac{180°\times(5-2)}{5}=108°$

$\angle$EDF와 $\angle$EFD는 각각 정오각형의 한 외각이므로

$\angle \text{EDF}=\angle \text{EFD}=180°-108°=72°$

삼각형의 세 내각의 크기의 합은 180°이므로 △EDF에서

$\angle x=180°-(72°+72°)=36°$

답 36°

06

한 외각의 크기가 18°인 정다각형의 대각선의 개수를 구하시오.

풀이 한 외각의 크기가 18°인 정다각형을 정n각형이라고 하면 $\frac{360}{n}=18$, $n=20$

따라서 정이십각형의 대각선의 개수는

$\frac{20\times(20-3)}{2}=170$

답 170

07

반지름의 길이가 10 cm이고 넓이가 $30\pi\text{ cm}^2$인 부채꼴의 중심각의 크기와 호의 길이를 각각 구하시오.

풀이 부채꼴의 중심각의 크기를 $x°$라고 하면

$$\pi\times10^2\times\frac{x}{360}=30\pi,\qquad x=108$$

따라서 중심각의 크기가 $108°$이므로 호의 길이는

$$2\pi\times10\times\frac{108}{360}=6\pi\,(\text{cm})$$

답 중심각의 크기: $108°$, 호의 길이: $6\pi\text{ cm}$

08

다음 그림과 같이 한 변의 길이가 2 cm인 정팔각형에서 색칠한 부채꼴의 넓이의 합을 구하시오.

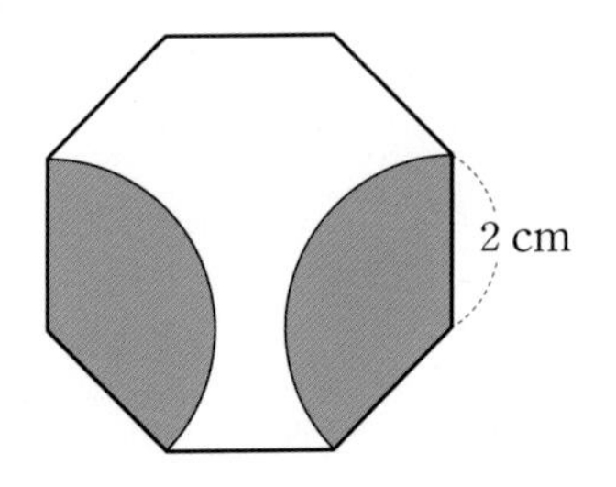

풀이 정팔각형의 한 내각의 크기는

$$\frac{180°\times(8-2)}{8}=135°$$

따라서 색칠한 부채꼴의 넓이의 합은 반지름의 길이가 2 cm이고 중심각의 크기가 $135°$인 부채꼴 2개의 넓이의 합과 같으므로

$$\pi\times2^2\times\frac{135}{360}\times2=\pi\times4\times\frac{3}{8}\times2$$
$$=3\pi\,(\text{cm}^2)$$

답 $3\pi\text{ cm}^2$

09 발전

다음 그림의 원 O에서 $\overline{AP}\,/\!/\,\overline{OQ}$이고 $\angle QOB=20°$, $\widehat{AP}=21\pi\text{ cm}$일 때, $\widehat{QB}$의 길이를 구하시오.

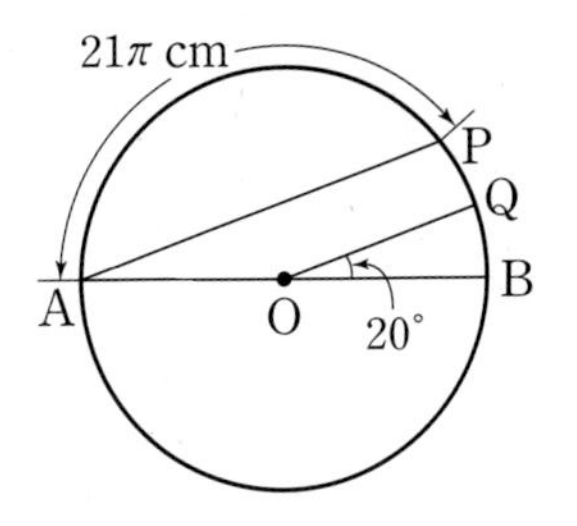

풀이 $\overline{AP}\,/\!/\,\overline{OQ}$이므로

$\angle PAB=20°$ (동위각)

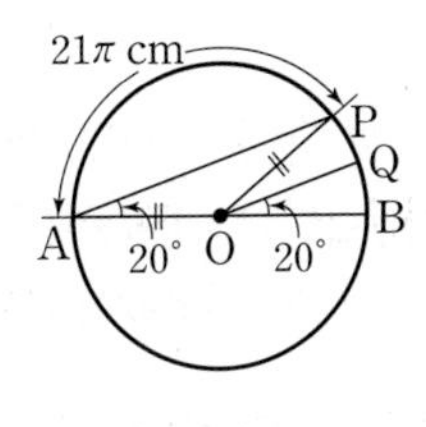

오른쪽 그림과 같이 $\overline{OP}$를 그으면 $\triangle AOP$는 $\overline{OA}=\overline{OP}$인 이등변삼각형이므로

$$\angle AOP=180°-(20°+20°)=140°$$

한 원에서 호의 길이는 중심각의 크기에 정비례하므로

$140:20=21\pi:\widehat{QB}$

$7:1=21\pi:\widehat{QB}$

$7\times\widehat{QB}=21\pi$

$\widehat{QB}=3\pi\,(\text{cm})$

답 $3\pi\text{ cm}$

MEMO

2 입체도형의 성질

교과서 203쪽

준비 ① 오른쪽 그림과 같은 오각뿔에서 꼭짓점, 면, 모서리의 개수를 각각 구하시오.

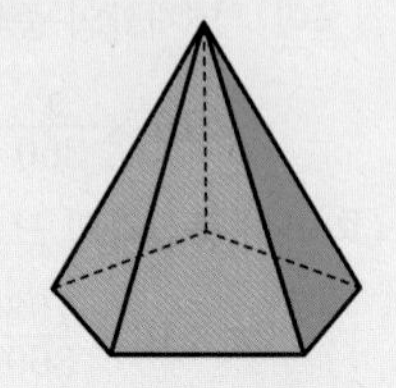

풀이 주어진 오각뿔에서 꼭짓점의 개수는 6, 면의 개수는 6, 모서리의 개수는 10이다.

답 꼭짓점의 개수: 6, 면의 개수: 6, 모서리의 개수: 10

개념 초 5~6

• 각뿔: 밑면이 다각형이고 옆면이 모두 삼각형인 입체도형

참고 n각기둥과 n각뿔의 꼭짓점, 면, 모서리의 개수

입체도형	n각기둥	n각뿔
꼭짓점의 개수	$2n$	$n+1$
면의 개수	$n+2$	$n+1$
모서리의 개수	$3n$	$2n$

단원의 학습흐름

이전에 배운 내용은	이 단원에서는	새로운 용어
초 5~6 직육면체와 정육면체 각기둥과 각뿔 원기둥, 원뿔, 구 입체도형의 겉넓이와 부피	다면체와 회전체 입체도형의 겉넓이 입체도형의 부피	다면체, 각뿔대, 정다면체, 회전체, 회전축, 원뿔대

01 다면체와 회전체

학습 목표 구체적인 모형이나 공학 도구를 이용하여 다면체와 회전체의 성질을 탐구하고, 이를 설명할 수 있다.

다면체는 무엇일까

교과서 204~205쪽

▶ 다면체는 그 면의 개수에 따라 사면체, 오면체, 육면체, ...라고 한다.

▶ 입체도형을 평면으로 자를 때 생기는 면을 단면이라고 한다.

▶ 전개도

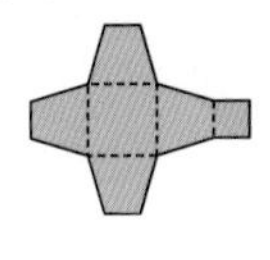

개념 짚어보기

① **다면체**: 다각형인 면으로만 둘러싸인 입체도형

→ 면: 다면체를 둘러싸고 있는 다각형

→ 모서리: 다면체를 둘러싸고 있는 다각형의 변

→ 꼭짓점: 다면체를 둘러싸고 있는 다각형의 꼭짓점

② **각뿔대**: 각뿔을 밑면에 평행한 평면으로 자를 때 생기는 두 입체도형 중에서 각뿔이 아닌 쪽의 입체도형

→ 밑면: 각뿔대에서 서로 평행한 두 면

→ 옆면: 각뿔대에서 밑면이 아닌 면

→ 높이: 각뿔대의 두 밑면에 수직인 선분의 길이

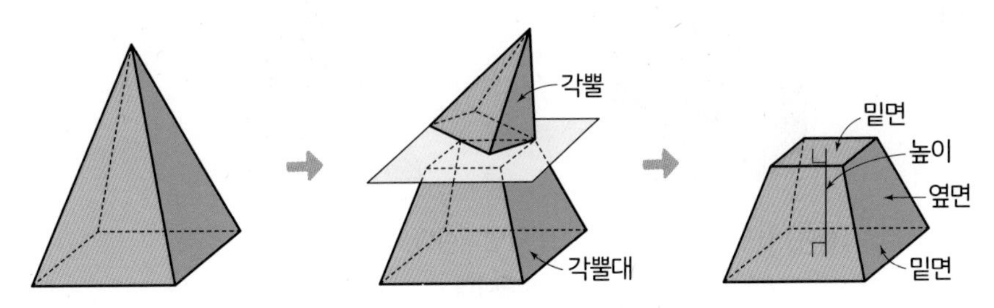

→ 각뿔대의 옆면의 모양은 모두 사다리꼴이다.

도입 다음 입체도형에서 모든 면이 다각형인 것을 말해 보자.

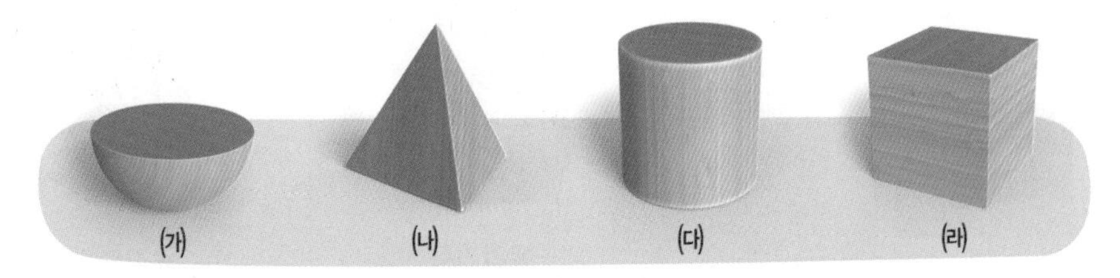

풀이 (가), (다) 원인 면이 있다.

(나) 모든 면이 삼각형이다.

(라) 모든 면이 사각형이다.

따라서 모든 면이 다각형인 것은 (나), (라)이다.

답 (나), (라)

확인1 오른쪽 삼각기둥을 보고, 빈칸에 알맞은 것을 써넣어 보자.

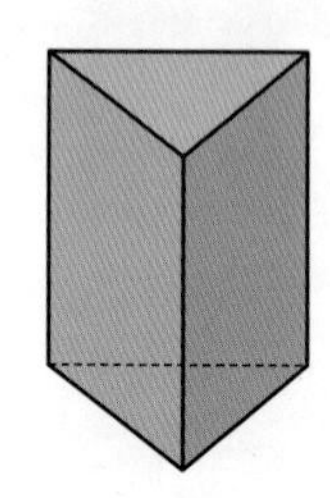

1 면이 [5]개이므로 [오]면체이다.

2 모서리는 [9]개이고, 꼭짓점은 [6]개이다.

확인2 오른쪽 각뿔대를 보고, 빈칸에 알맞은 것을 써넣어 보자.

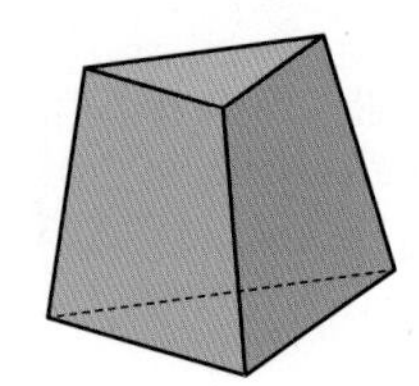

1 밑면의 모양이 [삼각형]이므로 각뿔대의 이름은 [삼각뿔대]이다.

2 옆면의 모양은 [사다리꼴]이다.

3 면이 [5]개이므로 [오]면체이다.

문제 1 다음 입체도형은 몇 면체인지 말하시오.

(1)

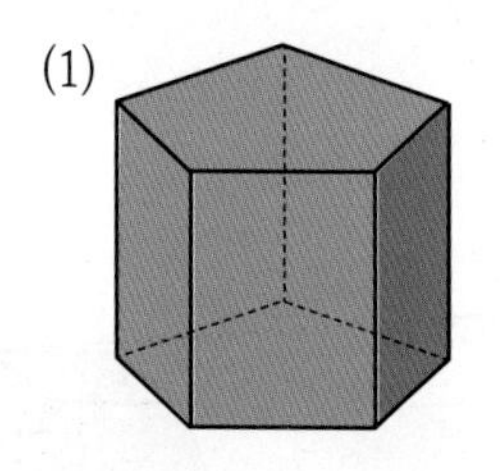

(2)

(3)

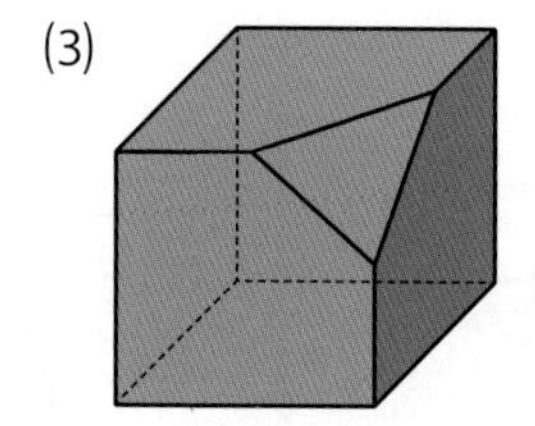

풀이 (1), (3) 면이 7개이므로 칠면체이다.
(2) 면이 5개이므로 오면체이다.

답 (1) 칠면체 (2) 오면체 (3) 칠면체

문제 2 다음 표를 완성하시오.

입체도형			
이름	육각기둥	육각뿔	
옆면의 모양			
밑면의 모양			
밑면의 개수			
면의 개수			

풀이 표를 완성하면 다음과 같다.

입체도형			
이름	육각기둥	육각뿔	육각뿔대
옆면의 모양	직사각형	삼각형	사다리꼴
밑면의 모양	육각형	육각형	육각형
밑면의 개수	2	1	2
면의 개수	8	7	8

답 풀이 참조

정다면체는 무엇일까

교과서 206~207쪽

▶ 각 꼭짓점에 모인 면의 개수가 다르면 정다면체가 아니다.

▶ 정다면체의 전개도는 여러 가지 방법으로 그릴 수 있다.

개념 짚어보기

① **정다면체**: 모든 면이 합동인 정다각형이고, 각 꼭짓점에 모인 면의 개수가 같은 다면체

② **정다면체의 종류**: 정다면체는 정사면체, 정육면체, 정팔면체, 정십이면체, 정이십면체의 다섯 가지뿐이다.

정다면체	정사면체	정육면체	정팔면체	정십이면체	정이십면체
겨냥도					
면의 모양	정삼각형	정사각형	정삼각형	정오각형	정삼각형
한 꼭짓점에 모인 면의 개수	3	3	4	3	5
면의 개수	4	6	8	12	20
모서리의 개수	6	12	12	30	30
꼭짓점의 개수	4	8	6	20	12
전개도					

도입 오른쪽은 모든 면이 정다각형인 다면체이다. 이 다면체 중에서 다음을 모두 만족시키는 것을 찾아보자.

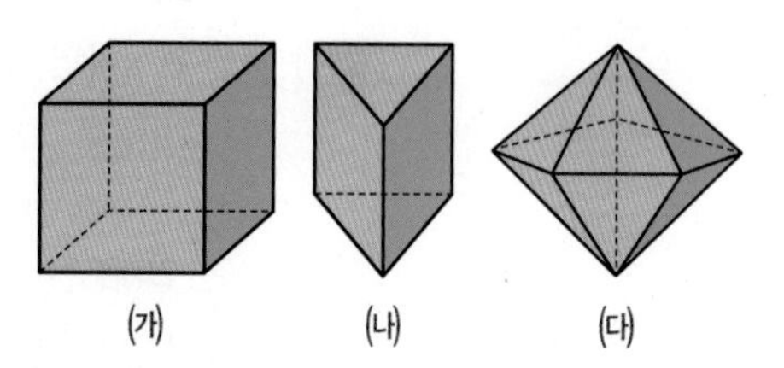

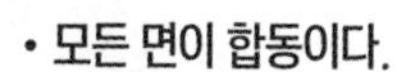

- 모든 면이 합동이다.
- 각 꼭짓점에 모인 면의 개수가 같다.

풀이 다면체 (가)는 모든 면이 합동인 정사각형이고 각 꼭짓점에 모인 면의 개수가 3이다.
다면체 (나)는 각 꼭짓점에 모인 면의 개수가 3이지만 면의 모양이 정삼각형과 정사각형의 2가지이므로 합동이 아닌 면이 있다.
다면체 (다)는 모든 면이 합동인 정삼각형이지만 각 꼭짓점에 모인 면의 개수가 4 또는 5이다.
따라서 두 조건을 모두 만족시키는 다면체는 (가)이다.

답 (가)

문제 3 다음 표를 완성하시오.

	정사면체	정육면체	정팔면체	정십이면체	정이십면체
면의 모양					
한 꼭짓점에 모인 면의 개수					

풀이 표를 완성하면 다음과 같다.

	정사면체	정육면체	정팔면체	정십이면체	정이십면체
면의 모양	정삼각형	정사각형	정삼각형	정오각형	정삼각형
한 꼭짓점에 모인 면의 개수	3	3	4	3	5

답 풀이 참조

문제 4 다음 그림은 모든 면이 정다각형인 입체도형이다. 이 입체도형이 정다면체가 아닌 이유를 말하시오.

(1)

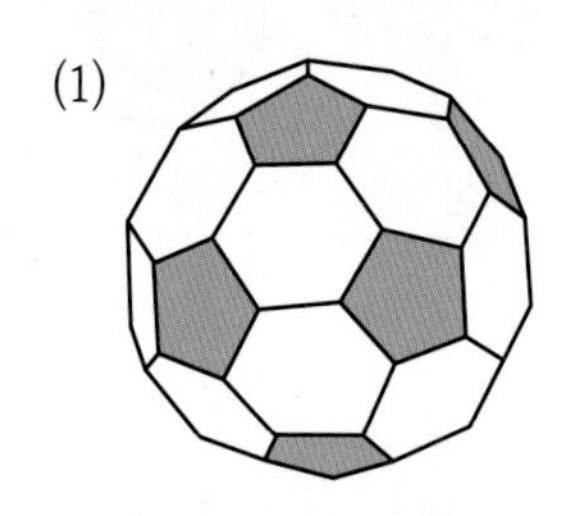

(2)

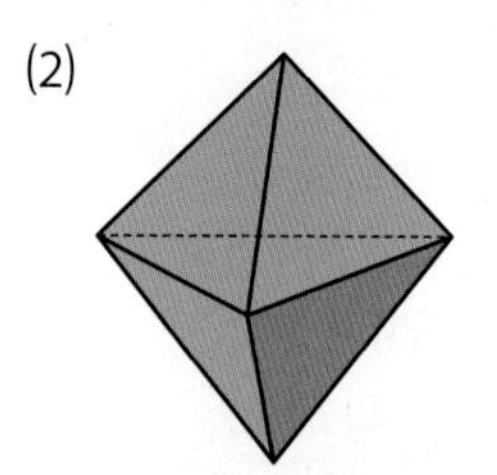

풀이 (1) 각 꼭짓점에 모인 면의 개수가 3이지만 면의 모양이 정오각형과 정육각형의 2가지이므로 합동이 아닌 면이 있다.
(2) 모든 면이 합동인 정삼각형이지만 각 꼭짓점에 모인 면의 개수가 3 또는 4이다.

답 (1) 모든 면이 합동인 정다각형이 아니다.
(2) 각 꼭짓점에 모인 면의 개수가 같지 않다.

회전체는 무엇일까

교과서 208~210쪽

개념 짚어보기

① **회전체**: 평면도형을 한 직선을 축으로 하여 한 바퀴 돌릴 때 생기는 입체도형

② **회전축**: 회전시킬 때 축으로 사용한 직선

③ **모선**: 밑면이 있는 회전체에서 옆면을 만드는 선분

④ **원뿔대**: 원뿔을 밑면에 평행한 평면으로 자를 때 생기는 두 입체도형 중에서 원뿔이 아닌 쪽의 입체도형

→ 밑면: 원뿔대에서 서로 평행한 두 면

→ 옆면: 원뿔대에서 모선이 회전하여 생기는 면

→ 높이: 원뿔대의 두 밑면에 수직인 선분의 길이

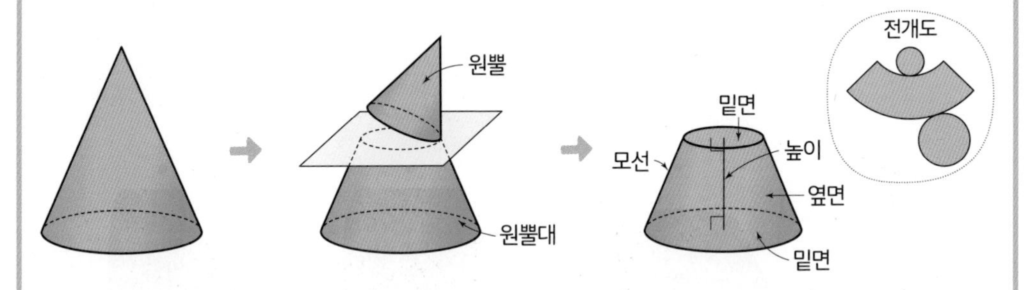

⑤ **회전체의 성질**

(1) 회전체를 회전축에 수직인 평면으로 자른 단면의 경계는 항상 원이다.

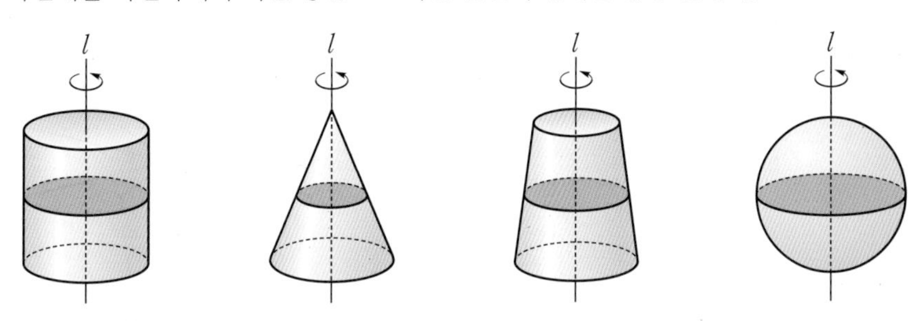

▶ 구는 어느 방향으로 잘라도 그 단면은 항상 원이다.

(2) 회전체를 회전축을 포함하는 평면으로 자른 단면은 모두 합동이고, 회전축을 대칭축으로 하는 선대칭도형이다.

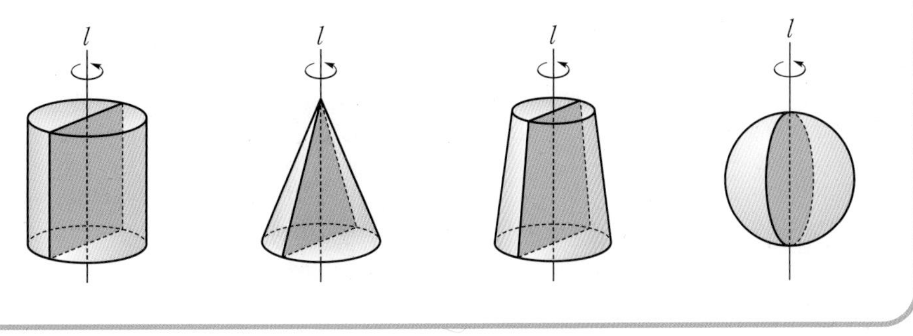

▶ 한 평면도형을 어떤 직선으로 접어서 완전히 겹쳐지는 도형을 선대칭도형이라고 한다.

도입 오른쪽 그림과 같이 직사각형, 직각삼각형, 반원 모양의 종이를 각각 막대에 붙인 후, 막대를 축으로 하여 빠르게 돌려 보자. 돌릴 때 생기는 입체도형의 모양을 각각 말해 보자.

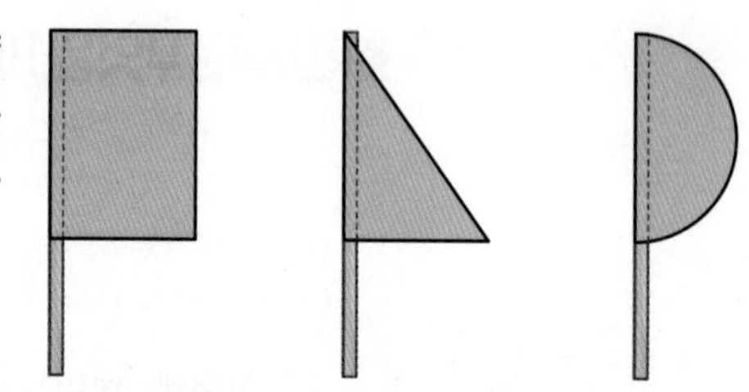

풀이 직사각형, 직각삼각형, 반원 모양의 종이를 막대를 축으로 하여 빠르게 돌릴 때 생기는 입체도형의 모양은 각각 원기둥, 원뿔, 구이다.

답 직사각형: 원기둥, 직각삼각형: 원뿔, 반원: 구

문제 5

오른쪽 그림의 사다리꼴 ABCD에서 각 변을 회전축으로 하여 한 바퀴 돌릴 때 생기는 회전체를 연결하시오.

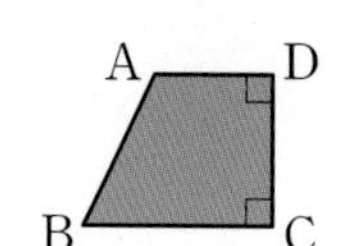

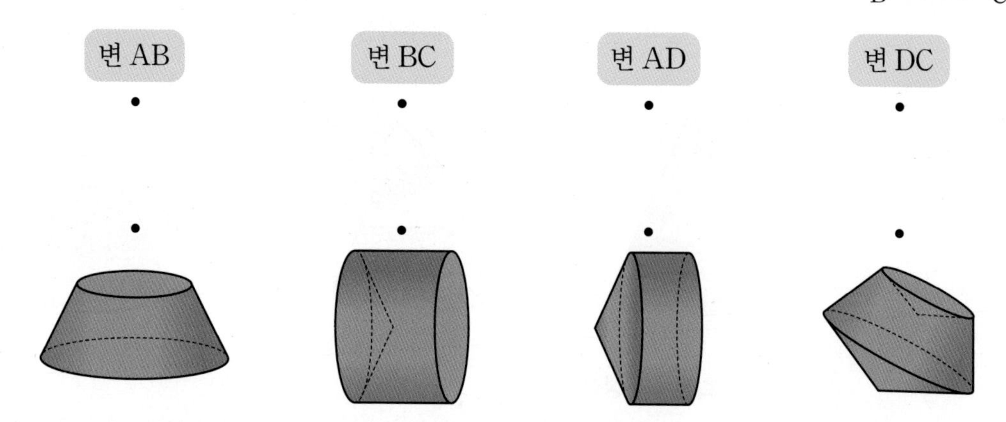

풀이 사다리꼴 ABCD에서 각 변을 회전축으로 하여 한 바퀴 돌릴 때 생기는 회전체를 연결하면 다음과 같다.

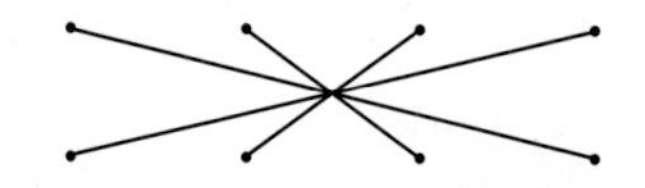

답 풀이 참조

문제 6

직선 l을 회전축으로 하여 한 바퀴 돌릴 때, 다음과 같은 회전체를 만들 수 있는 평면도형을 그리시오.

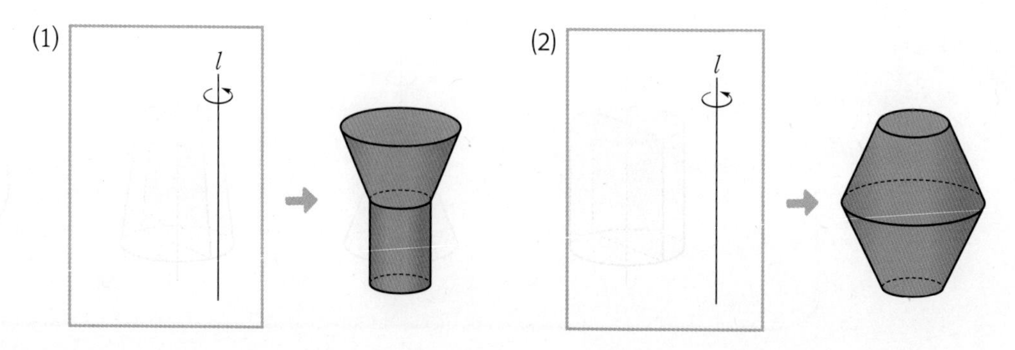

풀이 (1) (2)

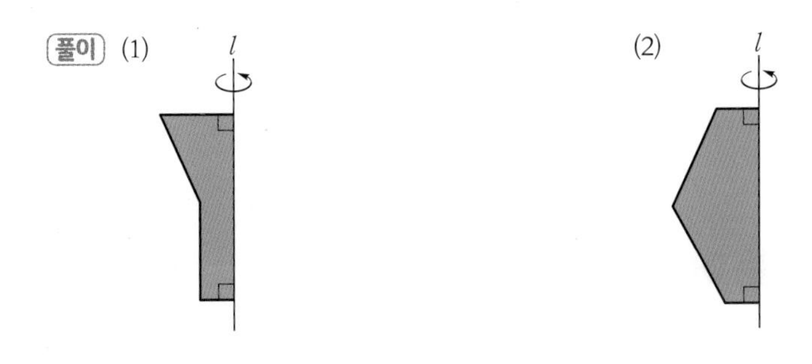

답 풀이 참조

문제 7 우리 주변의 건축물, 문화유산, 예술 작품 등에서 회전체를 찾아 사진을 붙이거나 그림을 그려 설명하시오.

예

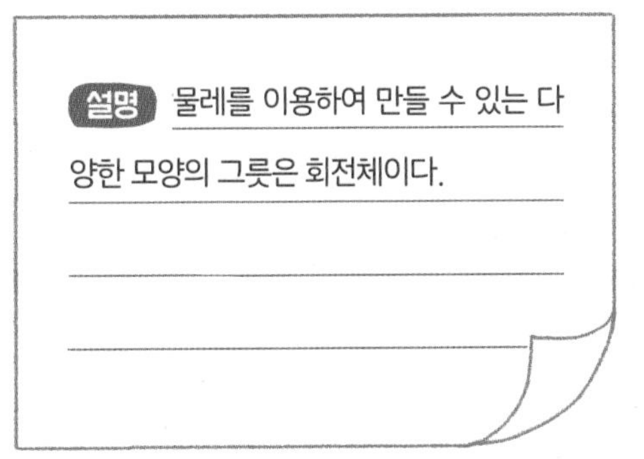

설명 물레를 이용하여 만들 수 있는 다양한 모양의 그릇은 회전체이다.

문제 8 아래 회전체를 다음과 같은 평면으로 자를 때 생기는 단면의 모양을 그리시오.

풀이 주어진 회전체를 회전축에 수직인 평면으로 자를 때 생기는 단면의 모양은 오른쪽 그림과 같다.

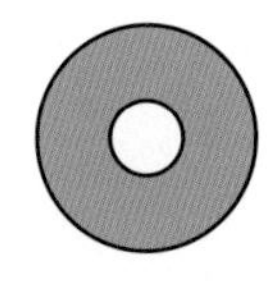

또 주어진 회전체를 회전축을 포함하는 평면으로 자를 때 생기는 단면의 모양은 오른쪽 그림과 같다.

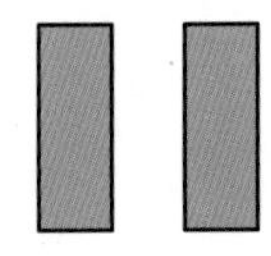

답 풀이 참조

입체도형의 겉넓이

학습 목표 입체도형의 겉넓이를 구할 수 있다.

기둥의 겉넓이는 어떻게 구할까

교과서 212~213쪽

▶ 입체도형에서 한 밑면의 넓이를 밑넓이, 옆면 전체의 넓이를 옆넓이, 겉면 전체의 넓이를 겉넓이라고 한다.

개념 짚어보기

❶ 각기둥의 겉넓이

각기둥의 겉넓이는 전개도를 이용하여 다음과 같이 구한다.

(각기둥의 겉넓이)$=$(밑넓이)$\times 2+$(옆넓이)

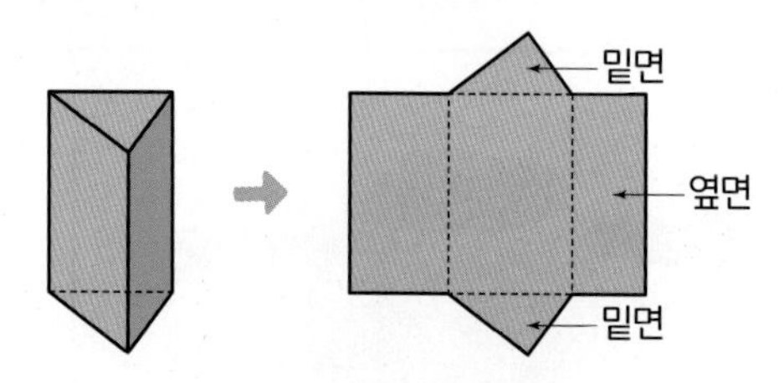

➜ 기둥의 전개도는 서로 합동인 두 밑면과 직사각형 모양의 옆면으로 이루어져 있다. 이때

(직사각형의 가로의 길이)$=$(밑면의 둘레의 길이)

이다.

❷ 원기둥의 겉넓이

원기둥의 겉넓이는 전개도를 이용하여 다음과 같이 구한다.

(원기둥의 겉넓이)$=$(밑넓이)$\times 2+$(옆넓이)

밑면인 원의 반지름의 길이가 r, 높이가 h인 원기둥의 겉넓이 S는

$S=2\pi r^2+2\pi rh$

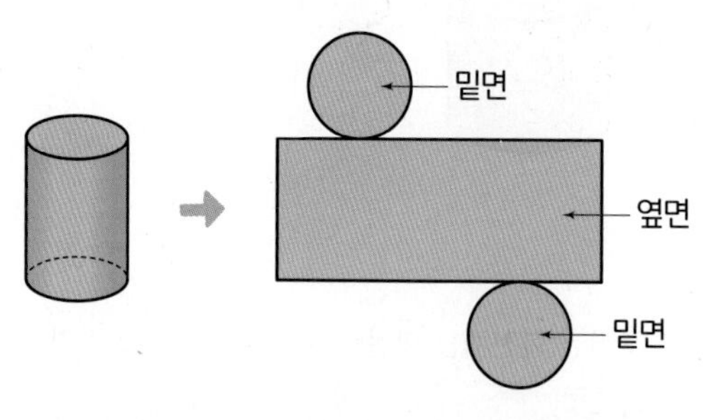

➜ 원기둥의 전개도는 서로 합동인 원 모양의 두 밑면과 직사각형 모양의 옆면으로 이루어져 있다. 이때

(직사각형의 가로의 길이)$=$(밑면인 원의 둘레의 길이)

이다.

도입 오른쪽 그림은 사각기둥 모양의 과자 상자를 잘라 펼쳐 놓은 것이다. 펼쳐 놓은 과자 상자의 넓이를 구하는 방법을 말해 보자.

풀이 예 • 각 면의 넓이를 구하여 모두 더한다.

• 옆으로 펼쳐진 직사각형의 넓이와 두 밑면인 직사각형의 넓이를 더한다.

• 3쌍의 합동인 직사각형이 있으므로 모양이 다른 3개의 직사각형의 넓이를 각각 구하여 더한 후 그 값에 2배를 한다.

답 풀이 참조

문제 1

다음 기둥의 겉넓이를 구하시오.

(1)

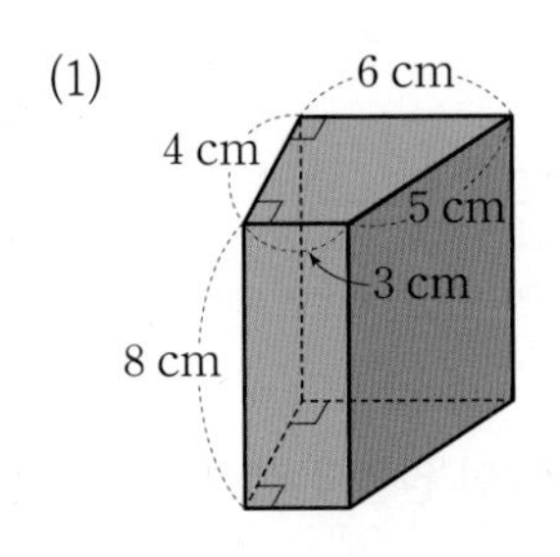

(2)

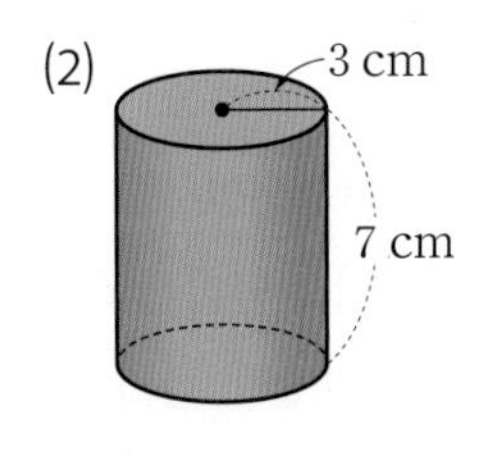

풀이 (1) (밑넓이)$=\frac{1}{2}\times(3+6)\times4=18\,(\text{cm}^2)$, (옆넓이)$=(3+5+6+4)\times8=144\,(\text{cm}^2)$이므로

(겉넓이)=(밑넓이)$\times2+$(옆넓이)

$=18\times2+144=180\,(\text{cm}^2)$

(2) (밑넓이)$=\pi\times3^2=9\pi\,(\text{cm}^2)$, (옆넓이)$=(2\pi\times3)\times7=42\pi\,(\text{cm}^2)$이므로

(겉넓이)=(밑넓이)$\times2+$(옆넓이)

$=9\pi\times2+42\pi=60\pi\,(\text{cm}^2)$

답 (1) 180 cm^2 (2) $60\pi\text{ cm}^2$

문제 2

오른쪽 그림과 같이 밑면의 지름의 길이가 8 cm, 높이가 10 cm인 원기둥 모양의 과자 통을 필통으로 재활용하려고 한다. 과자 통의 옆면을 종이로 감싸려고 할 때, 필요한 종이의 넓이를 구하시오.

(단, 종이의 겹쳐지는 부분은 생각하지 않는다.)

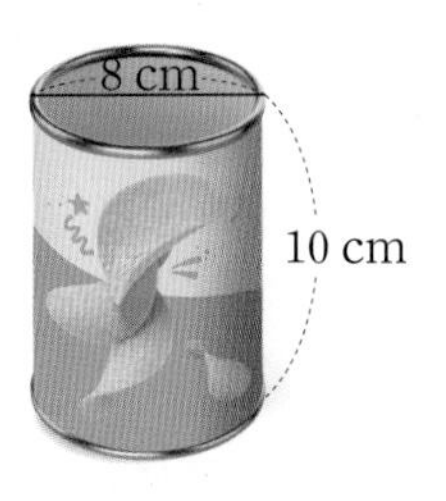

풀이 필요한 종이의 넓이는 밑면의 반지름의 길이가 4 cm이고 높이가 10 cm인 원기둥의 옆넓이와 같으므로

$(2\pi\times4)\times10=80\pi\,(\text{cm}^2)$

답 $80\pi\text{ cm}^2$

뿔의 겉넓이는 어떻게 구할까

교과서 214~215쪽

개념 짚어보기

❶ 각뿔의 겉넓이

각뿔의 겉넓이는 전개도를 이용하여 다음과 같이 구한다.

(각뿔의 겉넓이)=(밑넓이)+(옆넓이)

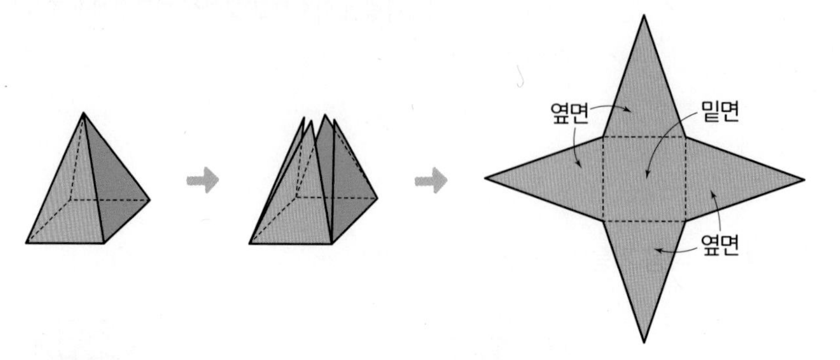

❷ 원뿔의 겉넓이

원뿔의 겉넓이는 전개도를 이용하여 다음과 같이 구한다.

(원뿔의 겉넓이)=(밑넓이)+(옆넓이)

밑면인 원의 반지름의 길이가 r, 모선의 길이가 l인 원뿔의 겉넓이 S는

$$S=\pi r^2+\pi rl$$

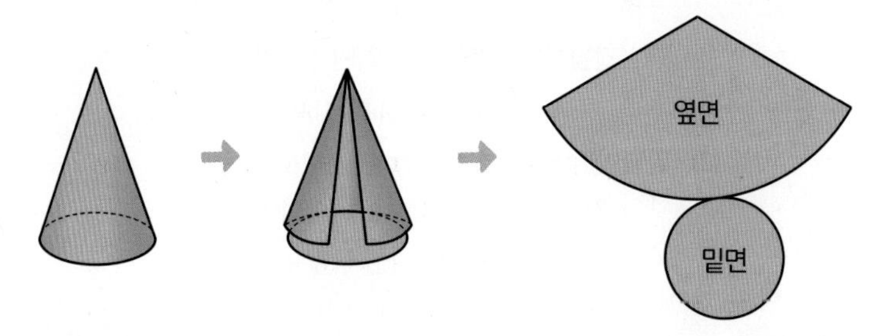

→ 원뿔의 전개도는 원 모양의 밑면과 부채꼴 모양인 옆면으로 이루어져 있다.

이때

(부채꼴의 호의 길이)=(밑면인 원의 둘레의 길이),

(부채꼴의 반지름의 길이)=(원뿔의 모선의 길이)

이다.

도입 다음은 사각뿔과 원뿔 모양의 건축물이다. 이 건축물들의 모양인 사각뿔과 원뿔의 전개도를 생각해 보자.

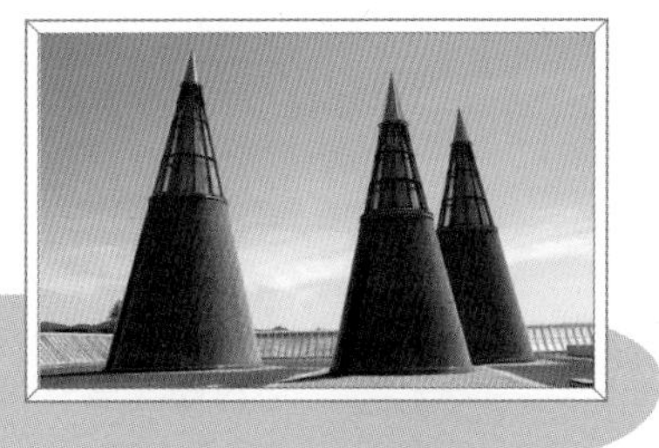

풀이 예 • 사각뿔의 전개도:

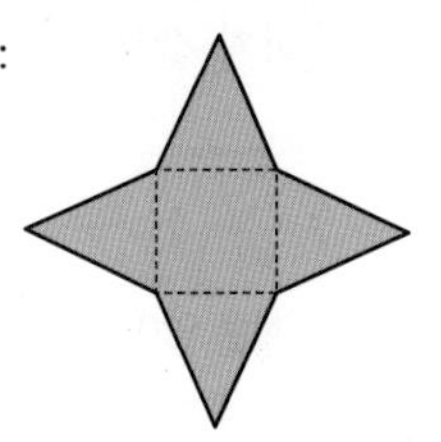

• 원뿔의 전개도:

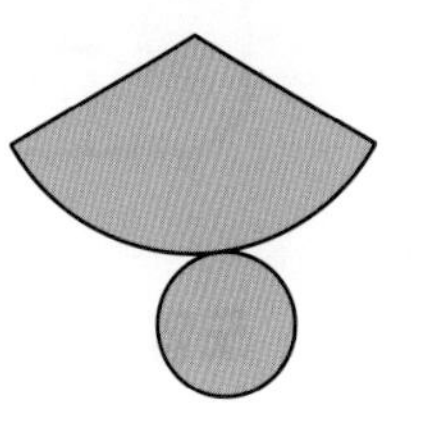

답 풀이 참조

문제 3 다음 뿔의 겉넓이를 구하시오.

(1)

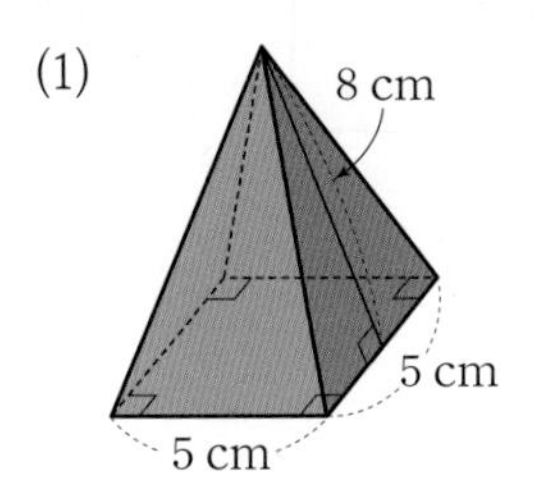

(2)

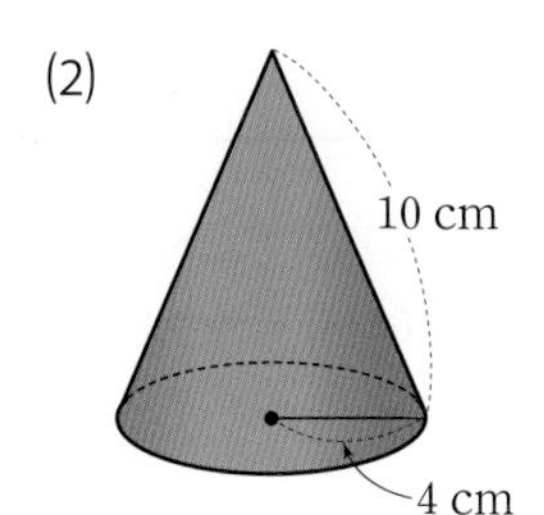

풀이 (1) $(\text{밑넓이})=5\times5=25\,(\text{cm}^2)$, $(\text{옆넓이})=\left(\frac{1}{2}\times5\times8\right)\times4=80\,(\text{cm}^2)$이므로

$(\text{겉넓이})=(\text{밑넓이})+(\text{옆넓이})=25+80=105\,(\text{cm}^2)$

(2) $(\text{밑넓이})=\pi\times4^2=16\pi\,(\text{cm}^2)$, $(\text{옆넓이})=\frac{1}{2}\times10\times(2\pi\times4)=40\pi\,(\text{cm}^2)$이므로

$(\text{겉넓이})=(\text{밑넓이})+(\text{옆넓이})=16\pi+40\pi=56\pi\,(\text{cm}^2)$

답 (1) 105 cm^2 (2) $56\pi\text{ cm}^2$

문제 4 오른쪽 그림은 원뿔 모양인 소품의 전개도이다. 완성한 소품의 겉넓이를 구하시오.

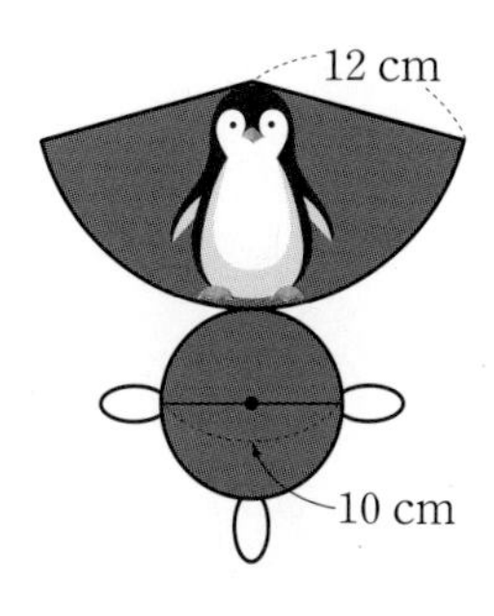

풀이 $(\text{밑넓이})=\pi\times5^2=25\pi\,(\text{cm}^2)$,

$(\text{옆넓이})=\frac{1}{2}\times12\times(2\pi\times5)=60\pi\,(\text{cm}^2)$이므로

$(\text{겉넓이})=(\text{밑넓이})+(\text{옆넓이})$

$=25\pi+60\pi=85\pi\,(\text{cm}^2)$

답 $85\pi\text{ cm}^2$

구의 겉넓이는 어떻게 구할까

교과서 216쪽

개념 짚어보기

① 구의 겉넓이

반지름의 길이가 r인 구의 겉넓이 S는

$S=4\pi r^2$

→ 구의 겉넓이는 반지름의 길이가 같은 원의 넓이의 4배이다.

도입 구의 겉넓이와 원의 넓이 사이의 관계를 알아보려고 한다. 구 모양의 오렌지를 반으로 자른 단면과 같은 크기의 원을 여러 개 그리고, 한 개의 오렌지 껍질로 몇 개의 원을 채울 수 있을지 추측하여 아래의 원에 색칠해 보자.

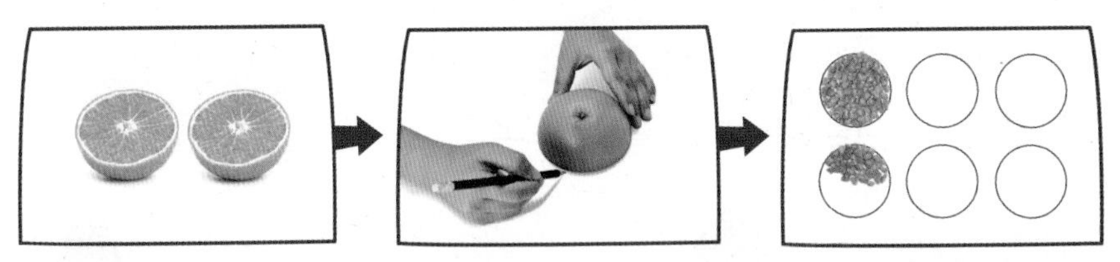

풀이 예 한 개의 오렌지 껍질로 4개의 원을 채울 수 있다.
따라서 원에 색칠해 보면 오른쪽 그림과 같다.

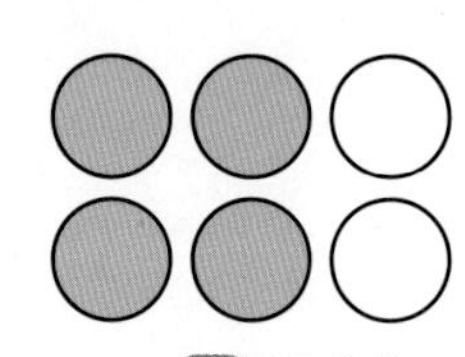

답 풀이 참조

문제 5 다음 입체도형의 겉넓이를 구하시오.

(1)

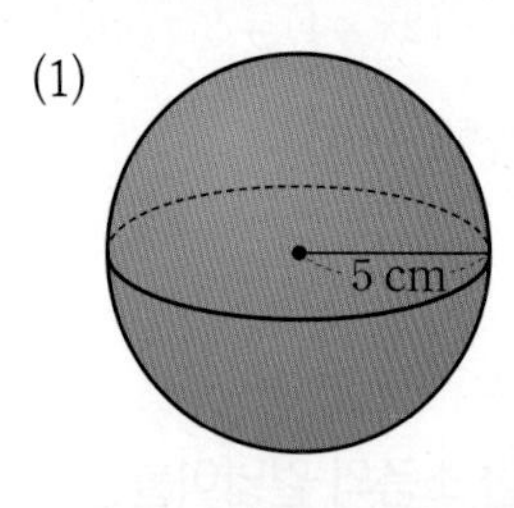

(2)

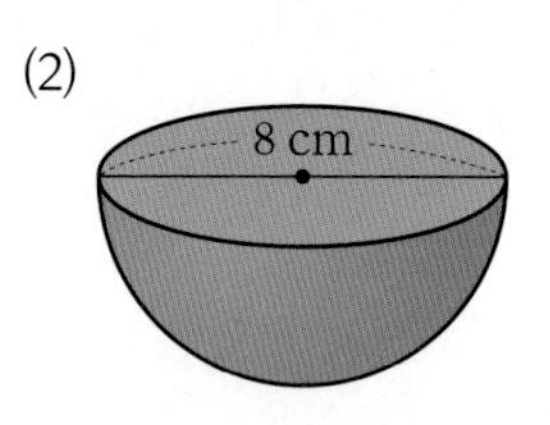

풀이 (1) 주어진 입체도형은 반지름의 길이가 5 cm인 구이므로

(겉넓이)$=4\pi\times5^2=4\pi\times25=100\pi\,(\text{cm}^2)$

(2) 주어진 입체도형은 반지름의 길이가 $\frac{8}{2}=4\,(\text{cm})$인 반구이므로

(겉넓이)$=\frac{1}{2}\times$(반지름의 길이가 4 cm인 반구의 겉넓이)+(반지름의 길이가 4 cm인 원의 넓이)

$=\frac{1}{2}\times4\pi\times4^2+\pi\times4^2=32\pi+16\pi=48\pi\,(\text{cm}^2)$

답 (1) $100\pi\text{ cm}^2$ (2) $48\pi\text{ cm}^2$

교과서 217쪽

음료수 캔이 원기둥 모양인 이유

탐구 1 다음은 넓이가 $25\ \text{cm}^2$인 정삼각형, 정사각형, 원을 밑면으로 하고, 높이가 $10\ \text{cm}$인 삼각기둥, 사각기둥, 원기둥의 밑면의 둘레의 길이를 나타낸 표이다. 부피가 $250\ \text{cm}^3$로 같은 세 기둥의 겉넓이를 비교하여 음료수 캔이 원기둥 모양일 때 가장 경제적인 이유를 설명해 보자.

	삼각기둥	사각기둥	원기둥
입체도형	$25\ \text{cm}^2$, $10\ \text{cm}$	$25\ \text{cm}^2$, $10\ \text{cm}$	$25\ \text{cm}^2$, $10\ \text{cm}$
밑면의 모양	정삼각형	정사각형	원
밑면의 둘레의 길이	약 22.8 cm	20 cm	약 17.7 cm

풀이 (삼각기둥의 겉넓이)=(밑넓이)$\times 2+$(옆넓이)$=25\times2+22.8\times10=50+228=278\ (\text{cm}^2)$

(사각기둥의 겉넓이)=(밑넓이)$\times 2+$(옆넓이)$=25\times2+20\times10=50+200=250\ (\text{cm}^2)$

(원기둥의 겉넓이)=(밑넓이)$\times 2+$(옆넓이)$=25\times2+17.7\times10=50+177=227\ (\text{cm}^2)$

예 겉넓이가 작으면 용기를 만들 때 드는 재료비도 적게 든다. 제시된 세 기둥의 겉넓이를 비교하면 원기둥의 겉넓이가 가장 작다. 따라서 캔이 원기둥 모양일 때 재료비가 가장 적게 들어 경제적이다.

답 풀이 참조

탐구 2 다음 그림의 세 원기둥 모양의 캔은 부피가 같다. 같은 재료를 사용하여 캔을 만들 때, (가), (나), (다) 중에서 어느 것의 재료비가 가장 적게 드는지 말해 보자.

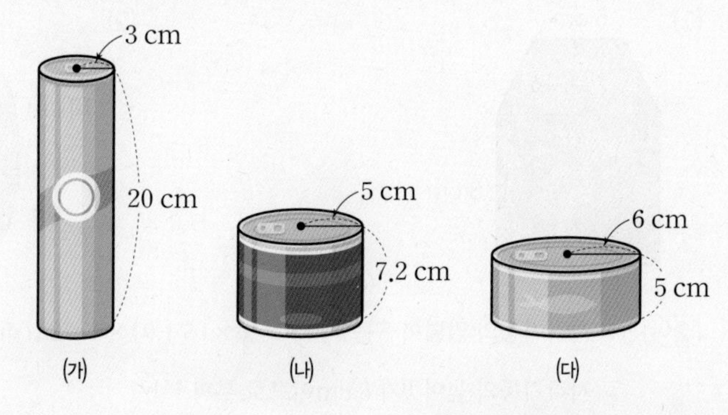

풀이 (가)의 겉넓이: $\pi\times3^2\times2+(2\pi\times3)\times20=18\pi+120\pi=138\pi\ (\text{cm}^2)$

(나)의 겉넓이: $\pi\times5^2\times2+(2\pi\times5)\times7.2=50\pi+72\pi=122\pi\ (\text{cm}^2)$

(다)의 겉넓이: $\pi\times6^2\times2+(2\pi\times6)\times5=72\pi+60\pi=132\pi\ (\text{cm}^2)$

따라서 재료비가 가장 적게 드는 것은 겉넓이가 가장 작은 (나)이다.

답 (나)

입체도형의 부피

[학습 목표] 입체도형의 부피를 구할 수 있다.

기둥의 부피는 어떻게 구할까

교과서 218~219쪽

개념 짚어보기

❶ 각기둥의 부피

밑넓이가 S이고 높이가 h인 기둥의 부피 V는

$V=(\text{밑넓이})\times(\text{높이})=Sh$

❷ 원기둥의 부피

밑면의 반지름의 길이가 r이고 높이가 h인 원기둥의 부피 V는

$V=(\text{밑넓이})\times(\text{높이})=\pi r^2h$

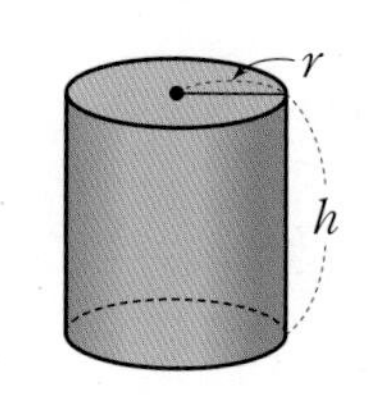

도입 오른쪽 그림과 같이 직육면체 모양의 빵을 반으로 잘라 두 개의 똑같은 삼각기둥 모양의 빵으로 만들었다. 직육면체 모양의 빵과 삼각기둥 모양의 빵 한 개의 부피를 비교하여 말해 보자.

[풀이] 예 직육면체 모양의 빵의 부피는 삼각기둥 모양의 빵 한 개의 부피의 2배이다.

답 풀이 참조

문제 1 다음 기둥의 부피를 구하시오.

(1)

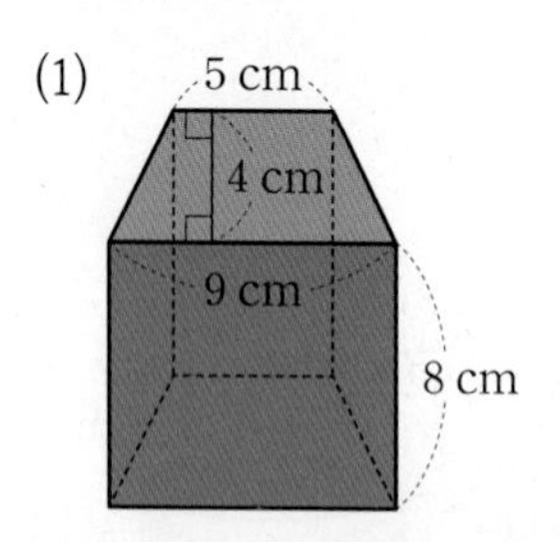

(2)

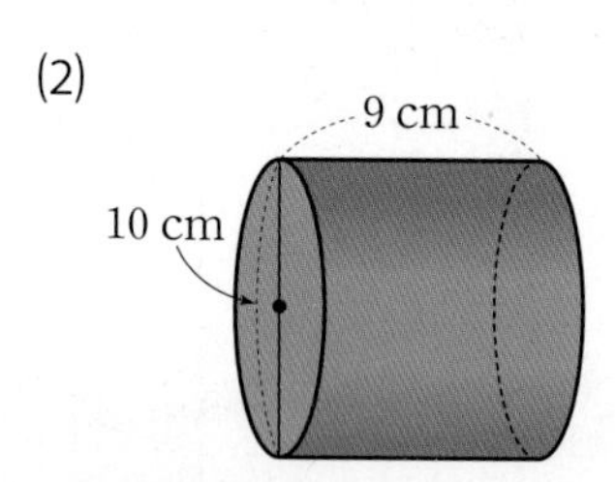

[풀이] (1) 사각기둥의 밑넓이 S는 $S=\frac{1}{2}\times(5+9)\times4=28\,(\text{cm}^2)$

사각기둥의 높이 h가 8 cm이므로 부피 V는

$V=Sh=28\times8=224\,(\text{cm}^3)$

(2) 원기둥의 밑면의 반지름의 길이 r가 5 cm, 높이 h가 9 cm이므로 부피 V는

$V=\pi r^2h=\pi\times5^2\times9=225\pi\,(\text{cm}^3)$

답 (1) 224 cm^3 (2) $225\pi\text{ cm}^3$

문제 2 오른쪽 그림의 케이크는 밑면의 모양이 부채꼴인 기둥이다. 이 케이크의 부피를 구하시오.

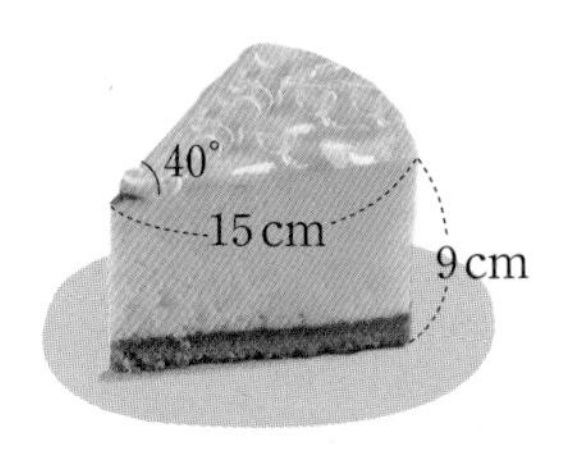

풀이 케이크의 밑넓이 S는 $S=\pi\times15^2\times\frac{40}{360}=25\pi\,(\mathrm{cm}^2)$

케이크의 높이 h가 9 cm이므로 부피 V는

$V=Sh=25\pi\times9=225\pi\,(\mathrm{cm}^3)$

답 $225\pi\ \mathrm{cm}^3$

뿔의 부피는 어떻게 구할까

교과서 220~221쪽

▶ 뿔의 높이는 뿔의 꼭짓점에서 밑면까지 수직으로 그은 선분의 길이이다.

개념 짚어보기

① 각뿔의 부피

밑넓이가 S이고 높이가 h인 뿔의 부피 V는

$$V=\frac{1}{3}\times\underline{(\text{밑넓이})\times(\text{높이})}=\frac{1}{3}Sh$$

└ 각기둥의 부피

② 원뿔의 부피

밑면의 반지름의 길이가 r이고 높이가 h인 원뿔의 부피 V는

$$V=\frac{1}{3}\times(\text{밑넓이})\times(\text{높이})=\frac{1}{3}\pi r^2h$$

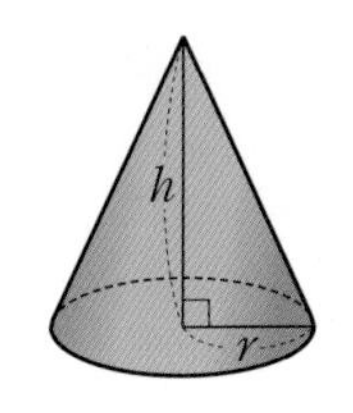

도입 밑면이 합동이고 높이가 같은 사각뿔과 사각기둥 모양의 그릇이 있다. 사각뿔 모양의 그릇에 모래를 가득 채워 사각기둥 모양의 그릇에 부었더니 세 번 만에 사각기둥 모양의 그릇이 가득 찼다. 이로부터 알 수 있는 밑면이 합동이고 높이가 같은 사각뿔과 사각기둥의 부피 사이의 관계를 말해 보자.

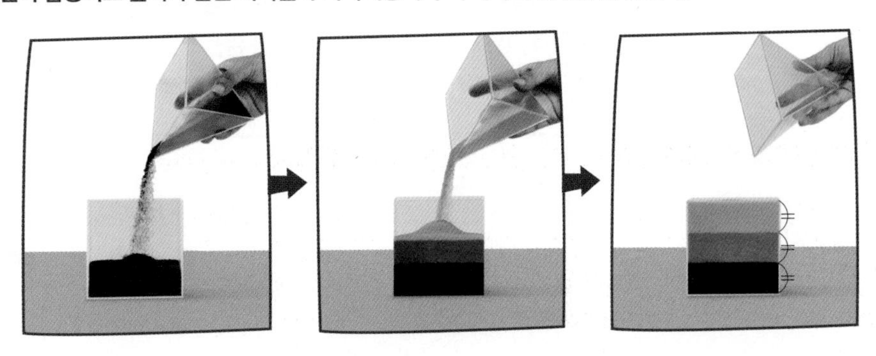

풀이 예 • 사각뿔의 부피는 밑면이 합동이고 높이가 같은 사각기둥의 부피의 $\frac{1}{3}$이다.

• 사각기둥의 부피는 밑면이 합동이고 높이가 같은 사각뿔의 부피의 3배이다.

답 풀이 참조

문제 3 다음 뿔의 부피를 구하시오.

(1)

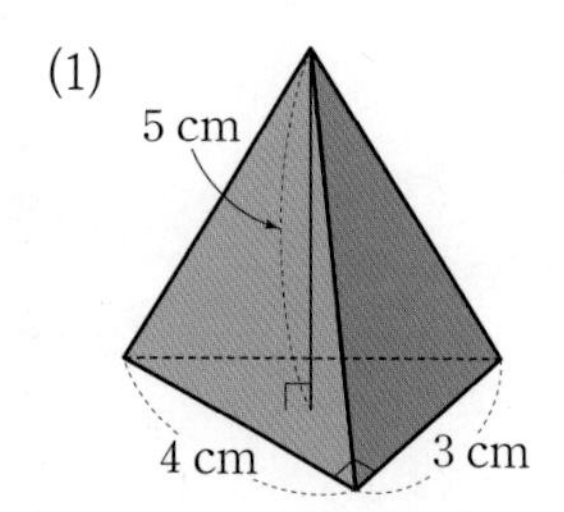

(2)

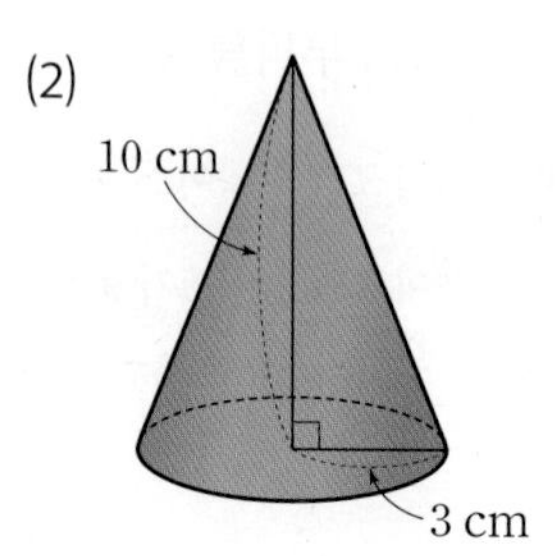

풀이 (1) 삼각뿔의 밑넓이 S는 $S=\frac{1}{2}\times 4\times 3=6\,(\text{cm}^2)$

삼각뿔의 높이 h가 5 cm이므로 부피 V는 $V=\frac{1}{3}Sh=\frac{1}{3}\times 6\times 5=10\,(\text{cm}^3)$

(2) 원뿔의 밑면의 반지름의 길이 r가 3 cm, 높이 h가 10 cm이므로 부피 V는

$V=\frac{1}{3}\pi r^2 h=\frac{1}{3}\times\pi\times 3^2\times 10=30\pi\,(\text{cm}^3)$

답 (1) 10 cm^3 (2) $30\pi\text{ cm}^3$

구의 부피는 어떻게 구할까

교과서 222~223쪽

개념 짚어보기

1 구의 부피

반지름의 길이가 r인 구의 부피 V는 $V=\frac{4}{3}\pi r^3$

→ 반지름의 길이가 r인 구의 부피는 밑면의 반지름의 길이가 r이고 높이가 $2r$인 원기둥의 부피의 $\frac{2}{3}$이다.

도입 **밑면의 지름의 길이와 높이가 같은 원기둥 모양의 그릇과 원기둥의 높이를 지름으로 하는 구가 있다. 원기둥 모양의 그릇에 물을 가득 채운 후, 구를 완전히 넣었다 뺐더니 그릇에 남아 있는 물이 다음과 같았다. 이로부터 구의 부피가 원기둥의 부피의 몇 배인지 말해 보자.**

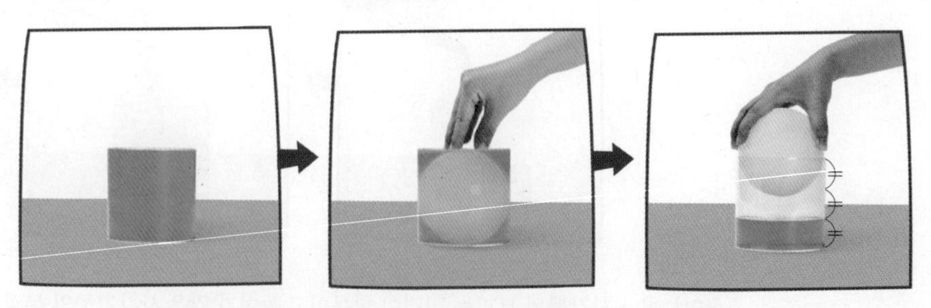

풀이 물이 가득 들어 있는 원기둥 모양의 그릇에 구를 넣었다가 뺐더니 그릇에 남아 있는 물의 높이는 원기둥 모양의 그릇의 높이의 $\frac{1}{3}$이므로 구의 부피는 원기둥의 부피의 $\frac{2}{3}$배이다.

답 $\frac{2}{3}$배

문제 4 다음 입체도형의 부피를 구하시오.

(1)

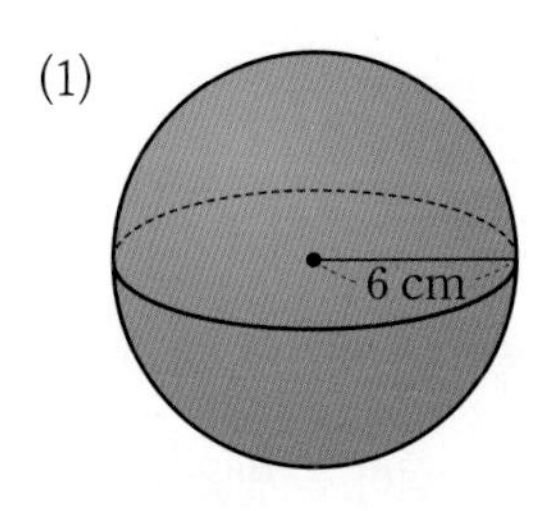

(2)

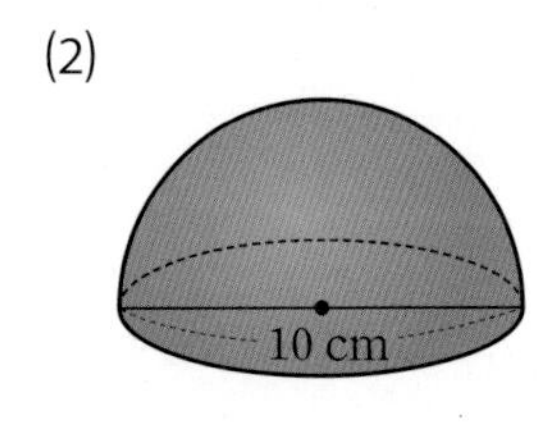

풀이 (1) 구의 반지름의 길이 r가 6 cm이므로 부피 V는 $V=\frac{4}{3}\pi r^3=\frac{4}{3}\times\pi\times6^3=288\pi\,(\text{cm}^3)$

(2) 반구의 반지름의 길이 r가 5 cm이므로 부피 V는 $V=\frac{1}{2}\times\frac{4}{3}\pi r^3=\frac{2}{3}\pi\times5^3=\frac{250}{3}\pi\,(\text{cm}^3)$

답 (1) $288\pi\text{ cm}^3$ (2) $\frac{250}{3}\pi\text{ cm}^3$

문제 5 오른쪽 그림은 반지름의 길이가 9 cm인 구의 일부분이다. 이 입체도형의 부피를 구하시오.

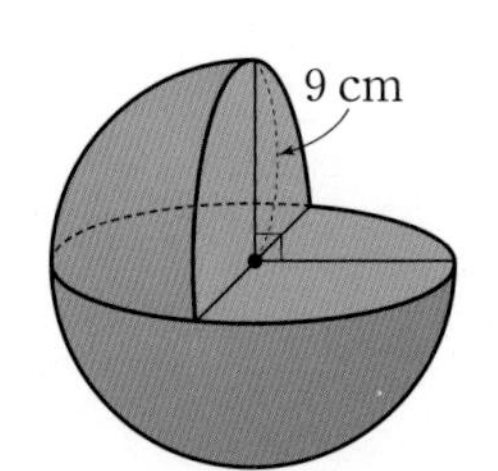

풀이 주어진 도형의 부피는 반지름의 길이 r가 9 cm인 구의 부피의 $\frac{3}{4}$이므로 부피 V는 $V=\frac{3}{4}\times\frac{4}{3}\pi r^3=\frac{3}{4}\times\frac{4}{3}\pi\times9^3=729\pi\,(\text{cm}^3)$

답 $729\pi\text{ cm}^3$

구의 부피를 구하는 또 다른 방법!

구의 겉넓이를 이용하여 구의 부피를 구할 수 있다. 다음은 반지름의 길이가 r인 구의 부피를 구하는 과정이다. 빈칸에 알맞은 것을 써넣어 보자.

❶ 오른쪽 그림과 같이 구의 겉면을 여러 개의 아주 작은 삼각형 모양으로 나눈다고 하면, 구는 삼각형을 밑면으로 하고 구의 반지름의 길이를 높이로 하는 여러 개의 삼각뿔로 나타낼 수 있다.

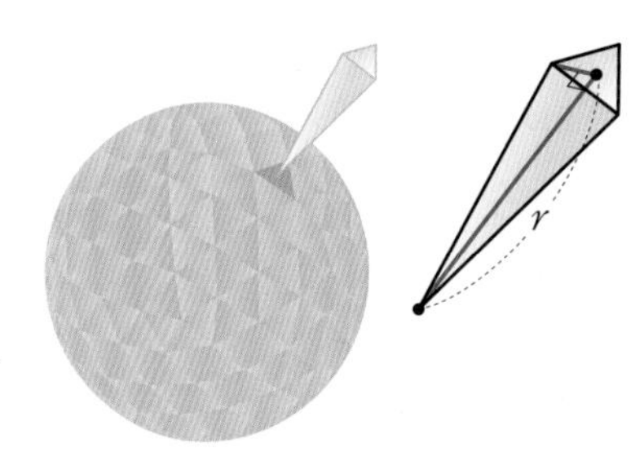

❷ 이 삼각뿔들의 밑넓이의 합은 구의 [겉넓이]와/과 같고, 삼각뿔의 부피의 합은 구의 [부피]와/과 같다고 할 수 있다.

❸ 따라서 반지름의 길이가 r인 구의 부피는 다음과 같다.

(구의 부피)=(삼각뿔의 부피의 합)

$=\frac{1}{3}\times$(삼각뿔의 [밑넓이]의 합)$\times$(삼각뿔의 높이)

$=\frac{1}{3}\times$(구의 [겉넓이])$\times$(구의 [반지름]의 길이)

$=\frac{1}{3}\times[4\pi r^2]\times[r]=\frac{4}{3}\pi r^3$

교과서 224~225쪽

중단원 마무리

V-2. 입체도형의 성질

스스로 개념을 정리해요.

01 다면체와 회전체

(1) 다 각 형 인 면으로만 둘러싸인 입체도형을 다면체라고 한다.

(2) 모든 면이 합동인 정 다 각 형 이고, 각 꼭짓점에 모인 면 의 개수가 같은 다면체를 정다면체라고 한다.

(3) 평면도형을 한 직선을 축으로 하여 한 바퀴 돌릴 때 생기는 입체도형을 회전체라 하고, 이때 축으로 사용한 직선을 회 전 축 (이)라고 한다.

02 입체도형의 겉넓이

(1) (기둥의 겉넓이)=(밑넓이)× 2 +(옆 넓 이)

(2) (뿔의 겉넓이)=(밑넓이)+(옆 넓 이)

(3) 반지름의 길이가 r인 구에 대하여

(구의 겉넓이)= $4\pi r^2$

03 입체도형의 부피

(1) (기둥의 부피)=(밑넓이)×(높 이)

(2) (뿔의 부피)= $\frac{1}{3}$ ×(밑 넓 이)×(높이)

(3) 반지름의 길이가 r인 구에 대하여

(구의 부피)= $\frac{4}{3}\pi r^3$

01

다음 중에서 옳은 것에는 ○표를, 옳지 않은 것에는 ×표를 하시오.

(1) 한 꼭짓점에 모인 면이 6개인 정다면체가 있다. ( )

(2) 원기둥을 회전축에 수직인 평면으로 자를 때 생기는 단면은 직사각형이다. ( )

(3) 반지름의 길이가 10 cm인 구의 겉넓이는 400π cm^{2}이다. ( )

(4) 기둥의 부피는 밑면이 합동이고 높이가 같은 뿔의 부피의 3배이다. ( )

풀이 (1) 정다면체는 한 꼭짓점에 모인 면이 3개 또는 4개 또는 5개뿐이다.

(2) 원기둥을 회전축에 수직인 평면으로 자를 때 생기는 단면은 원이다.

(3) 반지름의 길이가 10 cm인 구의 겉넓이는

$4\pi \times 10^2 = 400\pi\,(\text{cm}^2)$

답 (1) × (2) × (3) ○ (4) ○

02

다음 입체도형을 다면체와 회전체로 각각 구분하시오.

삼각기둥, 원기둥, 구, 정십이면체,
사각뿔, 원뿔대

풀이 다면체는 다각형인 면으로만 둘러싸인 입체도형이므로 다면체는 삼각기둥, 정십이면체, 사각뿔이다.
회전체는 평면도형을 한 직선을 축으로 하여 한 바퀴 돌릴 때 생기는 입체도형이므로 회전체는 원기둥, 구, 원뿔대이다.

답 다면체: 삼각기둥, 정십이면체, 사각뿔
회전체: 원기둥, 구, 원뿔대

03

다음 전개도로 만들 수 있는 삼각기둥의 겉넓이와 부피를 각각 구하시오.

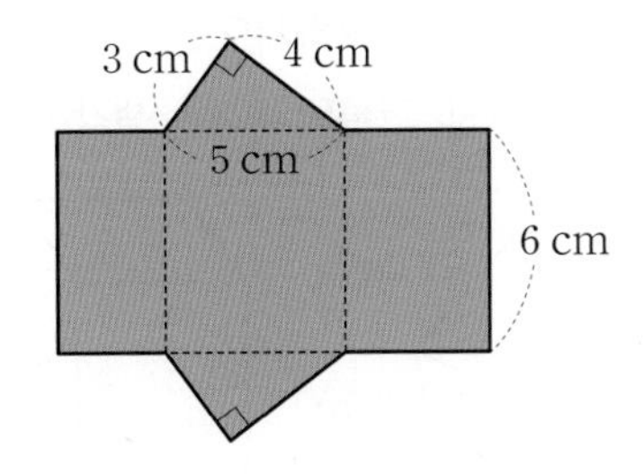

풀이 $(\text{겉넓이})=\left(\frac{1}{2}\times3\times4\right)\times2+(3+5+4)\times6$

$=12+72=84\,(\text{cm}^2)$

$(\text{부피})=\left(\frac{1}{2}\times3\times4\right)\times6=36\,(\text{cm}^3)$

답 겉넓이: 84 cm^2, 부피: 36 cm^3

04

다음을 모두 만족시키는 입체도형의 이름을 말하시오.

- 각 면이 모두 합동인 정삼각형이다.
- 각 꼭짓점에 모인 면의 개수가 5이다.

풀이 각 면이 합동인 정다각형이고, 각 꼭짓점에 모인 면의 개수가 같으므로 구하는 입체도형은 정다면체이다.
이때 각 면의 모양이 정삼각형이고 각 꼭짓점에 모인 면의 개수가 5이므로 구하는 입체도형은 정이십면체이다.

답 정이십면체

05

오른쪽 그림은 어떤 회전체를 회전축을 포함하는 평면으로 자른 단면이다. 이 회전체의 모선의 길이와 밑면의 반지름의 길이를 각각 구하시오.

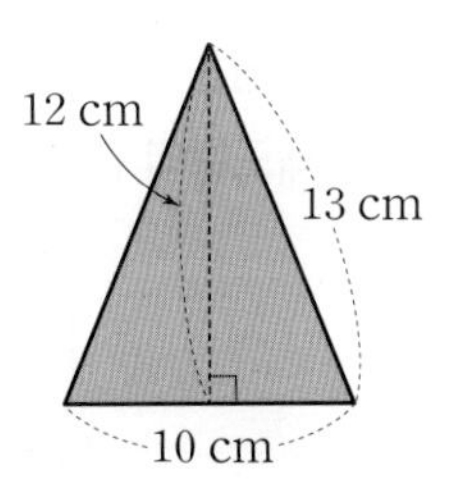

풀이 주어진 회전체는 오른쪽 그림과 같은 원뿔이므로 모선의 길이는 13 cm, 밑면의 반지름의 길이는 5 cm이다.

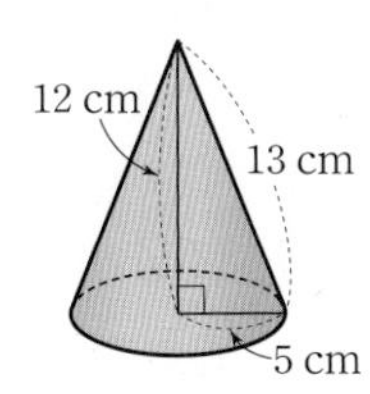

답 모선의 길이: 13 cm,
밑면의 반지름의 길이: 5 cm

06

다음 전개도로 만들 수 있는 원뿔의 겉넓이를 구하시오.

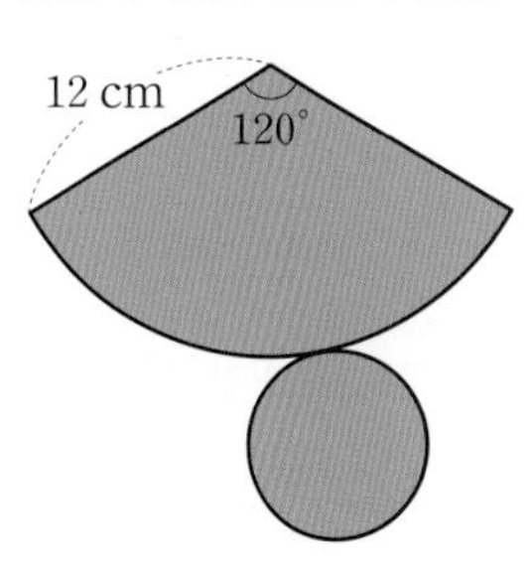

풀이 밑면의 반지름의 길이를 r cm라고 하면 밑면인 원의 둘레의 길이는 옆면인 부채꼴의 호의 길이와 같으므로

$2\pi r=2\pi\times12\times\frac{120}{360}$, $\quad r=4$

따라서

$(\text{겉넓이})=\pi\times4^2+\pi\times12^2\times\frac{120}{360}$

$=16\pi+48\pi$

$=64\pi\,(\text{cm}^2)$

답 $64\pi\text{ cm}^2$

07

다음 그림은 반지름의 길이가 4 cm인 구의 일부분이다. 이 입체도형의 겉넓이와 부피를 각각 구하시오.

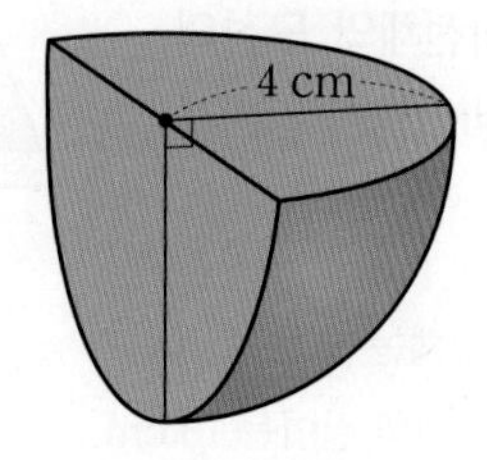

풀이 $(\text{겉넓이})=2\times\left(\frac{1}{2}\times\pi\times4^2\right)+\frac{1}{4}\times4\pi\times4^2$

$=16\pi+16\pi=32\pi\,(\text{cm}^2)$

$(\text{부피})=\frac{1}{4}\times\frac{4}{3}\pi\times4^3=\frac{64}{3}\pi\,(\text{cm}^3)$

답 겉넓이: 32π cm², 부피: $\frac{64}{3}\pi$ cm³

08

오른쪽 그림과 같은 직사각형을 직선 l을 축으로 하여 한 바퀴 돌릴 때 생기는 회전체의 부피를 구하시오.

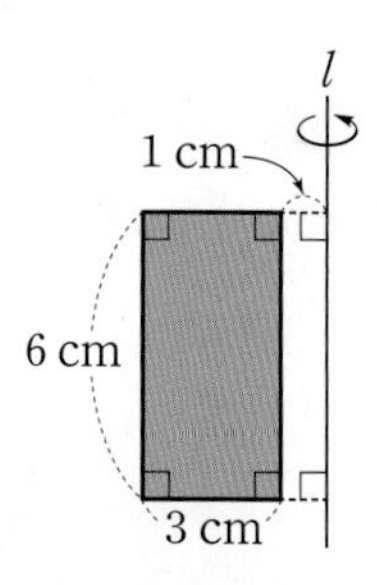

풀이 회전체는 오른쪽 그림과 같이 구멍이 뚫린 원기둥이다.

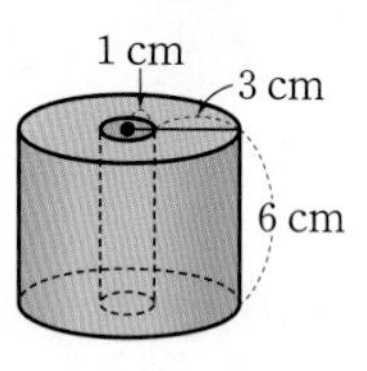

따라서 구하는 부피는

$(\pi\times4^2-\pi\times1^2)\times6$

$=90\pi\,(\text{cm}^3)$

답 90π cm³

09 발전

[그림 1]과 [그림 2]는 일정한 양의 물이 들어 있는 직육면체 모양의 그릇을 다른 방향으로 놓은 것이다. [그림 2]에 들어 있는 물의 높이를 구하시오.

(단, 그릇의 두께는 생각하지 않는다.)

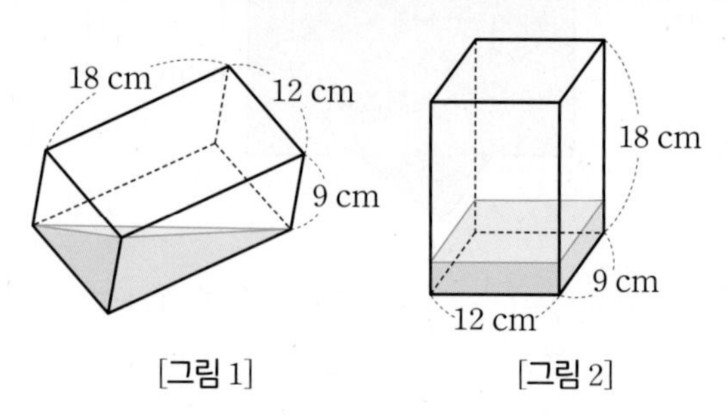

[그림 1] [그림 2]

풀이 두 직육면체 모양의 그릇에서 물이 들어 있는 부분은 각각 삼각뿔과 사각기둥 모양이다.

[그림 2]에 들어 있는 물의 높이를 x cm라고 하면

$(\text{삼각뿔의 부피})=\frac{1}{3}\times\left(\frac{1}{2}\times18\times12\right)\times9$

$=324\,(\text{cm}^3)$

$(\text{사각기둥의 부피})=(12\times9)\times x$

$=108x\,(\text{cm}^3)$

이때 [그림 1], [그림 2]에 들어 있는 물의 양이 같으므로

$108x=324$

$x=3$

따라서 [그림 2]에 들어 있는 물의 높이는 3 cm이다.

답 3 cm

대단원 평가

V. 도형의 성질

01

다음 그림에서 $\angle x$, $\angle y$의 크기를 각각 구하시오.

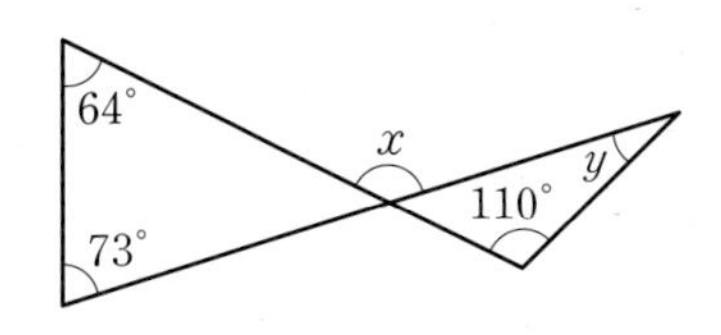

풀이 $\angle x=64°+73°=137°$이므로

$\angle y+110°=137°$, $\angle y=27°$

답 $\angle x=137°$, $\angle y=27°$

02

내각의 크기의 합이 $1980°$인 다각형의 변의 개수는?

① 11 ② 12 ③ 13
④ 14 ⑤ 15

풀이 내각의 크기의 합이 $1980°$인 다각형을 n각형이라고 하면

$180°\times(n-2)=1980°$

$n-2=11$, $n=13$

따라서 구하는 다각형은 십삼각형이므로 변의 개수는 13이다.

답 ③

03

한 내각의 크기와 한 외각의 크기의 비가 8 : 1인 정다각형의 이름을 말하시오.

풀이 구하는 정다각형을 정n각형이라고 하자.

한 내각의 크기와 한 외각의 크기의 비가 8 : 1이고, 이 두 각의 크기의 합은 $180°$이므로 정n각형의 한 외각의 크기는

$180°\times\frac{1}{9}=20°$

그런데 정n각형의 한 외각의 크기는 $\frac{360°}{n}$이므로

$\frac{360°}{n}=20°$, $n=18$

따라서 구하는 정다각형은 정십팔각형이다.

답 정십팔각형

04

어떤 다각형에서 내부의 한 점과 각 꼭짓점을 잇는 선분을 모두 그으면 11개의 삼각형으로 나누어진다고 한다. 이 다각형의 대각선의 개수를 구하시오.

풀이 주어진 다각형은 십일각형이므로 십일각형의 대각선의 개수는

$\frac{11\times(11-3)}{2}=44$

답 44

05

다음 그림의 원 O에서 x의 값은?

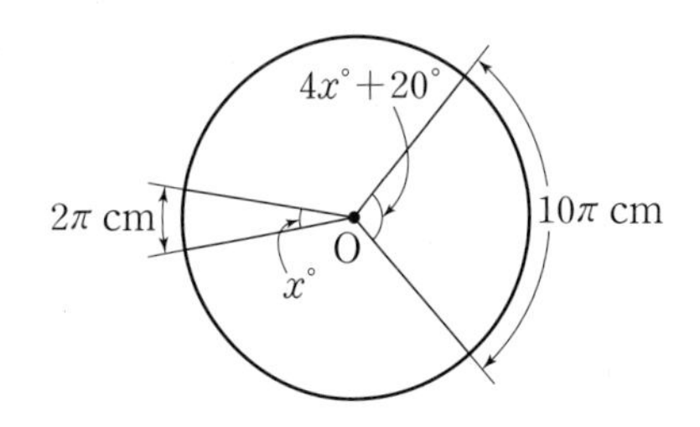

① 10 ② 15 ③ 18
④ 20 ⑤ 25

풀이 한 원에서 호의 길이는 중심각의 크기에 정비례하므로

$2\pi : 10\pi=x : (4x+20)$

$1 : 5=x : (4x+20)$

$5x=4x+20$, $x=20$

답 ④

06

오른쪽 그림의 원 O에서 $\widehat{AB}$의 길이와 $\widehat{BC}$의 길이가 같을 때, 다음 중 옳지 않은 것은?

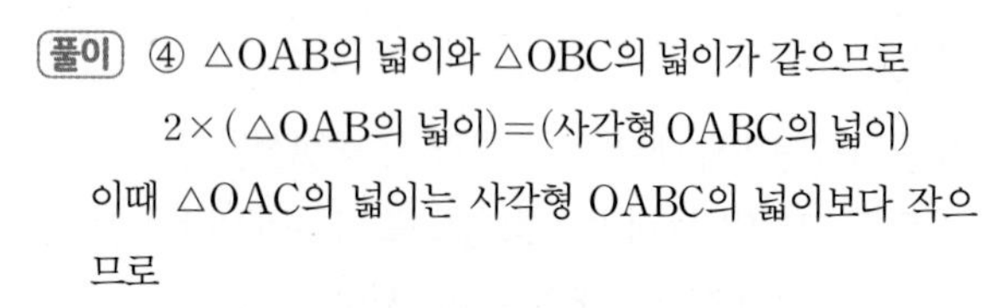

① $\overline{AB}=\overline{BC}$

② $\angle BOC=\frac{1}{2}\times\angle AOC$

③ $\triangle OAB\equiv\triangle OBC$

④ ($\triangle OAC$의 넓이)$=2\times$($\triangle OAB$의 넓이)

⑤ (부채꼴 AOB의 넓이)$=\frac{1}{2}\times$(부채꼴 AOC의 넓이)

풀이 ④ $\triangle OAB$의 넓이와 $\triangle OBC$의 넓이가 같으므로

$2\times$($\triangle OAB$의 넓이)=(사각형 OABC의 넓이)

이때 $\triangle OAC$의 넓이는 사각형 OABC의 넓이보다 작으므로

($\triangle OAC$의 넓이)$<2\times$($\triangle OAB$의 넓이)

따라서 옳지 않은 것은 ④이다.

답 ④

07

다음 그림에서 원 O의 둘레의 길이는 27π cm이고 호 AB의 길이는 3π cm이다. $\triangle OCD$에서 $\angle C+\angle D$의 크기를 구하시오.

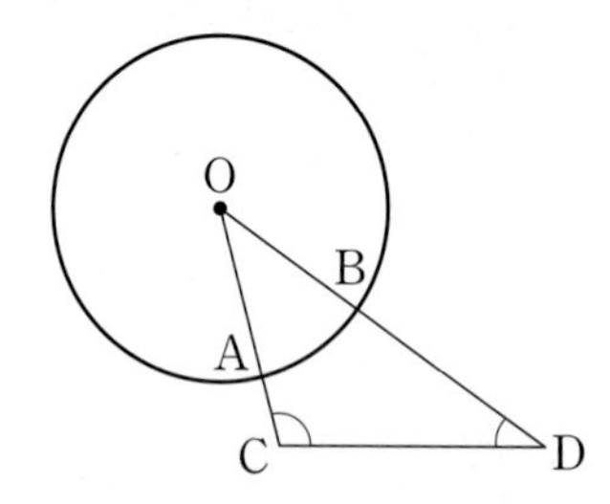

풀이 $\widehat{AB}$의 중심각의 크기를 $x°$라고 하면

$27\pi : 3\pi=360 : x$, $\quad 9 : 1=360 : x$

$9x=360$, $\quad x=40$

즉 $\widehat{AB}$의 중심각의 크기가 $40°$이므로 $\triangle OCD$에서

$\angle C+\angle D=180°-40°=140°$

답 $140°$

08

반지름의 길이가 12 cm이고, 넓이가 10π cm^{2}인 부채꼴의 중심각의 크기는?

① $20°$ ② $23°$ ③ $25°$

④ $27°$ ⑤ $30°$

풀이 부채꼴의 중심각의 크기를 $x°$라고 하면

$\pi\times12^2\times\frac{x}{360}=10\pi$, $\quad \frac{2}{5}\pi x=10\pi$

$x=25$

따라서 부채꼴의 중심각의 크기는 $25°$이다.

답 ③

09

다음 그림과 같이 반지름의 길이가 5 cm인 반원과 중심각의 크기가 $45°$이고 반지름의 길이가 10 cm인 부채꼴이 겹쳐져 있을 때, 색칠한 부분의 넓이를 구하시오.

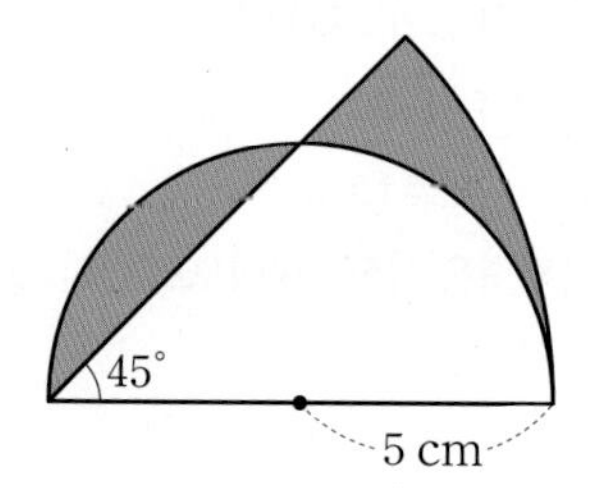

풀이

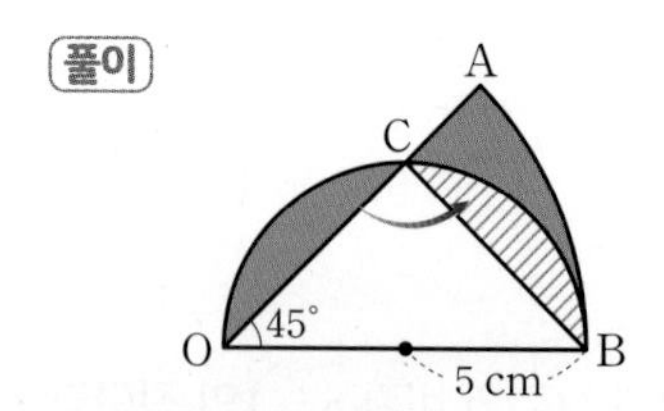

위의 그림에서 색칠한 부분의 넓이는

(부채꼴 AOB의 넓이)−(직각삼각형 OBC의 넓이)

$=\pi\times10^2\times\frac{45}{360}-\frac{1}{2}\times10\times5$

$=\frac{25}{2}\pi-25\,(\text{cm}^2)$

답 $\left(\frac{25}{2}\pi-25\right)$ cm^2

10

다음 보기 중에서 십면체인 것을 모두 고르시오.

> 보기
> ㄱ. 칠각기둥 ㄴ. 팔각기둥 ㄷ. 구각뿔
> ㄹ. 십각뿔 ㅁ. 팔각뿔대 ㅂ. 구각뿔대

풀이 ㄱ은 구면체, ㄴ, ㄷ, ㅁ은 십면체, ㄹ, ㅂ은 십일면체이다.

답 ㄴ, ㄷ, ㅁ

11

다음 중에서 다면체와 그 옆면의 모양이 잘못 짝 지어진 것은?

① 육각기둥 – 직사각형
② 칠각뿔 – 삼각형
③ 팔각뿔 – 삼각형
④ 오각뿔대 – 오각형
⑤ 칠각뿔대 – 사다리꼴

풀이 각뿔대의 옆면은 모두 사다리꼴이다.
④ 오각뿔대 – 사다리꼴
따라서 잘못 짝 지어진 것은 ④이다.

답 ④

12

다음 중에서 옳지 않은 것은?

① 정다면체를 이루는 면은 모두 합동이다.
② 정다면체의 면의 모양은 정삼각형, 정사각형, 정오각형뿐이다.
③ 각 면의 모양이 정삼각형인 정다면체는 2가지이다.
④ 한 꼭짓점에 모인 면의 개수가 4인 정다면체는 정팔면체이다.
⑤ 정다면체는 정사면체, 정육면체, 정팔면체, 정십이면체, 정이십면체의 다섯 가지가 있다.

풀이 ③ 각 면의 모양이 정삼각형인 정다면체는 정사면체, 정팔면체, 정이십면체의 3가지이다.
따라서 옳지 않은 것은 ③이다.

답 ③

13

오른쪽 원뿔의 전개도를 그렸을 때, 옆면인 부채꼴의 중심각의 크기를 구하시오.

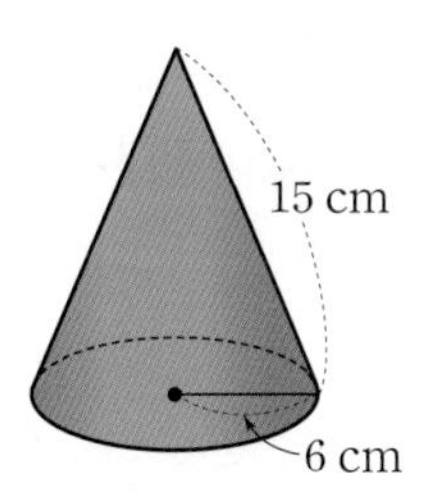

풀이 원뿔의 전개도에서 옆면인 부채꼴의 호의 길이는 밑면인 원의 둘레의 길이와 같다.
부채꼴의 중심각의 크기를 $x°$라고 하면

$$2\pi \times 15 \times \frac{x}{360} = 2\pi \times 6$$

$$\frac{x}{12}\pi = 12\pi, \qquad x = 144$$

따라서 부채꼴의 중심각의 크기는 $144°$이다.

답 $144°$

14

다음 중에서 오른쪽 그림과 같은 삼각형을 직선 l을 축으로 하여 한 바퀴 돌릴 때 생기는 회전체는?

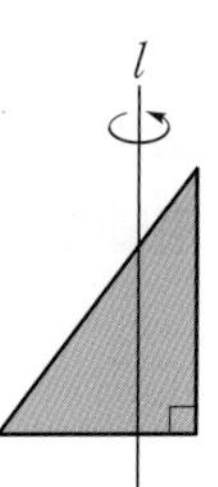

① 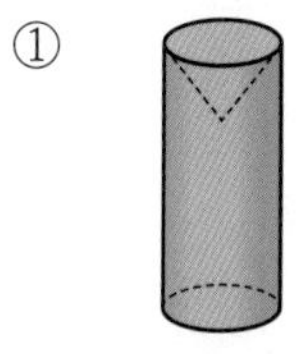

② 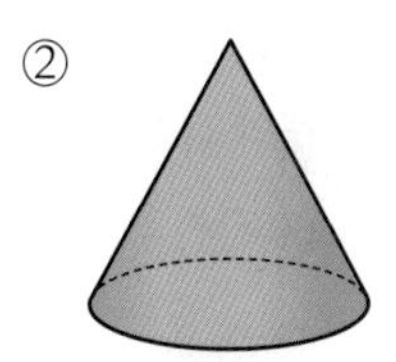

③ 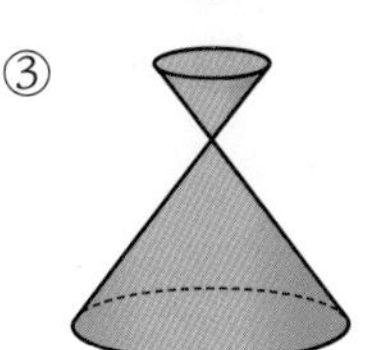

④ 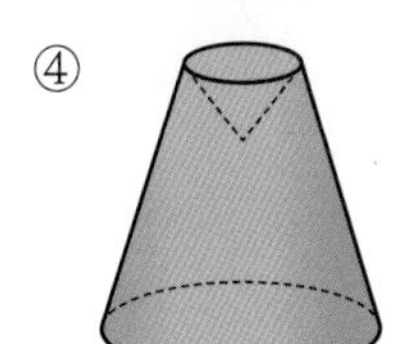

⑤ 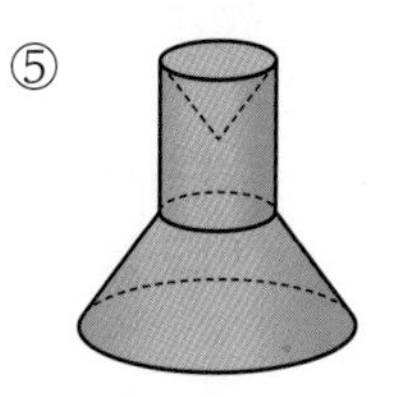

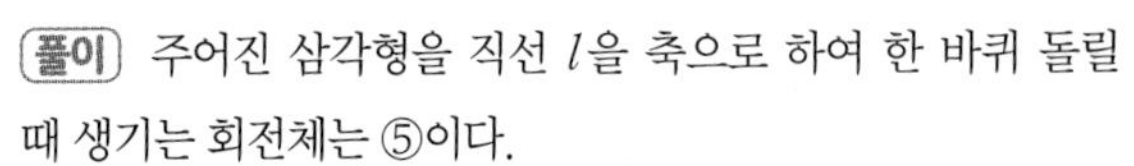

풀이 주어진 삼각형을 직선 l을 축으로 하여 한 바퀴 돌릴 때 생기는 회전체는 ⑤이다.

답 ⑤

15

다음 그림은 밑면이 정사각형인 사각뿔대이다. 이 사각뿔대의 겉넓이를 구하시오.

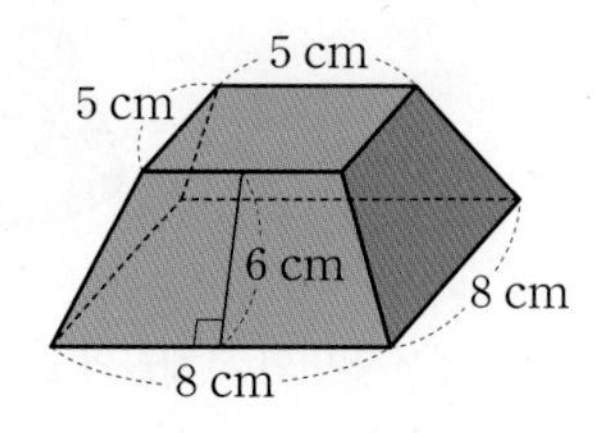

풀이 사각뿔대의 겉넓이는

$(5\times5)+(8\times8)+\left\{\frac{1}{2}\times(5+8)\times6\right\}\times4$

$=25+64+156=245\,(\mathrm{cm}^2)$

답 $245\ \mathrm{cm}^2$

16

오른쪽 그림과 같은 입체도형의 겉넓이를 구하시오.

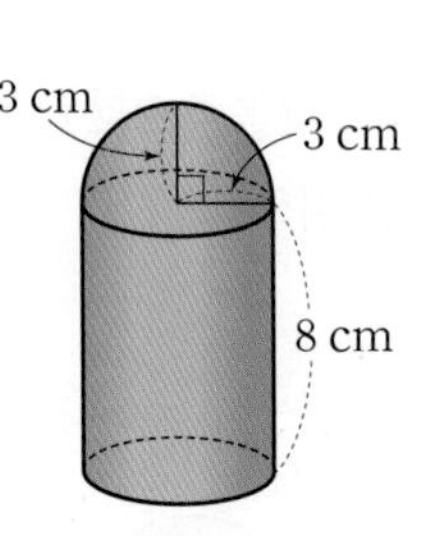

풀이 입체도형의 겉넓이는

$\frac{1}{2}\times(4\pi\times3^2)+(2\pi\times3)\times8+\pi\times3^2$

$=18\pi+48\pi+9\pi=75\pi\,(\mathrm{cm}^2)$

답 $75\pi\ \mathrm{cm}^2$

17

민서는 폐식용유를 재활용하여 사각기둥 모양의 비누 4개를 만들었다. 각 비누의 밑넓이가 $50\ \mathrm{cm}^2$이고 높이가 3 cm일 때, 비누 4개의 부피를 구하시오.

풀이 사각기둥 모양의 비누 4개의 부피는

$(50\times3)\times4=600\,(\mathrm{cm}^3)$

답 $600\ \mathrm{cm}^3$

18

다음 전개도로 만들 수 있는 원기둥의 부피를 구하시오.

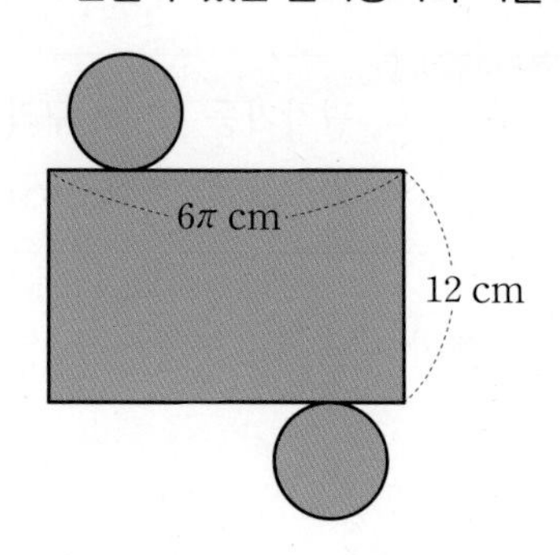

풀이 원기둥의 전개도에서 밑면인 원의 둘레의 길이는 옆면인 직사각형의 가로의 길이와 같으므로 밑면의 반지름의 길이를 r cm라고 하면

$2\pi r=6\pi,\quad r=3$

따라서 원기둥의 부피는

$\pi\times3^2\times12=108\pi\,(\mathrm{cm}^3)$

답 $108\pi\ \mathrm{cm}^3$

19

다음 그림과 같이 원기둥에 원뿔과 구가 꼭 맞게 들어 있다. 이때 구의 반지름의 길이는 2 cm이다.

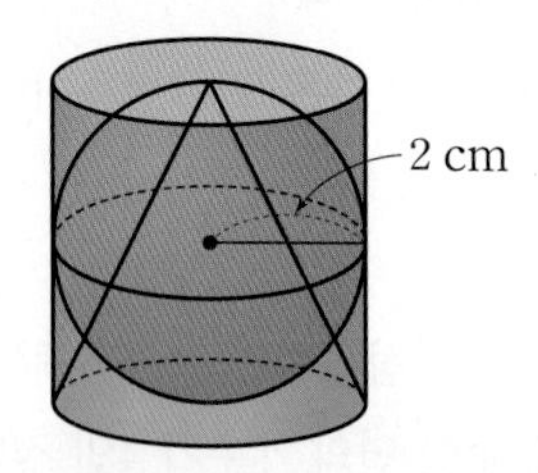

(1) 구, 원뿔, 원기둥의 부피를 각각 구하시오.

(2) 구의 부피와 원기둥의 부피는 각각 원뿔의 부피의 몇 배인지 구하시오.

풀이 (1) (구의 부피)$=\frac{4}{3}\times\pi\times2^3=\frac{32}{3}\pi\,(\mathrm{cm}^3)$

(원뿔의 부피)$=\frac{1}{3}\times\pi\times2^2\times4=\frac{16}{3}\pi\,(\mathrm{cm}^3)$

(원기둥의 부피)$=\pi\times2^2\times4=16\pi\,(\mathrm{cm}^3)$

(2) (구의 부피)=(원뿔의 부피)$\times 2$,

(원기둥의 부피)=(원뿔의 부피)$\times 3$

따라서 구의 부피는 원뿔의 부피의 2배이고, 원기둥의 부피는 원뿔의 부피의 3배이다.

답 (1) 구의 부피: $\frac{32}{3}\pi\ \text{cm}^3$, 원뿔의 부피: $\frac{16}{3}\pi\ \text{cm}^3$,

원기둥의 부피: $16\pi\ \text{cm}^3$

(2) 풀이 참조

[20~21] 풀이 과정과 답을 써 보자.

20

다음 그림의 원 O에서 $\angle AOB=80^\circ$이고

$(\widehat{BC}$의 길이$):(\widehat{CA}$의 길이$)=3:4$

일 때, 부채꼴 BOC의 호의 길이와 넓이를 각각 구하시오.

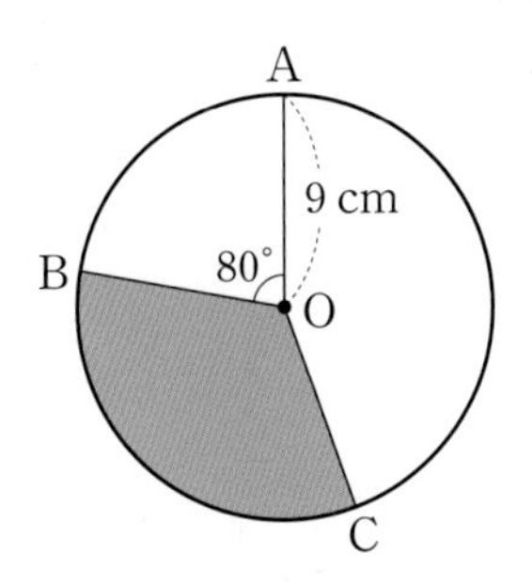

풀이 한 원에서 호의 길이는 중심각의 크기에 정비례하므로

$\angle BOC=(360^\circ-80^\circ)\times\frac{3}{3+4}=120^\circ$ ◀ ㉮

따라서 부채꼴 BOC의 호의 길이는

$(\widehat{BC}$의 길이$)=2\pi\times 9\times\frac{120}{360}=6\pi\,(\text{cm})$ ◀ ㉯

또 부채꼴 BOC의 넓이는

$\pi\times 9^2\times\frac{120}{360}=27\pi\,(\text{cm}^2)$ ◀ ㉰

답 호의 길이: 6π cm, 넓이: $27\pi\ \text{cm}^2$

채점 기준	배점
㉮ $\angle BOC$의 크기 구하기	20 %
㉯ 부채꼴 BOC의 호의 길이 구하기	40 %
㉰ 부채꼴 BOC의 넓이 구하기	40 %

21

오른쪽 그림과 같은 평면도형을 직선 l을 회전축으로 하여 한 바퀴 돌릴 때 생기는 회전체의 겉넓이와 부피를 각각 구하시오.

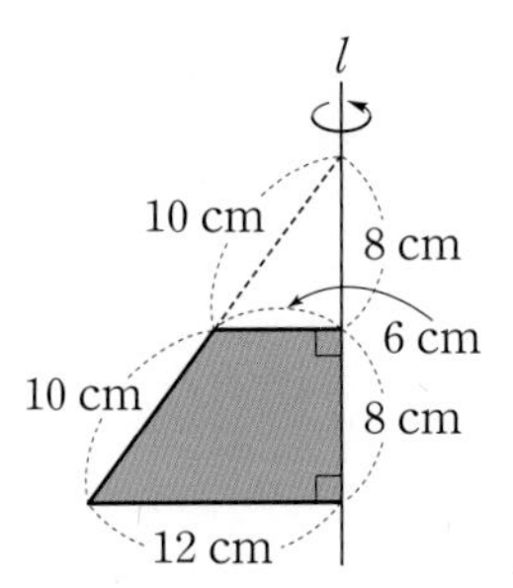

풀이 주어진 평면도형을 직선 l을 회전축으로 하여 한 바퀴 돌릴 때 생기는 회전체는 다음 그림과 같은 원뿔대이다.

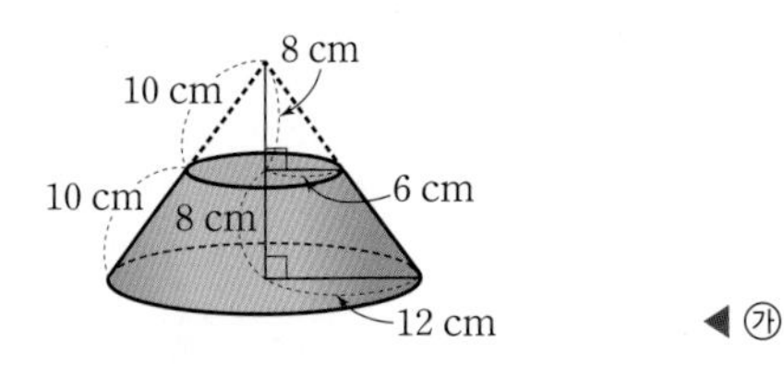

◀ ㉮

(원뿔대의 두 밑넓이의 합)$=\pi\times 6^2+\pi\times 12^2$

$=180\pi\,(\text{cm}^2)$

(원뿔대의 옆넓이)$=\frac{1}{2}\times 20\times(2\times\pi\times 12)$

$-\frac{1}{2}\times 10\times(2\times\pi\times 6)$

$=240\pi-60\pi$

$=180\pi\,(\text{cm}^2)$

이므로 원뿔대의 겉넓이는

$180\pi+180\pi=360\pi\,(\text{cm}^2)$ ◀ ㉯

또 원뿔대의 부피는

$\frac{1}{3}\times\pi\times 12^2\times 16-\frac{1}{3}\times\pi\times 6^2\times 8$

$=768\pi-96\pi$

$=672\pi\,(\text{cm}^3)$ ◀ ㉰

답 겉넓이: $360\pi\ \text{cm}^2$, 부피: $672\pi\ \text{cm}^3$

채점 기준	배점
㉮ 회전체의 모양 알기	20 %
㉯ 회전체의 겉넓이 구하기	50 %
㉰ 회전체의 부피 구하기	30 %

테셀레이션 예술가, 에셔

교과서 230~231쪽

1 활동지 3 을 이용하여 다음과 같이 도마뱀 도안을 만들어 보자.

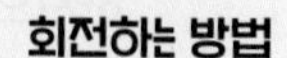

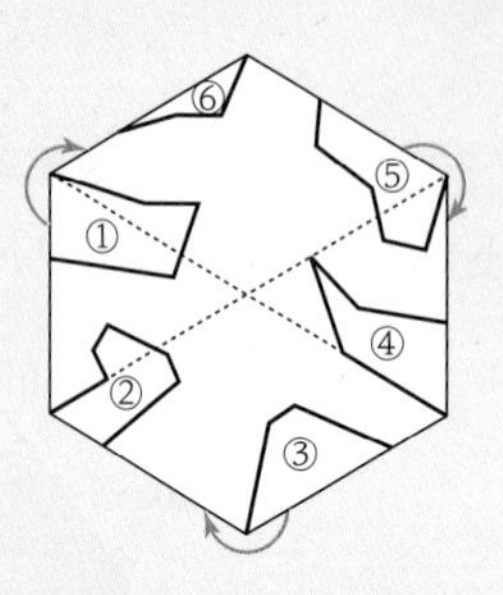

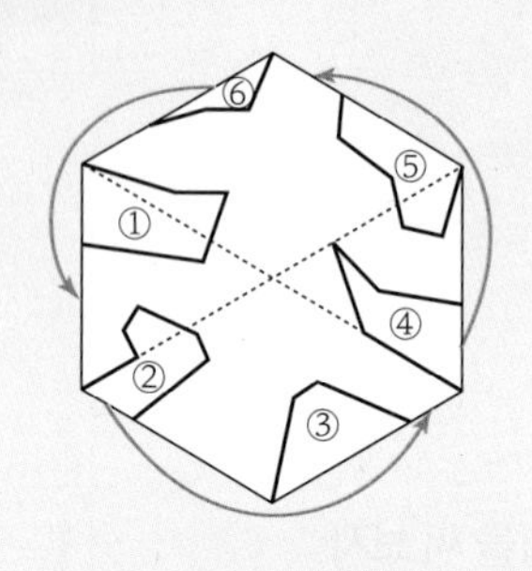

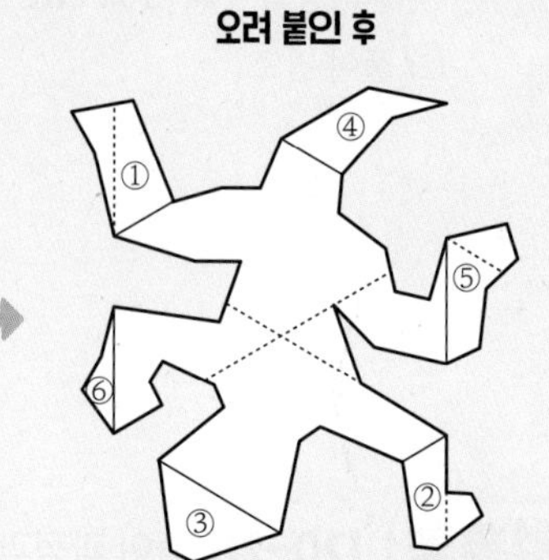

홀수 번호는 시곗바늘이 도는 방향으로 회전한다.

짝수 번호는 시곗바늘이 도는 반대 방향으로 회전한다.

실선을 오린 후 회전이동한 곳에 붙여 도마뱀 도안을 만든다.

답 생략

2 도마뱀 도안을 색종이 위에 올려놓고 따라 그린 후 오려 보자.

풀이 예

답 풀이 참조

3 모둠원들이 만든 도마뱀 모양을 종이에 붙여서 테셀레이션을 만들고, 도마뱀을 장식하여 모둠만의 작품을 만들어 보자.

풀이 예

답 풀이 참조

VI 통계

1. 대푯값
2. 도수분포표와 상대도수

현대는 일상생활의 모든 것이 데이터로 기록되는 시대이다. 기록된 데이터는 정리와 분석을 통해서 유용하게 활용되며, 이때 다양한 공학 도구가 활용된다.

1 대푯값

교과서 235쪽

준비 ① 다음 네 수의 평균을 구하시오.

12, 8, 3, 5

풀이 주어진 네 수의 평균은

$$\frac{12+8+3+5}{4}=7$$

답 7

개념 초 5~6

- **평균**: 각 자료의 값을 모두 더하여 자료의 개수로 나눈 값

예 다음 표는 어느 일주일 동안 수빈이의 줄넘기 기록을 나타낸 것이다.

요일	일	월	화	수	목	금	토
횟수(회)	125	132	117	103	139	95	129

수빈이의 줄넘기 기록의 평균을 구하면

$$\frac{125+132+117+103+139+95+129}{7}=120\,(\text{회})$$

따라서 수빈이의 줄넘기 기록의 평균은 120회이다.

단원의 학습 흐름

이전에 배운 내용은	이 단원에서는	새로운 용어
초 3~4 자료의 수집과 정리 초 5~6 자료의 수집과 정리	대푯값	변량, 대푯값, 중앙값, 최빈값

01 대푯값

(학습 목표) 중앙값, 최빈값의 뜻을 알고, 자료의 특성에 따라 적절한 대푯값을 선택하여 구할 수 있다.

중앙값은 무엇일까

교과서 236~237쪽

개념 짚어보기

❶ **변량**: 자료를 수량으로 나타낸 것

(예) 고속버스 운행 시간, 나이, 금액, 무게 등

❷ **대푯값**: 자료 전체의 중심 경향이나 특징을 대표적으로 나타내는 값

→ 대푯값으로 가장 많이 사용하는 것은 평균이다. 하지만 변량 중에 매우 크거나 매우 작은 값이 있는 경우에는 평균이 그 값의 영향을 받으므로 평균보다 자료 전체의 중심 경향을 더 잘 나타낼 수 있는 다른 대푯값이 필요하다.

(참고) 대푯값에는 평균, 중앙값, 최빈값 등이 있다.

❸ **중앙값**: 자료의 변량을 작은 값부터 크기순으로 나열할 때, 중앙에 위치한 값

(1) 변량의 개수가 홀수이면 중앙에 위치한 하나의 값을 중앙값으로 한다.

(예) 자료 '1, 2, 3'의 중앙값은 중앙에 위치한 값인 2이다.

(2) 변량의 개수가 짝수이면 중앙에 위치한 두 값의 평균을 중앙값으로 한다.

(예) 자료 '2, 4, 6, 8'의 중앙값은 중앙에 위치한 4와 6의 평균인 $\frac{4+6}{2}=5$이다.

→ n개의 변량을 크기순으로 나열할 때

(1) n이 홀수이면 $\frac{n+1}{2}$번째 값이 중앙값이다.

(2) n이 짝수이면 $\frac{n}{2}$번째 값과 $\left(\frac{n}{2}+1\right)$번째 값의 평균이 중앙값이다.

▶ (평균) = (자료의 값을 모두 더한 수) ÷ (자료의 개수)

도입 매일 오전 11시에 A 도시에서 B 도시로 운행하는 고속버스가 있다. 다음 표는 어느 일주일 동안 이 고속버스의 운행 시간을 조사한 것이다. 고속버스 운행 시간의 평균을 구해 보자.

운행 시간

요일	일	월	화	수	목	금	토
시간 (분)	125	120	100	110	105	115	235

(풀이) 고속버스 운행 시간의 평균은

$$\frac{125+120+100+110+105+115+235}{7}=130\,(\text{분})$$

(답) 130분

확인1 빈칸에 알맞은 것을 써넣어 보자.

1 자료 '25, 4, 9, 11, 12'의 변량을 작은 값부터 크기순으로 나열하면

4, [9], 11, 12, [25] ← 변량이 5개

이므로 중앙값은 [11]이다.

2 자료 '26, 10, 5, 8, 15, 2'의 변량을 작은 값부터 크기순으로 나열하면

[2], 5, 8, [10], 15, 26 ← 변량이 6개

이므로 중앙값은 $\frac{8+\boxed{10}}{2}=\boxed{9}$ 이다.

문제 1

다음은 학생 10명이 한 달 동안 운동한 날짜를 조사하여 나타낸 것이다.

운동한 날짜 (단위: 일)

19	16	10	12	18	18	14	17	21	14

(1) 이 자료의 변량을 작은 값부터 크기순으로 나열하시오.

(2) 이 자료의 중앙값을 구하시오.

풀이 (1) 자료의 변량을 작은 값부터 크기순으로 나열하면

10, 12, 14, 14, 16, 17, 18, 18, 19, 21

이다.

(2) 변량이 10개이므로 이 자료의 중앙값은 변량을 작은 값부터 크기순으로 나열했을 때 다섯 번째 값과 여섯 번째 값의 평균인 $\frac{16+17}{2}=16.5$(일)이다.

답 (1) 10, 12, 14, 14, 16, 17, 18, 18, 19, 21 (2) 16.5일

문제 2

다음은 2주 동안 열린 어느 미술관 전시회의 입장객 수를 조사하여 나타낸 것이다.

입장객 수 (단위: 명)

100	120	5	135	105	200	150
150	180	155	20	180	160	1700

(1) 입장객 수의 평균과 중앙값을 각각 구하시오.

(2) 평균과 중앙값 중 어떤 값이 대푯값으로 더 적절한지 말하고, 그 이유를 설명하시오.

풀이 (1) 평균은 변량의 총합을 변량의 개수로 나눈 값이므로

$$(\text{평균})=\frac{100+120+5+135+105+200+150+150+180+155+20+180+160+1700}{14}$$
$$=240(\text{명})$$

자료의 변량을 작은 값부터 크기순으로 나열하면

5, 20, 100, 105, 120, 135, 150, 150, 155, 160, 180, 180, 200, 1700

이므로 중앙값은 $\frac{150+150}{2}=150(\text{명})$이다.

(2) 중앙값

이유: ㉮ 변량 중에서 매우 크거나 매우 작은 값이 있으므로 중앙값이 대푯값으로 더 적절하다.

답 (1) 평균: 240명, 중앙값: 150명 (2) 풀이 참조

최빈값은 무엇일까

교과서 238~239쪽

▶ 최빈값에서 최빈(最頻)은 '가장 자주'라는 뜻이다.

개념 짚어보기

① **최빈값:** 자료에서 가장 많이 나타나는 값

→ 규격화되어 같은 값이 많이 나타나는 자료나 숫자로 나타낼 수 없는 자료의 대푯값으로 최빈값이 적절하다.

㉮ 운동화나 옷의 치수, 가장 좋아하는 계절, 혈액형 등

→ 평균이나 중앙값은 값이 하나로 정해지지만, 최빈값은 자료에 따라 두 개 이상일 수도 있다.

㉮ 자료 '1, 3, 5, 5'에서 5가 두 번으로 가장 많이 나타나므로, 최빈값은 5이다.

도입 **다음은 어느 운동화 가게에서 하루 동안 판매한 운동화의 치수를 조사하여 나타낸 것이다. 이 운동화 가게에서 판매할 운동화를 더 주문하려고 할 때, 어떤 치수의 운동화를 가장 많이 주문하는 것이 좋을지 말해 보자.**

운동화의 치수 (단위: mm)

260	235	230	270	270	240	230	270	245
255	240	235	280	270	260	260	270	255

풀이 270 mm가 다섯 번으로 가장 많이 나타나므로, 270 mm의 운동화를 가장 많이 주문하는 것이 좋다.

답 270 mm

확인 2 빈칸에 알맞은 것을 써넣어 보자.

1 자료 '7, 9, 7, 1, 3, 4, 7'에서 [7] 이/가 세 번으로 가장 많이 나타나므로, 최빈값은 [7] 이다.

2 자료 '8, 1, 9, 9, 4, 6, 1, 5'에서 [1] 와/과 [9] 이/가 각각 두 번씩 가장 많이 나타나므로, 최빈값은 [1] 와/과 [9] 이다.

3 자료 '솔, 솔, 라, 라, 솔, 솔, 미'에서 [솔] 이/가 네 번으로 가장 많이 나타나므로, 최빈값은 [솔] 이다.

문제 3 다음 자료의 최빈값을 구하시오.

(1) **좋아하는 과일**

수박 사과 귤 수박 딸기 사과 딸기 수박 바나나 딸기

(2) **태어난 달** (단위: 월)

2 3 10 12 7 3 4 6 8 11 10 1 5 3 9 8 2 1 7 3

풀이 (1) 주어진 변량에서 수박과 딸기가 각각 세 번으로 가장 많이 나타나므로, 최빈값은 수박, 딸기이다.
(2) 주어진 변량에서 3월이 네 번으로 가장 많이 나타나므로, 최빈값은 3월이다.

답 (1) 수박, 딸기 (2) 3월

문제 4 다음은 어느 기관에서 행사 참가자에게 나눠 준 티셔츠의 치수를 조사하여 나타낸 표이다. 이 자료의 대푯값으로 적절한 티셔츠의 치수를 구하고, 그 이유를 설명하시오.

티셔츠의 치수

치수(호)	80	85	90	95	100	105
수량(장)	3	2	5	20	4	1

풀이 95호
이유: 예 가장 많은 참가자에게 나눠 준, 즉 최빈값 95호가 대푯값으로 가장 적절하다.

답 풀이 참조

적절한 대푯값 선택하기

자료에 따라 자료 전체의 중심 경향이나 특징을 대표적으로 나타내는 값은 달라질 수 있다. 따라서 자료의 특성에 따라 적절한 대푯값을 선택하는 것이 중요하다.

1 다음 각 자료에서 평균, 중앙값, 최빈값 중 적절한 대푯값을 선택하여 구해 보자.

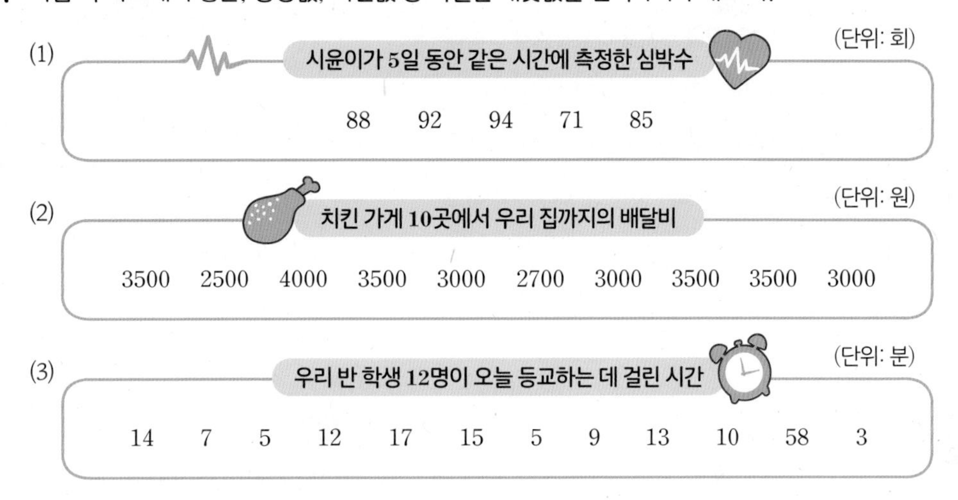

(1)
(단위: 회)
시윤이가 5일 동안 같은 시간에 측정한 심박수
88 92 94 71 85
(2)
(단위: 원)
치킨 가게 10곳에서 우리 집까지의 배달비
3500 2500 4000 3500 3000 2700 3000 3500 3500 3000
(3)
(단위: 분)
우리 반 학생 12명이 오늘 등교하는 데 걸린 시간
14 7 5 12 17 15 5 9 13 10 58 3

2 평균, 중앙값, 최빈값이 어떤 상황에서 유용하게 사용될 수 있는지 토론해 보자.

풀이 **1** (1) 예 평균은

$$\frac{88+92+94+71+85}{5}=86\,(\text{회})$$

변량 중에서 매우 크거나 매우 작은 값이 없기 때문에 평균 86회가 대푯값으로 적절하다.

(2) 예 주어진 변량에서 3500원이 네 번으로 가장 많이 나타나므로, 최빈값은 3500원이다.

가장 많은 가격을 조사하는 것이 필요하기 때문에 최빈값 3500원이 대푯값으로 적절하다.

(3) 예 자료의 변량을 작은 값부터 크기순으로 나열하면

3, 5, 5, 7, 9, 10, 12, 13, 14, 15, 17, 58

이므로 중앙값은

$$\frac{10+12}{2}=11\,(\text{분})$$

변량 중에서 매우 큰 값이 있기 때문에 중앙값 11분이 대푯값으로 적절하다.

2 예 • 변량 중에서 매우 큰 값이나 매우 작은 값이 없으면 평균이 유용하다.

• 변량 중에서 매우 큰 값이나 매우 작은 값이 있는 경우에는 중앙값이 유용하다.

• 변량을 숫자로 나타낼 수 없는 경우에는 최빈값이 유용하다.

답 **1** (1) 예 평균: 86회

(2) 예 최빈값: 3500원

(3) 예 중앙값: 11분

2 풀이 참조

교과서 242~243쪽

중단원 마무리

VI-1. 대푯값

스스로 개념을 정리해요.

01 대푯값

(1) 자료를 수량으로 나타낸 것을 변 량 (이)라고 한다.

(2) 자료 전체의 중심 경향이나 특징을 대표적으로 나타내는 값을 그 자료의 대 푯 값 (이)라고 한다.

(3) 자료의 변량을 작은 값부터 크기순으로 나열할 때, 중앙에 위치한 값을 그 자료의 중 앙 값 (이)라고 한다.

① 변량의 개수가 홀수 ➡ 중앙에 위치한 하나의 값

② 변량의 개수가 짝수

➡ 중앙에 위치한 두 값의 평 균

(4) 자료에서 가장 많이 나타나는 값을 그 자료의 최 빈 값 (이)라고 한다.

① 규격화되어 같은 값이 많이 나타나는 자료나, 숫자로 나타낼 수 없는 자료의 대푯값으로 적절하다.

② 자료에 따라 두 개 이상일 수도 있다.

01

다음 중에서 옳은 것에는 ○표를, 옳지 않은 것에는 ×표를 하시오.

(1) 매우 크거나 매우 작은 값이 있는 경우, 평균은 그 값의 영향을 받지 않는다. (　　)

(2) 자료 '8, 1, 5'의 중앙값은 1이다. (　　)

(3) 중앙값은 자료에 따라 두 개 이상일 수도 있다. (　　)

(4) 가장 좋아하는 급식 메뉴에 대한 대푯값으로는 최빈값이 가장 적절하다. (　　)

풀이 (1) 평균은 매우 크거나 매우 작은 값의 영향을 받는다.

(2) 자료의 변량을 작은 값부터 크기순으로 나열하면

1, 5, 8

이므로 중앙값은 5이다.

(3) 중앙값은 항상 하나의 값이다.

(4) 급식 메뉴는 숫자로 나타낼 수 없으므로 대푯값으로 최빈값이 가장 적절하다.

답 (1) × (2) × (3) × (4) ○

02

다음 자료의 중앙값을 구하시오.

(1) 1, 6, 10, 11, 19, 20, 55

(2) 230, 2072, 1000, 4242, 800, 90

풀이 (1) 자료의 변량이 작은 값부터 크기순으로 나열되어 있으므로 중앙값은 11이다.

(2) 자료의 변량을 작은 값부터 크기순으로 나열하면

90, 230, 800, 1000, 2072, 4242

이므로 중앙값은 $\frac{800+1000}{2}=900$

답 (1) 11 (2) 900

03

다음 자료의 최빈값을 구하시오.

(1) 2, 2, 3, 3, 6, 99, 100

(2) 34, 29, 85, 17, 34, 63, 34

풀이 (1) 2와 3이 두 번으로 가장 많이 나타나므로, 최빈값은 2와 3이다.

(2) 34가 세 번으로 가장 많이 나타나므로, 최빈값은 34이다.

답 (1) 2, 3 (2) 34

04

다음은 도현이네 반 학생 21명의 '착한 댓글 달기 운동'으로 작성한 댓글 수를 조사하여 나타낸 것이다. 이 자료의 중앙값과 최빈값을 각각 구하시오.

댓글 수 (단위: 개)

3	3	5	7	20	6	5
12	4	8	11	9	5	8
8	15	14	5	30	2	7

풀이 자료의 변량을 작은 값부터 크기순으로 나열하면

2, 3, 3, 4, 5, 5, 5, 5, 6, 7, 7, 8, 8, 8, 9,

11, 12, 14, 15, 20, 30

따라서 중앙값은 7개, 최빈값은 5개이다.

답 중앙값: 7개, 최빈값: 5개

05

다음은 6개의 변량을 작은 값부터 크기순으로 나열한 것이다. 이 자료의 중앙값이 5일 때, 자연수 x의 값을 구하시오.

1	2	x	6	9	14

풀이 $\frac{x+6}{2}=5$에서 $x+6=10$, $x=4$

답 4

06

다음은 지난 주말 지원이네 모둠 5명의 야외 활동 시간을 조사하여 나타낸 것이다. 이 자료의 평균과 최빈값이 같을 때, 자연수 a의 값을 구하시오.

야외 활동 시간 (단위: 시간)

a	5	8	15	4

풀이 평균은 $\frac{a+5+8+15+4}{5}=\frac{a+32}{5}$(시간)

변량 5, 8, 15, 4가 모두 한 번만 나타나므로 주어진 자료의 최빈값은 a시간이다. 이 자료의 평균과 최빈값이 같으므로

$\frac{a+32}{5}=a$, $4a=32$, $a=8$

답 8

07

두 자연수 a, b에 대하여 자료 4, 8, a, b, 12의 중앙값이 9이고, 자료 5, a, b, 20의 중앙값이 10일 때, $b-a$의 값을 구하시오. (단, $a<b$)

풀이 자료 '4, 8, a, b, 12'의 중앙값이 9이므로 $a=9$

자료 '5, 9, b, 20'의 중앙값이 10이므로 $\frac{9+b}{2}=10$에서

$9+b=20$, $b=11$

따라서 $b-a=2$

답 2

08

다음은 시우네 가족의 어느 해 월별 도시가스 사용량을 조사하여 나타낸 것이다. 이 자료의 대푯값으로 적절한 것을 구하고, 그 이유를 설명하시오.

도시가스 사용량 (단위: m^3)

29	123	30	22	20	21
19	18	23	17	24	26

풀이 예 자료의 변량을 작은 값부터 크기순으로 나열하면

17, 18, 19, 20, 21, 22, 23, 24, 26, 29, 30, 123

이때 변량 중에서 매우 큰 값이 있으므로 중앙값

$\frac{22+23}{2}=22.5\,(m^3)$가 대푯값으로 적절하다.

답 풀이 참조

09 발전

평균이 8, 중앙값이 6인 서로 다른 세 자연수가 있다. 이 세 자연수 중에서 가장 작은 수를 a, 가장 큰 수를 b라고 할 때, a, b의 순서쌍 (a, b)의 개수를 구하시오.

풀이 서로 다른 세 자연수를 a, x, b $(a<x<b)$라고 하자.

중앙값이 6이므로 $x=6$

세 수 a, 6, b의 평균이 8이므로

$\frac{a+6+b}{3}=8$에서 $a+b=18$

이때 $a<6<b$이므로 a, b의 순서쌍 (a, b)는

(1, 17), (2, 16), (3, 15), (4, 14), (5, 13)

의 5개이다.

답 5

2 도수분포표와 상대도수

교과서 245쪽

준비 ① 오른쪽 막대그래프는 민준이네 반 학생들이 놀이공원에서 타고 싶은 놀이기구를 조사하여 나타낸 것이다.

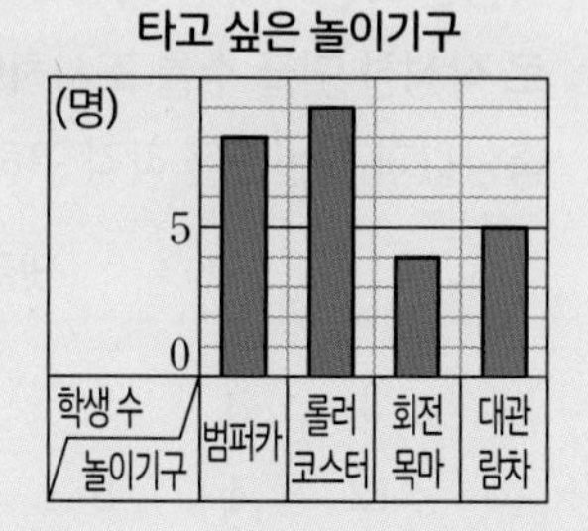

(1) 범퍼카를 타고 싶은 학생 수를 구하시오.

(2) 조사에 참여한 학생 수를 구하시오.

풀이 (1) 범퍼카를 타고 싶은 학생은 8명이다.

(2) 조사에 참여한 학생 수는

$$8+9+4+5=26$$

답 (1) 8 (2) 26

개념 초 3~4

- 막대그래프: 조사한 자료를 막대 모양으로 나타낸 그래프
- 꺾은선그래프: 조사한 자료를 점으로 표시하고, 그 점들을 선분으로 이어 그린 그래프

단원의 학습흐름

이전에 배운 내용은	이 단원에서는	새로운 용어
초 3~4 자료의 수집과 정리 초 5~6 자료의 수집과 정리 가능성	자료의 정리와 해석 상대도수와 그 그래프 통계적 문제해결	줄기와 잎 그림, 계급, 계급의 크기, 도수, 도수분포표, 히스토그램, 도수분포다각형, 상대도수

01 자료의 정리와 해석

학습 목표 자료를 줄기와 잎 그림, 도수분포표, 히스토그램, 도수분포다각형으로 나타내고 해석할 수 있다.

줄기와 잎 그림은 무엇일까

교과서 246~247쪽

개념 짚어보기

❶ **줄기와 잎 그림**: 변량을 줄기와 잎으로 구분하여 그린 그림

❷ **줄기와 잎 그림을 그리는 순서**

(i) 변량을 줄기와 잎으로 구분한다.
이때 줄기는 십의 자리 숫자로, 잎은 일의 자리 숫자로 한다.

(ii) 세로선을 긋고, 세로선의 왼쪽에 줄기를 작은 수부터 차례대로 세로로 쓴다.

(iii) 세로선의 오른쪽에 각 줄기에 해당하는 잎을 가로로 쓴다.
이때 중복되는 잎이 있으면 중복된 횟수만큼 쓴다.

예 **참여자의 나이** (1|1은 11세)

줄기	잎
1	1 4 5 7 8 8 9
2	0 2 2 5 5 6
3	0 1 2 6 7 7
4	0 3
5	1

(iv) 줄기 a와 잎 b를 그림의 오른쪽 위에 '$a|b$'로 쓰고, 그 뜻을 설명한다.

→ 줄기와 잎 그림으로 자료를 정리하면 자료의 전체적인 분포 상태나 분포의 특징을 쉽게 파악할 수 있다.

→ 잎이 작은 수부터 순서대로 쓰면 자료를 분석할 때 편리하다.

▶ '쓰담 달리기'란 조깅이나 산책을 하며 쓰레기를 줍는 봉사 활동을 뜻한다.

도입 다음은 어느 지자체에서 개최한 '쓰담 달리기' 행사에 참여한 22명의 나이를 조사한 자료이다.

참여자의 나이 (단위: 세)

19	32	26	40	37	20	22	30	18	11	25
22	14	37	36	17	15	43	18	25	31	51

행사에 참여한 사람들의 나이 분포를 파악하는 방법을 말해 보자.

풀이 예 나이를 작은 수부터 순서대로 나열한다.

답 풀이 참조

문제 1 다음은 태훈이네 반 학생들이 20일 동안 대중교통을 이용한 횟수를 조사한 자료이다. 줄기와 잎 그림으로 나타내시오.

대중교통 이용 횟수 (단위: 회)

8	32	16	15	22
10	9	40	32	17
4	16	30	42	40
40	36	28	24	8

➡

대중교통 이용 횟수 (0|4는 4회)

줄기	잎
0	4

풀이 주어진 자료를 줄기와 잎 그림으로 나타내면 오른쪽과 같다.

대중교통 이용 횟수 (0|4는 4회)

줄기	잎
0	4 8 8 9
1	0 5 6 6 7
2	2 4 8
3	0 2 2 6
4	0 0 0 2

답 풀이 참조

문제 2 오른쪽 줄기와 잎 그림은 스포츠스태킹 동아리 학생들의 3-6-3 경기 기록을 조사하여 나타낸 것이다.

▶ 스포츠스태킹이란 컵을 다양한 방식으로 쌓고 내리면서 기록을 겨루는 스포츠이다.

(1) 잎이 가장 많은 줄기를 구하시오.

(2) 기록이 3초 미만인 학생은 몇 명인지 구하시오.

(3) 이 줄기와 잎 그림에서 자료의 분포에 대하여 알 수 있는 것을 말하시오.

스포츠스태킹 기록 (2|5는 2.5초)

줄기	잎
2	5 8 9 9
3	0 0 1 2 5 5 6 8 9 9
4	2 3 3 6 7 7 9
5	1

풀이 (1) 잎이 가장 많은 줄기는 3이다.

(2) 기록이 3초 미만인 학생은 2.5초, 2.8초, 2.9초, 2.9초의 4명이다.

(3) 예 • 기록이 가장 빠른 학생의 기록은 2.5초이다.

• 기록이 가장 느린 학생의 기록은 5.1초이다.

답 (1) 3 (2) 4명

(3) 풀이 참조

도수분포표는 무엇일까

교과서 248~250쪽

개념 짚어보기

▶ 변량의 개수를 셀 때는 /, //, ///, ////, 𝍸 또는 一, T, F, 下, 正 을 사용하면 편리하다.

▶ 계급의 개수가 너무 적거나 많으면 자료의 분포 상태를 알아보기 어렵다.

① **계급**: 변량을 일정한 간격으로 나눈 구간

② **계급의 크기**: 구간의 너비

③ **계급값**: 각 계급의 가운데 값

④ **도수**: 각 계급에 속하는 변량의 수

⑤ **도수분포표**: 주어진 자료를 몇 개의 계급으로 나누고 각 계급에 속하는 도수를 조사하여 나타낸 표

⑥ **도수분포표를 만드는 순서**

(i) 자료에서 최댓값과 최솟값을 찾아 자료가 걸쳐 있는 범위를 정한다.

(ii) 자료의 크기에 따라 적절한 계급의 개수를 정한다.

(iii) 한 계급의 끝 값이 인접한 계급의 끝 값과 중복되지 않고 같은 간격을 갖도록 계급의 크기를 정한다.

(iv) 각 계급에 속하는 자료의 개수(도수)를 조사한다.

→ 계급의 개수는 자료의 양에 따라 5～15개 정도로 한다.

예

[표 1] 앉아 윗몸 앞으로 굽히기 기록

기록(cm)	학생 수(명)
0이상 ～ 4미만	4
4 ～ 8	9
8 ～ 12	8
12 ～ 16	6
16 ～ 20	3
합계	30

도입 다음은 어느 중학교 1학년 남학생 30명의 '앉아 윗몸 앞으로 굽히기' 기록을 조사한 자료이다. 이 자료를 줄기와 잎 그림으로 나타낼 때, 어떤 점이 불편한지 말해 보자.

앉아 윗몸 앞으로 굽히기 기록 (단위: cm)

9.6	10.9	11.9	13.8	18.0	14.8	5.6	6.0	6.9	8.9
9.5	13.4	1.2	4.0	8.1	7.2	3.3	4.8	10.0	12.7
19.3	2.5	17.0	4.5	2.0	15.3	6.8	7.1	11.1	13.0

풀이 예 자료의 변량의 개수가 많아 일일이 나열하기 불편하다.

답 풀이 참조

확인 1 빈칸에 알맞은 것을 써넣어 보자.

▶ 계급의 크기는 변량의 단위를 함께 나타낸다.

위의 [표 1]에서

1 계급은 [5]개이고, 계급의 크기는 [4] cm이다.

2 도수가 가장 큰 계급은 [4] cm 이상 [8] cm 미만이다.

3 앉아 윗몸 앞으로 굽히기 기록이 14.8 cm인 학생이 속하는 계급의 도수는 [6]이다.

문제 3 다음은 동민이네 반 학생들의 통학 시간을 조사하여 나타낸 것이다.

통학 시간 (단위: 분)

5	20	14	27	18	8	19	10	24	33	35	45	36
24	31	38	26	13	29	38	21	28	32	25	30	40

(1) 0분으로 시작하여 계급의 크기가 10분인 도수분포표를 만드시오.

(2) 도수가 가장 큰 계급을 구하시오.

(3) (1)에서 만든 도수분포표에서 자료의 분포에 대하여 알 수 있는 것을 말하시오.

통학 시간

통학 시간(분)	학생 수(명)
$0^{이상}\sim10^{미만}$	
합계	

풀이 (1) 도수분포표를 만들면 오른쪽과 같다.

(2) 도수가 가장 큰 계급은 20분 이상 30분 미만이다.

(3) 예 통학 시간이 20분 미만인 학생은 7명이다.

답 풀이 참조

통학 시간

통학 시간(분)	학생 수(명)
$0^{이상}\sim10^{미만}$	2
$10\sim20$	5
$20\sim30$	9
$30\sim40$	8
$40\sim50$	2
합계	26

문제 4 오른쪽 도수분포표는 민아네 반 학생들이 하루에 마시는 물의 양을 조사하여 나타낸 것이다.

(1) 계급의 크기를 구하시오.

(2) 마시는 물의 양이 900 mL 이상 1100 mL 미만인 계급의 도수를 구하시오.

(3) 마시는 물의 양이 1300 mL 이상인 학생 수를 구하시오.

하루에 마시는 물의 양

물의 양(mL)	학생 수(명)
$500^{이상}\sim700^{미만}$	2
$700\sim900$	3
$900\sim1100$	5
$1100\sim1300$	8
$1300\sim1500$	4
$1500\sim1700$	5
합계	27

풀이 (1) 계급의 크기는 계급의 양 끝 값의 차이이므로 $700-500=200$ (mL)

(2) 마시는 물의 양이 900 mL 이상 1100 mL 미만인 학생 수는 5이므로 구하는 도수는 5이다.

(3) 마시는 물의 양이 1300 mL 이상 1500 mL 미만인 계급의 도수는 4, 1500 mL 이상 1700 mL 미만인 계급의 도수는 5이므로 구하는 학생 수는 $4+5=9$

답 (1) 200 mL (2) 5 (3) 9

어떻게 정리하는 것이 적절할까?

다음은 승명이가 조사한 자료를 정리한 방법을 설명한 것이다. 승명이와 같이 각자 조사할 주제를 정하여 자료를 수집해 보자. 또 자료를 정리할 때 줄기와 잎 그림과 도수분포표 중에서 어느 것이 더 적절한지 판단한 후 그 이유를 쓰고, 발표해 보자.

이름: 김승명

주제: 우리 학교 1학년 학생 136명의 50 m 달리기 기록

정리 방법: 도수분포표

이유: 조사한 자료를 줄기와 잎 그림으로 나타내려니 변량의 개수가 너무 많아 일일이 나열하기 불편하기 때문이다.

예) 이름: 문다인

주제: 우리 반 학생 26명의 생일

정리 방법: 줄기와 잎 그림

이유: 조사한 자료를 줄기와 잎 그림으로 나타내면 원래의 자료를 쉽게 확인할 수 있다.

히스토그램과 도수분포다각형은 어떻게 그릴까

교과서 251~252쪽

▶ 도수분포표를 이용하여 히스토그램과 도수분포다각형의 두 가지 그래프를 그릴 수 있다.

개념 짚어보기

① 히스토그램

도수분포표의 각 계급에서 계급의 크기를 가로로, 도수를 세로로 하는 직사각형을 그린 그래프

→ 히스토그램으로 나타내면 자료의 분포 상태를 한눈에 쉽게 알아볼 수 있다.

② 도수분포다각형

히스토그램에서 각 직사각형의 윗변의 중앙에 점을 찍고 양 끝에 도수가 0인 계급이 있는 것으로 생각하여 그 중앙에 점을 찍어, 찍은 점들을 선분으로 연결한 그래프

→ 도수분포다각형도 히스토그램과 마찬가지로 자료의 분포 상태를 한눈에 쉽게 보여준다.

참고 도수분포다각형에서 자료의 분포 상태는 점의 높이를 비교하여 판단할 수 있다.

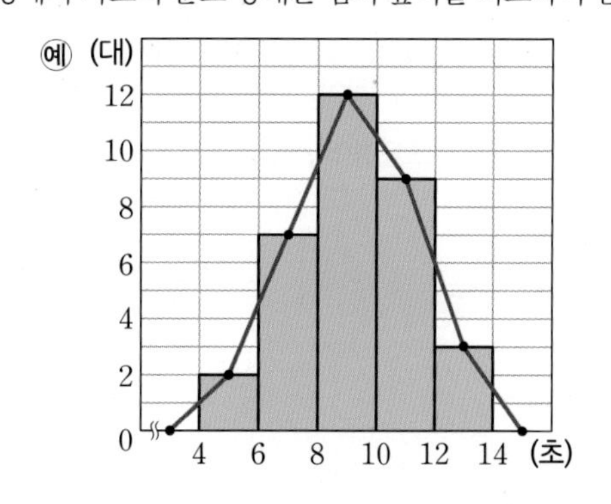

도입 오른쪽 도수분포표는 종이비행기 오래 날리기 대회에 참가한 33명의 기록을 조사하여 나타낸 것이다.
도수분포표보다 자료의 분포 상태를 더 쉽게 알아볼 수 있는 방법을 생각하여 말해 보자.

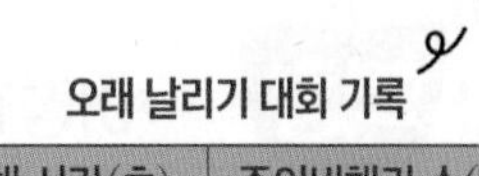

비행 시간(초)	종이비행기 수(대)
4이상 ~ 6미만	2
6 ~ 8	7
8 ~ 10	12
10 ~ 12	9
12 ~ 14	3
합계	33

풀이 도수분포표를 그래프로 나타내면 자료의 분포 상태를 더 쉽게 알아볼 수 있다.

답 예 그래프를 사용한다.

문제 5 다음 도수분포표는 지수네 집에서 하루에 버린 음식물의 양을 30일 동안 기록하여 나타낸 것이다. 이 도수분포표를 히스토그램으로 나타내시오.

버린 음식물의 양

버린 음식물의 양(g)	날짜(일)
50이상 ~ 100미만	6
100 ~ 150	5
150 ~ 200	8
200 ~ 250	7
250 ~ 300	4
합계	30

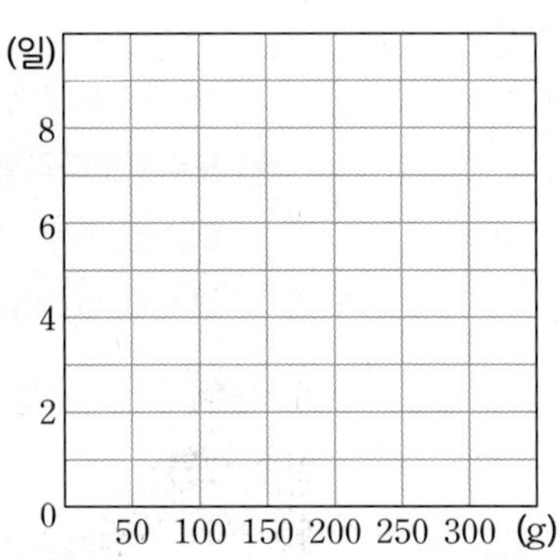

풀이 주어진 도수분포표를 히스토그램으로 나타내면 오른쪽 그림과 같다.

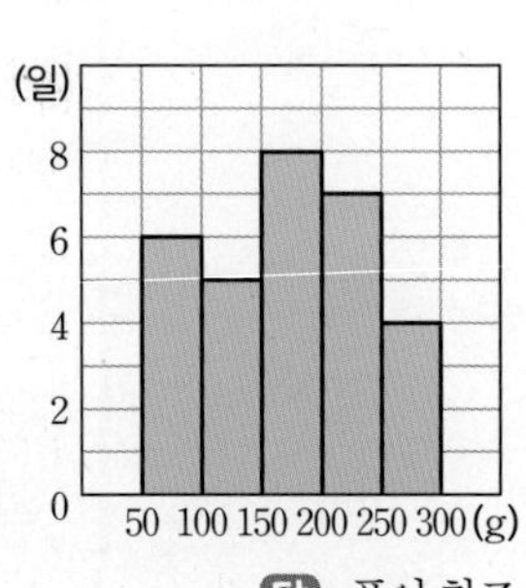

답 풀이 참조

문제 6 다음 도수분포표는 어느 해 12월의 채소 27종에 대한 소비자 물가 지수를 조사하여 나타낸 것이다. 이 도수분포표를 도수분포다각형으로 나타내시오.

소비자 물가 지수

소비자 물가 지수(%)	도수(종)
60 이상 ~ 80 미만	3
80 ~ 100	10
100 ~ 120	8
120 ~ 140	4
140 ~ 160	2
합계	27

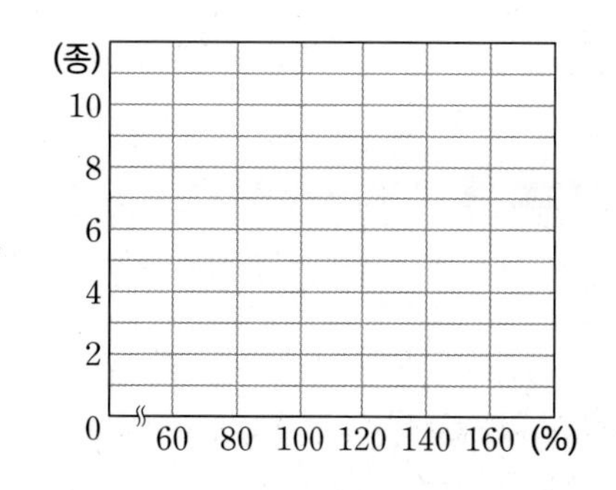

풀이 주어진 도수분포표를 도수분포다각형으로 나타내면 오른쪽 그림과 같다.

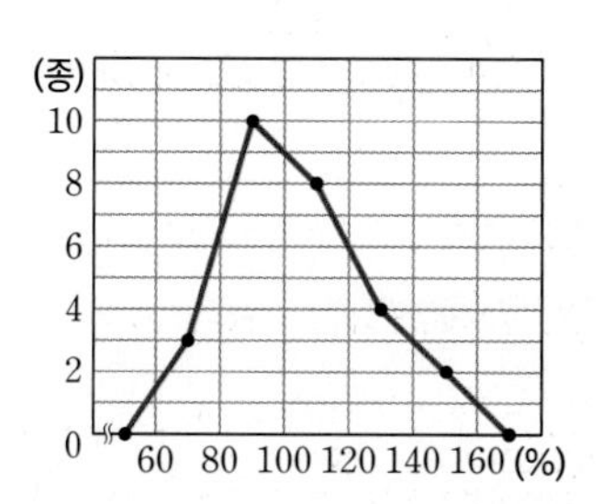

답 풀이 참조

문제 7 오른쪽 도수분포다각형은 어느 숲에 있는 나무의 나이를 조사하여 나타낸 것이다.

(1) 계급의 크기를 구하시오.

(2) 나이가 10년 미만인 나무는 모두 몇 그루인지 구하시오.

(3) 이 도수분포다각형에서 자료의 분포에 대하여 알 수 있는 것을 말하시오.

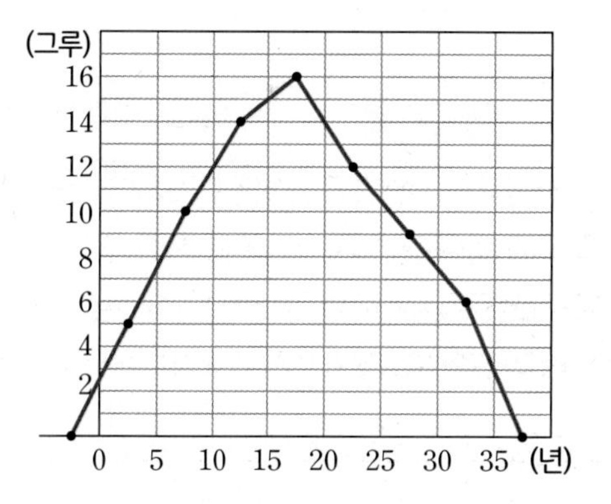

풀이 (1) 계급의 크기는 계급의 양 끝 값의 차이이므로

$5-0=5$(년)

(2) 나이가 0년 이상 5년 미만인 나무는 5그루, 나이가 5년 이상 10년 미만인 나무는 10그루이므로 나이가 10년 미만인 나무는

$5+10=15$(그루)

(3) 예 • 조사한 전체 나무는 72그루이다.

• 도수가 가장 큰 계급은 15년 이상 20년 미만이다.

답 (1) 5년 (2) 15그루 (3) 풀이 참조

교과서 253쪽

통계 자료에서 오류 찾기

탐구 1 다음 도수분포표는 준서가 김밥 가게 12곳의 김밥 가격을 조사하여 나타낸 것이다. 자료를 나타내는 과정에서 무엇이 잘못되었는지 말해 보자.

김밥 가격

김밥 가격(원)	도수(곳)
2000이상 ~ 3000미만	3
3000 ~ 4000	3
4000 ~ 6000	3
6000 ~ 8000	3
합계	12

풀이 예) 계급의 크기를 일정하게 하지 않았다.

답 풀이 참조

탐구 2 다음 히스토그램은 유나가 떡볶이 구매 고객의 나이를 조사하여 나타낸 것이다. 자료를 나타내는 과정에서 무엇이 잘못되었는지 말해 보자.

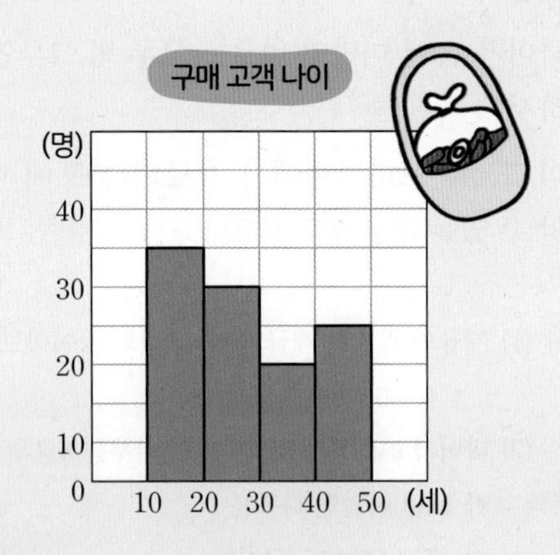

풀이 예) 세로축의 도수 간격을 일정하게 하지 않았다.

답 풀이 참조

상대도수와 그 그래프

(학습 목표) 상대도수를 구하고, 상대도수의 분포를 표나 그래프로 나타내고 해석할 수 있다.

상대도수는 무엇일까

교과서 254~256쪽

개념 짚어보기

❶ **상대도수**: 전체 도수에 대한 각 계급의 도수의 비율

$$(\text{어떤 계급의 상대도수})=\frac{(\text{그 계급의 도수})}{(\text{도수의 총합})}$$

→ $(\text{도수의 총합})=\dfrac{(\text{그 계급의 도수})}{(\text{어떤 계급의 상대도수})}$

(참고) 각 계급의 도수를 비교하는 것보다 각 계급의 도수가 전체에서 차지하는 비율을 비교하는 것이 더 의미 있을 때가 있다.

❷ **상대도수의 분포표**: 도수분포표에서 각 계급의 상대도수를 구하여 나타낸 표

→ 각 계급의 상대도수는 0 이상 1 이하이다.

→ 모든 계급의 상대도수의 합은 1이다.

→ 각 계급의 상대도수는 그 계급의 도수에 정비례한다.

❸ **상대도수의 분포를 나타낸 그래프**

가로축에 각 계급의 양 끝 값을, 세로축에 상대도수를 적고 히스토그램이나 도수분포다각형과 같은 방법으로 그린 그래프

(참고) 도수의 총합이 다른 두 자료의 상대도수를 각각 그래프로 나타내면 두 자료의 분포 상태를 한눈에 비교할 수 있다.

(예) **빌린 책의 권수**

책 수(권)	학생 수(명)	상대도수
0이상 ~ 2미만	4	0.16
2 ~ 4	5	0.2
4 ~ 6	8	0.32
6 ~ 8	6	0.24
8 ~ 10	2	0.08
합계	25	1

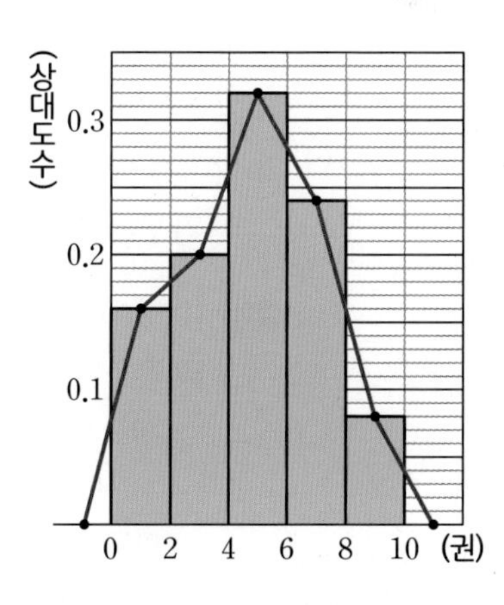

도입 다음은 A, B 두 봉사 단체에서 헌혈에 참여한 경험이 있는 회원 수를 조사하여 나타낸 표이다. 두 봉사 단체 중에서 회원들의 헌혈 참여 비율이 더 높은 단체를 말해 보자.

봉사 단체	전체 회원 수(명)	참여 회원 수(명)
A	200	46
B	150	42

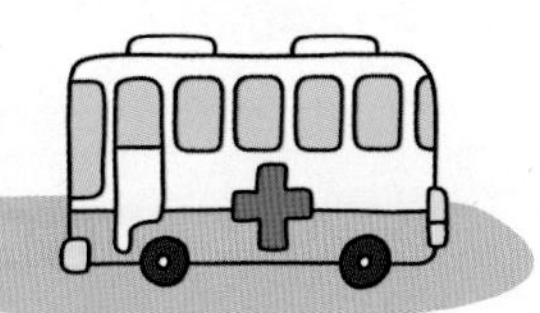

풀이 A 봉사 단체 회원들의 헌혈 참여 비율은

$\frac{46}{200}=0.23$

B 봉사 단체 회원들의 헌혈 참여 비율은

$\frac{42}{150}=0.28$

따라서 헌혈에 참여한 경험이 있는 회원 수는 A 단체가 B 단체보다 많지만, 회원들의 헌혈 참여 비율은 B 단체가 A 단체보다 높음을 알 수 있다.

답 B 단체

문제 1 반려견 산책은 반려견의 적절한 운동과 사회화 그리고 배변을 위해 필요하다고 한다. 오른쪽 표는 반려견을 키우는 25가구의 어느 하루 반려견 산책 시간을 조사하여 나타낸 도수와 상대도수의 분포표이다.

(1) 각 계급의 상대도수를 구하여 오른쪽 표를 완성하시오.

(2) 반려견 산책 시간이 30분 이상 50분 미만인 가구는 전체의 몇 %인지 구하시오.

반려견 산책 시간

산책 시간(분)	가구 수(가구)	상대도수
0이상 ~ 10미만	1	
10 ~ 20	2	
20 ~ 30	5	0.2
30 ~ 40	8	
40 ~ 50	6	
50 ~ 60	3	
합계	25	

풀이 (1) 상대도수의 분포표를 완성하면 오른쪽과 같다.

(2) 오른쪽 상대도수의 분포표에서 반려견 산책 시간이 30분 이상 50분 미만인 가구의 상대도수는

$0.32+0.24=0.56$

이므로 전체의

$0.56\times100=56\,(\%)$

이다.

반려견 산책 시간

산책 시간(분)	가구 수(가구)	상대도수
0이상 ~ 10미만	1	0.04
10 ~ 20	2	0.08
20 ~ 30	5	0.2
30 ~ 40	8	0.32
40 ~ 50	6	0.24
50 ~ 60	3	0.12
합계	25	1

답 (1) 풀이 참조 (2) 56 %

문제 2 **문제 1**에서 만든 상대도수의 분포표에 대하여 히스토그램과 도수분포다각형 모양의 그래프를 그리시오.

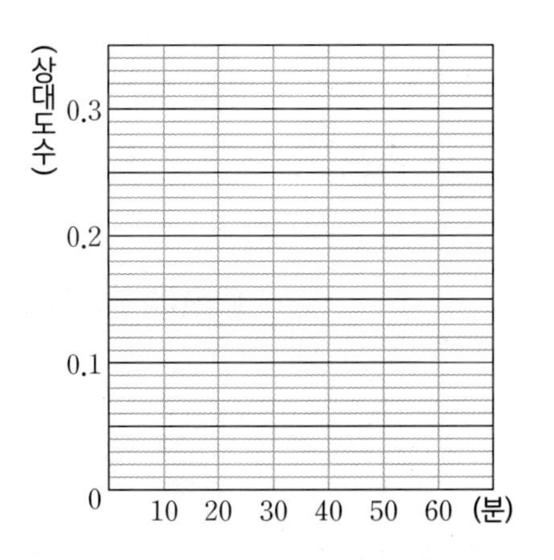

풀이 **문제 1**에서 만든 상대도수의 분포표에 대하여 히스토그램과 도수분포다각형 모양의 그래프를 그리면 오른쪽 그림과 같다.

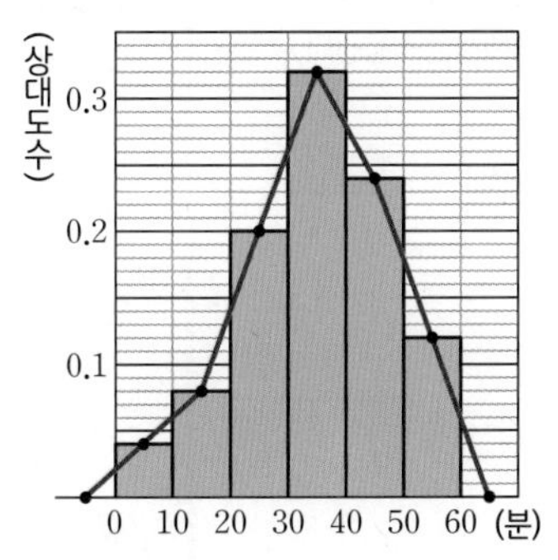

답 풀이 참조

문제 3 오른쪽 그림은 어느 날 하루 동안 A 중학교 학생 200명과 B 중학교 학생 150명이 사회관계망서비스(SNS)에 접속한 시간을 조사하여 상대도수의 분포를 그래프로 나타낸 것이다.

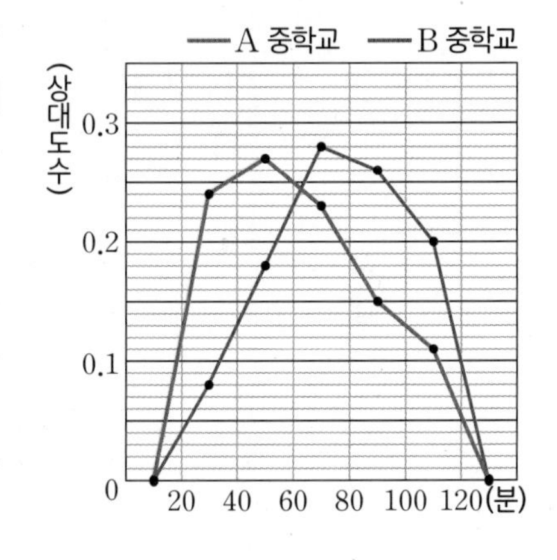

(1) 사회관계망서비스 접속 시간이 60분 이상 100분 미만인 학생은 A 중학교와 B 중학교에서 각각 몇 명인지 구하시오.

(2) A 중학교의 상대도수가 B 중학교의 상대도수보다 큰 계급을 모두 구하시오.

(3) 학생들이 사회관계망서비스에 더 많이 접속하는 편인 학교는 어디인지 말하고, 그 이유를 설명하시오.

풀이 (1) 사회관계망서비스 접속 시간이 60분 이상 100분 미만인 계급의 상대도수는

A 중학교: $0.23+0.15=0.38$, B 중학교: $0.28+0.26=0.54$

이므로 사회관계망서비스 접속 시간이 60분 이상 100분 미만인 학생 수는

A 중학교: $0.38\times200=76$, B 중학교: $0.54\times150=81$

(3) 예 접속 시간이 60분 이상인 계급의 상대도수는 B 중학교가 A 중학교보다 더 높고, 접속 시간이 60분 미만인 계급의 상대도수는 A 중학교가 B 중학교보다 더 높다. 따라서 B 중학교 학생들이 A 중학교 학생들보다 상대적으로 더 많이 접속하는 편이다.

답 (1) A 중학교: 76명, B 중학교: 81명 (2) 20분 이상 40분 미만, 40분 이상 60분 미만 (3) 풀이 참조

03 통계적 문제해결

학습 목표 통계적 탐구 문제를 설정하고, 공학 도구를 이용하여 자료를 수집하여 분석하고, 그 결과를 해석할 수 있다.

통계적 문제해결은 무엇일까

교과서 259~263쪽

▶ 통계는 집단 현상에 대해서만 적용한다.

개념 짚어보기

① **통계:** 사회 현상이나 자연 현상을 규명하기 위해 수집한 자료를 요약하거나, 적절한 방법으로 가공된 정보를 숫자나 그래프, 도표 등의 형태로 나타낸 것

→ 자료를 수집, 정리, 해석하는 통계적 방법은 현대 정보화 사회의 불확실성을 이해하기 위한 중요한 수단으로, 미래를 예측하고 대응하는 데 활용할 수 있다.

② **통계적 문제해결**

어떤 집단에서 생긴 의문이나 문제를 해결하기 위해서 자료를 수집하고 분석하여 결론을 내는 것

③ **통계적 문제해결 과정**

일반적으로 통계적 문제해결은 다음과 같은 과정으로 진행된다.

각각의 과정에서는 내용이 적절한지 검토한 후, 적절하지 않으면 이전 단계로 돌아가 수정한다.

문제 설정

집단에서 해결하고 싶은 통계적 탐구 문제를 설정한다.

계획 수립

문제를 해결하는 데 필요한 자료를 정하고 수집 계획을 세운다.

자료 수집

설문 조사, 실험, 관찰, 문헌 조사, 검색 등의 방법으로 자료를 수집하고 정리한다.

자료 분석

정리한 자료를 분석하여 대푯값을 구하거나 표나 그래프 등으로 나타낸다.

결과 해석

탐구 문제와 연결하여 통계적 근거를 바탕으로 결론을 낸다.

통계 프로젝트 보고서

1 문제 설정

1-1. 프로젝트 주제

우리는 건강한 생활을 하고 있을까?

1-2. 설정 문제

예 우리 학교 학생들의 수면 시간을 우리나라 중학생 수면 시간과 비교하여, 우리 학교 학생들의 수면 시간이 적절한지 조사한다.

1-3. 조사 목적

예 건강의 중요한 요소인 수면 시간을 통해 건강한 생활을 하고 있는지 조사하기 위하여

2 계획 수립

2-1. 조사 내용

예 어제 수면 시간과 평일의 하루 평균 수면 시간

2-2. 조사 대상

예 전교생 중에서 무작위로 선택한 35명

2-3. 조사 방법

예 설문지를 이용한 설문 조사

3 자료 수집

3-1. 설문 답변 정리

예

1번 질문				
6	5	5	6	7
8	8	8	9	9
6	7	5	6	7
7	8	4	5	6
6	7	7	8	5
8	4	7	10	5
8	8	9	6	8

예

2번 질문				
③	①	②	③	④
⑤	⑤	⑤	⑥	⑥
④	④	②	③	④
⑤	⑥	①	①	③
③	④	④	④	②
⑤	①	④	⑥	②
④	④	⑥	⑤	⑥

3-2. 우리나라 중학생 수면 시간

[표 1]

수면 시간(시간)	학생 수(명)
4이상 ~ 5미만	56
5 ~ 6	126
6 ~ 7	248
7 ~ 8	308
8 ~ 9	204
9 ~ 10	58
합계	1000

(출처: KOSIS 국가통계포털, 2023)

4 자료 분석

4-1. 우리 학교 학생들의 어제 수면 시간의 대푯값

㉥

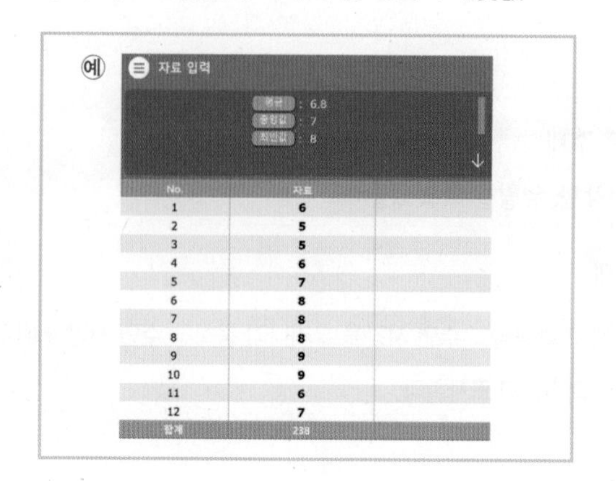

➜ 평균: 6.8 시간

중앙값: 7 시간

최빈값: 8 시간

4-2. 우리나라 중학생 수면 시간과의 비교

㉥ 우리 학교 학생들의 평일 수면 시간

수면 시간(시간)	학생 수(명)
4이상 ~ 5미만	4
5 ~ 6	4
6 ~ 7	5
7 ~ 8	10
8 ~ 9	6
9 ~ 10	6
합계	35

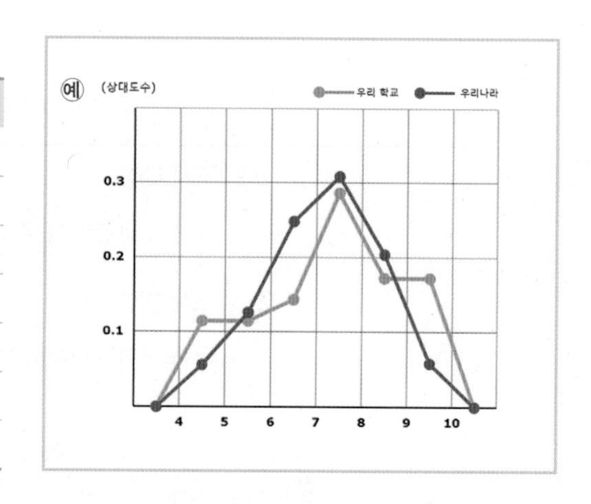

5 결과 해석

- 우리 학교 학생들의 어제 수면 시간의 평균은 ___6.8___ 시간이다.
- 가장 많은 학생이 속한 계급은 ___7___ 시간 이상 ___8___ 시간 미만이다.
- 우리나라 중학생 수면 시간과 비교해 보니 우리 학교 학생들의 수면 시간은 적절한 편이다.

6 소감 및 평가

생략

교과서 264~265쪽

중단원 마무리

스스로 개념을 정리해요.

01 자료의 정리와 해석

(1) 줄 기 와 잎 그 림 : 변량을 줄기와 잎으로 구분하여 나타낸 그림

(2) 도 수 분 포 표 : 자료를 몇 개의 계급으로 나누고 각 계급의 도수를 나타낸 표

(3) 히스토그램: 도수분포표의 계급의 크기를 가로로, 도 수 을/를 세로로 하는 직사각형으로 그린 그래프

(4) 도 수 분 포 다 각 형 : 히스토그램의 양 끝에 도수가 0인 계급이 있는 것으로 생각하여 그 중앙의 점과 각 직사각형의 윗변의 중앙의 점을 선분으로 연결하여 그린 그래프

02 상대도수와 그 그래프

(1) 상 대 도 수 : 전체 도수에 대한 각 계급의 도수의 비율

(2) 상대도수의 분포표: 각 계급의 상 대 도 수 을/를 나타낸 표

03 통계적 문제해결

문제 설정 ➡ 계획 수립 ➡ 자료 수집 ➡ 자료 분석 ➡ 결과 해석

01

다음 중에서 옳은 것에는 ○표를, 옳지 않은 것에는 ×표를 하시오.

(1) 도수분포표에서 가장 작은 변량을 정확하게 알 수 있다. (　　)

(2) 상대도수의 분포를 나타낸 그래프는 도수의 총합이 다른 두 자료의 분포를 비교할 때 편리하다. (　　)

풀이 (1) 도수분포표에서는 변량을 알 수 없으므로 가장 작은 변량을 정확하게 알 수 없다.

(2) 상대도수의 분포를 나타낸 그래프는 각 계급의 도수가 전체에서 차지하는 비율을 한눈에 알아볼 수 있으므로 도수의 총합이 다른 두 자료의 분포를 비교할 때 편리하다.

답 (1) × (2) ○

02

다음 줄기와 잎 그림은 은솔이네 반 학생들이 6개월 동안 새로 설치한 앱 개수를 조사하여 나타낸 것이다.

새로 설치한 앱 개수 (0|4는 4개)

줄기	잎
0	4 5
1	2 2 3 3 4 5 8
2	0 0 1 4
3	0 4 5 8 9 9
4	1 2 3

(1) 계급의 크기가 10개인 도수분포표를 만드시오.

(2) (1)의 도수분포표를 이용하여 히스토그램과 도수분포다각형을 그리시오.

새로 설치한 앱 개수

앱 개수(개)	학생 수(명)
합계	

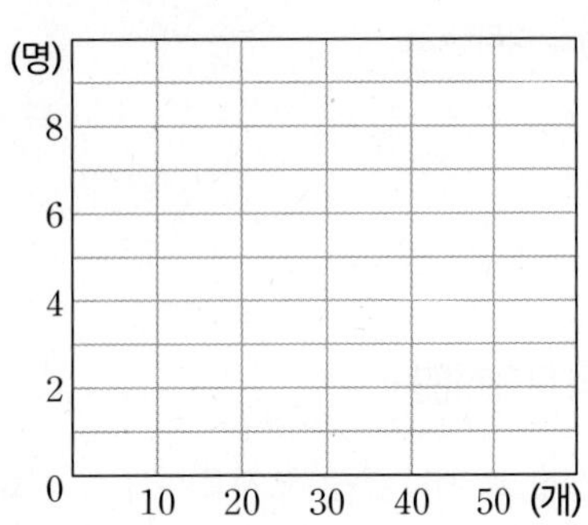

풀이 (1) 도수분포표를 만들면 다음과 같다.

새로 설치한 앱 개수

앱 개수(개)	학생 수(명)
0이상 ~ 10미만	2
10 ~ 20	7
20 ~ 30	4
30 ~ 40	6
40 ~ 50	3
합계	22

(2) (1)의 도수분포표를 이용하여 히스토그램과 도수분포다각형을 그리면 다음 그림과 같다.

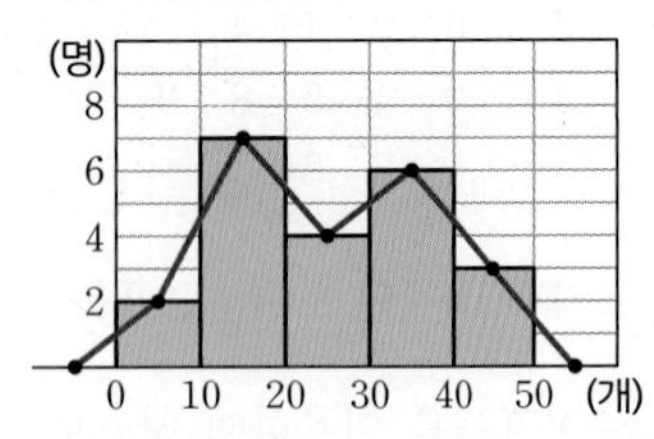

답 풀이 참조

03

다음 줄기와 잎 그림은 지안이네 반 학생들의 지난 일 년 동안의 영화 관람 횟수를 조사하여 나타낸 것이다.

영화 관람 횟수 (0|4는 4회)

줄기	잎
0	4 5 7
1	5 8 8 9
2	0 0 3 5 7 7 7
3	0 3 6 6 8
4	2 2 3

(1) 영화 관람 횟수가 30회 이상인 학생은 몇 명인지 구하시오.

(2) 영화 관람 횟수의 중앙값과 최빈값을 각각 구하시오.

풀이 (1) 영화 관람 횟수가 30회 이상인 학생 수는 줄기가 3과 4인 잎의 개수와 같으므로
영화 관람 횟수가 30회 이상인 학생은
$5+3=8$(명)

(2) 지안이네 반 학생들은 22명이므로 중앙값은
$\frac{25+27}{2}=26$(회)
또 27회가 세 번으로 가장 많이 나타나므로, 최빈값은 27회이다.

답 (1) 8명 (2) 중앙값: 26회, 최빈값: 27회

04

다음 도수분포표는 프로 야구 선수들의 어느 해 정규 시즌 홈런 수를 조사하여 나타낸 것이다.

홈런 수

홈런 수(개)	도수(명)
0이상 ~ 5미만	2
5 ~ 10	4
10 ~ 15	12
15 ~ 20	A
20 ~ 25	4
합계	25

(1) A의 값을 구하시오.

(2) 홈런 수가 8번째로 많은 선수가 속한 계급을 구하시오.

(3) 홈런 수가 5개 이상 10개 미만인 계급의 상대도수를 구하시오.

풀이 (1) $A=25-(2+4+12+4)=3$

(2) 홈런 수가 8번째로 많은 선수가 속한 계급은 10개 이상 15개 미만이다.

(3) 도수의 총합은 25이고, 홈런 수가 5개 이상 10개 미만인 계급의 도수는 4이므로 구하는 상대도수는

$$\frac{4}{25}=0.16$$

답 (1) 3 (2) 10개 이상 15개 미만 (3) 0.16

05

다음 히스토그램은 은하네 반 학생들의 원반던지기 기록을 조사하여 나타낸 것이다.

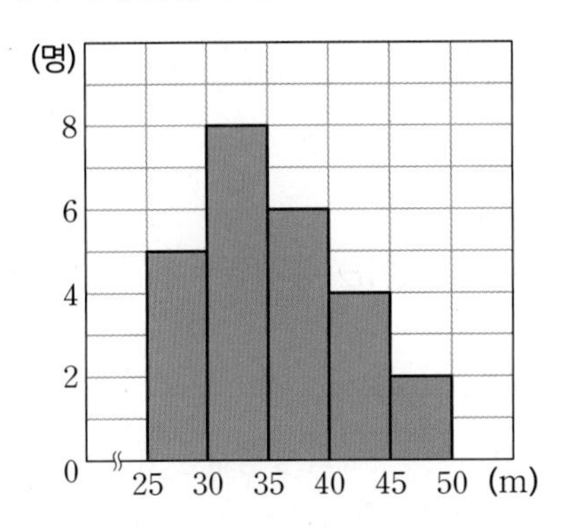

(1) 조사한 학생은 모두 몇 명인지 구하시오.

(2) 도수가 가장 큰 계급을 구하시오.

(3) 기록이 40 m 이상인 학생은 전체의 몇 %인지 구하시오.

풀이 (1) $5+8+6+4+2=25$(명)

(2) 도수가 가장 큰 계급은 30 m 이상 35 m 미만이다.

(3) 기록이 40 m 이상인 학생은 $4+2=6$(명)이므로

$$\frac{6}{25}\times100=24\,(\%)$$

답 (1) 25명 (2) 30 m 이상 35 m 미만 (3) 24 %

06 발전

다음 그림은 A 중학교 학생 250명과 B 중학교 학생 300명의 급식 만족도 점수를 조사하여 상대도수의 분포를 그래프로 나타낸 것이다.

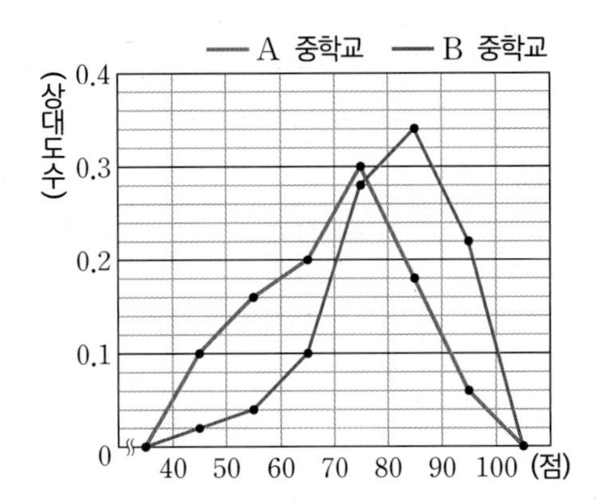

(1) 두 중학교에서 도수가 가장 작은 계급의 학생 수를 각각 구하시오.

(2) 두 중학교에서 만족도 점수가 70점 이상 80점 미만인 학생 수의 차를 구하시오.

풀이 (1) A 중학교에서 도수가 가장 작은 계급의 상대도수는 0.06이므로 구하는 학생 수는

$$250\times0.06=15$$

B 중학교에서 도수가 가장 작은 계급의 상대도수는 0.02이므로 구하는 학생 수는

$$300\times0.02=6$$

(2) A 중학교에서 만족도 점수가 70점 이상 80점 미만인 학생 수는

$$250\times0.3=75$$

B 중학교에서 만족도 점수가 70점 이상 80점 미만인 학생 수는

$$300\times0.28=84$$

따라서 두 중학교에서 만족도 점수가 70점 이상 80점 미만인 학생 수의 차는

$$84-75=9$$

답 (1) A 중학교: 15, B 중학교: 6 (2) 9

대단원 평가

VI. 통계

01

다음은 민석이네 반 학생 18명의 실내화 치수를 조사하여 나타낸 것이다. 실내화 치수의 중앙값과 최빈값을 각각 구하시오.

실내화 치수 (단위: mm)

230	235	225	230	240	240
245	250	255	260	260	270
260	265	250	240	225	270

풀이 자료의 변량을 작은 값부터 크기순으로 나열하면

225, 225, 230, 230, 235, 240, 240, 240, 245,

250, 250, 255, 260, 260, 260, 265, 270, 270

이므로 중앙값은

$\frac{245+250}{2}=247.5\,(\text{mm})$

또 240 mm, 260 mm가 세 번으로 가장 많이 나타나므로 최빈값은 240 mm, 260 mm이다.

답 중앙값: 247.5 mm, 최빈값: 240 mm, 260 mm

02

다음은 학생 10명의 지난달에 일기 쓴 일수를 조사하여 나타낸 것이다.

일기 쓴 일수 (단위: 일)

1	2	4	0	27	2	3	2	0	1

(1) 일기 쓴 일수의 평균과 중앙값을 각각 구하시오.

(2) (1)에서 구한 값 중에서 어떤 값이 대푯값으로 더 적절한지 말하시오.

풀이 (1) 평균은

$\frac{1+2+4+0+27+2+3+2+0+1}{10}=4.2\,(\text{일})$

자료의 변량을 작은 값부터 크기순으로 나열하면

0, 0, 1, 1, 2, 2, 2, 3, 4, 27

이므로 중앙값은

$\frac{2+2}{2}=2\,(\text{일})$

(2) 예 자료의 변량 중에 매우 큰 값이 있으므로 대푯값으로 더 적절한 것은 중앙값이다.

답 (1) 평균: 4.2일, 중앙값: 2일 (2) 중앙값

03

다음을 모두 만족시키는 두 자연수 a, b의 값을 각각 구하시오.

- 6, 6, 10, 12, 13, a의 중앙값은 10이다.
- 4, 15, a, b의 중앙값은 8이다.

풀이 자료 '6, 6, 10, 12, 13, a'에서 중앙값이 10이므로

$a=10$

자료 '4, 15, a, b'에서 중앙값이 8이므로 이 자료의 변량을 작은 값부터 크기순으로 나열하면

4, b, 10, 15 또는 4, 10, b, 15

이다.

즉, $\frac{b+10}{2}=8$이므로

$b=6$

답 $a=10$, $b=6$

04

아래 줄기와 잎 그림은 수정이네 반 학생들의 30초 동안 윗몸 일으키기 횟수를 조사하여 나타낸 것이다. 다음 중에서 옳지 않은 것은?

윗몸 일으키기 횟수 (0|5는 5회)

줄기	잎
0	5 8
1	2 3 5 8 8 9
2	0 0 3 5 7 8 8
3	0 3 5 6 8
4	0 1 2 3

① 잎이 가장 많은 줄기는 2이다.
② 수정이네 반 학생은 24명이다.
③ 윗몸 일으키기 횟수가 33회 이상인 학생은 8명이다.
④ 윗몸 일으키기를 12번째로 적게 한 학생의 기록은 23회이다.
⑤ 윗몸 일으키기를 가장 많이 한 학생과 가장 적게 한 학생의 기록의 차는 38회이다.

풀이 ④ 윗몸 일으키기를 적게 한 쪽에서 12번째인 학생의 기록은 25회이다.
따라서 옳지 않은 것은 ④이다.

답 ④

05

다음 줄기와 잎 그림은 어느 안전 체험관의 26일 동안 체험 참여자 수를 조사하여 나타낸 것이다. 참여자 수의 중앙값과 최빈값을 각각 구하시오.

참여자 수 (0|3은 3명)

줄기	잎
0	3 5 6 8
1	1 4 4 4
2	0 0 3 5 7 7 7
3	0 3 5 6 8
4	5 8 8 9
5	2 3

풀이 중앙값은 $\frac{27+27}{2}=27$ (명)
또 14명, 27명이 세 번으로 가장 많이 나타나므로 최빈값은 14명, 27명이다.

답 중앙값: 27명, 최빈값: 14명, 27명

06

아래 줄기와 잎 그림은 성윤이네 동아리 학생들의 핸드볼공 던지기 기록을 조사하여 나타낸 것이다. 다음 중에서 옳지 않은 것은?

던지기 기록 (0|3은 3 m)

잎(남학생)	줄기	잎(여학생)
9	0	3 7
7 6 4	1	2 6 7 8 9 9
9 9 8 5 2 2	2	1 2 2 4
6 5 2 1	3	0 4

① 조사한 학생은 모두 28명이다.
② 줄기가 2인 잎의 수는 남학생이 여학생보다 많다.
③ 던지기 기록이 여학생 중에서 3번째로 높은 학생과 남학생 중에서 8번째로 높은 학생의 기록은 같다.
④ 던지기 기록이 가장 높은 학생은 남학생이다.
⑤ 남학생의 던지기 기록이 여학생의 던지기 기록보다 높다고 할 수 있다.

풀이 ③ 던지기 기록이 여학생 중에서 3번째로 높은 학생의 기록은 24 m이고, 남학생 중에서 8번째로 높은 학생의 기록은 25 m이다.
따라서 옳지 않은 것은 ③이다.

답 ③

07

다음 도수분포표는 민정이네 반 학생들의 점심 식사 시간을 조사하여 나타낸 것이다. 식사 시간이 20분 이상인 학생 수가 20분 미만인 학생 수의 $\frac{1}{2}$일 때, 식사 시간이 10분 이상 15분 미만인 학생은 몇 명인지 구하시오.

식사 시간

식사 시간(분)	도수(명)
0이상 ~ 5미만	1
5 ~ 10	3
10 ~ 15	
15 ~ 20	6
20 ~ 25	
25 ~ 30	3
합계	24

풀이 식사 시간이 10분 이상 15분 미만인 학생을 x명이라고 하자.

전체 학생이 24명이므로 식사 시간이 20분 이상 25분 미만인 학생 수는

$24-(1+3+x+6+3)=11-x$

식사 시간이 20분 이상인 학생 수가 식사 시간이 20분 미만인 학생 수의 $\frac{1}{2}$이므로

$(11-x)+3=\frac{1}{2}(1+3+x+6)$

$14-x=5+\frac{1}{2}x,\qquad \frac{3}{2}x=9$

$x=6$

따라서 식사 시간이 10분 이상 15분 미만인 학생은 6명이다.

답 6명

08

아래 그림은 한 달 동안 지역별 최고 기온을 조사하여 히스토그램으로 나타낸 것이다. 다음 중에서 히스토그램을 보고 알 수 없는 것은?

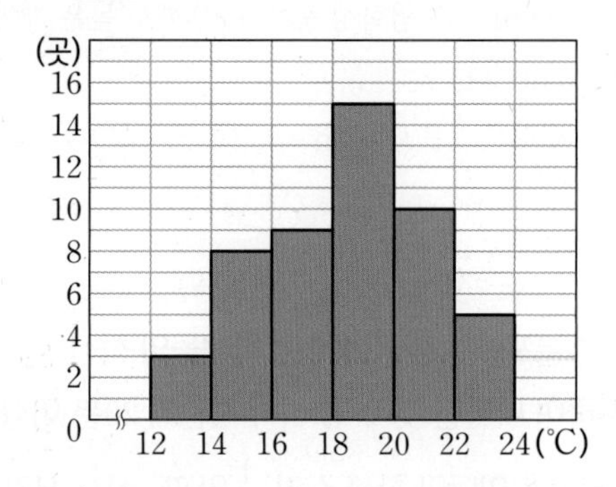

① 조사한 지역의 수
② 최고 기온이 17.5 ℃인 지역이 속하는 계급
③ 최고 기온이 가장 높은 지역의 기온
④ 최고 기온이 14 ℃ 미만인 지역의 수
⑤ 최고 기온이 8번째로 높은 지역이 속하는 계급의 상대도수

풀이 ③ 주어진 히스토그램에서는 지역별 최고 기온을 알 수 없으므로 최고 기온이 가장 높은 지역의 기온은 알 수 없다.

따라서 알 수 없는 것은 ③이다.

답 ③

09

다음 그림은 은재네 반 학생 24명의 앉은키를 조사하여 나타낸 히스토그램에서 일부가 찢어진 것이다. 앉은키가 65 cm 이상 70 cm 미만인 학생이 전체의 25 %일 때, 앉은키가 70 cm 이상 75 cm 미만인 학생은 몇 명인지 구하시오.

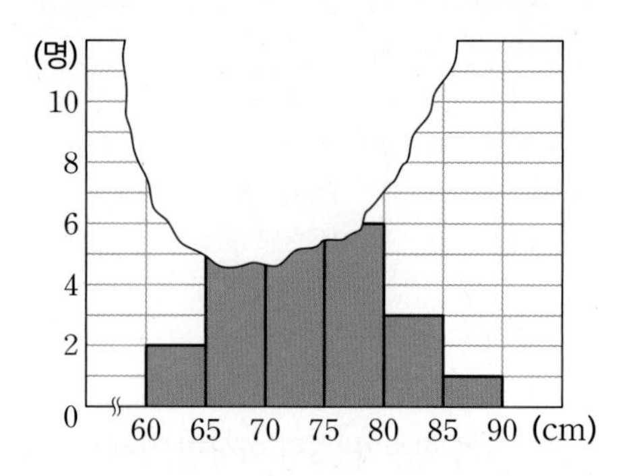

풀이 앉은키가 65 cm 이상 70 cm 미만인 학생은

$24\times\frac{25}{100}=6$(명)

따라서 앉은키가 70 cm 이상 75 cm 미만인 학생은

$24-(2+6+6+3+1)=6$(명)

답 6명

10

다음 도수분포다각형은 어느 과수원에서 수확한 사과의 당도를 조사하여 나타낸 것이다. 당도가 13 Brix 이상 14 Brix 미만인 계급의 상대도수를 구하시오.

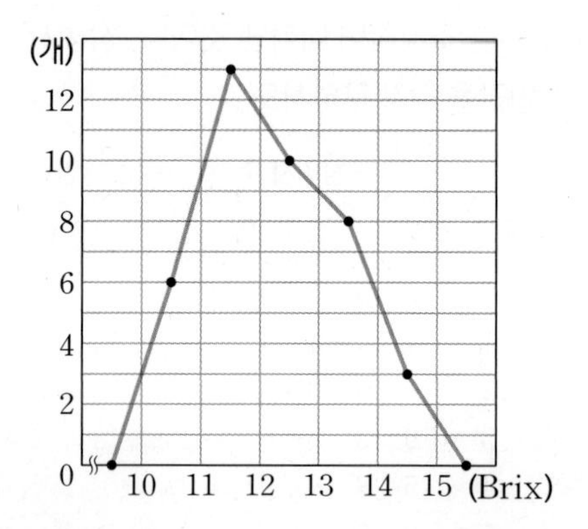

풀이 수확한 전체 사과의 개수는 도수의 총합과 같으므로

$6+13+10+8+3=40$

따라서 당도가 13 Brix 이상 14 Brix 미만인 계급의 도수는 8이므로 구하는 상대도수는

$\frac{8}{40}=0.2$

답 0.2

11

다음 도수분포다각형은 1반과 2반 학생들의 체육 수행 평가 점수를 조사하여 나타낸 것이다. 2반에서 상위 30 % 이내에 드는 학생은 1반에서 최소 상위 몇 % 이내에 들 수 있는지 구하시오.

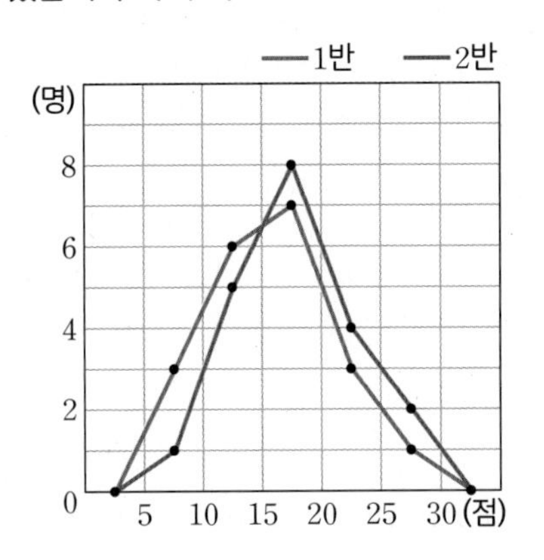

풀이 전체 학생 수는 도수의 총합과 같으므로

(1반의 전체 학생 수)$=3+6+7+3+1=20$

(2반의 전체 학생 수)$=1+5+8+4+2=20$

2반에서 상위 30 % 이내에 드는 학생 수는 $20\times0.3=6$

이므로 체육 수행 평가 점수가 20점 이상이다.

1반에서 체육 수행 평가 점수가 20점 이상인 학생 수는 $3+1=4$이므로 2반에서 상위 30 % 이내에 드는 학생은 1반에서 최소 상위

$\frac{4}{20}\times100=20\,(\%)$

이내에 들 수 있다.

답 20 %

12

다음 표는 우주네 반 학생들의 지난 일주일 동안 가족과의 대화 시간을 조사하여 나타낸 도수와 상대도수의 분포표이다. 상대도수가 가장 큰 계급을 구하시오.

대화 시간(시간)	도수(명)	상대도수
5이상 ~ 10미만	1	0.04
10 ~ 15	6	
15 ~ 20		0.28
20 ~ 25	5	
25 ~ 30		
합계		

풀이 도수가 1인 계급의 상대도수가 0.04이므로 우주네 반 전체 학생 수는

$\frac{1}{0.04}=25$

가족과의 대화 시간이 15시간 이상 20시간 미만인 계급의 도수는

$25\times0.28=7$

대화 시간이 25시간 이상 30시간 미만인 계급의 도수는

$25-(1+6+7+5)=6$

따라서 상대도수가 가장 큰 계급은 15시간 이상 20시간 미만이다.

답 15시간 이상 20시간 미만

13

다음 그림은 어느 공원에서 산책하는 사람들의 10일 동안 산책 시간을 조사하여 상대도수의 분포를 그래프로 나타낸 것이다. 산책 시간이 12시간 이상 16시간 미만인 사람이 15명일 때, 산책 시간이 24시간 이상 28시간 미만인 사람은 몇 명인지 구하시오.

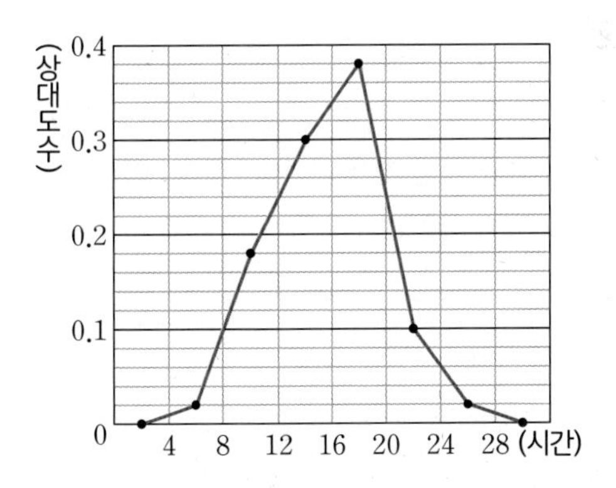

풀이 산책 시간이 12시간 이상 16시간 미만인 계급의 상대도수가 0.3이므로 조사한 전체 사람 수는

$\frac{15}{0.3}=50$

따라서 산책 시간이 24시간 이상 28시간 미만인 사람은

$50\times0.02=1$(명)

답 1명

[14~15] 풀이 과정과 답을 써 보자.

14

다음 막대그래프는 하린이네 반 학생 20명이 하루 동안 화장실을 이용한 횟수를 조사하여 나타낸 것이다. 이 자료의 중앙값과 최빈값을 각각 구하시오.

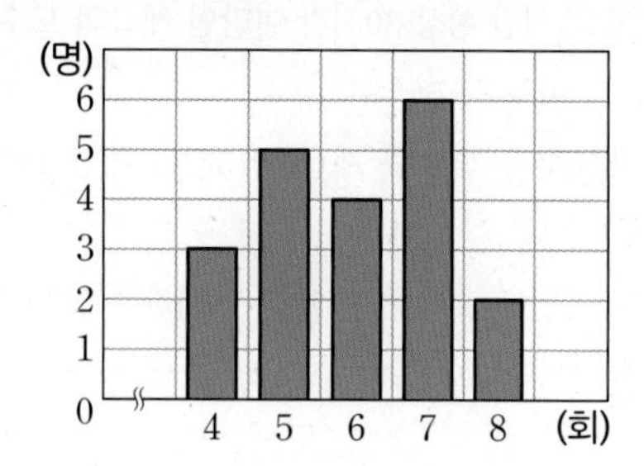

풀이 변량이 20개이므로 중앙값은 변량을 작은 값부터 크기 순으로 나열했을 때 10번째와 11번째에 오는 값의 평균이다.

즉, $\frac{6+6}{2}=6$(회)이다. ◀ ㉮

최빈값은 도수가 6명으로 가장 큰 변량인 7회이다. ◀ ㉯

답 중앙값: 6회, 최빈값: 7회

채점 기준	배점
㉮ 중앙값 구하기	50 %
㉯ 최빈값 구하기	50 %

15

다음 그림은 A 중학교와 B 중학교 학생들의 일 년 동안 봉사 활동 시간을 조사하여 상대도수의 분포를 그래프로 나타낸 것이다. 봉사 활동 시간이 10시간 이상 15시간 미만인 학생은 A 중학교가 84명, B 중학교가 128명이다.

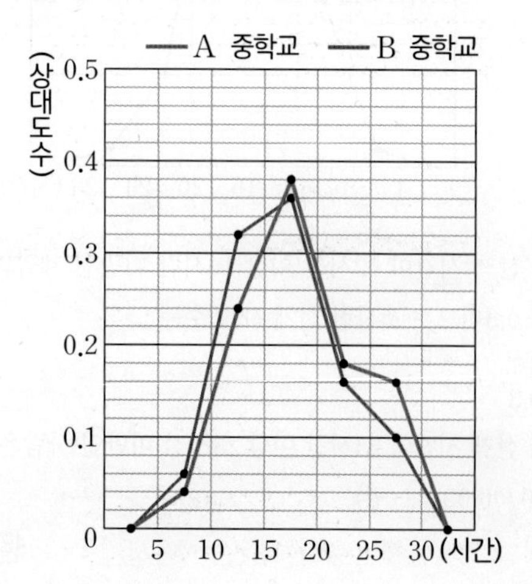

(1) A 중학교와 B 중학교의 전체 학생 수를 각각 구하시오.

(2) A 중학교와 B 중학교의 봉사 활동 시간의 분포를 비교하시오.

풀이 (1) A 중학교에서 봉사 활동 시간이 10시간 이상 15시간 미만인 계급의 상대도수가 0.24이므로 A 중학교 전체 학생 수는

$\frac{84}{0.24}=350$ ◀ ㉮

B 중학교에서 봉사 활동 시간이 10시간 이상 15시간 미만인 계급의 상대도수가 0.32이므로 B 중학교 전체 학생 수는

$\frac{128}{0.32}=400$ ◀ ㉯

(2) 예 봉사 활동 시간이 15시간 이상인 학생의 상대도수는 A 중학교가 B 중학교보다 높고, 15시간 미만인 학생의 상대도수는 A 중학교가 B 중학교보다 낮다.

따라서 봉사 활동 시간은 A 중학교가 B 중학교보다 상대적으로 더 높은 편이다. ◀ ㉰

답 (1) A 중학교: 350, B 중학교: 400
(2) 풀이 참조

	채점 기준	배점
(1)	㉮ A 중학교 전체 학생 수 구하기	30 %
	㉯ B 중학교 전체 학생 수 구하기	30 %
(2)	㉰ 두 중학교의 그래프를 비교하여 해석하기	40 %

NE 능률

개념이 쉬워지는 중등 수학 기본서

중등 수학 1-1
개념북 + 워크북
'22개정 교육과정
개념이 쉬워지는 수·학·기·본·서
NE 능률

교재구성 미리 보기

시리즈 구성

1-1	1-2
2-1	2-2
3-1	3-2

1 쉽게 이해하는 개념
핵심이 되는 개념을 도식화, 이미지화하여
직관적으로 쉽게 이해할 수 있도록 정리

2 응용으로 확실해지는 개념
개념과 공식을 응용할 수 있도록
해결방법, 문제형태로 유형화한 구성

3 워크북으로 반복하는 개념
워크북을 통해 유형 문제를 한번 더 복습하고
고난도 문제와 서술형 코너로 학교 시험까지 대비

중학교

국어 1

평가문제집

NE 능률

중학교 수학 1

평가문제집

중단원 마무리 평가

기본

01

다음 중에서 소수의 개수는?

2, 4, 7, 9, 15, 23, 39

① 2　② 3　③ 4
④ 5　⑤ 6

02

다음 중에서 옳지 않은 것은?

① 3은 소수이다.
② 10은 합성수이다.
③ 1은 소수도 아니고 합성수도 아니다.
④ 소수의 약수는 2개이다.
⑤ 합성수의 약수는 3개이다.

03

$7\times7\times7\times7=a^b$일 때, 자연수 a, b의 값을 각각 구하시오. (단, a는 소수이다.)

04

150을 소인수분해 하면?

① 3×50　② 6×25　③ 6×5^2
④ $2\times3\times5^2$　⑤ $2\times5\times15$

표준

05

다음 중에서 옳은 것은?

① $3+3=3^2$
② $5\times5\times5=3\times5$
③ $2\times2\times2\times7\times7=2^3+7^2$
④ $\frac{1}{3}\times\frac{1}{3}\times\frac{1}{3}\times\frac{1}{3}=\frac{4}{3^4}$
⑤ $\frac{1}{5\times11\times5\times11\times5}=\frac{1}{5^3\times11^2}$

06

$3\times5\times5\times7\times3\times5\times3\times7\times5$에서 5의 지수를 구하시오.

07

다음 중에서 270의 약수가 아닌 것은?

① 9　② 36　③ 45
④ 54　⑤ 135

08

두 분수 $\frac{45}{n}$와 $\frac{63}{n}$을 동시에 자연수로 만드는 자연수 n의 값 중에서 가장 큰 수는?

① 3 ② 5 ③ 6
④ 9 ⑤ 15

09

두 수 $2^a \times 3^4 \times 5^2$, $2^5 \times 3^b \times 7$의 최대공약수가 36일 때, 두 자연수 a, b에 대하여 $a+b$의 값을 구하시오.

10

세 자연수 $6 \times x$, $8 \times x$, $10 \times x$의 최소공배수가 240일 때, x의 값은?

① 2 ② 3 ③ 4
④ 5 ⑤ 6

11

두 자연수 A, 20의 최대공약수가 4이고, 최소공배수가 $2^2 \times 3 \times 5$일 때, A의 약수의 개수를 구하시오.

발전

12

$2^4=a$, $5^b=125$를 만족시키는 자연수 a, b에 대하여 $a+b$의 값을 구하시오.

13

$2^2 \times 3^{\square}$의 약수가 15개일 때, $\square$ 안에 들어갈 자연수를 구하시오.

14

두 분수 $\frac{33}{7}$과 $\frac{11}{15}$의 어느 것에 곱해도 항상 자연수가 되는 가장 작은 기약분수를 $\frac{b}{a}$라고 할 때, $b-a$의 값을 구하시오.

중단원 마무리 평가

기본

01
다음 중에서 양의 정수의 개수를 a, 음의 유리수의 개수를 b라고 할 때, $a+b$의 값은?

$$-1,\ +\frac{3}{5},\ -6,\ -\frac{1}{4},\ +2,\ -3.7,\ +4.9$$

① 3　② 4　③ 5　④ 6　⑤ 7

02
다음 중에서 정수가 아닌 유리수인 것을 모두 고르면? (정답 2개)

① 2　② 1.8　③ 0　④ $-\frac{4}{3}$　⑤ -7

03
$(-14)-(-5)$를 계산하시오.

04
$\left(+\frac{8}{3}\right)\times\left(-3\frac{3}{4}\right)$을 계산하시오.

표준

05
수직선에서 절댓값이 6인 두 수를 나타내는 두 점 사이의 거리는?

① 0　② 3　③ 6　④ 12　⑤ 24

06
다음 중에서 $-\frac{13}{6}<x\leq 1$을 만족시키는 유리수 x의 값이 될 수 없는 수는?

① $-\frac{11}{6}$　② $-\frac{5}{3}$　③ 0　④ $\frac{5}{6}$　⑤ $\frac{3}{2}$

07
$a<0$일 때, 다음 중에서 항상 음수인 것은?

① $-a$　② a^2　③ $-a^2$　④ $-a^3$　⑤ $(-a)^3$

08
다음을 계산하시오.

$$(-1)^{10}-(-1)^{15}+(-1)^{20}$$

09

다음에서 (가)~(다)에 알맞은 것을 차례대로 쓴 것은?

> [(가)]에 의하여
> $(+38)\times(-0.19)+(+62)\times(-0.19)$
> $=\{(+38)+(\boxed{(나)})\}\times(-0.19)$
> $=(\boxed{(다)})\times(-0.19)$
> $=-19$

① 교환법칙, $+62$, $+100$
② 교환법칙, -0.19, $+1000$
③ 결합법칙, $+62$, $+1000$
④ 분배법칙, $+62$, $+100$
⑤ 분배법칙, -0.19, $+1000$

10

$-\frac{1}{5}$의 역수를 A, $2\frac{1}{2}$의 역수를 B라고 할 때, $A\times B$의 값은?

① -25 ② -2 ③ $-\frac{1}{2}$
④ $-\frac{2}{25}$ ⑤ 25

11

$(-1)^5\div\left[(-6)-18\times\left\{\left(\frac{2}{3}\right)^2+(-1)\right\}\right]$을 계산하면?

① $-\frac{1}{16}$ ② $-\frac{1}{5}$ ③ $-\frac{1}{4}$
④ $\frac{1}{6}$ ⑤ $\frac{1}{12}$

발전

12

다음을 모두 만족시키는 정수 x의 개수를 구하시오.

> (가) $|x|\geq 2$
> (나) x는 $-\frac{9}{2}$보다 크고 1.5보다 크지 않다.

13

어떤 수에 $-\frac{5}{4}$를 더해야 할 것을 잘못하여 뺐더니 $\frac{1}{2}$이 되었다. 바르게 계산한 값을 구하시오.

14

4개의 유리수 -3, $-\frac{3}{2}$, -5, $+\frac{1}{5}$ 중에서 세 수를 택하여 모두 곱한 값 중에서 가장 큰 값은?

① -9 ② -6 ③ 3
④ 6 ⑤ 9

대단원 마무리 평가

01

10보다 크거나 같고 25보다 작은 소수의 개수를 구하시오.

02

다음 보기 중에서 옳은 것을 모두 고른 것은?

보기
ㄱ. 가장 작은 소수는 3이다.
ㄴ. 짝수는 모두 합성수이다.
ㄷ. 5의 배수 중 소수는 1개뿐이다.
ㄹ. 자연수 중에는 약수가 1개인 수도 있다.

① ㄱ, ㄴ ② ㄱ, ㄷ ③ ㄴ, ㄷ
④ ㄴ, ㄹ ⑤ ㄷ, ㄹ

03

360을 소인수분해 하면 $2^a \times 3^b \times c$일 때, 자연수 a, b, c에 대하여 $a+b+c$의 값은? (단, c는 소수이다.)

① 8 ② 9 ③ 10
④ 11 ⑤ 12

04

다음 중에서 42와 소인수가 같은 것은?

① 28 ② 48 ③ 126
④ 147 ⑤ 162

05

다음 중에서 $2^3 \times 5^2 \times 11$의 약수가 아닌 것은?

① 8 ② 10 ③ 25
④ 44 ⑤ 80

06

다음 중에서 약수의 개수가 가장 많은 것은?

① 27 ② 96 ③ 175
④ 3×5^2 ⑤ $2 \times 7 \times 13$

07

세 자연수 a, b, c에 대하여 두 수 $2^a \times 3$, $2^4 \times 3^b \times c$의 최대공약수는 $2^3 \times 3$이고 최소공배수는 $2^4 \times 3^3 \times 7$일 때, $a-b+c$의 값을 구하시오. (단, c는 소수이다.)

08

다음 중에서 두 수가 서로소인 것을 모두 고르면? (정답 2개)

① 5, 9 ② 12, 21 ③ 16, 30
④ 24, 39 ⑤ 28, 45

09

세 수 3^2, $2^3\times5^2$, $2^2\times3\times5^3$의 최소공배수를 구하시오.

10

다음 수직선 위의 다섯 개의 점 A, B, C, D, E가 나타내는 수로 옳지 않은 것은?

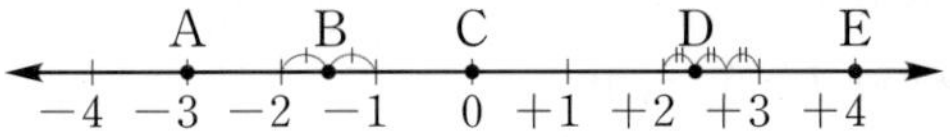

① A: -3 ② B: $-\frac{3}{2}$ ③ C: 0
④ D: $+\frac{8}{3}$ ⑤ E: $+4$

11

다음 중에서 절댓값이 2보다 작은 수의 개수는?

$-5,\quad +\frac{7}{4},\quad -0.1,\quad -\frac{5}{2},\quad \frac{4}{3}$

① 1 ② 2 ③ 3
④ 4 ⑤ 5

12

다음을 모두 만족시키는 유리수 a, b의 값을 각각 구하면?

(가) $|a|=|b|$ (나) $a=b+\frac{8}{7}$

① $a=-\frac{4}{7}$, $b=\frac{4}{7}$ ② $a=-\frac{2}{7}$, $b=\frac{4}{7}$
③ $a=\frac{2}{7}$, $b=-\frac{4}{7}$ ④ $a=-\frac{2}{7}$, $b=-\frac{4}{7}$
⑤ $a=\frac{4}{7}$, $b=-\frac{4}{7}$

13

다음 중에서 ◯ 안에 알맞은 부등호가 나머지 넷과 다른 하나는?

① -0.4 ◯ $+0.1$ ② -13 ◯ -12
③ $|2.5|$ ◯ $-\frac{2}{5}$ ④ $\left|+\frac{1}{5}\right|$ ◯ $\left|-\frac{1}{3}\right|$
⑤ $(-2)^3$ ◯ $(-1)^4$

14

다음 그림에서 가로, 세로, 대각선에 놓인 세 수의 합이 모두 같을 때, $A-B$의 값을 구하시오.

A		2
	-1	-5
B		0

15

수직선에서 -7을 나타내는 점으로부터 거리가 8인 점이 나타내는 두 수의 합은?

① -16 ② -14 ③ -12
④ -10 ⑤ -8

16

다음 중에서 가장 작은 수는?

① -3^2 ② $(-3)^3$ ③ $(-3)^4$
④ $-(-3)^3$ ⑤ $-(-3)^4$

17

다음 보기 중에서 계산 결과가 옳은 것을 모두 고른 것은?

보기
ㄱ. $10-14+7=-11$
ㄴ. $(-4)\div(-12)\times(-15)=-5$
ㄷ. $\left(-\frac{1}{4}\right)+\left(-\frac{4}{3}\right)-\left(-\frac{1}{2}\right)=-\frac{3}{12}$
ㄹ. $\left(-\frac{4}{5}\right)\times(-29)+\left(+\frac{9}{5}\right)\times(-29)=-29$

① ㄱ, ㄴ ② ㄴ, ㄷ ③ ㄴ, ㄹ
④ ㄷ, ㄹ ⑤ ㄴ, ㄷ, ㄹ

18

$-a$의 역수가 6이고 b의 역수가 1.2일 때, $a-b$의 값은?

① -1 ② $-\frac{2}{3}$ ③ $-\frac{1}{3}$
④ $\frac{2}{3}$ ⑤ 1

19

세 유리수 a, b, c에 대하여

$a\times b<0$, $a\div c>0$, $a<b$

일 때, 다음 중 옳은 것은?

① $a>0$, $b<0$, $c>0$
② $a>0$, $b<0$, $c<0$
③ $a<0$, $b>0$, $c>0$
④ $a<0$, $b>0$, $c<0$
⑤ $a<0$, $b<0$, $c<0$

20

$-\frac{5}{8}-\left\{\left(-\frac{1}{2}\right)^2-\left(-\frac{7}{12}+1\right)\times(-3)\right\}$을 계산하면?

① $-\frac{17}{8}$ ② $-\frac{7}{8}$ ③ $-\frac{1}{8}$
④ $\frac{7}{8}$ ⑤ $\frac{17}{8}$

서술형 **[21~24]** 풀이 과정과 답을 써 보자.

21

두 자리의 자연수 a에 대하여 $2^3 \times 3^2 \times 7 \times a$가 어떤 자연수의 제곱이 되도록 하는 모든 a의 값의 합을 구하시오.

풀이

답

22

144와 $2^3 \times \square \times 5$의 최대공약수가 72일 때, $\square$ 안에 들어갈 수 있는 가장 작은 자연수와 그때의 두 수의 최소공배수를 각각 구하시오.

풀이

답

23

두 유리수 a, b에 대하여 $a ◎ b=(a+b) \div b$라고 할 때, $\frac{4}{15} ◎ \left(\frac{2}{5} ◎ \frac{1}{3}\right)$을 계산하시오.

풀이

답

24

민준이와 소희가 계단에서 가위바위보 놀이를 하는데 이기면 2칸 올라가고, 지면 1칸 내려가기로 하였다. 두 사람의 처음 위치를 0이라 하고, 1칸 올라가는 것을 $+1$, 1칸 내려가는 것을 -1이라고 하자. 가위바위보를 9번 하여 민준이가 4번 이겼다고 할 때, 놀이를 마친 후 두 사람은 몇 칸 떨어져 있는지 구하시오.

(단, 가위바위보에서 비기는 경우는 없다.)

풀이

답

성취도	A	B	C	D	E
성취율(%)	90 % 이상	80 % 이상 ~ 90 % 미만	70 % 이상 ~ 80 % 미만	60 % 이상 ~ 70 % 미만	60 % 미만
학습 가이드	다양한 유형의 문제를 풀어 보세요.	틀린 문제를 다시 풀어 보세요.	교과서 문제 위주로 공부하세요.	개념을 확인해 보세요.	개념부터 시작해 보세요.

중단원 마무리 평가

기본

01

다항식 $3x+5y-4$에서 x의 계수를 a, y의 계수를 b, 상수항을 c라고 할 때, $a+b+c$의 값은?

① -12　② -8　③ 4
④ 8　⑤ 12

02

다음 중에서 곱셈 기호 $\times$와 나눗셈 기호 $\div$를 생략하여 나타낸 것으로 옳지 않은 것은?

① $2\times x=2x$　② $a\times(-1)=a-1$
③ $\frac{1}{5}\times b\times b=\frac{b^2}{5}$　④ $x\times y\times x=x^2y$
⑤ $a\times\frac{1}{b}\div c=\frac{a}{bc}$

03

한 줄에 3000원인 김밥 x줄과 한 병에 800원인 물 y병의 가격을 문자를 사용한 식으로 나타내면?

① $3800xy$원　② $(3800x+y)$원
③ $(x+3800y)$원　④ $(3000x+800y)$원
⑤ $(800x+3000y)$원

04

다음을 계산하시오.

(1) $(4x-6)\div\frac{2}{3}$　(2) $(2x+1)-(x+3)$

표준

05

$a=-1$일 때, 다음 중에서 식의 값이 나머지 넷과 다른 하나는?

① $-a$　② a^2　③ $(-a)^3$
④ $-\frac{1}{a^2}$　⑤ $\left(-\frac{1}{a}\right)^3$

06

화씨온도 x °F는 섭씨온도 $\frac{5}{9}(x-32)$ ℃이다. 화씨온도 86 °F는 섭씨온도로 몇 ℃인지 구하시오.

07

다음 중에서 일차식인 것은?

① 4　② $2+0\times x$　③ $\frac{x^2}{2}-2$
④ $\frac{x}{3}$　⑤ $\frac{1}{x}+1$

08

다음 중에서 $-3x$와 동류항인 것의 개수를 구하시오.

$-3y$,　$0.1x$,　$\frac{2}{x}$,　$2x^3$,　$-\frac{x}{6}$,　$5x$

09

다음 중에서 계산 결과가 옳은 것은?

① $3\left(x-\frac{1}{3}\right)=3x-\frac{1}{3}$

② $10x\div\left(-\frac{5}{2}\right)=-25x$

③ $2x-4+3x=6x-4$

④ $(5x-2)+(3x-2)=8x$

⑤ $\frac{x+1}{2}-\frac{x-1}{4}=\frac{x+3}{4}$

10

$\frac{2}{3}(3-9x)-\frac{1}{5}(25x+20)$을 간단히 했을 때, x의 계수를 a, 상수항을 b라고 하자. 이때 $b-a$의 값은?

① -15 ② -11 ③ 7
④ 9 ⑤ 13

11

어떤 다항식에 $4x+1$을 더해야 할 것을 잘못하여 뺐더니 $x-3$이 되었을 때, 바르게 계산한 식은?

① $x-3$ ② $x-1$ ③ $5x-2$
④ $9x-1$ ⑤ $9x+3$

12

$(A\triangle B)=A+2B$, $(A\triangledown B)=B-3A$라고 할 때, $2(5x\triangle 2y)-(2x\triangledown 3y)$를 계산하면?

① $x+5y$ ② $7x+14y$ ③ $8x-2y$
④ $11x+y$ ⑤ $16x+5y$

발전

13

다음 그림과 같이 성냥개비를 사용하여 정사각형을 만들고 있다. 정사각형을 n개 만들려고 할 때, 필요한 성냥개비의 개수를 문자를 사용한 식으로 나타내면?

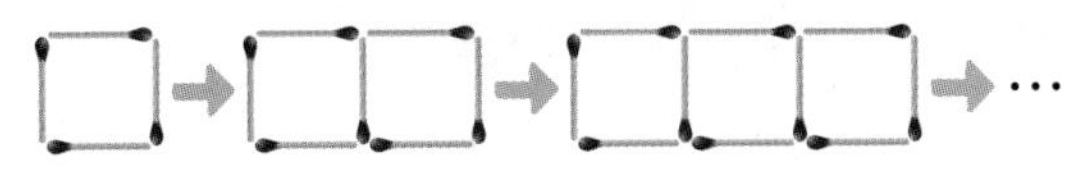

① $3n-1$ ② $3n+1$ ③ $4n-1$
④ $4n+1$ ⑤ $4n+2$

14

$a=-\frac{1}{2}$, $b=\frac{1}{3}$, $c=\frac{1}{4}$일 때, $\frac{5}{a}+\frac{2}{b}-\frac{1}{c}$의 값을 구하시오.

15

다음 사각형의 넓이를 x를 사용한 식으로 나타내시오.

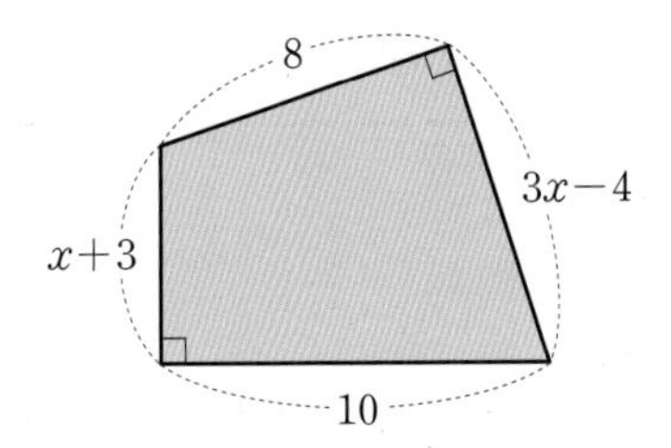

중단원 마무리 평가

기본

01

다음 문장을 등식으로 나타내시오.

귤 90개를 학생 21명에게 x개씩 나누어 주었더니 6개가 남았다.

02

다음 중에서 항등식인 것은?

① $x+2=0$
② $5x=5$
③ $4x-x<3x$
④ $3x-2=3-2x$
⑤ $2(x-5)=2x-10$

03

다음 보기 중에서 등식 $2x-5=1$에서 좌변의 -5를 이항한 것과 결과가 같은 것을 모두 고르시오.

보기
ㄱ. 양변에 5를 더한다.
ㄴ. 양변에 -5를 더한다.
ㄷ. 양변에서 5를 뺀다.
ㄹ. 양변에서 -5를 뺀다.

04

$a=b$일 때, 다음 중에서 옳지 않은 것은?

① $a+3=b+3$
② $a-8=b-8$
③ $2a=2b$
④ $\frac{a}{6}+1=\frac{b}{6}+1$
⑤ $5-a=b-5$

표준

05

다음 일차방정식 중에서 해가 $x=-2$인 것은?

① $x+5=7$
② $2(1-x)=4$
③ $8+x=5x$
④ $3x-1=x-3$
⑤ $-4x-1=5-x$

06

오른쪽은 일차방정식 $3x+7=-2$를 푸는 과정을 나타낸 것이다. (가), (나)에서 이용된 등식의 성질을 다음 보기 에서 각각 고르시오. (단, c는 자연수이다.)

$3x+7=-2$
(가)
$3x=-9$
(나)
$x=-3$

보기
ㄱ. $a=b$이면 $a+c=b+c$
ㄴ. $a=b$이면 $a-c=b-c$
ㄷ. $a=b$이면 $ac=bc$
ㄹ. $a=b$이면 $\frac{a}{c}=\frac{b}{c}$

07

x에 대한 일차방정식 $5(2x+a)=-4(x+1)+5$의 해가 $x=\frac{3}{2}$일 때, 수 a의 값은?

① -4
② -2
③ $-\frac{2}{5}$
④ $\frac{2}{5}$
⑤ 4

08

다음 일차방정식 중에서 해가 가장 큰 것은?

① $5x-1=9$　② $4+3x=x$
③ $9-2x=x+3$　④ $3(x-1)=2x$
⑤ $2(5x-3)=8x-1$

09

일차방정식 $0.04x-0.12=0.06x-0.1$을 풀면?

① $x=-4$　② $x=-2$　③ $x=-1$
④ $x=2$　⑤ $x=4$

10

일차방정식 $\frac{x}{6}-\frac{1}{12}(3x-2)=\frac{1}{3}$의 해를 $x=a$라고 할 때, $\frac{1}{2}a+3$의 값은?

① -4　② -2　③ -1
④ 2　⑤ 4

11

연속하는 세 짝수의 합이 72일 때, 세 짝수 중에서 가장 작은 수를 구하시오.

12

x에 대한 일차방정식 $4x-(x+a)=7x-9$의 해가 자연수가 되도록 하는 가장 큰 자연수 a의 값을 구하시오.

13

다음 두 일차방정식의 해가 서로 같을 때, 수 a의 값은?

$$\frac{3x-5}{2}=\frac{x-2}{3}+\frac{1}{2},\quad 0.1x=0.5(x+a)+0.7$$

① -3　② -2　③ -1
④ 2　⑤ 3

14

학생들에게 연필을 나누어 주는데 4자루씩 나누어 주면 3자루가 남고 5자루씩 나누어 주면 2자루가 부족하다. 이때 학생 수를 구하시오.

대단원 마무리 평가

01

$x\times(y+z)\times(-6)\times(y+z)$를 곱셈 기호 $\times$를 생략하여 나타내면?

① $-6(y+z)$　② $-6x(y+z)^2$
③ $-6x+(y+z)$　④ $-6x+(y+z)^2$
⑤ $x(y+z)^2-6$

02

다음 중에서 곱셈 기호 $\times$와 나눗셈 기호 $\div$를 생략하여 나타낸 결과가 $\frac{ab}{c}$와 같은 것은?

① $a\times b\times c$　② $a\div b\times c$
③ $a\div b\div c$　④ $a\times(b\div c)$
⑤ $a\div(b\times c)$

03

다음 중에서 문자를 사용하여 나타낸 식으로 옳은 것은?

① 두 수 a, b의 평균 ➡ $a+b$
② 2개에 x원인 사탕 1개의 가격 ➡ $2x$원
③ 현재 14살인 학생의 a년 후의 나이 ➡ $(14-a)$살
④ x원의 30 % ➡ $30x$원
⑤ 가로의 길이가 x cm, 세로의 길이가 y cm인 직사각형의 둘레의 길이 ➡ $2(x+y)$ cm

04

$a=-2$, $b=3$일 때, $5a+\frac{1}{9}b^3$의 값을 구하시오.

05

지면에서 초속 30 m로 똑바로 위로 던져 올린 물체의 t초 후의 높이는 $(30t-5t^2)$ m라고 한다. 이 물체의 3초 후의 높이는?

① 30 m　② 35 m　③ 40 m
④ 45 m　⑤ 50 m

06

다음 중에서 옳지 않은 것을 모두 고르면? (정답 2개)

① ab는 단항식이다.
② $x+3y$에서 항은 x, $3y$이다.
③ $2x+2$의 차수는 2이다.
④ $3a+b-5$에서 a의 계수는 3이고, b의 계수는 1이다.
⑤ $6x-4$에서 x의 계수와 상수항의 합은 10이다.

07

다음 보기 중에서 일차식인 것을 모두 고르시오.

보기

ㄱ. $2x+7$　ㄴ. $\frac{1}{x}-\frac{1}{3}$
ㄷ. $0\times x-5$　ㄹ. $\frac{1}{2}x+\frac{1}{4}$
ㅁ. $(x+3)-x$　ㅂ. $1-x(x-2)$

08

두 식 $6\left(\frac{3}{2}x+\frac{2}{3}\right)$와 $(8x-12)\div\left(-\frac{4}{3}\right)$를 계산했을 때, 두 식의 상수항의 합을 구하시오.

09

다음 그림과 같이 직사각형 모양의 마당에 길을 만들려고 한다. 길의 넓이는?

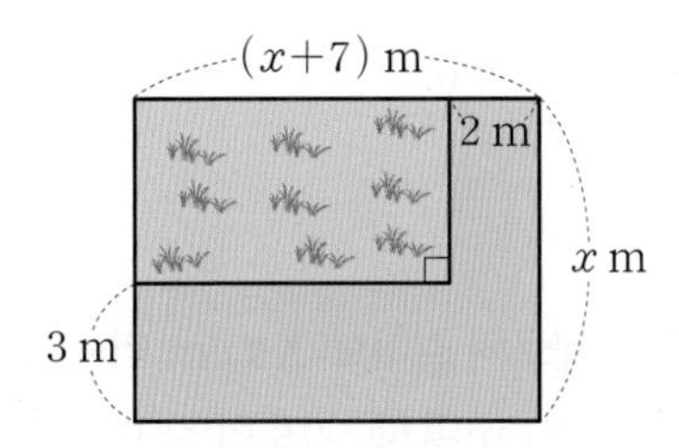

① $(x+15)\ \text{m}^2$　② $(x+27)\ \text{m}^2$
③ $(5x+15)\ \text{m}^2$　④ $(5x+27)\ \text{m}^2$
⑤ $(6x+15)\ \text{m}^2$

10

다음 식을 계산하여 $ax+b$ 꼴로 나타낼 때, $a+b$의 값을 구하시오. (단, a, b는 수이다.)

$$\frac{1}{2}(2x-1)-\left\{\frac{5}{2}(4x-3)+1\right\}$$

11

어떤 다항식에서 $3x+4$를 빼야 할 것을 잘못하여 더했더니 $-2x+5$가 되었다. 바르게 계산한 식은?

① $-8x-3$　② $-8x+1$　③ $-2x-3$
④ $2x+1$　⑤ $8x+3$

12

x의 계수가 -4, 상수항이 9인 일차식이 다음을 모두 만족시킬 때, 수 a, b에 대하여 $a+b$의 값은?

- $x=3$일 때의 식의 값은 a이다.
- $x=-2$일 때의 식의 값은 b이다.

① -20　② -14　③ -10
④ 14　⑤ 20

13

다음 중에서 옳지 않은 것은?

① $3x+1=0$은 등식이다.
② $x-4=9$에서 좌변은 $x-4$이다.
③ $\frac{1}{2}x+\frac{3}{5}=0$은 일차방정식이다.
④ $x=-2$는 방정식 $4x+7=1$의 해이다.
⑤ $-(3-x)+x=2x-3$은 항등식이다.

14

등식 $5x-ax-6=x-2b$가 모든 x의 값에 대하여 성립하기 위한 수 a, b의 값은?

① $a=-4$, $b=-3$　② $a=4$, $b=12$
③ $a=4$, $b=3$　④ $a=6$, $b=-3$
⑤ $a=6$, $b=12$

대단원 마무리 평가

15

$2a=b$일 때, 다음 중에서 옳지 <u>않은</u> 것은?

① $2a+3=b+3$　② $2a-1=b-1$
③ $-4a=-2b$　④ $\frac{a}{4}=\frac{b}{2}$
⑤ $7-6a=7-3b$

16

다음 중에서 밑줄 친 항을 이항한 것으로 옳지 <u>않은</u> 것을 모두 고르면? (정답 2개)

① $2x\underline{-4}=0$ ➡ $2x=4$
② $x\underline{+5}=7$ ➡ $x=7-5$
③ $4x=\underline{x}-6$ ➡ $4x+x=-6$
④ $x\underline{-3}=\underline{2x}+6$ ➡ $x-2x=6+3$
⑤ $\underline{6}-2x=9\underline{-3x}$ ➡ $-2x+3x=9+6$

17

일차방정식 $-3(x-4)=15$의 해를 $x=a$, 일차방정식 $\frac{1}{5}x-\frac{3}{2}=\frac{2}{5}x+\frac{1}{2}$의 해를 $x=b$라고 할 때, ab의 값은?

① -11　② -10　③ -9
④ 9　⑤ 10

18

일차방정식 $0.5x+0.7=0.3x+1.1$의 해의 2배가 일차방정식 $2(2x-3)=a+9$의 해일 때, 수 a의 값은?

① -19　② -9　③ -1
④ 1　⑤ 9

19

가로의 길이가 세로의 길이보다 4 cm 더 긴 직사각형의 둘레의 길이가 56 cm일 때, 가로의 길이는?

① 12 cm　② 14 cm　③ 16 cm
④ 18 cm　⑤ 20 cm

20

민성이네 집에서 학교까지 시속 3 km로 걸어서 가면 자전거를 타고 시속 12 km로 가는 것보다 1시간 늦게 도착한다고 할 때, 집에서 학교까지의 거리는?

① 4 km　② 5 km　③ 6 km
④ 7 km　⑤ 8 km

서술형 [21~24] 풀이 과정과 답을 써 보자.

21

다음 그림과 같이 한 변의 길이가 2인 정사각형 모양의 종이를 포개려고 한다.

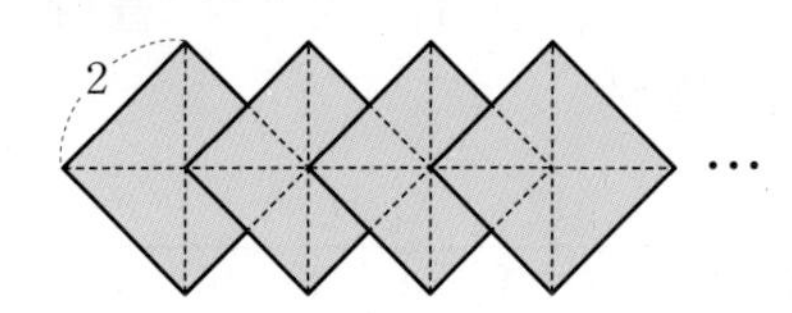

(1) 정사각형 모양의 종이 x장을 포갤 때, 겹쳐지는 부분의 넓이를 문자를 사용한 식으로 나타내시오.

(2) 색칠한 부분의 넓이를 문자를 사용한 식으로 나타내시오.

풀이

답

22

$a=-1$일 때, $a+2a^2+3a^3+\cdots+100a^{100}$의 값을 구하시오.

풀이

답

23

x에 대한 일차방정식 $\frac{1}{4}(x+7a)-2x=\frac{21}{2}$의 해가 음의 정수가 되도록 하는 모든 자연수 a의 값의 합을 구하시오.

풀이

답

24

원가가 4000원인 어떤 상품에 이익을 붙여서 정가를 정하였는데 상품이 팔리지 않아서 정가의 $10\ \%$를 할인하여 팔았더니 30개가 판매되었다. 15000원의 이익이 생겼을 때, 이 상품의 정가를 구하시오.

풀이

답

성취도	A	B	C	D	E
성취율(%)	90 % 이상	80 % 이상 ~ 90 % 미만	70 % 이상 ~ 80 % 미만	60 % 이상 ~ 70 % 미만	60 % 미만
학습 가이드	다양한 유형의 문제를 풀어 보세요.	틀린 문제를 다시 풀어 보세요.	교과서 문제 위주로 공부하세요.	개념을 확인해 보세요.	개념부터 시작해 보세요.

중단원 마무리 평가

기본

01

두 순서쌍 $(3a,\ -5)$, $(6,\ b)$가 서로 같을 때, a, b의 값을 각각 구하시오.

02

다음 중에서 제2사분면 위의 점인 것은?

① $(2,\ -4)$ ② $(-1,\ 6)$ ③ $(5,\ 7)$
④ $(-3,\ -3)$ ⑤ $(4,\ 0)$

03

다음 수직선 위의 두 점 A, B의 좌표를 각각 기호로 나타내시오.

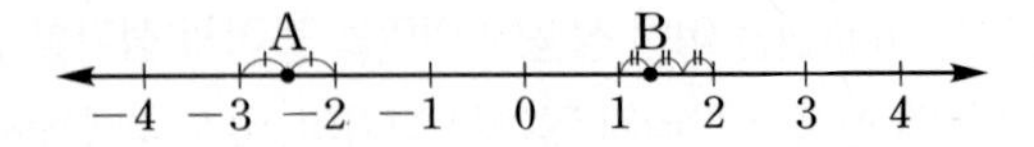

04

네 점

A(1, 4), B(0, 2), C(−3, −4), D(2, −3)

을 다음 좌표평면 위에 나타내시오.

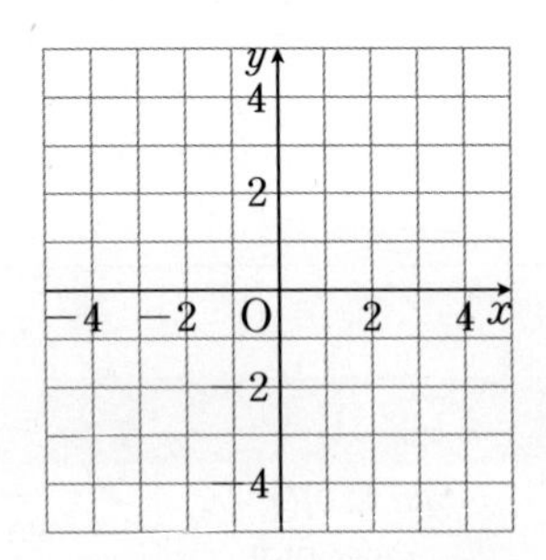

표준

05

다음 중에서 아래 수직선 위의 점의 좌표를 나타낸 것으로 옳지 않은 것은?

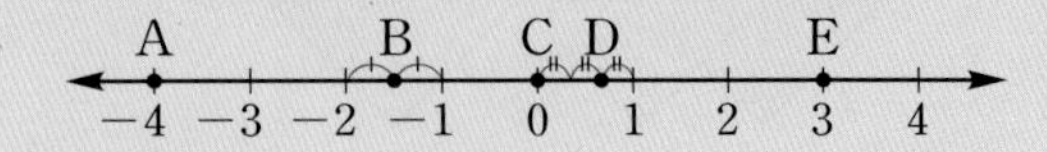

① A(-4) ② B(-1.5) ③ C(0)
④ D$\left(\frac{1}{3}\right)$ ⑤ E(3)

06

오른쪽 좌표평면 위의 점의 좌표로 옳지 않은 것은?

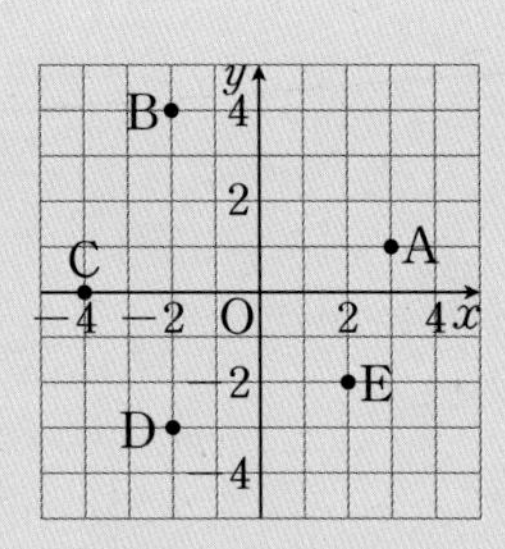

① A$(3,\ 1)$ ② B$(-2,\ 4)$ ③ C$(0,\ -4)$
④ D$(-2,\ -3)$ ⑤ E$(2,\ -2)$

07

점 A$(a+1,\ b-4)$가 x축 위에 있고
점 B$(2a-1,\ b+3)$이 y축 위에 있을 때, ab의 값은?

① -4 ② -2 ③ $\frac{1}{8}$
④ $\frac{1}{2}$ ⑤ 2

08

점 $(ab,\ a-b)$가 제2사분면 위의 점일 때, 점 $(a,\ b)$는 어느 사분면 위의 점인지 구하시오.

09

오른쪽 그릇에 시간당 일정한 양의 물을 넣을 때, 다음 중에서 물을 넣는 데 걸린 시간 x와 물의 높이 y 사이의 관계를 나타낸 그래프로 알맞은 것은?

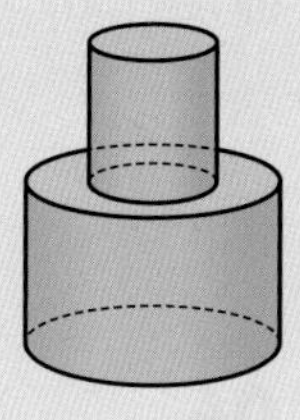

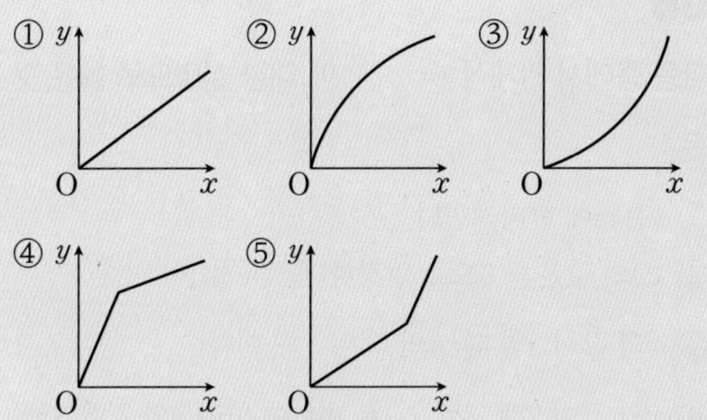

10

지영이는 집에서 출발하여 문구점을 들렀다가 학교에 도착했다. 오른쪽 그림은 지영이가 집에서 출발한 지 x분 후에 지영이와 집과의 거리를 y m라고 할 때, 두 변수 x와 y 사이의 관계를 그래프로 나타낸 것이다. 다음 중에서 옳지 <u>않은</u> 것은?

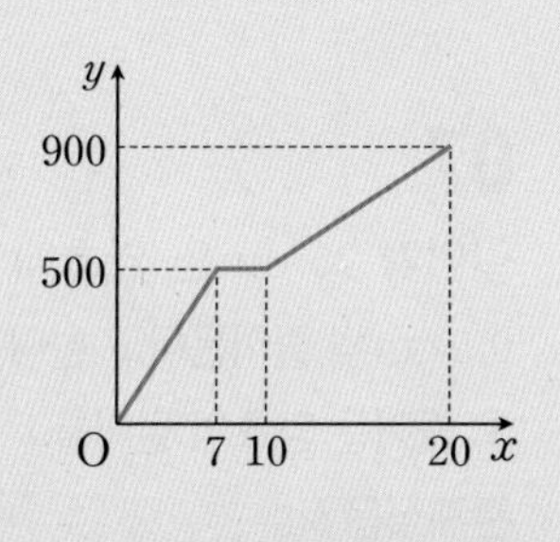

① 집에서 문구점까지의 거리는 500 m이다.

② 문구점에서 머문 시간은 3분이다.

③ 집에서 학교까지의 거리는 900 m이다.

④ 집에서 학교까지 가는 데 걸린 시간은 총 20분이다.

⑤ 처음 7분 동안 걸은 속력보다 문구점에 들른 후 10분 동안 걸은 속력이 더 빠르다.

발전

11

세 점 $A(-2,\ 3)$, $B(-2,\ -1)$, $C(2,\ 1)$을 꼭짓점으로 하는 삼각형 ABC의 넓이를 구하시오.

12

점 $A(-3,\ -ab)$는 제3사분면 위의 점이고
점 $B\left(a+b,\ -\frac{1}{3}\right)$은 제4사분면 위의 점일 때,
점 $P(-a,\ b)$는 어느 사분면의 위의 점인지 구하시오.

13

사촌지간인 태형이와 지효가 각자 서울역에서 동시에 출발하여 자동차를 타고 할머니 댁까지 가려고 한다. 다음 그림은 두 사람이 서울역에서 출발한 지 x시간 후에 서울역까지의 거리를 y km라고 할 때, 두 변수 x와 y 사이의 관계를 그래프로 나타낸 것이다. 태형이는 출발한 지 a시간 후에 지효를 따라잡고, 태형이와 지효는 출발한 지 b시간 후에 동시에 할머니 댁에 도착한다. 이때 $a+b$의 값을 구하시오.

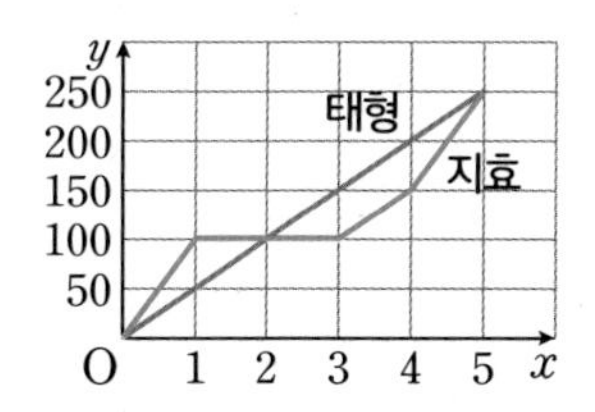

기본

01

다음 중에서 y가 x에 정비례하는 것은?

① $y=3$ ② $y=x+1$ ③ $y=-2x$
④ $y=\frac{5}{x}$ ⑤ $y=x^2-x$

02

다음 보기 중에서 y가 x에 반비례하는 것을 모두 고르시오.

보기

ㄱ. $y=4x$ ㄴ. $y=\frac{2}{x}$
ㄷ. $xy=-1$ ㄹ. $\frac{y}{x}=-6$

03

다음 중에서 정비례 관계 $y=\frac{4}{3}x$의 그래프인 것은?

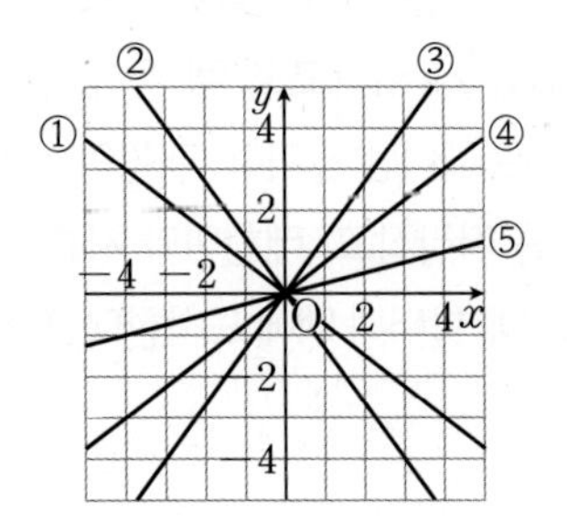

04

오른쪽 그림은 반비례 관계 $y=\frac{8}{x}$의 그래프이다. a의 값을 구하시오.

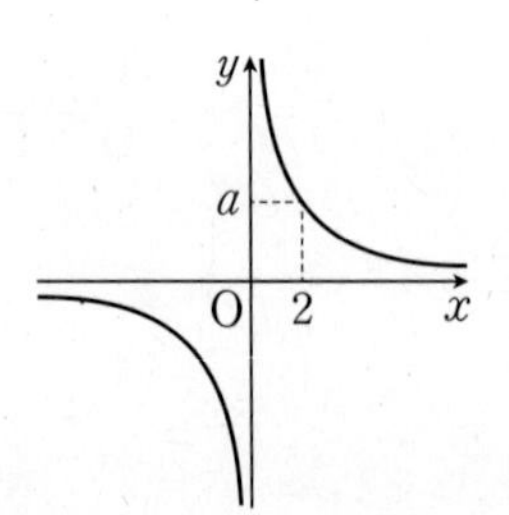

표준

05

두 변수 x, y에 대하여 y가 x에 정비례하고, $x=-3$일 때 $y=12$이다. $x=7$일 때, y의 값은?

① -28 ② -14 ③ -4
④ 14 ⑤ 28

06

다음 중에서 관계식 $y=-\frac{x}{3}$에 대한 설명으로 옳은 것은?

① y는 x에 반비례한다.
② xy의 값은 -3으로 일정하다.
③ x의 값이 3일 때, y의 값은 $-\frac{1}{9}$이다.
④ x의 값이 2배, 3배, …로 변함에 따라 y의 값은 2배, 3배, …로 변한다.
⑤ 그래프는 제1사분면과 제3사분면을 지난다.

07

길이가 25 cm인 양초에 불을 붙이면 길이가 1분에 0.5 cm씩 줄어든다고 한다. 이 양초에 불을 붙인 지 x분 후 줄어든 양초의 길이를 y cm라고 할 때, x와 y 사이의 관계식은?

① $y=0.5x$ ② $y=25x$ ③ $y=0.5+x$
④ $y=25+x$ ⑤ $y=\frac{25}{x}$

08

우유 1200 mL를 학생 x명에게 똑같이 나누어 줄 때, 한 명이 받게 되는 우유의 양을 y mL라고 하자. 이때 x와 y 사이의 관계식을 구하시오.

09

반비례 관계 $y=\frac{a}{x}$의 그래프가 두 점 $(2, b)$, $(-8, 4)$를 지날 때, $a-b$의 값은? (단, a는 수이다.)

① -48　② -32　③ -16
④ 8　⑤ 24

10

다음 중에서 오른쪽 직선 l에 알맞은 x와 y 사이의 관계식은?

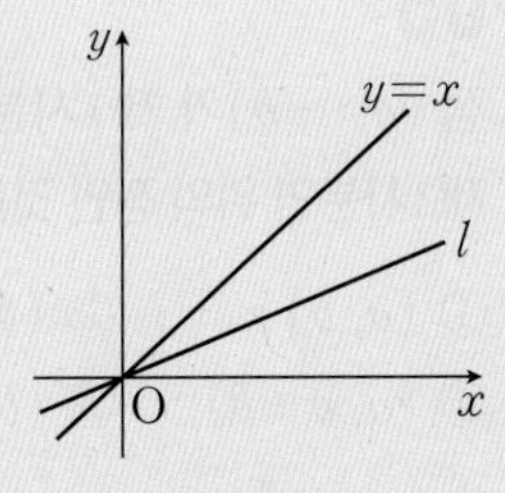

① $y=-5x$　② $y=-\frac{2}{5}x$　③ $y=\frac{1}{2}x$
④ $y=\frac{5}{2}x$　⑤ $y=5x$

11

다음을 모두 만족시키는 그래프를 나타내는 식은?

- 한 쌍의 매끄러운 곡선이다.
- 점 $(4, -5)$를 지난다.

① $y=-\frac{24}{x}$　② $y=-\frac{20}{x}$　③ $y=-\frac{5}{x}$
④ $y=\frac{4}{x}$　⑤ $y=\frac{9}{x}$

발전

12

y가 x에 정비례하고, x와 y 사이의 관계를 나타내면 다음 표와 같을 때, $AB+C$의 값을 구하시오.

x	-1	B	$\frac{6}{5}$	24
y	A	2	C	4

13

지민이네 집에서 공원까지의 거리는 12 km이다. 지민이가 버스를 타고 공원으로 갈 때, 시속 x km로 가면 y시간이 걸린다고 한다. 자동차를 타고 시속 60 km로 갈 때, 공원에 도착하는 데 걸리는 시간은?

① 5분　② 8분　③ 10분
④ 12분　⑤ 15분

14

정비례 관계 $y=2x$의 그래프와 반비례 관계 $y=\frac{a}{x}$의 그래프가 점 $(b, -6)$에서 만날 때, $a+b$의 값을 구하시오. (단, a는 수이다.)

대단원 마무리 평가

01

오른쪽 좌표평면 위의 점의 좌표로 옳은 것을 모두 고르면? (정답 2개)

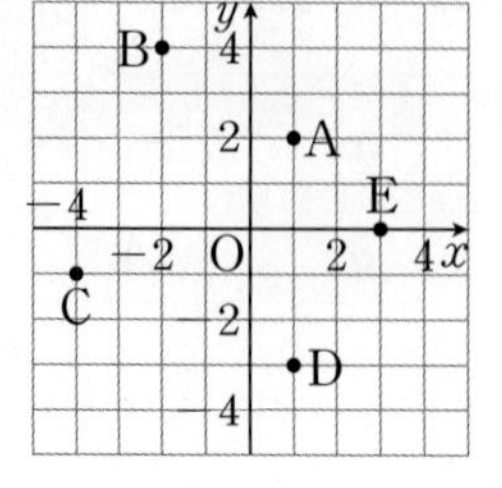

① A(2, 1) ② B(−2, 4) ③ C(−4, −1)
④ D(−1, −3) ⑤ E(0, 3)

02

x축 위에 있고 x좌표가 3인 점의 좌표를 (a, b), y축 위에 있고 y좌표가 -5인 점의 좌표를 (c, d)라고 할 때, $a-b+c-d$의 값은?

① -8 ② -2 ③ 1
④ 2 ⑤ 8

03

다음 중에서 점의 좌표와 그 점이 속하는 사분면을 바르게 짝 지은 것은?

① $(2, -1)$ ➡ 제2사분면
② $(5, 0)$ ➡ 제1사분면
③ $(-3, 7)$ ➡ 제2사분면
④ $(0, -4)$ ➡ 제3사분면
⑤ $\left(\frac{1}{2}, \frac{1}{5}\right)$ ➡ 제4사분면

04

$a<0$, $b>0$이고 $|a|>|b|$일 때, 점 $(a-b, a+b)$는 어느 사분면 위의 점인가?

① 제1사분면 ② 제2사분면
③ 제3사분면 ④ 제4사분면
⑤ 어느 사분면에도 속하지 않는다.

05

점 $(a, -b)$가 제1사분면 위의 점일 때, 다음 중에서 제3사분면 위의 점인 것은?

① (a, b) ② (b, a) ③ $(-a, -b)$
④ $(a, a-b)$ ⑤ (b, ab)

06

오른쪽 그림과 같은 그릇에 시간당 일정한 양의 물을 넣을 때, 다음 중에서 물을 넣는 데 걸린 시간 x와 물의 높이 y 사이의 관계를 나타낸 그래프로 알맞은 것은?

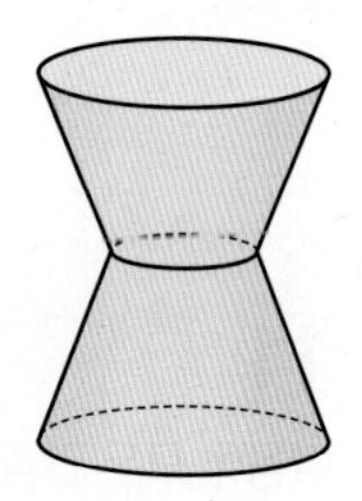

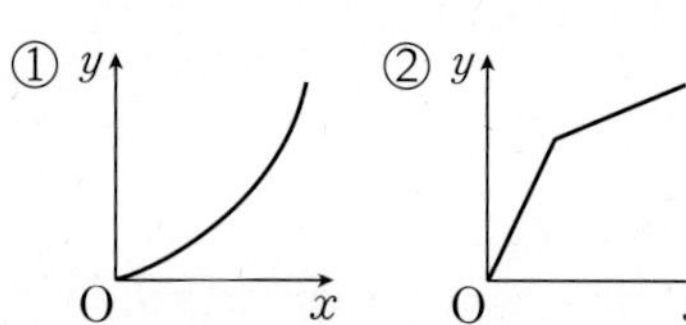

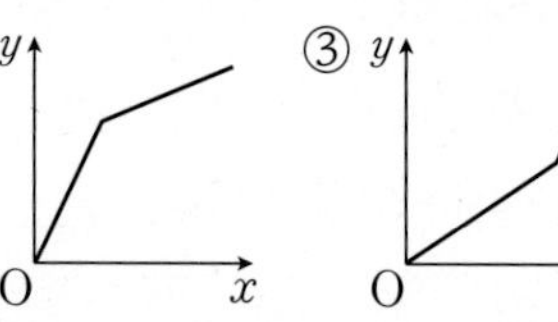

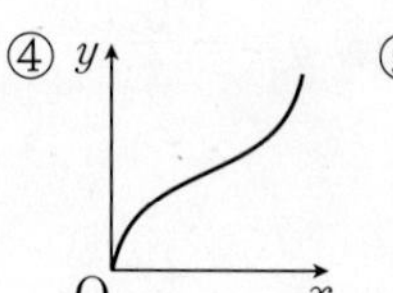

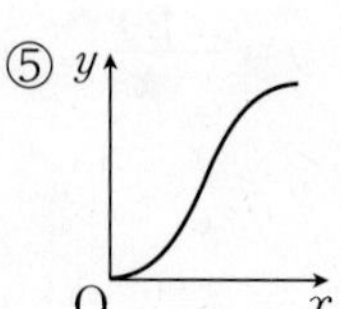

07

오른쪽 그림은 물을 끓이기 시작한 지 x초 후의 물의 온도를 y ℃라고 할 때, x와 y 사이의 관계를 그래프로 나타낸 것이다. 물의 온도가 40 ℃에서 60 ℃가 될 때까지 걸린 시간은 몇 초인지 구하시오.

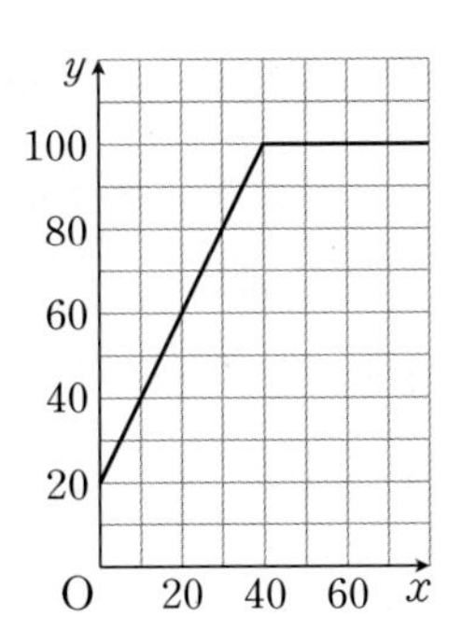

08

오른쪽 그림은 연수가 러닝머신 위에서 달린 지 x분 후의 소모되는 열량을 y kcal라고 할 때, x와 y 사이의 관계를 그래프로 나타낸 것이다. 다음 중에서 옳지 않은 것을 모두 고르면? (정답 2개)

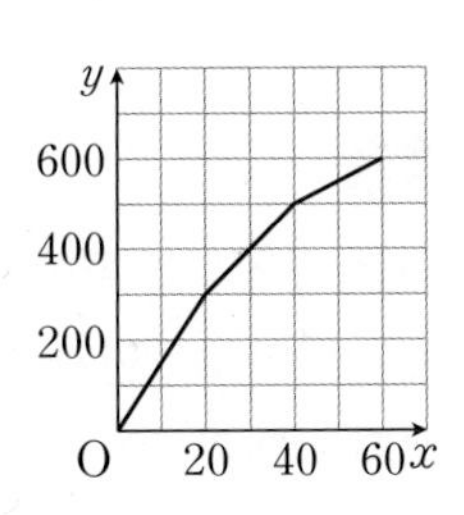

① 연수는 60분 동안 달렸다.
② 연수는 600 kcal를 소모하였다.
③ 연수는 달리는 도중에 속력을 2번 바꾸었다.
④ 처음 20분 동안 소모된 열량은 400 kcal이다.
⑤ 처음 20분 동안 소모된 열량은 마지막 20분 동안 소모된 열량의 2배이다.

09

다음 중에서 y가 x에 정비례하지 않는 것은?

① 오리 x마리의 다리의 개수 y
② 한 개에 500 mg인 상품 x개의 무게 y mg
③ 한 변의 길이가 x cm인 정삼각형의 둘레의 길이 y cm
④ 시속 x km로 50 km를 달릴 때 걸리는 시간 y시간
⑤ 휘발유 1 L로 10 km를 달리는 자동차가 휘발유 x L로 달리는 거리 y km

10

정비례 관계 $y=6x$의 그래프가 두 점 $\left(a,\ -\frac{1}{2}\right)$, $\left(\frac{4}{3},\ b\right)$를 지날 때, ab의 값은?

① $-\frac{3}{2}$　② $-\frac{4}{3}$　③ $-\frac{2}{3}$
④ $\frac{4}{3}$　⑤ $\frac{3}{2}$

11

다음 중에서 정비례 관계 $y=-\frac{x}{2}$의 그래프 위의 점인 것은?

① $(-10,\ -5)$　② $\left(-4,\ \frac{1}{2}\right)$　③ $(-1,\ -1)$
④ $(2,\ 1)$　⑤ $(8,\ -4)$

12

다음 보기 중에서 정비례 관계 $y=\frac{3}{8}x$의 그래프에 대한 설명으로 옳은 것을 모두 고른 것은?

> 보기
> ㄱ. 원점을 지나지 않는 직선이다.
> ㄴ. 점 $(-8, 3)$을 지난다.
> ㄷ. x의 값이 증가할 때, y의 값도 증가한다.
> ㄹ. 제1사분면과 제3사분면을 지난다.

① ㄱ, ㄴ　② ㄱ, ㄷ　③ ㄴ, ㄷ
④ ㄴ, ㄹ　⑤ ㄷ, ㄹ

13

오른쪽 그래프에서 a의 값은?

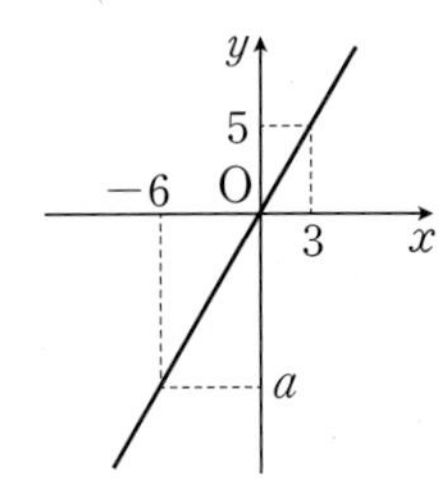

① -10　② -8
③ -5　④ 5
⑤ 10

대단원 마무리 평가

14

다음 중에서 y가 x에 반비례하는 것을 모두 고르면? (정답 2개)

① $y=-7x$　② $y=-\frac{x}{4}$　③ $y=\frac{5}{x}$
④ $xy=10$　⑤ $\frac{y}{x}=-18$

15

두 변수 x, y에 대하여 y가 x에 반비례하고, $x=-\frac{1}{3}$일 때 $y=12$이다. $x=\frac{1}{4}$일 때의 y의 값이 a, $x=b$일 때의 y의 값이 $-\frac{8}{5}$일 때, ab의 값은?

① -40　② -20　③ 4
④ 20　⑤ 40

16

점 $(2, 6)$이 반비례 관계 $y=\frac{a}{x}$의 그래프 위의 점일 때, 다음 중에서 이 그래프 위의 점이 아닌 것은? (단, a는 수이다.)

① $(-6, -2)$　② $(-3, -4)$　③ $\left(-\frac{1}{2}, -24\right)$
④ $(4, 3)$　⑤ $(36, 3)$

17

반비례 관계 $y=\frac{a}{x}$의 그래프가 오른쪽 그림과 같을 때, $a+b$의 값은? (단, a는 수이다.)

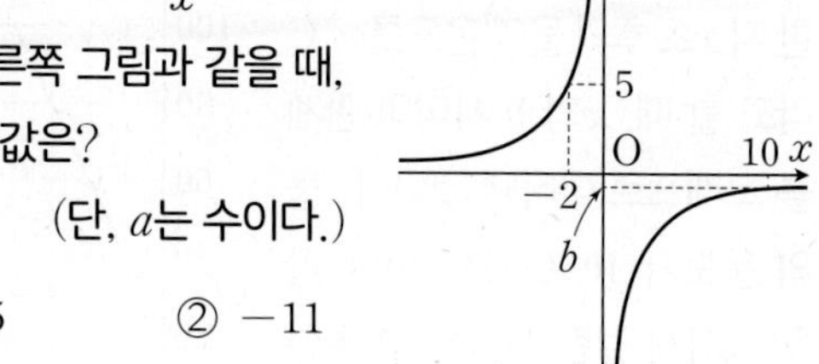

① -15　② -11
③ -9　④ 9
⑤ 11

18

다음 중에서 오른쪽 그래프가 나타내는 관계식으로 옳지 않은 것은?

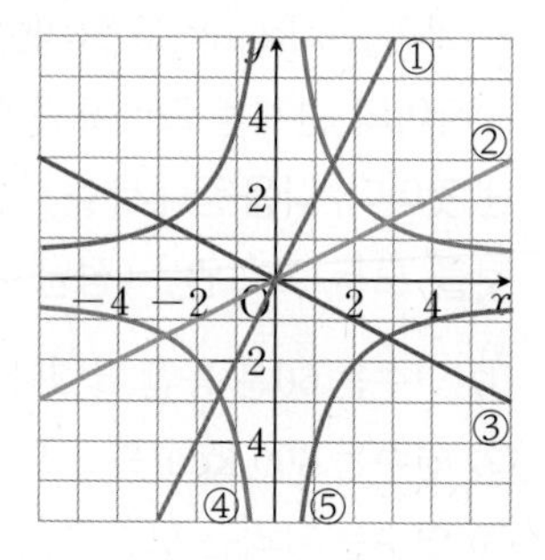

① $y=2x$　② $y=\frac{x}{2}$　③ $y=-2x$
④ $y=\frac{4}{x}$　⑤ $y=-\frac{4}{x}$

19

반비례 관계 $y=\frac{a}{x}$의 그래프가 점 $(6, 3)$을 지날 때, 이 그래프 위의 점 중에서 x좌표와 y좌표가 모두 정수인 점의 개수는? (단, a는 수이다.)

① 6　② 9　③ 12
④ 18　⑤ 24

정답 및 풀이 62쪽

서술형 **[20~23]** 풀이 과정과 답을 써 보자.

20

세 점 A$(1, 3)$, B$(-2, -1)$, C$(3, 0)$을 꼭짓점으로 하는 삼각형 ABC의 넓이를 구하시오.

풀이

답

21

다음 그림은 건우가 원 모양의 대관람차에 탑승한 지 x분 후 지면으로부터 관람차의 높이를 y m라고 할 때, x와 y 사이의 관계를 그래프로 나타낸 것이다.

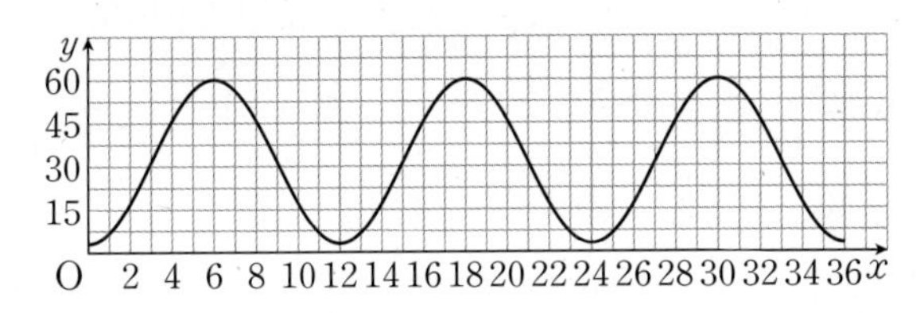

(1) 탑승한 관람차가 가장 높은 곳에 있을 때의 높이를 구하시오.

(2) 탑승한 관람차의 지면으로부터의 높이가 45 m가 되는 것은 모두 몇 번인지 구하시오.

풀이

답

22

두 변수 x와 y에 대하여 xy의 절댓값이 2이고, 그 그래프가 다음을 모두 만족시킬 때, x와 y 사이의 관계식을 구하시오.

- 한 쌍의 매끄러운 곡선이다.
- 제2사분면과 제4사분면을 지난다.

풀이

답

23

오른쪽 그림은 정비례 관계 $y=\frac{4}{3}x$의 그래프와 반비례 관계 $y=\frac{a}{x}$의 그래프의 일부이다. $y=\frac{a}{x}$의 그래프가 점 $(2, b)$를 지나고, 두 그래프가 만나는 점의 y좌표가 2일 때, $a+b$의 값을 구하시오. (단, a는 수이다.)

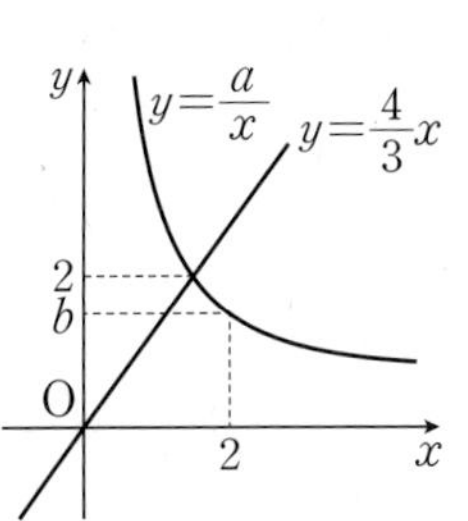

풀이

답

성취도	A	B	C	D	E
성취율(%)	90 % 이상	80 % 이상 ~ 90 % 미만	70 % 이상 ~ 80 % 미만	60 % 이상 ~ 70 % 미만	60 % 미만
학습 가이드	다양한 유형의 문제를 풀어 보세요.	틀린 문제를 다시 풀어 보세요.	교과서 문제 위주로 공부하세요.	개념을 확인해 보세요.	개념부터 시작해 보세요.

중단원 마무리 평가

기본

01

다음 보기 중에서 옳은 것을 모두 고르시오.

> 보기
> ㄱ. 교점은 선과 선이 만나서 생기는 점이다.
> ㄴ. 교선은 면과 면이 만나서 생기는 선이다.
> ㄷ. $\overrightarrow{AB}$와 $\overrightarrow{BA}$는 서로 다른 반직선이다.
> ㄹ. 평면에서 두 직선이 평행하지 않으면 한 점에서 만난다.

02

오른쪽 그림에서 $\angle x$, $\angle y$의 크기를 각각 구하시오.

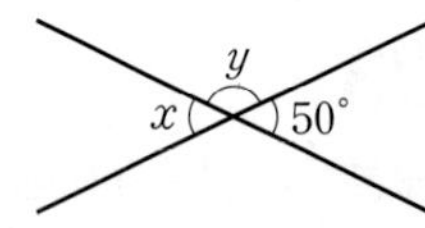

03

오른쪽 사각뿔에서 모서리 AB와 꼬인 위치에 있는 모서리는?

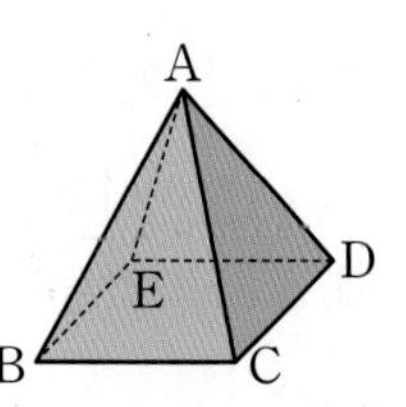

① 모서리 AC ② 모서리 AD
③ 모서리 BC ④ 모서리 BE
⑤ 모서리 CD

04

오른쪽 그림에서 $l /\!/ m /\!/ n$일 때, $\angle y - \angle x$의 크기는?

① 60° ② 70°
③ 80° ④ 90°
⑤ 100°

표준

05

다음 그림에서 점 M은 $\overline{AB}$의 중점이고 점 N은 $\overline{AM}$의 중점이다. $\overline{AB}=20$ cm일 때, $\overline{NB}$의 길이는?

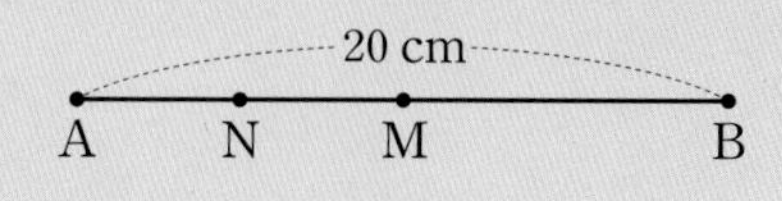

① 10 cm ② 12 cm ③ 15 cm
④ 16 cm ⑤ 18 cm

06

오른쪽 그림에서

$\angle x : \angle y : \angle z = 3 : 4 : 5$

일 때, $\angle y$의 크기는?

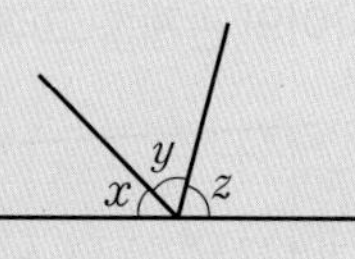

① 40° ② 45° ③ 60°
④ 75° ⑤ 80°

07

오른쪽 직사각형 ABCD에 대한 설명으로 옳은 것을 모두 고르면? (정답 2개)

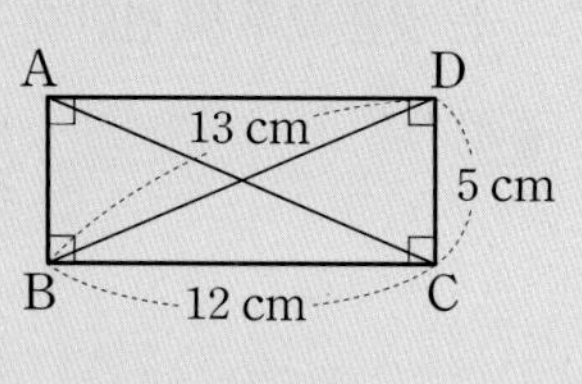

① $\overline{AC} \perp \overline{BD}$
② 점 B에서 $\overline{AD}$에 내린 수선의 발은 점 A이다.
③ $\overline{CD}$의 수선은 1개이다.
④ 점 B와 $\overline{CD}$ 사이의 거리는 12 cm이다.
⑤ 점 D와 $\overline{AB}$ 사이의 거리는 13 cm이다.

08

오른쪽 직육면체에서 모서리 CD와의 위치 관계가 나머지 넷과 다른 하나는?

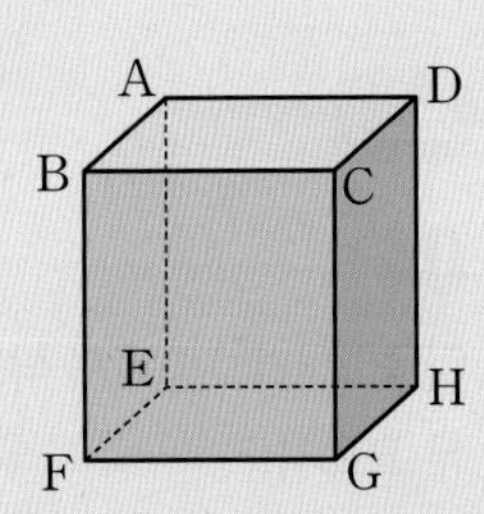

① $\overline{\mathrm{AE}}$ ② $\overline{\mathrm{BF}}$

③ $\overline{\mathrm{EH}}$ ④ $\overline{\mathrm{FG}}$
⑤ $\overline{\mathrm{EF}}$

09

오른쪽 육각기둥에서 모서리 AB와 평행한 모서리의 개수를 a, 모서리 AB와 꼬인 위치에 있는 모서리의 개수를 b라고 할 때, $a+b$의 값을 구하시오.

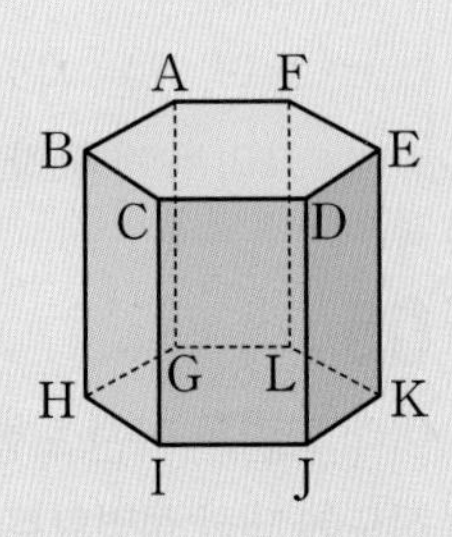

10

오른쪽 그림에서 $l /\!/ m$일 때, $\angle x$의 크기는?

l 25° x 60° m

① 75° ② 80°
③ 85° ④ 90°
⑤ 95°

11

오른쪽 그림에서 $l /\!/ m$일 때, $\angle x$의 크기를 구하시오.

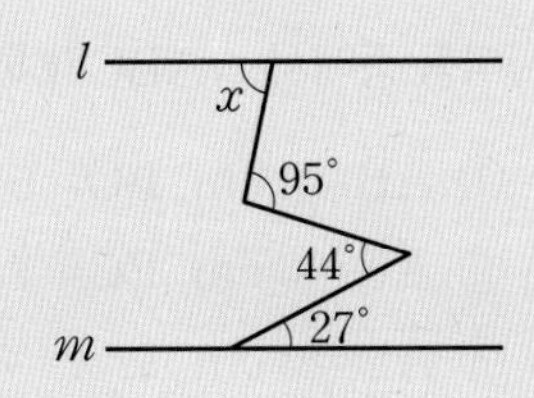

발전

12

다음 그림에서 두 점 M, N은 각각 $\overline{\mathrm{AB}}$, $\overline{\mathrm{BC}}$의 중점이고 $\overline{\mathrm{AB}}:\overline{\mathrm{BC}}=3:2$이다. $\overline{\mathrm{AM}}=9\text{ cm}$일 때, $\overline{\mathrm{MN}}$의 길이를 구하시오.

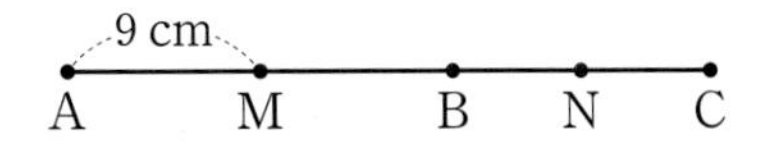

13

오른쪽 그림에서 $\angle x+\angle y$의 크기는?

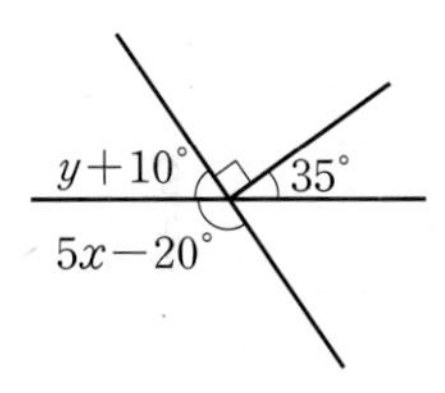

① 64° ② 69°
③ 74° ④ 79°

⑤ 84°

14

다음 그림과 같이 직사각형 모양의 종이를 접었을 때, $\angle x$의 크기를 구하시오.

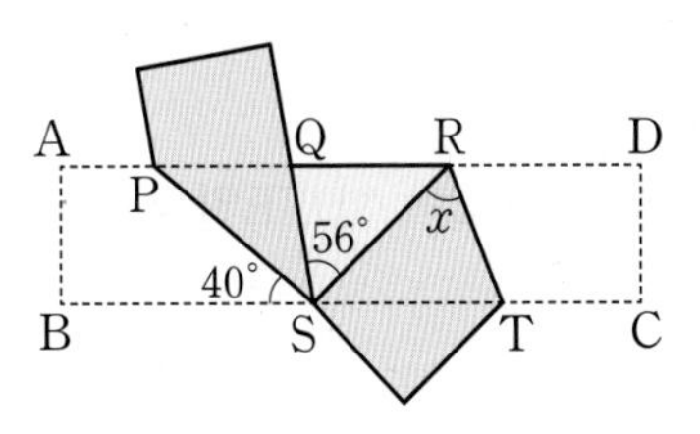

중단원 마무리 평가

기본

01

다음은 작도에 대한 설명이다. □ 안에 알맞은 것을 써넣으시오.

- 작도는 눈금 없는 자와 □만을 사용하여 도형을 그리는 것이다.
- 선분을 연장할 때는 □를 사용한다.
- 두 점을 연결하는 선분을 그릴 때는 □를 사용한다.

02

다음은 선분 AB를 점 B의 방향으로 연장하여 선분 AB의 길이의 2배인 선분 AC를 작도하는 과정이다. 작도 순서를 바르게 나열하시오.

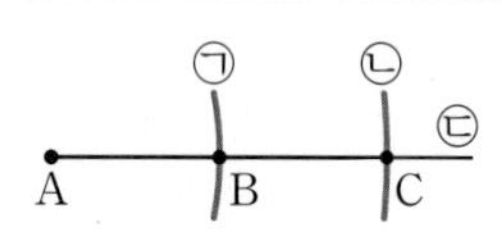

㉠ $\overline{AB}$의 길이를 잰다.
㉡ 점 B의 방향으로 $\overline{AB}$의 연장선을 그린다.
㉢ 점 B를 중심으로 하고 반지름의 길이가 $\overline{AB}$인 원을 그려 직선과의 교점을 C라고 한다.

03

다음 그림에서 $\triangle ABC \equiv \triangle DFE$일 때, $x+y$의 값을 구하시오.

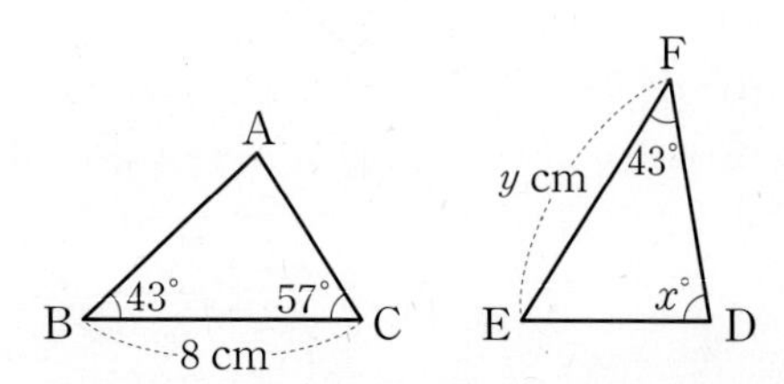

표준

04

다음 보기 중에서 작도에 대한 설명으로 옳은 것을 모두 고르시오.

보기
ㄱ. 선분의 길이를 옮길 때는 컴퍼스를 사용한다.
ㄴ. 두 선분의 길이를 비교할 때는 각도기를 사용한다.
ㄷ. 눈금 있는 자와 컴퍼스만을 사용하여 도형을 그리는 것을 작도라고 한다.

05

아래 그림은 어떤 도형을 작도한 것이다. 다음 중에서 이 작도에 대한 설명으로 옳지 않은 것을 모두 고르면? (정답 2개)

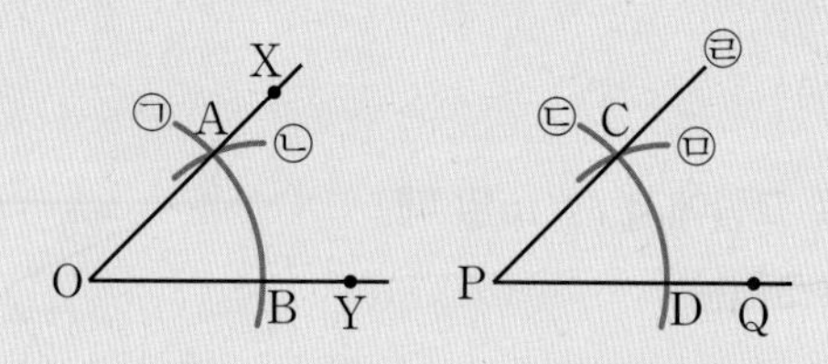

① $\overline{OX}=\overline{PC}$
② $\overline{AB}=\overline{CD}$
③ $\angle AOB=\angle CPD$
④ 각의 이등분선을 작도한 것이다.
⑤ 작도 순서는 ㉠ → ㉢ → ㉡ → ㉤ → ㉣이다.

06

다음 중에서 $\triangle ABC$가 하나로 정해지는 것은?

① $\overline{AB}=4$ cm, $\overline{BC}=5$ cm, $\overline{AC}=9$ cm
② $\overline{AB}=6$ cm, $\overline{BC}=7$ cm, $\angle C=50°$
③ $\overline{AB}=3$ cm, $\angle A=80°$, $\angle C=100°$
④ $\overline{AB}=5$ cm, $\angle A=60°$, $\angle C=70°$
⑤ $\angle A=30°$, $\angle B=60°$, $\angle C=90°$

07

오른쪽 $\triangle ABC$에서 $\overline{AB}=\overline{AC}$, $\overline{BD}=\overline{CD}$일 때, (가) ~ (다)에 알맞은 것을 차례대로 구하시오.

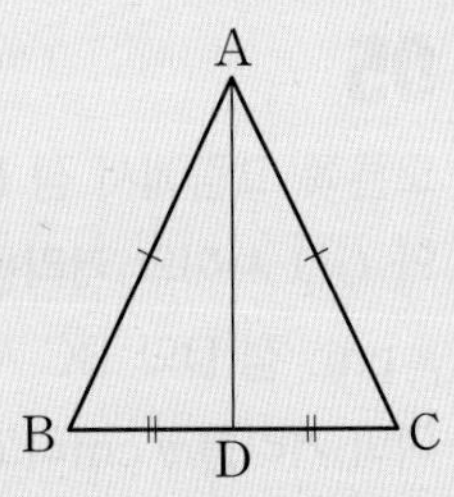

$\triangle ABD$와 $\triangle ACD$에서
$\overline{AB}=\overline{AC}$, $\overline{BD}=$ (가), (나) 는 공통
이므로 $\triangle ABD \equiv \triangle ACD$ ((다) 합동)

08

아래 그림과 같이 두 삼각형 ABC와 DEF에서 $\overline{BC}=\overline{EF}$, $\angle C=\angle F$이다. 다음 중에서 $\triangle ABC \equiv \triangle DEF$가 되기 위해 필요한 최소한의 조건이 될 수 없는 것은? (정답 2개)

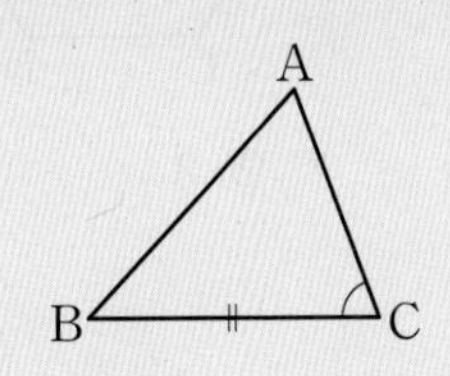

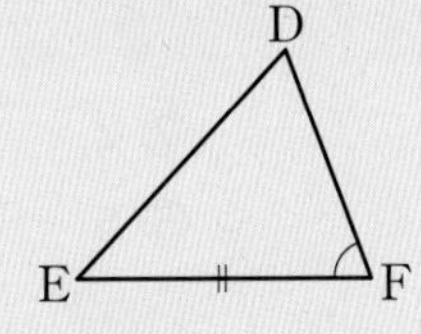

① $\overline{AB}=\overline{DE}$
② $\overline{AC}=\overline{DF}$
③ $\overline{BC}=\overline{DF}$
④ $\angle A=\angle D$
⑤ $\angle B=\angle E$

09

오른쪽 사각형 ABCD에서 점 E는 $\overline{AD}$의 중점이고 $\overline{BF} /\!/ \overline{CD}$, $\overline{CE}=4$ cm이다. $\overline{AB}$와 $\overline{CE}$의 연장선의 교점을 F라고 할 때, $\overline{EF}$의 길이를 구하시오.

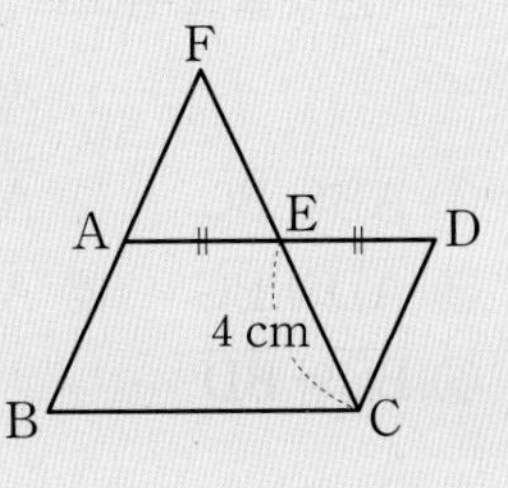

발전

10

오른쪽 그림은 직선 l 밖의 한 점 P를 지나고 직선 l에 평행한 직선을 작도하는 과정이다. 다음 중에서 옳은 것을 모두 고르면? (정답 2개)

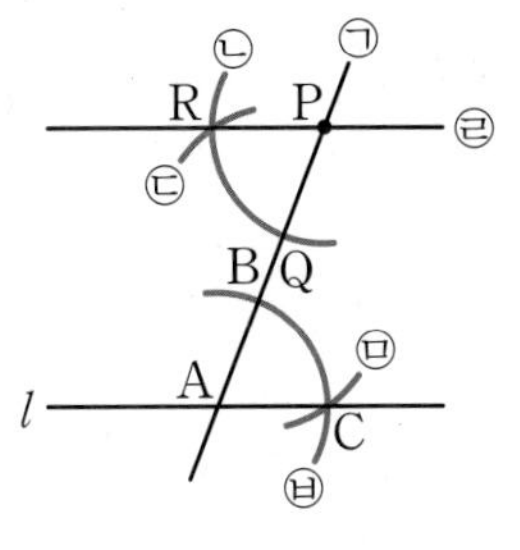

① $\overline{AB}=\overline{BC}$
② $\overline{AB}=\overline{PQ}$
③ $\angle ABC=\angle QPR$
④ '동위각의 크기가 같으면 두 직선은 서로 평행하다.'는 성질을 이용하였다.
⑤ ㉥을 작도한 바로 다음에 ㉡을 작도하였다.

11

삼각형의 세 변의 길이가 3 cm, 7 cm, x cm일 때, x의 값이 될 수 있는 자연수는 모두 몇 개인지 구하시오.

12

다음 그림에서 □ABCD와 □GCEF는 모두 정사각형이고 $\angle GBC=35°$일 때, $\angle EDC$의 크기를 구하시오.

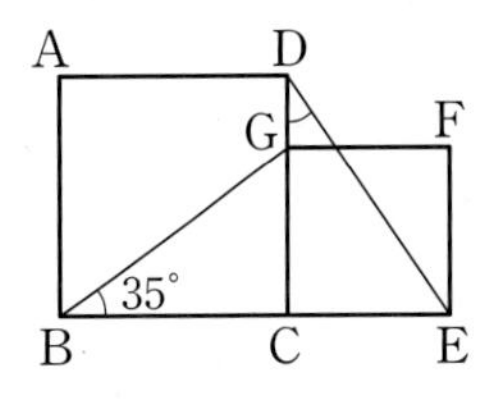

01

다음 그림에서 두 점 M, N이 $\overline{AB}$의 삼등분점일 때, 옳지 않은 것은?

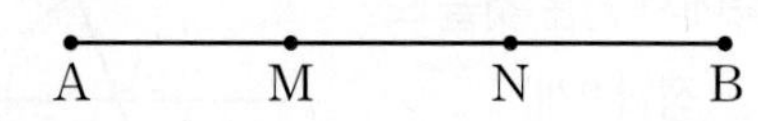

① $\overline{AM}=\overline{MN}$ ② $\overline{AB}=3\overline{NB}$ ③ $\overline{AM}=\frac{1}{2}\overline{MB}$

④ $\overline{AN}=\overline{MB}$ ⑤ $\overline{NB}=\frac{1}{3}\overline{AN}$

02

다음 그림에서 점 M은 $\overline{AB}$의 중점이고, 점 N은 $\overline{AC}$의 중점이다. $\overline{AB}=16$ cm, $\overline{BC}=12$ cm일 때, $\overline{MN}$의 길이를 구하시오.

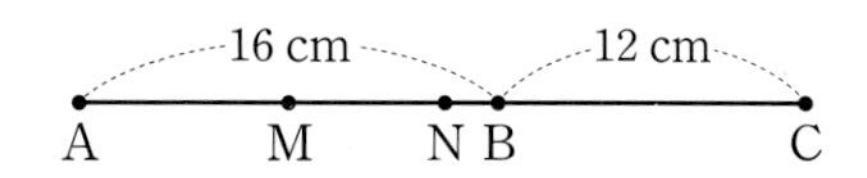

03

오른쪽 그림에서 $\overline{AO}\perp\overline{CO}$, $\overline{BO}\perp\overline{DO}$이고 $\angle AOB+\angle COD=68°$일 때, $\angle BOC$의 크기는?

① 36° ② 44° ③ 46°

④ 54° ⑤ 56°

04

오른쪽 그림에서 $\angle y-\angle x$의 크기는?

① 30° ② 32°

③ 34° ④ 36°

⑤ 38°

05

오른쪽 그림에서 점 B와 $\overline{CD}$ 사이의 거리를 x cm, 점 D와 $\overline{BC}$ 사이의 거리를 y cm라고 할 때, $x+y$의 값은?

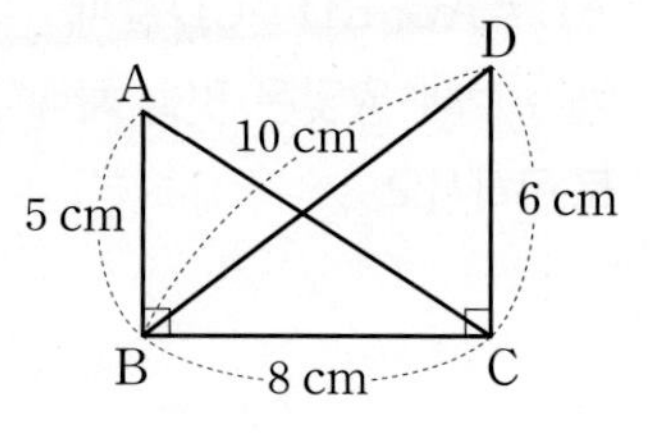

① 11 ② 13 ③ 14

④ 16 ⑤ 18

06

오른쪽 정육각형에서 각 변을 연장한 직선을 그을 때, 직선 BC와 한 점에서 만나는 직선의 개수는?

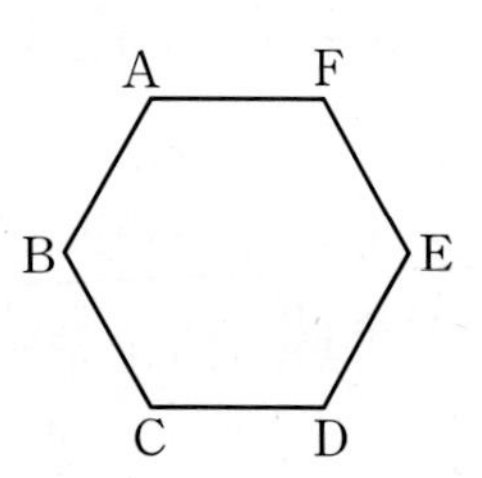

① 1 ② 2 ③ 3

④ 4 ⑤ 5

07

오른쪽 삼각뿔에서 서로 만나지도 않고 평행하지도 않은 모서리끼리 짝 지은 것을 모두 고르면? (정답 2개)

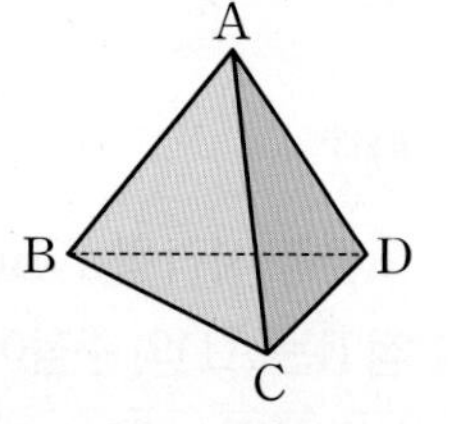

① $\overline{AB}$와 $\overline{BC}$ ② $\overline{AB}$와 $\overline{CD}$

③ $\overline{AD}$와 $\overline{BC}$ ④ $\overline{AD}$와 $\overline{BD}$

⑤ $\overline{BC}$와 $\overline{BD}$

08

오른쪽 전개도로 만든 입체도형에서 모서리 AJ와 한 점에서 만나는 모서리의 개수를 a, 면 CDE와 평행한 모서리의 개수를 b라고 할 때, $a+b$의 값은?

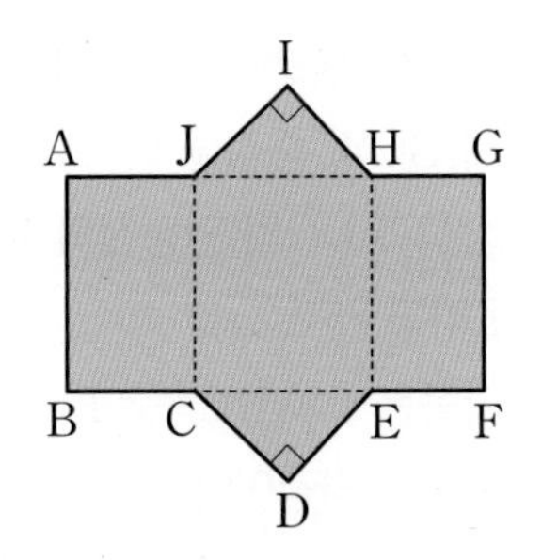

① 4 ② 5 ③ 6
④ 7 ⑤ 8

09

오른쪽 그림과 같이 세 직선이 만날 때, 다음 중에서 옳은 것은?

① $\angle a$의 동위각은 $\angle e$, $\angle h$이다.
② $\angle b$의 엇각은 $\angle f$, $\angle g$이다.
③ $\angle c$의 엇각은 $\angle d$, $\angle g$이다.
④ $\angle f$의 두 동위각의 크기는 각각 130°, 65°이다.
⑤ $\angle i$의 엇각의 크기는 50°이다.

10

오른쪽 그림에서 서로 평행한 직선을 찾아 기호로 바르게 나타낸 것을 모두 고르면? (정답 2개)

① $l /\!/ m$ ② $l /\!/ n$ ③ $m /\!/ n$
④ $p /\!/ q$ ⑤ $p /\!/ m$

11

오른쪽 그림에서 $l /\!/ m$일 때, $\angle x$의 크기는?

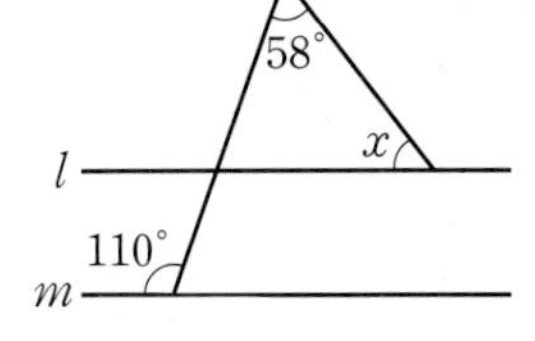

① 50° ② 52°
③ 54° ④ 56°
⑤ 58°

12

오른쪽 그림에서 $l /\!/ m$일 때, $\angle x + \angle y$의 크기는?

① 252° ② 257°
③ 262° ④ 267°
⑤ 272°

13

다음 그림과 같이 직사각형 모양의 종이를 접었을 때, $\angle x$의 크기를 구하시오.

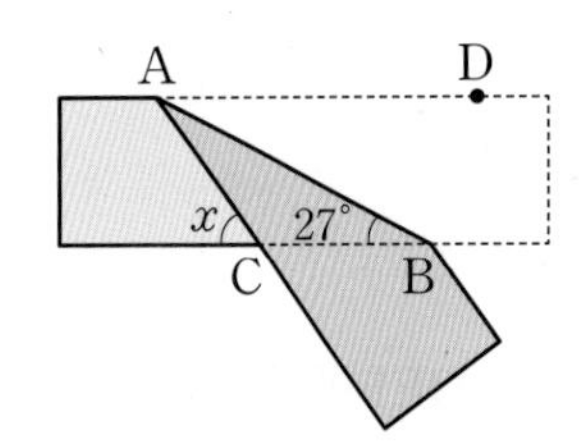

14

오른쪽 그림에서 $l /\!/ m$일 때, $\angle x$의 크기는?

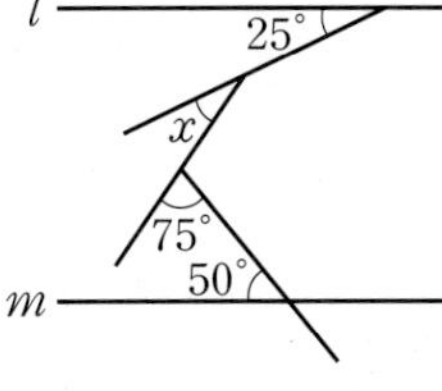

① 30° ② 32°
③ 34° ④ 36°
⑤ 38°

15

길이가 각각 4 cm, 5 cm, 7 cm, 10 cm인 4개의 막대가 있다. 이 중 3개를 골라 만들 수 있는 삼각형의 개수는?

① 1 ② 2 ③ 3
④ 4 ⑤ 5

16

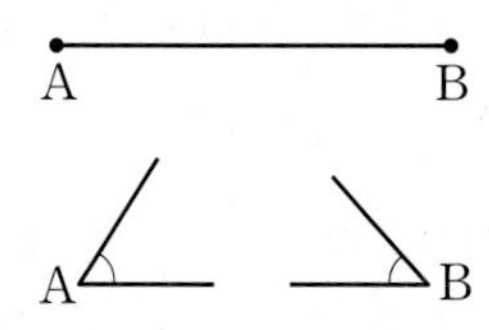

오른쪽 그림과 같이 변 AB의 길이와 ∠A, ∠B의 크기가 주어졌을 때, 다음 중에서 △ABC를 작도하는 순서로 옳지 않은 것은?

① $\overline{AB}$ → ∠A → ∠B ② $\overline{AB}$ → ∠B → ∠A
③ ∠A → $\overline{AB}$ → ∠B ④ ∠A → ∠B → $\overline{AB}$
⑤ ∠B → $\overline{AB}$ → ∠A

17

다음 △ABC와 △DEF에서 $\overline{AB}=\overline{DE}$, $\overline{BC}=\overline{EF}$일 때, △ABC≡△DEF가 되기 위해 필요한 나머지 한 조건이 될 수 있는 것을 모두 고르면? (정답 2개)

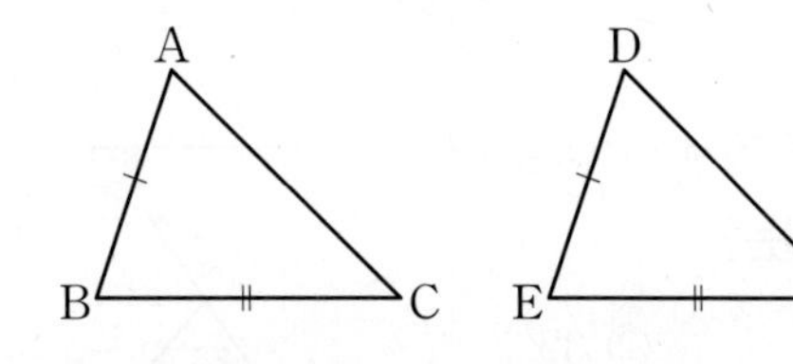

① ∠A=∠D ② ∠B=∠E ③ ∠C=∠F
④ $\overline{AC}=\overline{DF}$ ⑤ $\overline{BC}=\overline{DF}$

18

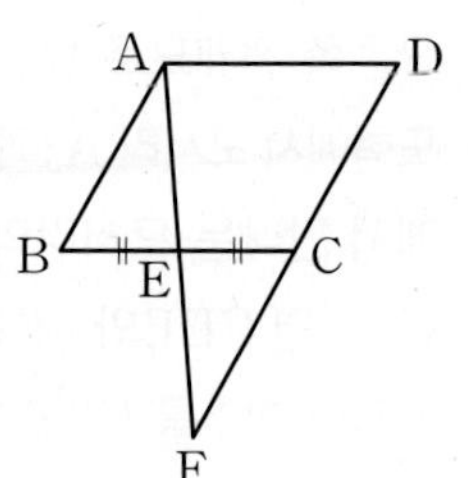

오른쪽 평행사변형 ABCD에서 $\overline{BC}$의 중점을 E, $\overline{AE}$의 연장선과 $\overline{DC}$의 연장선의 교점을 F라고 하자.
다음은 △ABE≡△FCE임을 보이는 과정이다. ①~⑤에 알맞지 않은 것을 모두 고르면? (정답 2개)

> △ABE와 △FCE에서
> $\overline{BE}$= ① , ② =∠CEF (맞꼭지각)
> $\overline{AB}$ // $\overline{DF}$이므로
> ∠ABE= ③ (④)
> 따라서 △ABE≡△FCE (⑤ 합동)

① $\overline{CE}$ ② ∠BEA ③ ∠FCE
④ 동위각 ⑤ SAS

19

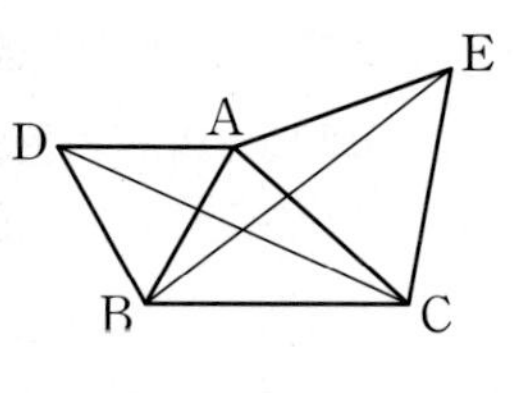

오른쪽 그림은 △ABC의 두 변 AB, AC를 각각 한 변으로 하는 정삼각형 ADB와 ACE를 그린 것이다. 다음 중에서 옳지 않은 것은?

① $\overline{AB}=\overline{AC}$ ② $\overline{DC}=\overline{BE}$
③ ∠ADC=∠ABE ④ ∠DAC=∠BAE
⑤ △ADC≡△ABE

20

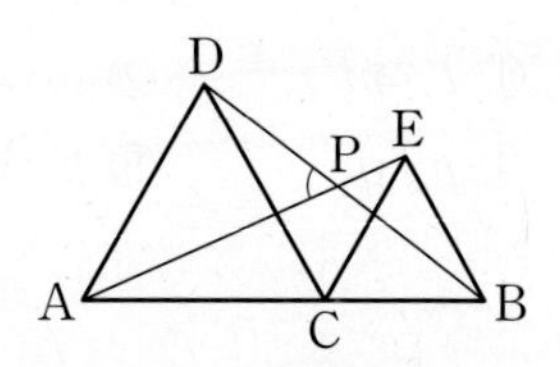

오른쪽 그림에서 △ACD와 △CBE는 정삼각형이고 점 C는 $\overline{AB}$ 위의 점일 때, ∠APD의 크기를 구하시오.

서술형 **[21~24]** 풀이 과정과 답을 써 보자.

21

오른쪽 그림과 같이 평행한 두 직선 l, m과 정삼각형 ABC가 각각 점 A, C에서 만날 때, $\angle x - \angle y$의 크기를 구하시오.

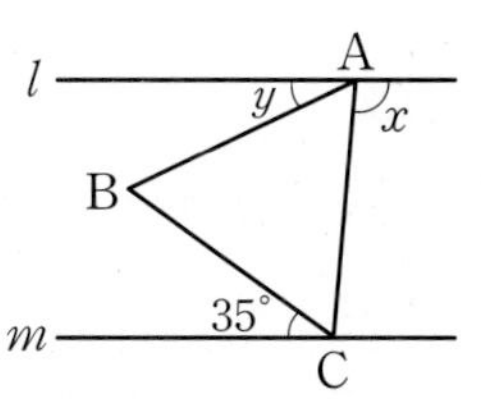

풀이

답

22

오른쪽 그림과 같이 직사각형 모양의 종이를 접었을 때, $\angle x$의 크기를 구하시오.

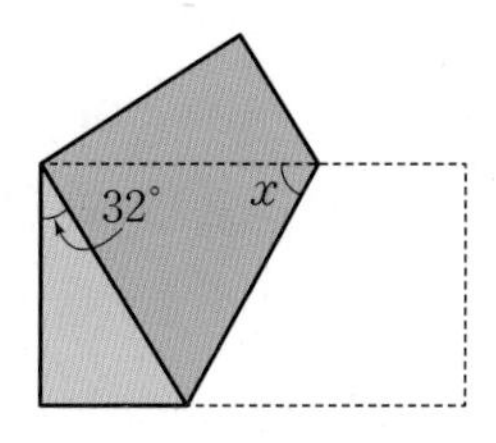

풀이

답

23

오른쪽 정삼각형 ABC에서 $\overline{BD}=\overline{CE}$이다.

(1) $\triangle$ABD와 합동인 삼각형을 찾아 기호 $\equiv$를 사용하여 나타내고, 합동 조건을 쓰시오.

(2) $\angle$PBD$+\angle$PDB의 크기를 구하시오.

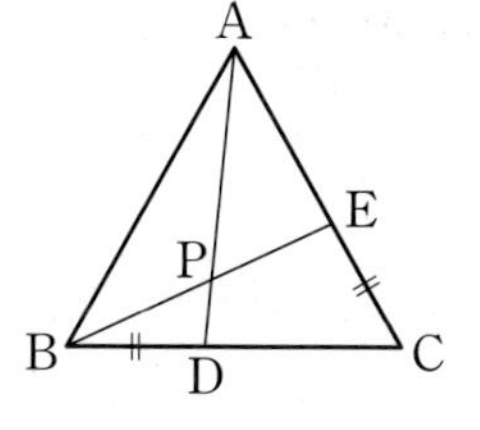

풀이

답

24

다음 그림과 같이 한 변의 길이가 각각 6 cm, 7 cm인 두 정사각형 ABCG와 CDEF에서 점 F가 $\overline{AG}$ 위의 점일 때, 삼각형 CDG의 넓이를 구하시오.

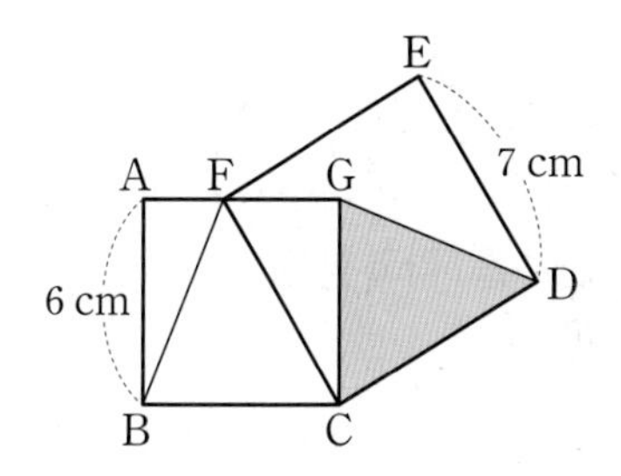

풀이

답

성취도	A	B	C	D	E
성취율(%)	90 % 이상	80 % 이상 ~ 90 % 미만	70 % 이상 ~ 80 % 미만	60 % 이상 ~ 70 % 미만	60 % 미만
학습 가이드	다양한 유형의 문제를 풀어 보세요.	틀린 문제를 다시 풀어 보세요.	교과서 문제 위주로 공부하세요.	개념을 확인해 보세요.	개념부터 시작해 보세요.

중단원 마무리 평가

기본

01

한 꼭짓점에서 그을 수 있는 대각선이 4개인 다각형은?

① 사각형 ② 오각형 ③ 육각형
④ 칠각형 ⑤ 팔각형

02

정팔각형의 한 내각의 크기와 한 외각의 크기를 차례대로 구하면?

① $112.5°$, $45°$ ② $112.5°$, $67.5°$
③ $135°$, $45°$ ④ $135°$, $67.5°$
⑤ $145°$, $35°$

03

십각형의 한 꼭짓점에서 그을 수 있는 대각선의 개수를 a, 대각선의 총개수를 b라고 할 때, $a+b$의 값을 구하시오.

04

오른쪽 원 O에서 x, y의 값을 각각 구하면?

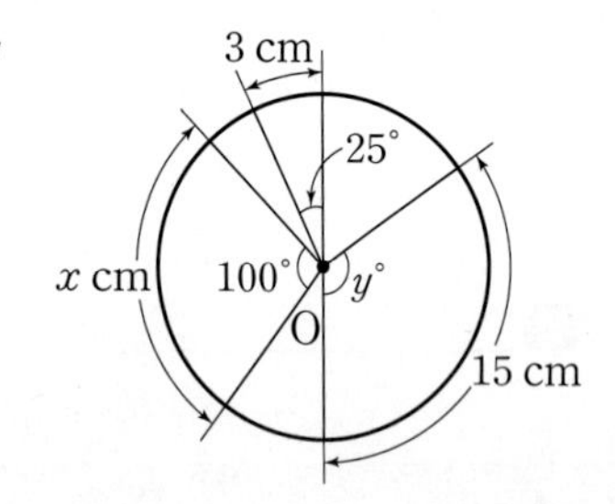

① $x=9$, $y=115$
② $x=9$, $y=125$
③ $x=12$, $y=115$
④ $x=12$, $y=125$
⑤ $x=15$, $y=115$

표준

05

오른쪽 그림에서 $\angle x$의 크기는?

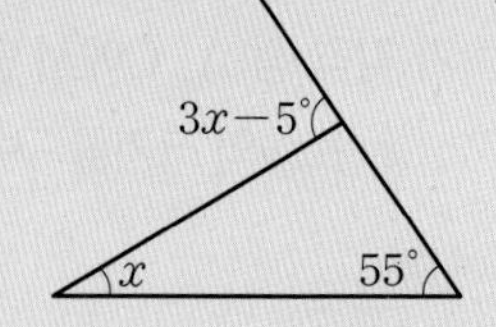

① $25°$ ② $30°$
③ $35°$ ④ $40°$
⑤ $45°$

06

오른쪽 그림에서 $\angle x$의 크기는?

125°
105°
45°
x

① $70°$ ② $75°$
③ $80°$ ④ $85°$
⑤ $90°$

07

오른쪽 그림과 같이 한 변의 길이가 같은 정오각형과 정사각형을 변끼리 이어 붙였을 때, $\angle x$의 크기는?

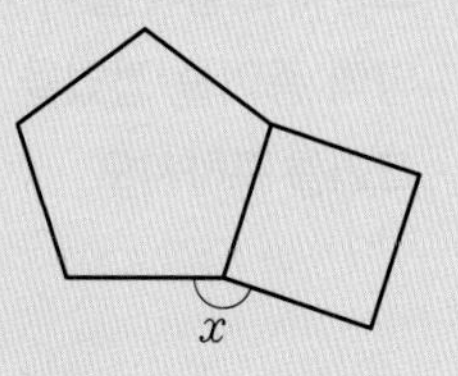

① $160°$ ② $162°$ ③ $164°$
④ $166°$ ⑤ $168°$

08

대각선의 개수가 27인 정다각형의 한 내각의 크기는?

① $120°$ ② $135°$ ③ $140°$
④ $144°$ ⑤ $150°$

09

한 외각의 크기가 $36°$인 정다각형의 내각의 크기의 합은?

① $900°$　② $1080°$　③ $1260°$
④ $1440°$　⑤ $1620°$

10

호의 길이가 2π cm이고 넓이가 4π cm²인 부채꼴의 중심각의 크기는?

① $60°$　② $75°$　③ $90°$
④ $105°$　⑤ $120°$

11

오른쪽 반원 O에서 $\overline{BO}=\overline{BC}$이고 $\overset{\frown}{BC}=8$ cm일 때, $\overset{\frown}{AB}$의 길이를 구하시오.

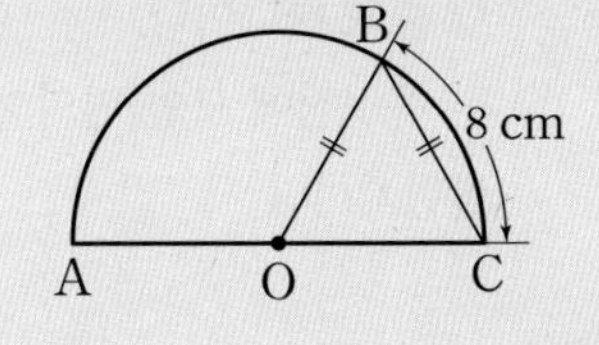

12

오른쪽 그림과 같이 한 변의 길이가 10 cm인 정오각형에서 색칠한 부채꼴의 넓이는?

10 cm

① 10π cm²　② 15π cm²
③ 20π cm²　④ 25π cm²
⑤ 30π cm²

13

오른쪽 그림에서 $\angle x$의 크기는?

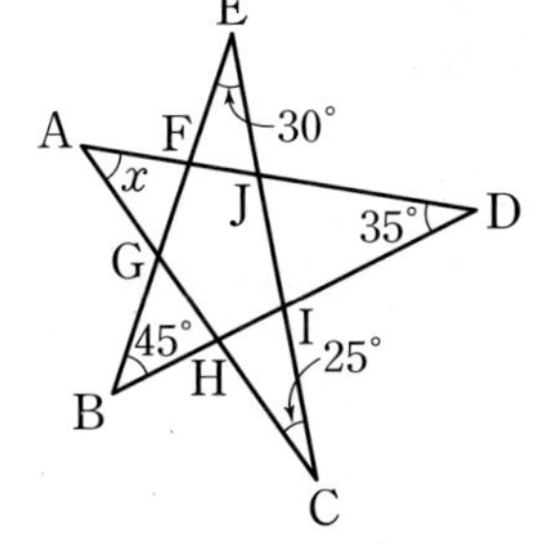

① $40°$　② $45°$
③ $50°$　④ $55°$
⑤ $60°$

14

다음 그림에서 점 P는 원 O의 지름 AB의 연장선과 현 CD의 연장선의 교점이다. $\overline{CO}=\overline{CP}$, $\angle P=25°$, $\overset{\frown}{BD}=12$ cm일 때, $\overset{\frown}{AC}$의 길이를 구하시오.

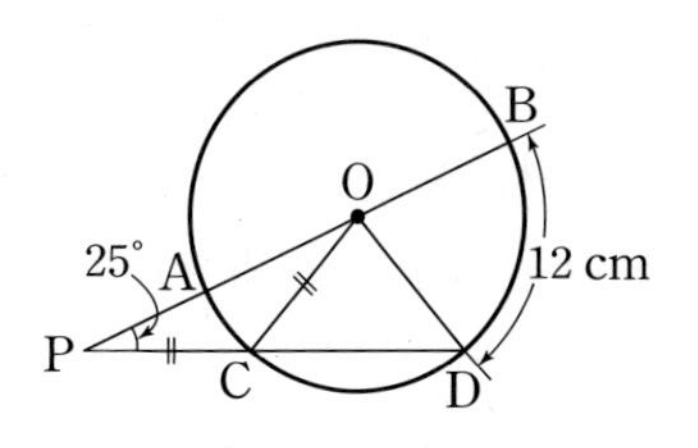

15

오른쪽 그림에서 색칠한 부분의 넓이를 구하시오.

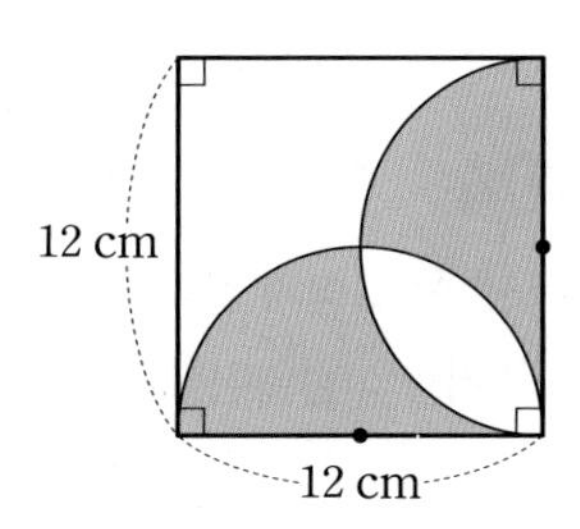

기본

01

다음 중에서 면의 개수가 가장 많은 다면체는?

① 삼각기둥 ② 삼각뿔대 ③ 사각뿔대
④ 오각뿔 ⑤ 오각뿔대

02

다음 중에서 다면체가 아닌 것을 모두 고르면? (정답 2개)

① 사각형 ② 오각기둥 ③ 정육면체
④ 삼각뿔 ⑤ 원뿔대

03

다음은 밑면이 정사각형인 사각기둥의 전개도이다. 이 전개도로 만들 수 있는 사각기둥의 부피를 구하시오.

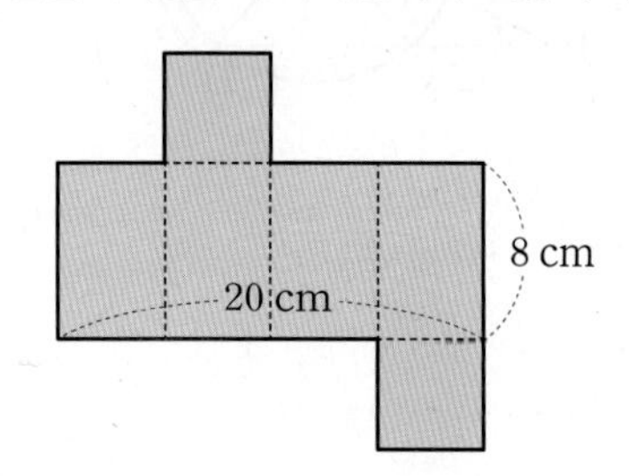

04

오른쪽 그림과 같이 밑면이 부채꼴인 기둥의 겉넓이를 구하시오.

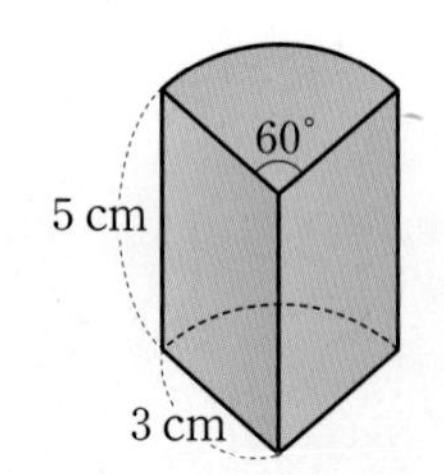

표준

05

꼭짓점이 6개인 각뿔의 면의 개수를 a, 모서리의 개수를 b라고 할 때, $a+b$의 값은?

① 14 ② 16 ③ 18
④ 20 ⑤ 22

06

다음 중에서 정다면체에 대한 설명으로 옳지 않은 것은?

① 정다면체의 종류는 5가지뿐이다.
② 각 면은 모두 합동인 정다각형이다.
③ 한 꼭짓점에 모인 면의 개수가 같다.
④ 면의 모양은 정삼각형, 정사각형, 정오각형, 정육각형 중의 하나이다.
⑤ 한 꼭짓점에 모인 면의 개수가 4개인 정다면체는 정팔면체이다.

07

오른쪽 그림과 같은 원뿔을 밑면에 수직인 평면으로 자를 때 생기는 단면 중에서 넓이가 가장 큰 단면의 넓이는?

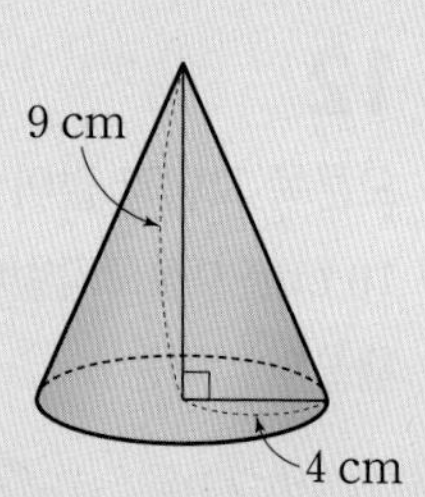

① 18 cm^2 ② 20 cm^2
③ 24 cm^2 ④ 28 cm^2
⑤ 36 cm^2

08

다음 그림과 같은 전개도로 만든 원기둥의 부피는?

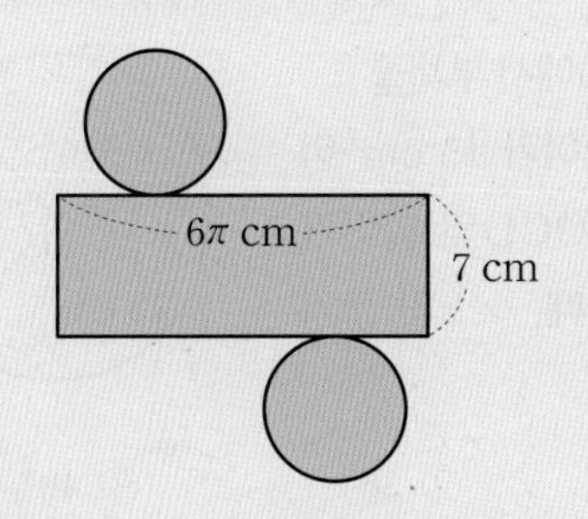

① $42\pi\ cm^3$ ② $63\pi\ cm^3$ ③ $70\pi\ cm^3$
④ $84\pi\ cm^3$ ⑤ $91\pi\ cm^3$

09

오른쪽 그림은 반지름의 길이가 5 cm인 구의 $\frac{1}{4}$을 잘라 낸 것이다. 이 입체도형의 겉넓이는?

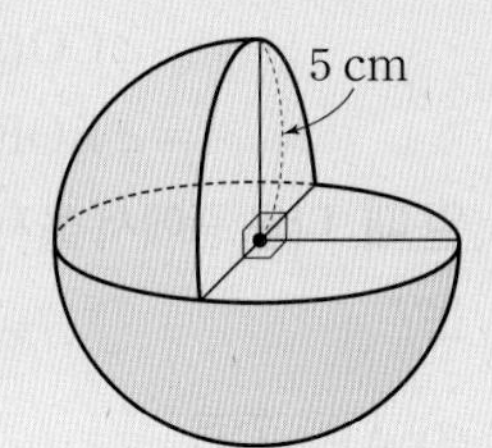

① $75\pi\ cm^2$ ② $90\pi\ cm^2$
③ $100\pi\ cm^2$ ④ $120\pi\ cm^2$
⑤ $125\pi\ cm^2$

10

오른쪽 평면도형을 직선 l을 축으로 하여 1회전 시킬 때 생기는 회전체의 부피는?

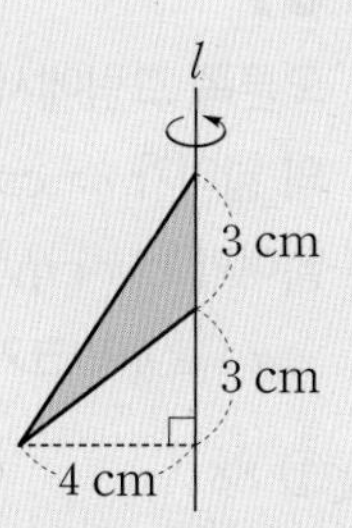

① $16\pi\ cm^3$ ② $18\pi\ cm^3$
③ $21\pi\ cm^3$ ④ $24\pi\ cm^3$
⑤ $26\pi\ cm^3$

발전

11

다음을 모두 만족시키는 입체도형에 대한 설명으로 옳지 않은 것은?

> (가) 모서리는 30개이다.
> (나) 각 면은 모두 합동인 정다각형이다.
> (다) 각 꼭짓점에 모인 면은 3개이다.

① 정다면체이다.
② 정십이면체이다.
③ 면의 개수는 12이다.
④ 꼭짓점의 개수는 20이다.
⑤ 면의 모양은 정사각형이다.

12

다음 그림과 같은 원기둥 모양의 두 그릇 A, B의 부피가 같을 때, x의 값을 구하시오.

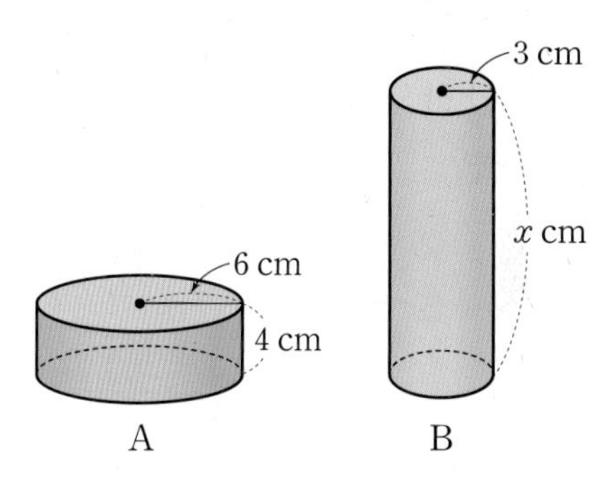

13

오른쪽 정사각뿔의 겉넓이가 176 cm^2일 때, x의 값을 구하시오. (단, 옆면은 모두 합동인 이등변삼각형이다.)

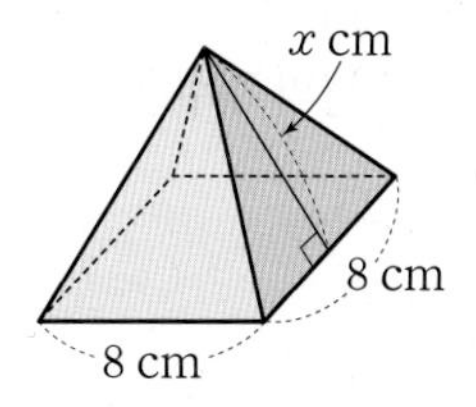

01

오른쪽 그림에서 $\angle x$의 크기는?

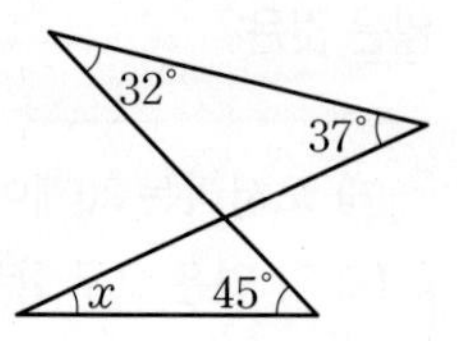

① $24°$ ② $25°$
③ $26°$ ④ $34°$
⑤ $35°$

02

내각의 크기의 합이 $1620°$인 다각형의 대각선의 개수는?

① 27 ② 35 ③ 44
④ 54 ⑤ 65

03

한 내각의 크기와 한 외각의 크기의 비가 $4 : 1$인 정다각형의 변의 개수는?

① 6 ② 8 ③ 9
④ 10 ⑤ 12

04

십오각형의 한 꼭짓점에서 그을 수 있는 대각선의 개수를 a, 내부의 한 점에서 꼭짓점에 선분을 그었을 때 생기는 삼각형의 개수를 b라고 할 때, $a+b$의 값은?

① 25 ② 27 ③ 29
④ 31 ⑤ 33

05

오른쪽 원 O에서 부채꼴 OAB의 넓이가 15 cm^2이고 부채꼴 OCD의 넓이가 45 cm^2일 때, $\angle x$의 크기는?

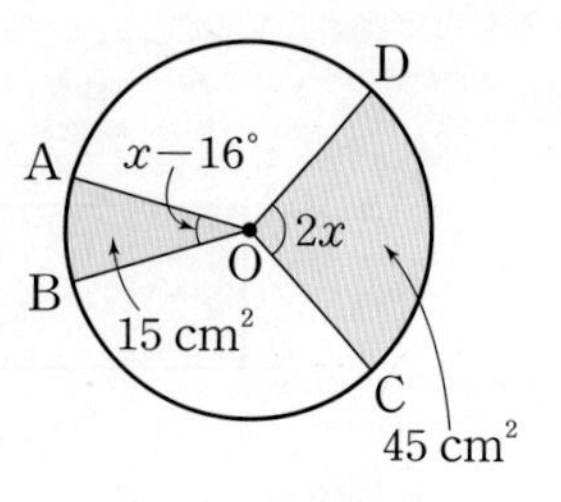

① $32°$ ② $36°$ ③ $40°$
④ $44°$ ⑤ $48°$

06

오른쪽 원 O에서

$\angle AOB = \angle BOC$
$= \angle COD$
$= \angle EOF$

일 때, 다음 중에서 옳지 않은 것은?

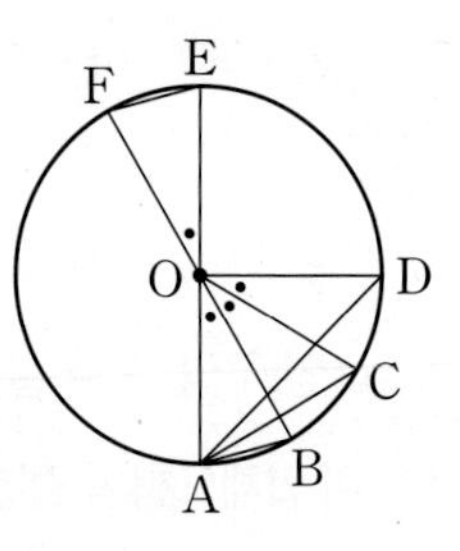

① $\overline{AB} = \overline{CD}$ ② $\widehat{BC} = \widehat{EF}$
③ $\widehat{AD} = 3\widehat{CD}$ ④ $\overline{AD} = 3\overline{AB}$

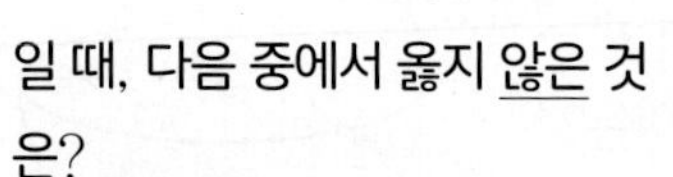
⑤ (부채꼴 EOF의 넓이)$=\frac{1}{2}\times$(부채꼴 AOC의 넓이)

07

오른쪽 그림에서 부채꼴 AOB의 넓이가 $3\pi\text{ cm}^2$이고 원 O의 넓이가 $12\pi\text{ cm}^2$일 때, $\angle a + \angle b$의 크기는?

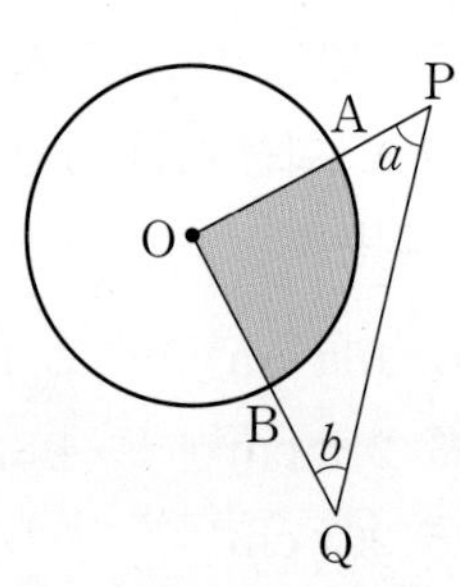

① $88°$ ② $90°$
③ $92°$ ④ $94°$
⑤ $96°$

08

중심각의 크기가 120°이고 호의 길이가 6π cm인 부채꼴의 넓이는?

① 9π cm^2 ② 12π cm^2 ③ 15π cm^2
④ 24π cm^2 ⑤ 27π cm^2

09

오른쪽 그림은 지름의 길이가 6 cm인 반원을 점 A를 중심으로 하여 30°만큼 회전시킨 것이다. 색칠한 부분의 넓이는?

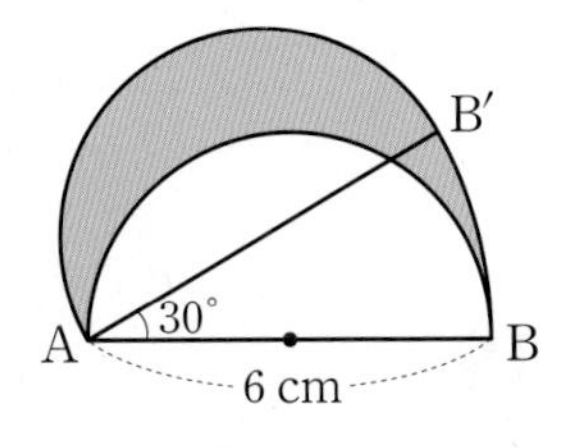

① 3π cm^2 ② $\frac{7}{2}\pi$ cm^2 ③ 4π cm^2
④ $\frac{9}{2}\pi$ cm^2 ⑤ 5π cm^2

10

다음 중에서 꼭짓점의 개수가 나머지 넷과 다른 하나는?

① 사각기둥 ② 사각뿔대 ③ 칠각뿔
④ 육각뿔대 ⑤ 정육면체

11

면의 개수가 10인 각뿔대의 모서리의 개수를 a, 꼭짓점의 개수를 b라고 할 때, $a-b$의 값을 구하시오.

12

다음 중에서 옆면의 모양이 사각형이 아닌 것은?

① 오각뿔 ② 육각기둥 ③ 육각뿔대
④ 칠각기둥 ⑤ 칠각뿔대

13

면의 개수가 가장 적은 정다면체의 꼭짓점의 개수를 a, 면의 개수가 가장 많은 정다면체의 모서리의 개수를 b라고 할 때, $a+b$의 값은?

① 28 ② 30 ③ 32
④ 34 ⑤ 36

14

오른쪽 원뿔의 전개도를 그렸을 때, 옆면인 부채꼴의 넓이는?

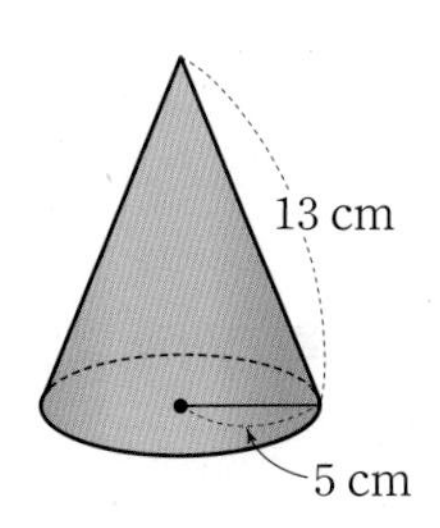

① $\frac{25}{4}\pi$ cm^2 ② 25π cm^2
③ $\frac{65}{2}\pi$ cm^2 ④ 65π cm^2
⑤ 130π cm^2

대단원 마무리 평가

15

다음 중에서 오른쪽 평면도형을 직선 l을 축으로 하여 1회전 시킬 때 생기는 회전체를 회전축에 수직인 평면으로 자를 때 생기는 단면의 모양은?

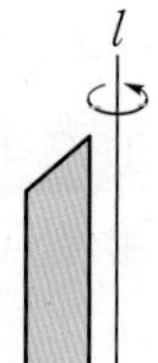

①

② 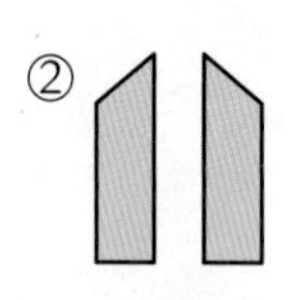

③ 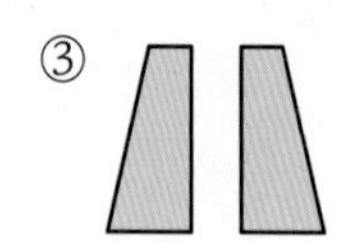

④ 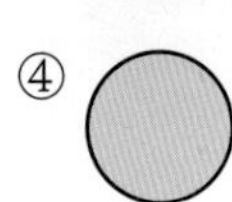

⑤ 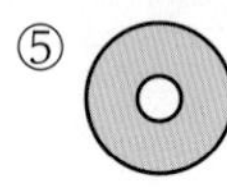

16

오른쪽 그림과 같은 원뿔대의 겉넓이는?

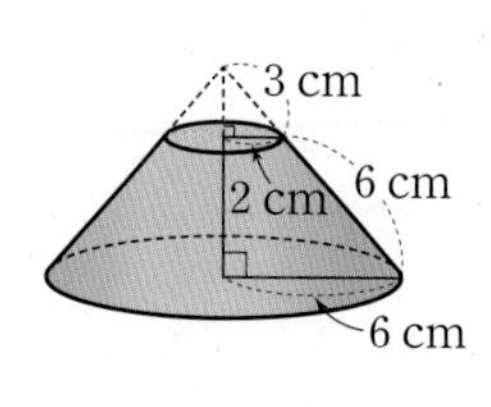

① $86\pi\ cm^2$ ② $88\pi\ cm^2$ ③ $90\pi\ cm^2$ ④ $92\pi\ cm^2$ ⑤ $94\pi\ cm^2$

17

오른쪽 그림과 같은 입체도형의 겉넓이는?

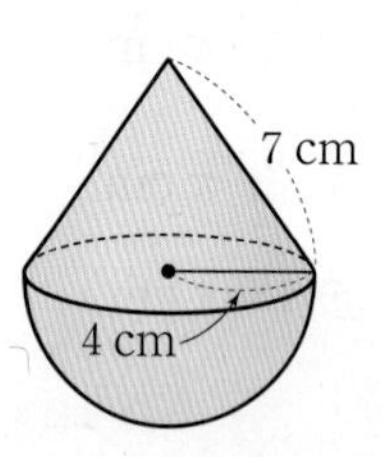

① $60\pi\ cm^2$ ② $68\pi\ cm^2$ ③ $76\pi\ cm^2$ ④ $84\pi\ cm^2$ ⑤ $92\pi\ cm^2$

18

다음 그림과 같이 반지름의 길이가 12 cm인 구슬을 녹여서 반지름의 길이가 3 cm인 구슬을 만들려고 한다. 반지름의 길이가 3 cm인 구슬을 몇 개 만들 수 있는가?

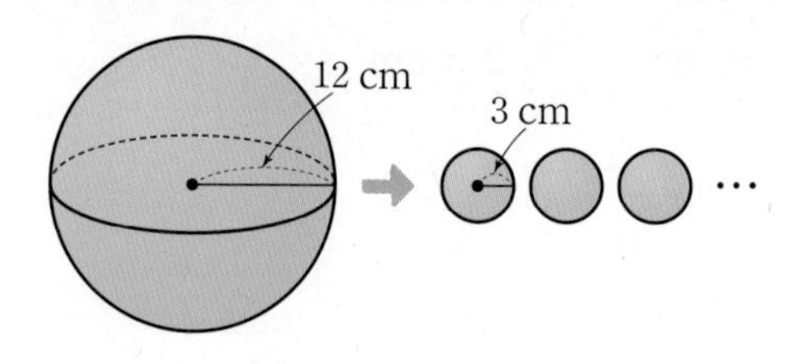

① 16개 ② 25개 ③ 36개 ④ 49개 ⑤ 64개

19

오른쪽 그림과 같이 가로, 세로의 길이가 각각 6π cm, 18 cm인 직사각형에 원기둥의 전개도를 그렸다. 이 전개도로 만들어지는 원기둥의 부피는?

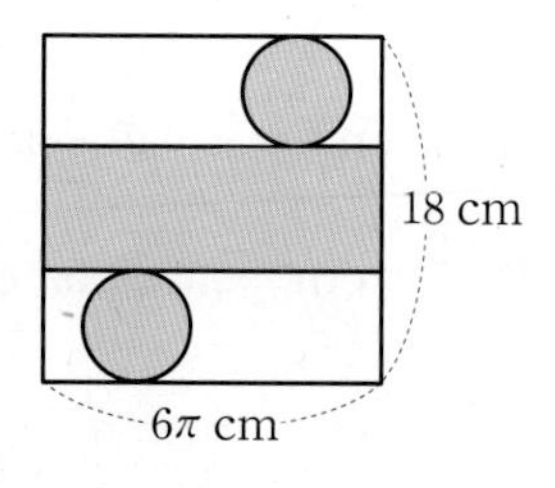

① $12\pi\ cm^3$ ② $18\pi\ cm^3$ ③ $36\pi\ cm^3$ ④ $48\pi\ cm^3$ ⑤ $54\pi\ cm^3$

20

오른쪽 그림과 같이 밑면의 반지름의 길이가 5 cm인 원기둥 안에 구와 원뿔이 꼭 맞게 들어 있다. 이때 구와 원뿔의 부피의 비는?

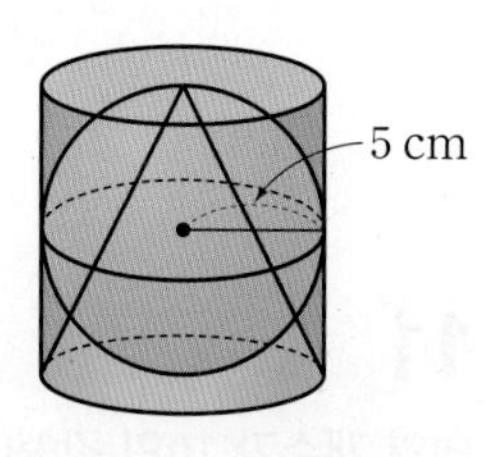

① 2 : 1 ② 3 : 1 ③ 3 : 2 ④ 4 : 3 ⑤ 5 : 3

서술형 **[21~24]** 풀이 과정과 답을 써 보자.

21

오른쪽 반원 O에서 $\overline{AD} /\!/ \overline{OC}$이고 $\angle BOC = 30°$, $\widehat{BC} = 6\text{ cm}$일 때, $\widehat{AD}$의 길이를 구하시오.

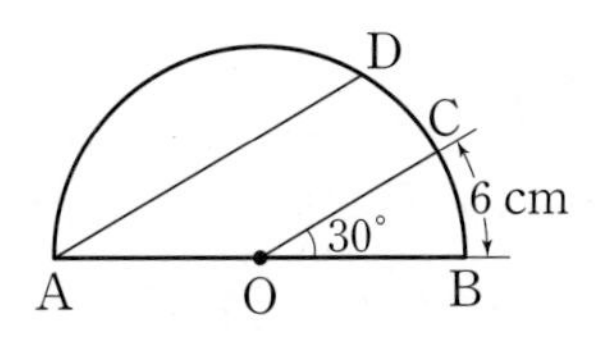

풀이

답

22

오른쪽 그림과 같이 반지름의 길이가 9 cm인 두 원 O와 O′이 서로의 중심을 지날 때, 색칠한 부분의 둘레의 길이를 구하시오.

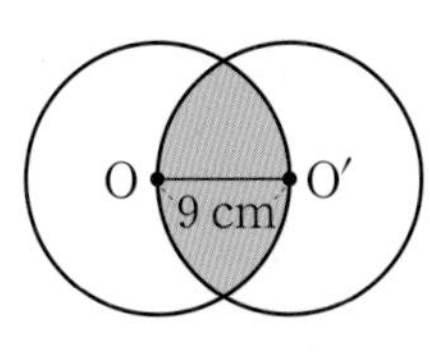

풀이

답

23

오른쪽 그림은 밑면인 원의 반지름의 길이가 4 cm인 원기둥을 비스듬히 잘라 낸 입체도형이다. 이 입체도형의 부피를 구하시오.

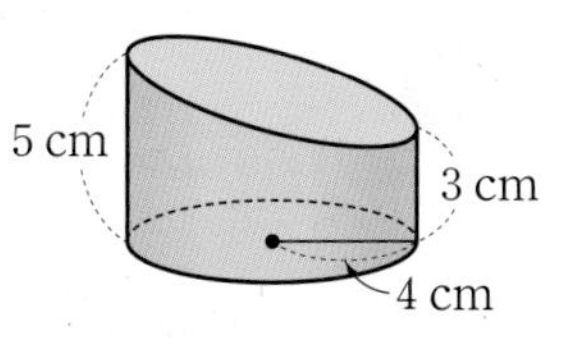

풀이

답

24

오른쪽 그림과 같은 평면도형을 직선 l을 축으로 하여 1회전 시킬 때 생기는 회전체의 겉넓이와 부피를 각각 구하시오.

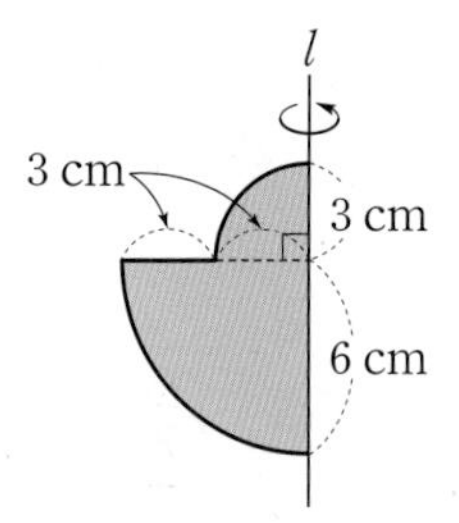

풀이

답

성취도	A	B	C	D	E
성취율(%)	90 % 이상	80 % 이상 ~ 90 % 미만	70 % 이상 ~ 80 % 미만	60 % 이상 ~ 70 % 미만	60 % 미만
학습 가이드	다양한 유형의 문제를 풀어 보세요.	틀린 문제를 다시 풀어 보세요.	교과서 문제 위주로 공부하세요.	개념을 확인해 보세요.	개념부터 시작해 보세요.

VI-1. 대푯값

중단원 마무리 평가

기본

01

다음 보기 중에서 옳은 것을 모두 고르시오.

보기

ㄱ. 대푯값에는 평균, 중앙값, 최빈값 등이 있다.
ㄴ. 중앙값은 항상 자료 안에 존재한다.
ㄷ. 최빈값은 자료에 따라 2개 이상일 수도 있다.
ㄹ. 평균, 중앙값, 최빈값이 모두 같은 경우는 없다.

02

다음은 승연이네 반 학생 6명의 수학 성적을 조사하여 나타낸 것이다. 수학 성적의 중앙값은?

(단위: 점)

75 83 70 96 87 92

① 75점 ② 83점 ③ 85점
④ 87점 ⑤ 96점

03

오른쪽 표는 지원이네 반 학생들이 좋아하는 색깔을 조사하여 나타낸 것이다. 이 자료의 최빈값은?

색깔	학생 수(명)
빨강	4
노랑	1
초록	5
파랑	6
보라	2

① 빨강 ② 노랑
③ 초록 ④ 파랑
⑤ 보라

표준

04

다음은 두 모둠 A, B 학생들의 오래매달리기 기록을 조사하여 나타낸 것이다. 두 모둠 A, B 중에서 오래매달리기 기록의 중앙값이 더 큰 모둠을 구하시오.

(단위: 초)

모둠 A: 27, 15, 11, 23, 18
모둠 B: 18, 22, 31, 14, 23, 15

05

다음은 8개의 변량을 작은 값부터 크기순으로 나열한 것이다. 이 자료의 중앙값이 27일 때, 자연수 x의 값은?

6 14 13 25 x 30 34 39

① 26 ② 27 ③ 28
④ 29 ⑤ 30

06

다음 자료의 최빈값이 43일 때, 중앙값은?

(단, x는 수이다.)

50 x 52 59 43 48

① 43 ② 48 ③ 49
④ 50 ⑤ 52

07

다음은 재욱이네 모둠 5명의 방학 동안 도서관의 이용 횟수를 조사하여 나타낸 것이다. 이 자료의 평균과 최빈값이 같을 때, 자연수 a의 값은?

(단위: 회)

5	1	4	6	a

① 1　② 3　③ 4　④ 5　⑤ 6

08

두 자연수 a, b에 대하여 자료 3, 5, 7, a, b의 중앙값이 6이고, 자료 2, 15, a, b의 중앙값이 7일 때, $b-a$의 값은? (단, $a<b$)

① 2　② 6　③ 10　④ 14　⑤ 18

09

다음은 수아네 반 학생 10명의 한 학기 동안의 봉사 활동 시간을 조사하여 나타낸 것이다.

(단위: 시간)

10	8	15	9	13
9	11	13	48	14

(1) 평균과 중앙값을 각각 구하시오.

(2) 평균과 중앙값 중 어떤 값이 대푯값으로 더 적절한지 말하시오.

발전

10

다음은 어느 반 학생 8명의 턱걸이 횟수를 조사하여 나타낸 것이다. 턱걸이 횟수의 평균, 중앙값, 최빈값을 각각 A회, B회, C회라고 할 때, A, B, C의 대소를 비교하면?

(단위: 회)

2	5	3	1	3	4	6	8

① $A<B<C$　② $A=B<C$　③ $B<C<A$　④ $C<B<A$　⑤ $C<A=B$

11

자연수 a에 대하여 자료 1, 4, 8, a의 중앙값이 6이고, 자료 9, 13, 16, 17, a의 중앙값이 13일 때, 다음 중에서 a의 값이 될 수 없는 것은?

① 8　② 9　③ 12　④ 13　⑤ 15

12

평균이 14, 중앙값이 13인 서로 다른 세 자연수가 있다. 이 세 자연수 중에서 가장 작은 수를 a, 가장 큰 수를 b라고 할 때, a, b의 순서쌍 (a, b)의 개수를 구하시오.

중단원 마무리 평가

기본

01

다음 보기 중에서 옳지 않은 것을 모두 고르시오.

보기
ㄱ. 줄기와 잎 그림에서 가장 작은 변량을 알 수 있다.
ㄴ. 도수분포표에서 가장 큰 변량을 알 수 있다.
ㄷ. 자료를 도수분포표로 나타내면 변량 전체의 분포를 쉽게 알아볼 수 있다.
ㄹ. 자료의 개수가 많을 때는 도수분포표보다 줄기와 잎 그림으로 나타내는 것이 더 편리하다.

02

다음은 어느 반 학생들이 한 달 동안 SNS에 글을 올린 횟수를 조사하여 나타낸 것이다.

글을 올린 횟수 (단위: 회)

12	4	27	12	1	16	8	35	17	21
13	23	5	32	41	19	23	14	18	26

(1) 다음 도수분포표를 완성하시오.

글을 올린 횟수(회)	도수(명)
0이상 ~ 10미만	4
10 ~ 20	
합계	

(2) 도수가 가장 큰 계급을 구하시오.

(3) 글을 올린 횟수가 40회 이상 50회 미만인 학생 수를 구하시오.

표준

03

아래 줄기와 잎 그림은 예완이네 반 학생들의 통학 시간을 조사하여 나타낸 것이다. 다음 중에서 옳은 것은?

(0|5는 5분)

줄기	잎
0	5 6 8 9
1	0 3 4 5 7 8
2	2 3 6 7 9
3	0 5 8
4	3

① 줄기는 모두 4개이다.
② 잎이 가장 많은 줄기는 2이다.
③ 전체 학생 수는 20이다.
④ 통학 시간이 30분 이상인 학생은 4명이다.
⑤ 통학 시간이 5번째로 짧은 학생의 통학 시간은 13분이다.

04

아래 도수분포표는 어느 마을의 주민 100명의 나이를 조사하여 나타낸 것이다. 다음 중에서 옳지 않은 것은?

나이(세)	도수(명)
0이상 ~ 25미만	11
25 ~ 50	26
50 ~ 75	38
75 ~ 100	25
합계	100

① 계급의 크기는 25세이다.
② 계급의 개수는 4이다.
③ 도수가 가장 큰 계급은 50세 이상 75세 미만이다.
④ 나이가 50세 미만인 주민은 26명이다.
⑤ 나이가 75세인 주민이 속하는 계급의 도수는 25명이다.

05

아래 히스토그램은 나연이네 반 학생들이 1년 동안 읽은 책의 수를 조사하여 나타낸 것이다. 다음에서 $a+b+c$의 값을 구하시오.

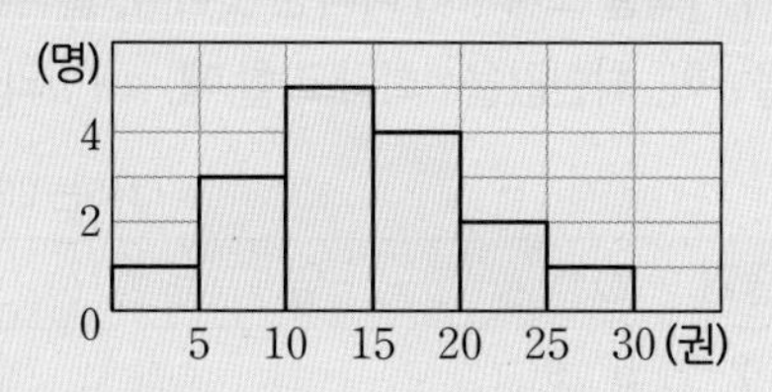

- 나연이네 반의 전체 학생은 a명이다.
- 가장 많은 학생이 속하는 계급의 도수는 b명이다.
- 책을 10권 이하 읽은 학생은 전체의 c %이다.

06

오른쪽 도수분포표는 하윤이네 반 학생 28명의 멀리뛰기 기록을 조사하여 나타낸 것이다. 멀리뛰기 기록이 260 cm 이상 290 cm 미만인 계급의 상대도수를 구하시오.

기록(cm)	도수(명)
200이상 ~ 230미만	4
230 ~ 260	8
260 ~ 290	
290 ~ 320	9
합계	28

07

다음 그림은 가람이네 동아리 학생 40명의 가슴둘레를 조사하여 상대도수의 분포를 그래프로 나타낸 것이다. 가슴둘레가 90 cm 이상인 학생 수를 구하시오.

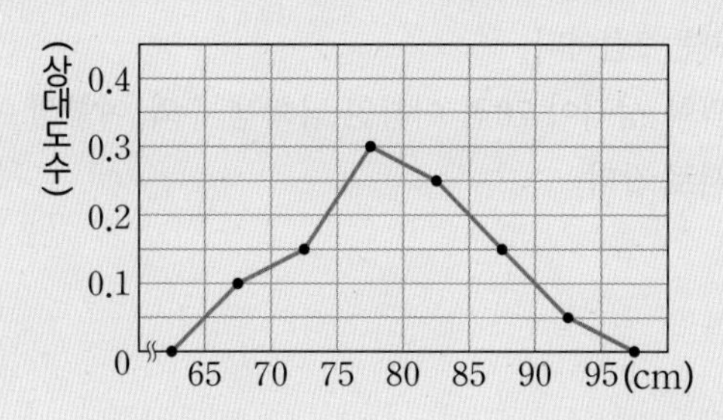

08

다음 도수분포표는 재성이네 반 학생 25명의 사회 성적을 조사하여 나타낸 것이다. 사회 성적이 20점 이상 40점 미만인 학생이 전체의 24 %일 때, 사회 성적이 80점 이상인 학생 수를 구하시오.

사회 성적(점)	도수(명)
0이상 ~ 20미만	1
20 ~ 40	
40 ~ 60	8
60 ~ 80	6
80 ~ 100	
합계	25

09

다음 그림은 수지네 반 학생들의 하루 평균 운동 시간을 조사하여 나타낸 도수분포다각형인데 일부가 찢어져 보이지 않는다. 운동 시간이 50분 미만인 학생이 전체의 16 %일 때, 운동 시간이 60분 이상 70분 미만인 학생 수를 구하시오.

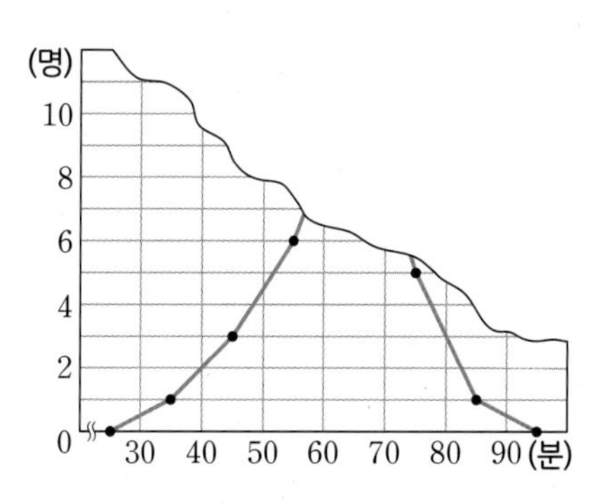

01

다음은 진주네 반 학생 10명의 영어 듣기평가 성적을 조사하여 나타낸 것이다. 평균과 중앙값을 각각 구하고, 평균과 중앙값 중 어떤 값이 대푯값으로 더 적절한지 말하시오.

(단위: 점)

15	16	11	13	10
12	14	15	12	30

02

다음을 모두 만족시키는 자연수 a, b에 대하여 $a-b$의 값을 구하시오.

- 자료 8, 9, 11, 13, 12, a의 중앙값은 11이다.
- 자료 7, 14, a, b의 중앙값은 10이다.

03

아래 줄기와 잎 그림은 세진이네 반 학생들이 한 달 동안 컴퓨터에서 검색을 한 횟수를 조사하여 나타낸 것이다. 다음 중에서 옳지 않은 것은?

(1|0은 10회)

줄기	잎
1	0 3 4 6 8
2	1 2 3 3 5 7 7 8
3	1 3 5 5 6 9
4	0 1 4 5

① 잎이 가장 적은 줄기는 4이다.
② 조사한 학생은 모두 23명이다.
③ 검색 횟수가 20회 미만인 학생은 5명이다.
④ 검색 횟수가 5번째로 많은 학생의 검색 횟수는 39회이다.
⑤ 검색 횟수가 가장 많은 학생과 가장 적은 학생의 검색 횟수의 차는 30회이다.

04

다음 줄기와 잎 그림은 시형이네 반 학생 25명의 1분 동안의 줄넘기 기록을 조사하여 나타낸 것이다. 줄넘기 기록의 중앙값을 a회, 최빈값을 b회라고 할 때, $a+b$의 값은?

(2|5는 25회)

줄기	잎
2	5 9
3	0 2 3 6 7 8 8
4	1 3 4 5 6 6 6 8 8 9
5	0 3 4 7 8 9

① 90　② 91　③ 92
④ 93　⑤ 94

05

아래 줄기와 잎 그림은 윤아네 반 남학생과 여학생의 과학 성적을 조사하여 나타낸 것이다. 다음 중에서 옳지 않은 것을 모두 고르면? (정답 2개)

(6|5는 65점)

잎(남학생)	줄기	잎(여학생)
9 7	6	5 9
6 4 2	7	0 4 7 8 8
9 8 5 3 1	8	2 5 6 9
7 4 0	9	4

① 조사한 학생은 모두 25명이다.
② 줄기가 8인 잎의 수는 남학생이 여학생보다 많다.
③ 과학 성적이 가장 낮은 학생은 여학생이다.
④ 과학 성적이 가장 높은 남학생과 여학생의 점수의 차는 2점이다.
⑤ 과학 성적이 70점 이하인 남학생 수와 여학생 수는 서로 같다.

06

다음 도수분포표는 규민이네 반 학생 20명의 국어 수행평가 점수를 조사하여 나타낸 것이다. 국어 수행평가 점수가 4점 이상 8점 미만인 학생이 전체의 15 %일 때, 국어 수행평가 점수가 8점 이상 12점 미만인 학생은 전체의 몇 %인가?

국어 수행평가(점)	도수(명)
0^{이상} ~ 4^{미만}	1
4 ~ 8	
8 ~ 12	
12 ~ 16	6
16 ~ 20	3
합계	20

① 15 %　② 20 %　③ 25 %
④ 30 %　⑤ 35 %

07

아래 그림은 지석이네 반 학생들의 몸무게를 조사하여 히스토그램으로 나타낸 것이다. 다음 중에서 옳지 않은 것은?

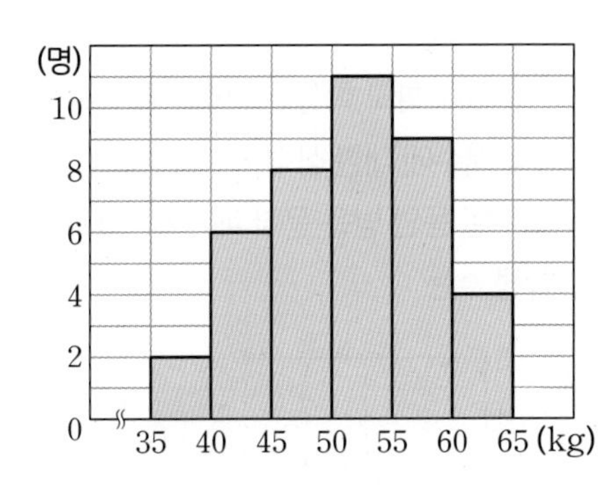

① 계급의 크기는 5 kg이다.
② 전체 학생 수는 40이다.
③ 몸무게가 40 kg 미만인 학생은 2명이다.
④ 몸무게가 60 kg 이상인 학생은 전체의 8 %이다.
⑤ 몸무게가 10번째로 무거운 학생이 속하는 계급의 도수는 9명이다.

[08~09] 다음 그림은 기영이네 반 학생 37명이 방학 동안 읽은 책의 수를 조사하여 나타낸 히스토그램인데 일부가 찢어진 것이다. 읽은 책의 수가 10권 이상 12권 미만인 학생 수와 12권 이상 14권 미만인 학생 수의 비가 2 : 3이다.

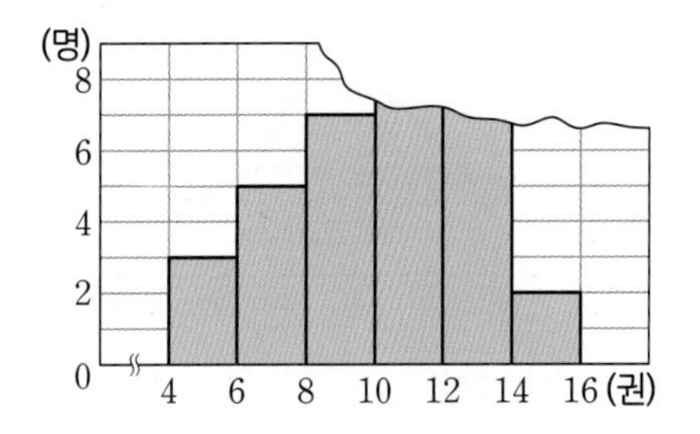

08

읽은 책의 수가 10권 이상 12권 미만인 학생 수는?

① 6　② 8　③ 9
④ 10　⑤ 12

09

읽은 책의 수가 12권 이상 14권 미만인 학생 수는 읽은 책의 수가 4권 이상 6권 미만인 학생 수의 몇 배인가?

① 2배　② 3배　③ 4배
④ 5배　⑤ 6배

10

아래 도수분포다각형은 희원이네 반 학생들의 일일 학습 시간을 조사하여 나타낸 것이다. 다음 중에서 옳은 것을 모두 고르면? (정답 2개)

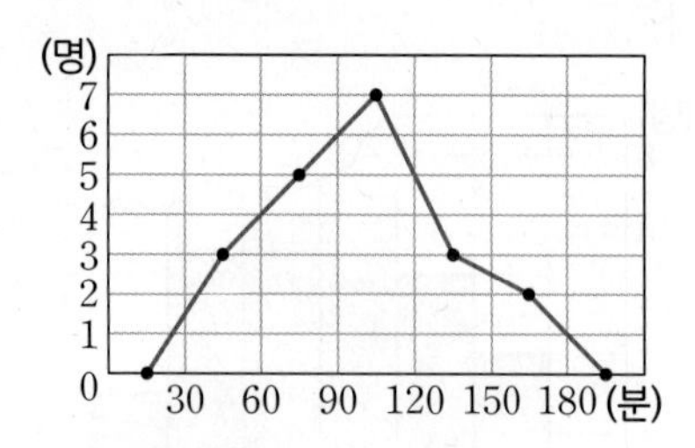

① 계급의 개수는 7이다.
② 전체 학생 수는 22이다.
③ 도수가 가장 작은 계급의 도수는 0명이다.
④ 일일 학습 시간이 2시간 이상인 학생 수는 5이다.
⑤ 도수가 가장 큰 계급의 상대도수는 0.35이다.

11

다음 도수분포다각형은 두 모둠 A, B의 2단 줄넘기 기록을 조사하여 나타낸 것이다. A 모둠에서 상위 15 % 이내에 드는 학생은 B 모둠에서 상위 몇 % 이내에 들 수 있는가?

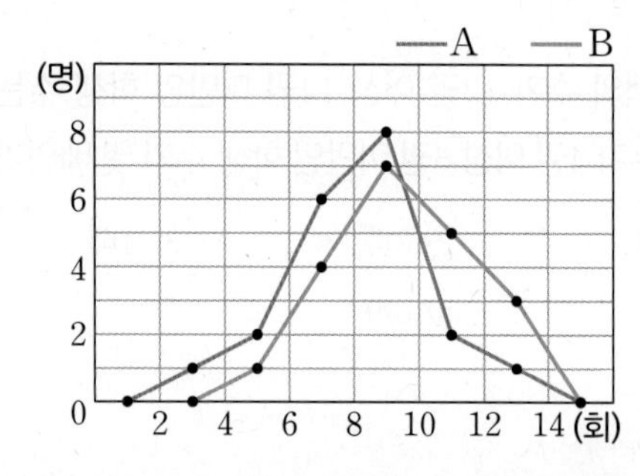

① 20 % ② 25 % ③ 30 %
④ 35 % ⑤ 40 %

[12~13] 다음 표는 승훈이네 학교 학생들의 음악 성적을 조사하여 나타낸 것이다.

음악 성적(점)	도수(명)	상대도수
40이상 ~ 50미만	3	0.06
50 ~ 60	A	0.16
60 ~ 70	10	0.2
70 ~ 80	B	0.28
80 ~ 90	9	D
90 ~ 100	6	0.12
합계	C	E

12

$A+B+C+D+E$의 값은?

① 70.16 ② 70.18 ③ 72.14
④ 72.16 ⑤ 73.18

13

음악 성적이 낮은 쪽에서 10번째인 학생이 속하는 계급의 상대도수는?

① 0.12 ② 0.16 ③ 0.2
④ 0.24 ⑤ 0.28

14

다음 그림은 은하네 학교 학생 200명이 일주일 동안 받은 문자 메시지의 개수에 대한 상대도수의 분포를 나타낸 그래프이다. 일주일 동안 받은 문자 메시지가 15개 이상 20개 미만인 학생 수는?

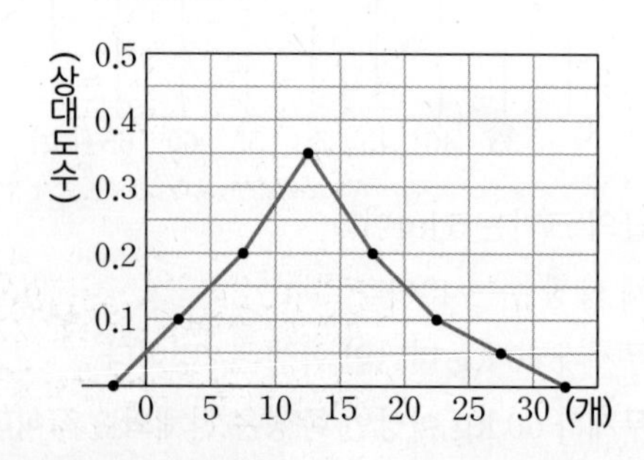

① 20 ② 25 ③ 35
④ 40 ⑤ 55

서술형 **[15~18]** 풀이 과정과 답을 써 보자.

15

다음 표는 도현이네 반 학생 24명이 1년 동안 관람한 영화의 수를 조사하여 나타낸 것이다. 관람한 영화의 수의 중앙값을 a편, 최빈값을 b편이라고 할 때, $a+b$의 값을 구하시오.

영화의 수(편)	1	2	3	4	5	합계
학생 수(명)	4	9	7	3	1	24

풀이

답

16

다음 자료의 평균이 2일 때, 이 자료의 중앙값을 구하시오.

$-2,\quad -5,\quad x,\quad 1,\quad 4,\quad x+2,\quad 8$

풀이

답

17

오른쪽 도수분포표는 정민이네 반 학생들의 체육 점수를 조사하여 나타낸 것이다. 체육 점수가 80점 이상인 학생이 전체의 24 %일 때, 체육 점수가 70점 이상 80 미만인 학생은 전체의 몇 %인지 구하시오.

체육 점수(점)	도수(명)
50이상 ~ 60미만	2
60 ~ 70	4
70 ~ 80	
80 ~ 90	5
90 ~ 100	1
합계	

풀이

답

18

다음 그림은 어느 체육관 회원들의 나이에 대한 상대도수의 분포를 조사하여 나타낸 그래프의 일부이다. 나이가 10세 이상 20세 미만인 회원 수가 4명일 때, 나이가 40세 이상 50세 미만인 회원 수를 구하시오.

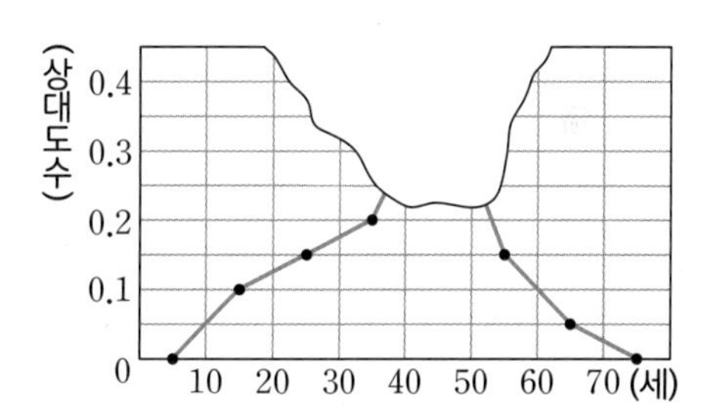

풀이

답

성취도	A	B	C	D	E
성취율(%)	90 % 이상	80 % 이상 ~ 90 % 미만	70 % 이상 ~ 80 % 미만	60 % 이상 ~ 70 % 미만	60 % 미만
학습 가이드	다양한 유형의 문제를 풀어 보세요.	틀린 문제를 다시 풀어 보세요.	교과서 문제 위주로 공부하세요.	개념을 확인해 보세요.	개념부터 시작해 보세요.

I. 수와 연산

1. 소인수분해

중단원 마무리 평가 2~3쪽

01 ②	**02** ⑤	**03** $a=7$, $b=4$		**04** ④
05 ⑤	**06** 4	**07** ②	**08** ④	**09** 4
10 ①	**11** 6	**12** 19	**13** 4	**14** 94

01 소수는 2, 7, 23의 3개이다.

02 ⑤ 합성수의 약수는 3개 이상이다.

03 $7\times7\times7\times7=7^4$이므로

$a=7$, $b=4$

04 150을 소인수분해 하면

$150=2\times3\times5^2$

05 ① $3+3=2\times3$

② $5\times5\times5=5^3$

③ $2\times2\times2\times7\times7=2^3\times7^2$

④ $\frac{1}{3}\times\frac{1}{3}\times\frac{1}{3}\times\frac{1}{3}=\frac{1}{3^4}$

따라서 옳은 것은 ⑤이다.

06 $3\times5\times5\times7\times3\times5\times3\times7\times5=3^3\times5^4\times7^2$이므로 5의 지수는 4이다.

07 $270=2\times3^3\times5$이므로

① $9=3^2$

② $36=2^2\times3^2$

③ $45=3^2\times5$

④ $54=2\times3^3$

⑤ $135=3^3\times5$

따라서 270의 약수가 아닌 것은 ②이다.

08 두 분수가 모두 자연수가 되려면 n은 45, 63의 공약수이어야 한다.
이때 가장 큰 수는 45, 63의 최대공약수이다.
$45=3^2\times5$, $63=3^2\times7$이므로 두 수의 최대공약수는 $3^2=9$이다.
따라서 n의 값 중에서 가장 큰 수는 9이다.

09 두 수 $2^a\times3^4\times5^2$, $2^5\times3^b\times7$의 최대공약수가 $36=2^2\times3^2$이므로

$a=2$, $b=2$

따라서 $a+b=2+2=4$

10 세 자연수 $6\times x=2\times3\times x$, $8\times x=2^3\times x$, $10\times x=2\times5\times x$의 최소공배수는

$2^3\times3\times5\times x=120\times x$

따라서 $120\times x=240$이므로 $x=2$

11 두 자연수 A, $20=2^2\times5$의 최대공약수가 $4=2^2$이고, 최소공배수가 $2^2\times3\times5$이므로

$A=2^2\times3=12$

따라서 12의 약수의 개수는

$(2+1)\times(1+1)=6$

12 $2^4=16$, $5^3=125$이므로

$a=16$, $b=3$

따라서 $a+b=16+3=19$

13 $2^2\times3^\square$의 약수가 15개이므로

$(2+1)\times(\square+1)=15$

$\square+1=5$

$\square=4$

14 조건을 만족시키는 분수의 분모는 두 분수 $\frac{33}{7}$, $\frac{11}{15}$에서 분자의 공약수이고, 분자는 두 분수 $\frac{33}{7}$, $\frac{11}{15}$에서 분모의 공배수이어야 한다.
즉 $\frac{(7\text{과 }15\text{의 공배수})}{(33\text{과 }11\text{의 공약수})}$의 꼴이어야 한다.
이때 가장 작은 기약분수가 되려면 분모는 가장 큰 수이어야 하므로 최대공약수, 분자는 가장 작은 수이어야 하므로 최소공배수를 구하면 된다.
$33=3\times11$이고 11은 소수이므로 33과 11의 최대공약수는 11이다. 또 7은 소수이고 $15=3\times5$이므로 7과 15의 최소공배수는 $3\times5\times7=105$이다.
이때 구하는 가장 작은 기약분수는 $\frac{105}{11}$이므로

$a=11$, $b=105$

따라서 $b-a=105-11=94$

2. 정수와 유리수

중단원 마무리 평가 4~5쪽

01 ③	02 ②, ④	03 -9	04 -10	05 ④
06 ⑤	07 ③	08 3	09 ④	10 ②
11 ③	12 3	13 -2	14 ③	

01 양의 정수는 $+2$의 1개이므로

$a=1$

음의 유리수는 -1, -6, $-\frac{1}{4}$, -3.7의 4개이므로

$b=4$

따라서 $a+b=1+4=5$

02 ①, ③, ⑤ 정수

②, ④ 정수가 아닌 유리수

03 $(-14)-(-5)=(-14)+(+5)$

$=-(14-5)$

$=-9$

04 $\left(+\frac{8}{3}\right)\times\left(-3\frac{3}{4}\right)=-\left(\frac{8}{3}\times\frac{15}{4}\right)=-10$

05 절댓값이 6인 두 수는 -6, 6이고, 수직선에서 이 두 수를 나타내는 두 점 사이의 거리는

$6-(-6)=12$

06 ⑤ $\frac{3}{2}>1$이므로 $\frac{3}{2}$은 x의 값이 될 수 없다.

07 ①, ②, ④, ⑤ 양수

③ 음수

08 $(-1)^{10}-(-1)^{15}+(-1)^{20}=1-(-1)+1$

$=1+1+1=3$

09 분배법칙에 의하여

$(+38)\times(-0.19)+(+62)\times(-0.19)$

$=\{(+38)+(+62)\}\times(-0.19)$

$=(+100)\times(-0.19)$

$=-19$

따라서 (가): 분배법칙, (나): $+62$, (다): $+100$

10 $-\frac{1}{5}$의 역수는 -5이므로 $A=-5$

$2\frac{1}{2}=\frac{5}{2}$의 역수는 $\frac{2}{5}$이므로 $B=\frac{2}{5}$

따라서 $A\times B=(-5)\times\frac{2}{5}=-2$

11 $(-1)^5\div\left[(-6)-18\times\left\{\left(\frac{2}{3}\right)^2+(-1)\right\}\right]$

$=(-1)\div\left[(-6)-18\times\left\{\frac{4}{9}+(-1)\right\}\right]$

$=(-1)\div\left\{(-6)-18\times\left(-\frac{5}{9}\right)\right\}$

$=(-1)\div\{(-6)+10\}$

$=(-1)\div4=-\frac{1}{4}$

12 (가)에 의하여 $-\frac{9}{2}<x\le1.5$

이를 만족시키는 정수 x는

-4, -3, -2, -1, 0, 1

(나)에 의하여 x의 절댓값이 2보다 크거나 같으므로 구하는 정수 x는 -4, -3, -2의 3개이다.

13 어떤 수를 □라고 하면

$\square-\left(-\frac{5}{4}\right)=\frac{1}{2}$이므로

$\square=\frac{1}{2}-\frac{5}{4}=\frac{2}{4}-\frac{5}{4}=-\frac{3}{4}$

따라서 바르게 계산하면

$-\frac{3}{4}+\left(-\frac{5}{4}\right)=-2$

14 4개의 유리수 -3, $-\frac{3}{2}$, -5, $+\frac{1}{5}$ 중에서 세 수를 뽑아 곱한 값 중에서 가장 큰 값이 되려면 양수 1개와 절댓값이 큰 음수 2개를 선택해야 한다.

따라서 $+\frac{1}{5}$, -3, -5를 선택해야 하므로 가장 큰 값은

$\left(+\frac{1}{5}\right)\times(-3)\times(-5)=3$

대단원 마무리 평가 6~9쪽

01 5	02 ⑤	03 ③	04 ③	05 ⑤
06 ②	07 7	08 ①, ⑤	09 $2^3\times3^2\times5^3$	
10 ④	11 ③	12 ⑤	13 ③	14 2
15 ②	16 ⑤	17 ③	18 ①	19 ④
20 ①	21 70			

22 가장 작은 자연수: 9, 최소공배수: 720

23 $\frac{37}{33}$ 24 3칸

01 10보다 크거나 같고 25보다 작은 소수는 11, 13, 17, 19, 23의 5개이다.

02 ㄱ. 가장 작은 소수는 2이다.
ㄴ. 2는 짝수이지만 소수이다.
ㄷ. 5의 배수 중 소수는 5의 1개뿐이다.
ㄹ. 1은 약수가 1의 1개이다.
따라서 옳은 것은 ㄷ, ㄹ이다.

03 $360=2^3\times3^2\times5$이므로
$a=3,\ b=2,\ c=5$
따라서 $a+b+c=3+2+5=10$

04 $42=2\times3\times7$이므로 42의 소인수는 2, 3, 7이다.
① $28=2^2\times7$이므로 28의 소인수는 2, 7이다.
② $48=2^4\times3$이므로 48의 소인수는 2, 3이다.
③ $126=2\times3^2\times7$이므로 126의 소인수는 2, 3, 7이다.
④ $147=3\times7^2$이므로 147의 소인수는 3, 7이다.
⑤ $162=2\times3^4$이므로 162의 소인수는 2, 3이다.
따라서 42와 소인수가 같은 수는 ③이다.

05 $2^3\times5^2\times11$의 약수는
$(2^3$의 약수$)\times(5^2$의 약수$)\times(11$의 약수$)$의 꼴이다.
① $8=2^3$ ② $10=2\times5$
③ $25=5^2$ ④ $44=2^2\times11$
⑤ $80=2^4\times5$
따라서 $2^3\times5^2\times11$의 약수가 아닌 것은 ⑤이다.

06 ① $27=3^3$이므로 약수의 개수는 $3+1=4$
② $96=2^5\times3$이므로 약수의 개수는
$(5+1)\times(1+1)=12$
③ $175=5^2\times7$의 약수의 개수는
$(2+1)\times(1+1)=6$
④ 3×5^2의 약수의 개수는
$(1+1)\times(2+1)=6$
⑤ $2\times7\times13$의 약수의 개수는
$(1+1)\times(1+1)\times(1+1)=8$
따라서 약수의 개수가 가장 많은 것은 ②이다.

07 두 수 $2^a\times3,\ 2^4\times3^b\times c$의 최대공약수가 $2^3\times3$이므로
$a=3$
최소공배수가 $2^4\times3^3\times7$이므로 $b=3,\ c=7$
따라서 $a-b+c=3-3+7=7$

08 두 수의 최대공약수를 각각 구해 보면 다음과 같다.
① 1 ② 3 ③ 2 ④ 3 ⑤ 1
따라서 두 수가 서로소인 것은 ①, ⑤이다.

09 세 수 $3^2,\ 2^3\times5^2,\ 2^2\times3\times5^3$의 최소공배수는
$2^3\times3^2\times5^3$

$$\begin{array}{r} 3^2 \\ 2^3 \quad \times5^2 \\ 2^2\times3\times5^3 \\ \hline 2^3\times3^2\times5^3 \end{array}$$

10 ④ D: $+\frac{7}{3}$

11 절댓값이 2보다 작은 수는 $+\frac{7}{4},\ -0.1,\ \frac{4}{3}$의 3개이다.

12 (가), (나)에 의하여 $a>0,\ b<0$
(나)에 의하여 수직선에서 $a,\ b$를 나타내는 두 점은 0을 나타내는 점으로부터 각각 $\frac{4}{7}$만큼 떨어져 있다.
따라서 $a=\frac{4}{7},\ b=-\frac{4}{7}$

13 ① $-0.4<+0.1$
② $-13<-12$
③ $|2.5|=2.5$이므로 $|2.5|>-\frac{2}{5}$
④ $\left|+\frac{1}{5}\right|=\frac{1}{5}=\frac{3}{15},\ \left|-\frac{1}{3}\right|=\frac{1}{3}=\frac{5}{15}$이므로
$\left|+\frac{1}{5}\right|<\left|-\frac{1}{3}\right|$
⑤ $(-2)^3=-8,\ (-1)^4=1$이므로
$(-2)^3<(-1)^4$
따라서 ◯ 안에 알맞은 부등호가 나머지 넷과 다른 하나는 ③이다.

14 $2+(-5)+0=-3$이므로
$A+(-1)+0=-3$에서 $A=-2$
$B+(-1)+2=-3$에서 $B=-4$
따라서 $A-B=-2-(-4)=2$

15 -7을 나타내는 점으로부터 거리가 8인 점이 나타내는 두 수는
$-7-8=-15,\ -7+8=1$
따라서 두 수의 합은
$-15+1=-14$

16 ① -9 ② -27 ③ 81 ④ 27 ⑤ -81
따라서 가장 작은 수는 ⑤이다.

17 ㄱ. $10-14+7=(+10)-(+14)+(+7)$
$=(+10)+(-14)+(+7)=3$
ㄴ. $(-4)\div(-12)\times(-15)$
$=\left(+\frac{1}{3}\right)\times(-15)=-5$

ㄷ. $\left(-\frac{1}{4}\right)+\left(-\frac{4}{3}\right)-\left(-\frac{1}{2}\right)$

$=\left(-\frac{1}{4}\right)+\left(-\frac{4}{3}\right)+\left(+\frac{1}{2}\right)$

$=\left(-\frac{3}{12}\right)+\left(-\frac{16}{12}\right)+\left(+\frac{6}{12}\right)=-\frac{13}{12}$

ㄹ. $\left(-\frac{4}{5}\right)\times(-29)+\left(+\frac{9}{5}\right)\times(-29)$

$=\left\{\left(-\frac{4}{5}\right)+\left(+\frac{9}{5}\right)\right\}\times(-29)$

$=(+1)\times(-29)=-29$

따라서 옳은 것은 ㄴ, ㄹ이다.

18 $-a$의 역수가 6이므로 $a=-\frac{1}{6}$

b의 역수가 $1.2=\frac{6}{5}$이므로 $b=\frac{5}{6}$

따라서 $a-b=-\frac{1}{6}-\frac{5}{6}=-1$

19 $a\times b<0$에서 a와 b는 부호가 서로 다르고 $a<b$이므로

$a<0,\ b>0$

$a\div c>0$에서 a와 c의 부호는 서로 같으므로 $c<0$

따라서 $a<0,\ b>0,\ c<0$

20 $-\frac{5}{8}-\left\{\left(-\frac{1}{2}\right)^2-\left(-\frac{7}{12}+1\right)\times(-3)\right\}$

$=-\frac{5}{8}-\left\{\frac{1}{4}-\left(-\frac{7}{12}+1\right)\times(-3)\right\}$

$=-\frac{5}{8}-\left\{\frac{1}{4}-\frac{5}{12}\times(-3)\right\}$

$=-\frac{5}{8}-\left(\frac{1}{4}+\frac{5}{4}\right)$

$=-\frac{5}{8}-\frac{3}{2}$

$=-\frac{5}{8}-\frac{12}{8}=-\frac{17}{8}$

21 $2^3\times3^2\times7\times a$가 어떤 자연수의 제곱이 되어야 하므로 a는 $2\times7\times(\text{자연수})^2$ 꼴이어야 한다. ◀ ㉮

이때 a는 두 자리의 자연수이므로 a가 될 수 있는 수는

$2\times7\times1^2=14,\ 2\times7\times2^2=56$ ◀ ㉯

따라서 구하는 합은

$14+56=70$ ◀ ㉰

채점 기준	비율
㉮ 두 자리의 자연수 a가 될 수 있는 수의 꼴 구하기	40 %
㉯ 두 자리의 자연수 a의 값 구하기	40 %
㉰ 두 자리의 자연수 a의 값의 합 구하기	20 %

22 144를 소인수분해 하면 $144=2^4\times3^2$

$2^4\times3^2$과 $2^3\times\square\times5$의 최대공약수가 $72=2^3\times3^2$이므로 ◀ ㉮

$\square$ 안에 들어갈 수 있는 가장 작은 자연수는

$\square=3^2=9$ ◀ ㉯

이때 $2^4\times3^2$과 $2^3\times3^2\times5$의 최소공배수는

$2^4\times3^2\times5=720$ ◀ ㉰

채점 기준	비율
㉮ 72를 소인수분해 하기	20 %
㉯ □ 안에 들어갈 수 있는 가장 작은 자연수 구하기	40 %
㉰ 최소공배수 구하기	40 %

23 $\frac{2}{5}◎\frac{1}{3}=\left(\frac{2}{5}+\frac{1}{3}\right)\div\frac{1}{3}=\frac{11}{15}\div\frac{1}{3}$

$=\frac{11}{15}\times3=\frac{11}{5}$ ◀ ㉮

따라서

$\frac{4}{15}◎\left(\frac{2}{5}◎\frac{1}{3}\right)=\frac{4}{15}◎\frac{11}{5}$

$=\left(\frac{4}{15}+\frac{11}{5}\right)\div\frac{11}{5}$

$=\frac{37}{15}\div\frac{11}{5}$

$=\frac{37}{15}\times\frac{5}{11}=\frac{37}{33}$ ◀ ㉯

채점 기준	비율
㉮ $\frac{2}{5}◎\frac{1}{3}$ 계산하기	50 %
㉯ $\frac{4}{15}◎\left(\frac{2}{5}◎\frac{1}{3}\right)$ 계산하기	50 %

24 가위바위보를 9번 하여 비기는 경우 없이 민준이가 4번 이겼으므로 5번 졌고, 소희는 5번 이겼고 4번 졌다. ◀ ㉮

민준: $4\times(+2)+5\times(-1)=(+8)+(-5)=3$

즉 처음 위치보다 3칸 위에 있다.

소희: $5\times(+2)+4\times(-1)=(+10)+(-4)=6$

즉 처음 위치보다 6칸 위에 있다. ◀ ㉯

따라서 두 사람은 $6-3=3$(칸) 떨어져 있다. ◀ ㉰

채점 기준	비율
㉮ 가위바위보에서 민준이와 소희가 각각 이긴 횟수와 진 횟수 구하기	40 %
㉯ 민준이와 소희의 위치 구하기	40 %
㉰ 두 사람은 몇 칸 떨어져 있는지 구하기	20 %

Ⅱ. 문자와 식

1. 문자의 사용과 식

중단원 마무리 평가 10~11쪽

01 ③	**02** ②	**03** ④		
04 (1) $6x-9$ (2) $x-2$			**05** ④	**06** 30 ℃
07 ④	**08** 3	**09** ⑤	**10** ④	**11** ④
12 ⑤	**13** ②	**14** -8	**15** $17x-1$	

01 x의 계수는 3이므로 $a=3$
y의 계수는 5이므로 $b=5$
상수항은 -4이므로 $c=-4$
따라서 $a+b+c=3+5-4=4$

02 ② $a\times(-1)=-a$

03 (물건 가격)=(물건 한 개의 가격)×(물건의 개수)이므로 한 줄에 3000원인 김밥 x줄의 가격은 $(3000\times x)$원이고, 한 병에 800원인 물 y병의 가격은 $(800\times y)$원이다.
따라서 구하는 가격은 $(3000x+800y)$원이다.

04 (1) $(4x-6)\div\frac{2}{3}=(4x-6)\times\frac{3}{2}$
$=6x-9$
(2) $(2x+1)-(x+3)=2x+1-x-3$
$=x-2$

05 ①, ②, ③, ⑤ 1
④ -1
따라서 식의 값이 나머지 넷과 다른 것은 ④이다.

06 $x=86$을 $\frac{5}{9}(x-32)$에 대입하면
$\frac{5}{9}\times(86-32)=\frac{5}{9}\times54=30$
따라서 화씨온도 86 °F는 섭씨온도로 30 ℃이다.

07 ① 4는 일차식이 아니다.
② $2+0\times x=2$이므로 일차식이 아니다.
③ 다항식의 차수가 2이므로 일차식이 아니다.
⑤ 분모에 문자가 있는 식은 일차식이 아니다.
따라서 일차식은 ④이다.

08 $-3x$와 동류항인 것은 $0.1x$, $-\frac{x}{6}$, $5x$의 3개이다.

09 ① $3\left(x-\frac{1}{3}\right)=3x-1$
② $10x\div\left(-\frac{5}{2}\right)=10x\times\left(-\frac{2}{5}\right)=-4x$
③ $2x-4+3x=5x-4$
④ $(5x-2)+(3x-2)=8x-4$
⑤ $\frac{x+1}{2}-\frac{x-1}{4}=\frac{2x+2}{4}-\frac{x-1}{4}=\frac{x+3}{4}$
따라서 옳은 것은 ⑤이다.

10 $\frac{2}{3}(3-9x)-\frac{1}{5}(25x+20)=2-6x-5x-4$
$=-11x-2$
이때 x의 계수는 -11이고 상수항은 -2이므로
$a=-11$, $b=-2$
따라서 $b-a=-2-(-11)=-2+11=9$

11 어떤 다항식을 A라고 하면
$A-(4x+1)=x-3$
$A=x-3+(4x+1)=5x-2$
따라서 바르게 계산하면
$(5x-2)+(4x+1)=9x-1$

12 $5x\triangle2y=5x+2\times2y=5x+4y$
$2x\triangledown3y=3y-3\times2x=3y-6x$
따라서
$2(5x\triangle2y)-(2x\triangledown3y)$
$=2(5x+4y)-(3y-6x)$
$=10x+8y-3y+6x=16x+5y$

13 가장 왼쪽에 세로로 놓여 있는 성냥개비 1개를 먼저 놓았다고 생각하면 정사각형을 1개, 2개, 3개, ... 만들 때 필요한 성냥개비의 개수는
정사각형 1개 ➡ $1+3$
정사각형 2개 ➡ $1+3+3=1+3\times2$
정사각형 3개 ➡ $1+3+3+3=1+3\times3$
⋮ ⋮
정사각형 n개 ➡ $1+3+3+\cdots+3=3n+1$

14 $a=-\frac{1}{2}$, $b=\frac{1}{3}$, $c=\frac{1}{4}$이므로
$\frac{5}{a}+\frac{2}{b}-\frac{1}{c}=5\div a+2\div b-1\div c$
$=5\div\left(-\frac{1}{2}\right)+2\div\frac{1}{3}-1\div\frac{1}{4}$
$=5\times(-2)+2\times3-1\times4$
$=-10+6-4=-8$

15

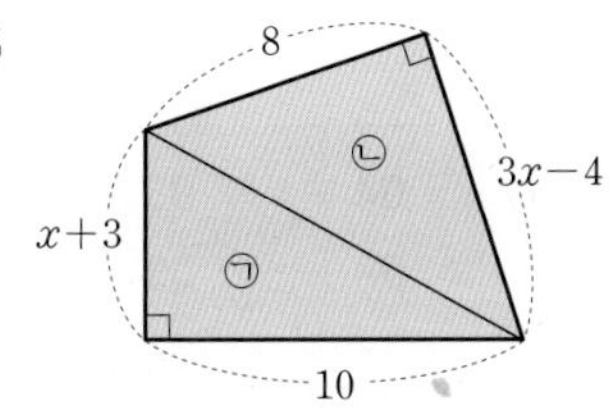

위의 그림과 같이 대각선을 그으면

(사각형의 넓이)

=(㉠의 넓이)+(㉡의 넓이)

$=\frac{1}{2}\times10\times(x+3)+\frac{1}{2}\times8\times(3x-4)$

$=5(x+3)+4(3x-4)$

$=5x+15+12x-16$

$=17x-1$

2. 일차방정식

중단원 마무리 평가 12~13쪽

01 $90-21x=6$	**02** ⑤	**03** ㄱ, ㄹ	**04** ⑤
05 ⑤	**06** (가) ㄴ (나) ㄹ	**07** ①	**08** ④
09 ③	**10** ④	**11** 22	**12** 5
13 ①	**14** 5		

01 (전체 귤의 개수)

−(학생 수)×(한 학생이 받은 귤의 개수)

=(남은 귤의 개수)

이므로 주어진 문장을 등식으로 나타내면

$90-21x=6$

02 ①, ②, ④ 방정식

③ 등식이 아니다.

⑤ (좌변)$=2(x-5)=2x-10$이므로

(좌변)=(우변) ➡ 항등식

03 $2x-5=1$에서 좌변의 -5를 이항하면

$2x=1+5$

ㄱ. $2x-5=1$의 양변에 5를 더하면

$2x=1+5$

ㄹ. $2x-5=1$의 양변에서 -5를 빼면

$2x-5-(-5)=1-(-5)$,　$2x=1+5$

따라서 결과가 같은 것은 ㄱ, ㄹ이다.

04 ① $a=b$의 양변에 3을 더하면　$a+3=b+3$

② $a=b$의 양변에서 8을 빼면　$a-8=b-8$

③ $a=b$의 양변에 2를 곱하면　$2a=2b$

④ $a=b$의 양변을 6으로 나누면　$\frac{a}{6}=\frac{b}{6}$

$\frac{a}{6}=\frac{b}{6}$의 양변에 1을 더하면　$\frac{a}{6}+1=\frac{b}{6}+1$

⑤ $a=b$의 양변에 -1을 곱하면　$-a=-b$

$-a=-b$의 양변에 5를 더하면　$5-a=5-b$

따라서 옳지 않은 것은 ⑤이다.

05 주어진 방정식에 $x=-2$를 각각 대입하면 다음과 같다.

① $-2+5\neq7$

② $2\times\{1-(-2)\}\neq4$

③ $8+(-2)\neq5\times(-2)$

④ $3\times(-2)-1\neq-2-3$

⑤ $-4\times(-2)-1=5-(-2)$

따라서 해가 $x=-2$인 것은 ⑤이다.

06 (가) 등식의 양변에서 같은 수 7을 빼도 등식은 성립한다.

➡ ㄴ

(나) 등식의 양변을 같은 수 3으로 나누어도 등식은 성립한다. ➡ ㄹ

07 $x=\frac{3}{2}$을 $5(2x+a)=-4(x+1)+5$에 대입하면

$5\left(2\times\frac{3}{2}+a\right)=-4\left(\frac{3}{2}+1\right)+5$

$15+5a=-5$

$5a=-20$,　$a=-4$

08 ① $5x-1=9$에서　$5x=10$,　$x=2$

② $4+3x=x$에서　$2x=-4$,　$x=-2$

③ $9-2x=x+3$에서

$-3x=-6$,　$x=2$

④ $3(x-1)=2x$에서

$3x-3=2x$,　$x=3$

⑤ $2(5x-3)=8x-1$에서　$10x-6=8x-1$

$2x=5$,　$x=\frac{5}{2}$

따라서 해가 가장 큰 것은 ④이다.

09 $0.04x-0.12=0.06x-0.1$의 양변에 100을 곱하면

$4x-12=6x-10$

$-2x=2, \quad x=-1$

10 $\frac{x}{6}-\frac{1}{12}(3x-2)=\frac{1}{3}$의 양변에 12를 곱하면

$2x-(3x-2)=4$

$2x-3x+2=4$

$-x=2, \quad x=-2$

따라서 $a=-2$이므로

$\frac{1}{2}a+3=\frac{1}{2}\times(-2)+3=2$

11 연속하는 세 짝수를 $x-2$, x, $x+2$라고 하면

$(x-2)+x+(x+2)=72$

$3x=72, \quad x=24$

따라서 연속하는 세 짝수는 22, 24, 26이고 이 중 가장 작은 수는 22이다.

12 $4x-(x+a)=7x-9$에서

$4x-x-a=7x-9$

$-4x=-9+a, \quad x=\frac{9-a}{4}$

$\frac{9-a}{4}$가 자연수가 되려면 $9-a$가 4의 배수이어야 하므로 $\quad a=1, 5$

따라서 가장 큰 자연수 a의 값은 5이다.

13 $\frac{3x-5}{2}=\frac{x-2}{3}+\frac{1}{2}$의 양변에 6을 곱하면

$3(3x-5)=2(x-2)+3$

$9x-15=2x-4+3$

$7x=14, \quad x=2$

$0.1x=0.5(x+a)+0.7$의 양변에 10을 곱하면

$x=5(x+a)+7$

$x=2$를 위의 식에 대입하면

$2=5(2+a)+7$

$2=10+5a+7$

$-5a=15, \quad a=-3$

14 학생 수를 x라고 하면

$4x+3=5x-2$

$-x=-5, \quad x=5$

따라서 학생 수는 5이다.

대단원 마무리 평가 14~17쪽

01 ②	02 ④	03 ⑤	04 -7	05 ④
06 ③, ⑤		07 ㄱ, ㄹ	08 13	09 ③
10 -3	11 ①	12 ④	13 ④	14 ③
15 ④	16 ③, ⑤	17 ⑤	18 ④	19 ③
20 ①	21 (1) $x-1$ (2) $3x+1$			22 50
23 15	24 5000원			

01 $x\times(y+z)\times(-6)\times(y+z)=-6x(y+z)^2$

02 ① $a\times b\times c=abc$

② $a\div b\times c=a\times\frac{1}{b}\times c=\frac{ac}{b}$

③ $a\div b\div c=a\times\frac{1}{b}\times\frac{1}{c}=\frac{a}{bc}$

④ $a\times(b\div c)=a\times\frac{b}{c}=\frac{ab}{c}$

⑤ $a\div(b\times c)=a\times\frac{1}{bc}=\frac{a}{bc}$

따라서 $\frac{ab}{c}$와 같은 것은 ④이다.

03 ① 두 수 a, b의 평균 ➡ $\frac{a+b}{2}$

② 2개에 x원인 사탕 1개의 가격 ➡ $\frac{x}{2}$원

③ 현재 14살인 학생의 a년 후의 나이 ➡ $(14+a)$살

④ x원의 30 % ➡ $0.3x$원

따라서 옳은 것은 ⑤이다.

04 $a=-2$, $b=3$을 $5a+\frac{1}{9}b^3$에 대입하면

$5\times(-2)+\frac{1}{9}\times3^3=-10+3=-7$

05 $t=3$을 $30t-5t^2$에 대입하면

$30\times3-5\times3^2=90-45=45$

따라서 이 물체의 3초 후의 높이는 45 m이다.

06 ③ $2x+2$의 차수는 1이다.

⑤ $6x-4$에서 x의 계수는 6, 상수항은 -4이므로 그 합은 $6+(-4)=2$이다.

따라서 옳지 않은 것은 ③, ⑤이다.

07 ㄴ. $\frac{1}{x}-\frac{1}{3}$에서 x가 분모에 있으므로 일차식이 아니다.

ㄷ. $0\times x-5=-5$에서 상수항만 있으므로 일차식이 아니다.

ㅁ. $(x+3)-x=3$에서 상수항만 있으므로 일차식이 아니다.

ㅂ. $1-x(x-2)=-x^2+2x+1$에서 다항식의 차수가 2이므로 일차식이 아니다.

따라서 일차식인 것은 ㄱ, ㄹ이다.

08 $6\left(\frac{3}{2}x+\frac{2}{3}\right)=9x+4$

$(8x-12)\div\left(-\frac{4}{3}\right)=(8x-12)\times\left(-\frac{3}{4}\right)$
$=-6x+9$

따라서 두 식의 상수항은 각각 4, 9이므로 그 합은

$4+9=13$

09

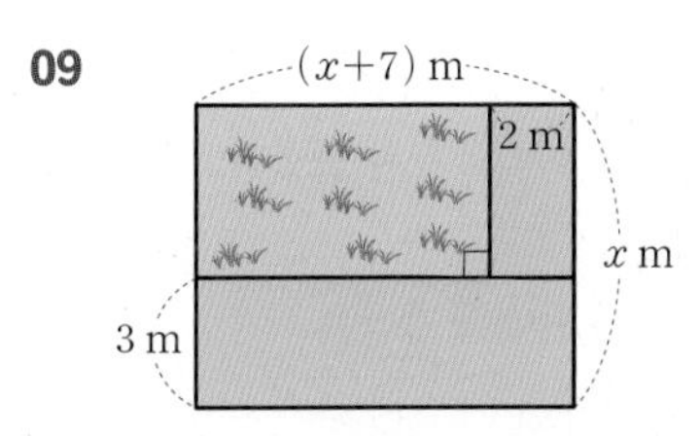

위의 그림과 같이 길을 두 개의 직사각형으로 나누어서 넓이를 구하면

(길의 넓이)$=3(x+7)+2(x-3)$
$=3x+21+2x-6$
$=5x+15\,(\text{m}^2)$

10 $\frac{1}{2}(2x-1)-\left\{\frac{5}{2}(4x-3)+1\right\}$

$=x-\frac{1}{2}-\left(10x-\frac{15}{2}+1\right)$

$=x-\frac{1}{2}-\left(10x-\frac{13}{2}\right)$

$=x-\frac{1}{2}-10x+\frac{13}{2}$

$=-9x+6$

따라서 $a=-9$, $b=6$이므로

$a+b=-9+6=-3$

11 어떤 다항식을 A라고 하면

$A+(3x+4)=-2x+5$
$A=-2x+5-(3x+4)$
$=-2x+5-3x-4$
$=-5x+1$

따라서 바르게 계산하면

$(-5x+1)-(3x+4)=-5x+1-3x-4$
$=-8x-3$

12 x의 계수가 -4, 상수항이 9인 일차식은 $-4x+9$이다.

$x=3$을 $-4x+9$에 대입하면

$a=-4\times3+9=-3$

$x=-2$를 $-4x+9$에 대입하면

$b=-4\times(-2)+9=17$

따라서 $a+b=-3+17=14$

13 ④ $x=-2$를 $4x+7=1$에 대입하면

$4\times(-2)+7\neq1$

따라서 $x=-2$는 방정식 $4x+7=1$의 해가 아니다.

14 $5x-ax-6=x-2b$에서

$(5-a)x-6=x-2b$

이 등식이 x에 대한 항등식이므로

$5-a=1$, $-6=-2b$

$a=4$, $b=3$

15 ① $2a=b$의 양변에 3을 더하면 $2a+3=b+3$

② $2a=b$의 양변에서 1을 빼면 $2a-1=b-1$

③ $2a=b$의 양변에 -2를 곱하면 $-4a=-2b$

④ $2a=b$의 양변을 4로 나누면 $\frac{a}{2}=\frac{b}{4}$

⑤ 양변에 -3을 곱하면 $-6a=-3b$

양변에 7을 더하면 $7-6a=7-3b$

따라서 옳지 않은 것은 ④이다.

16 ③ $4x=\underline{x}-6$ ➡ $4x-x=-6$

⑤ $\underline{6}-2x=9\underline{-3x}$ ➡ $-2x+3x=9-6$

따라서 옳지 않은 것은 ③, ⑤이다.

17 $-3(x-4)=15$에서 $-3x+12=15$

$-3x=3$, $x=-1$

$\frac{1}{5}x-\frac{3}{2}=\frac{2}{5}x+\frac{1}{2}$의 양변에 10을 곱하면

$2x-15=4x+5$

$-2x=20$, $x=-10$

따라서 $a=-1$, $b=-10$이므로

$ab=(-1)\times(-10)=10$

18 $0.5x+0.7=0.3x+1.1$의 양변에 10을 곱하면

$5x+7=3x+11$

$2x=4$, $x=2$

$x=4$를 $2(2x-3)=a+9$에 대입하면

$2(2\times4-3)=a+9$

$10=a+9$, $a=1$

19 가로의 길이를 x cm라고 하면 세로의 길이는 $(x-4)$ cm이므로

$2\{x+(x-4)\}=56$

$2(2x-4)=56,\quad 4x-8=56$

$4x=64,\quad x=16$

따라서 가로의 길이는 16 cm이다.

20 민성이네 집에서 학교까지의 거리를 x km라고 하면

$\frac{x}{3}-\frac{x}{12}=1$

$4x-x=12$

$3x=12,\quad x=4$

따라서 민성이네 집에서 학교까지의 거리는 4 km이다.

21 (1) 겹쳐지는 부분 1곳의 넓이는

$1\times1=1$

겹쳐지는 부분은 $(x-1)$곳이므로 겹쳐지는 부분의 넓이의 합은

$1\times(x-1)=x-1$ ◀ ㉮

(2) 정사각형 모양의 종이 x장의 넓이는

$4\times x=4x$ ◀ ㉯

따라서 색칠한 부분의 넓이는

$4x-(x-1)=4x-x+1$

$=3x+1$ ◀ ㉰

채점 기준	비율
㉮ 겹쳐지는 부분의 넓이를 문자를 사용한 식으로 나타내기	30 %
㉯ 정사각형 모양의 종이 x장의 넓이를 문자를 사용한 식으로 나타내기	30 %
㉰ 색칠한 부분의 넓이를 문자를 사용한 식으로 나타내기	40 %

22 n이 홀수일 때, $(-1)^n=-1$

n이 짝수일 때, $(-1)^n=1$ ◀ ㉮

$a=-1$을 $a+2a^2+3a^3+\cdots+100a^{100}$에 대입하면

$(-1)+2+(-3)+4+\cdots+(-99)+100$

$=\{(-1)+2\}+\{(-3)+4\}+\cdots+\{(-99)+100\}$

$=1\times50=50$ ◀ ㉯

채점 기준	비율
㉮ n이 홀수일 때와 짝수일 때, $(-1)^n$의 값 구하기	30 %
㉯ $a+2a^2+3a^3+\cdots+100a^{100}$의 값 구하기	70 %

23 $\frac{1}{4}(x+7a)-2x=\frac{21}{2}$의 양변에 4를 곱하면

$x+7a-8x=42$

$-7x=42-7a$

$x=a-6$ ◀ ㉮

이때 $a-6$이 음의 정수이려면 자연수 a는

1, 2, 3, 4, 5 ◀ ㉯

따라서 구하는 합은

$1+2+3+4+5=15$ ◀ ㉰

채점 기준	비율
㉮ 주어진 방정식의 해 구하기	40 %
㉯ 자연수 a의 값 구하기	30 %
㉰ 자연수 a의 값의 합 구하기	30 %

24 원가가 4000원인 상품에 이익을 x원 붙였다고 하면 정가는 $(4000+x)$원

정가에서 10 % 할인하여 판매한 가격은

$\left\{(4000+x)\times\frac{90}{100}\right\}$원 ◀ ㉮

30개를 판매하여 이익이 15000원 생겼으므로 1개를 판매할 때의 이익은

$15000\div30=500$(원)

(이익)=(판매 가격)−(원가)이므로

$500=(4000+x)\times\frac{90}{100}-4000$

$5000=36000+9x-40000$

$-9x=-9000$

$x=1000$ ◀ ㉯

따라서 이 상품의 정가는

$4000+1000=5000$(원) ◀ ㉰

채점 기준	비율
㉮ 이익을 x원 붙였다고 할 때, 정가에서 10 % 할인하여 판매한 가격을 x를 사용한 식으로 나타내기	30 %
㉯ x의 값 구하기	40 %
㉰ 상품의 정가 구하기	30 %

Ⅲ. 좌표평면과 그래프

1. 좌표평면과 그래프

중단원 마무리 평가 18~19쪽

01 $a=2$, $b=-5$ **02** ② **03** $A\left(-\frac{5}{2}\right)$, $B\left(\frac{4}{3}\right)$
04 풀이 참조 **05** ④ **06** ③ **07** ⑤
08 제4사분면 **09** ⑤ **10** ⑤ **11** 8
12 제2사분면 **13** 7

01 $3a=6$에서 $a=2$
$-5=b$에서 $b=-5$

02 ① 제4사분면
② 제2사분면
③ 제1사분면
④ 제3사분면
⑤ 어느 사분면에도 속하지 않는다.
따라서 제2사분면 위의 점인 것은 ②이다.

03 점 A의 좌표는 $-\frac{5}{2}$, 점 B의 좌표는 $\frac{4}{3}$이므로 각각 기호로 나타내면 $A\left(-\frac{5}{2}\right)$, $B\left(\frac{4}{3}\right)$이다.

04 네 점 $A(1, 4)$, $B(0, 2)$, $C(-3, -4)$, $D(2, -3)$을 좌표평면 위에 나타내면 다음 그림과 같다.

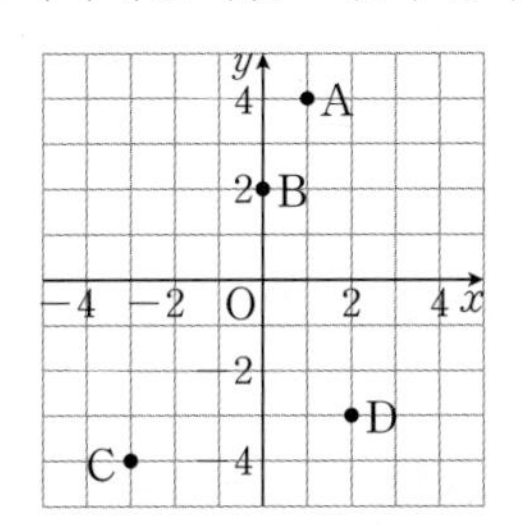

05 ④ $D\left(\frac{2}{3}\right)$

06 ③ $C(-4, 0)$

07 점 $A(a+1, b-4)$가 x축 위에 있으므로
$b-4=0$, $b=4$
점 $B(2a-1, b+3)$이 y축 위에 있으므로
$2a-1=0$, $a=\frac{1}{2}$
따라서 $ab=\frac{1}{2}\times 4=2$

08 점 $(ab, a-b)$가 제2사분면 위의 점이므로
$ab<0$, $a-b>0$
즉 $a>0$, $b<0$
따라서 점 (a, b)는 제4사분면 위의 점이다.

09 그릇의 폭이 넓을 때는 물의 높이가 느리게 증가하다가 폭이 좁아지면 물의 높이가 빠르게 증가한다.
따라서 물을 넣는 데 걸린 시간 x와 물의 높이 y 사이의 관계를 그래프로 나타낸 것은 ⑤이다.

10 ⑤ 처음 7분 동안 500 m를 갔고, 문구점에 들른 후 10분 동안 400 m를 갔으므로 처음 7분 동안 걸은 속력보다 문구점에 들른 후 10분 동안 걸은 속력이 더 느리다.

11 세 점 $A(-2, 3)$, $B(-2, -1)$, $C(2, 1)$을 꼭짓점으로 하는 삼각형 ABC를 좌표평면 위에 나타내면 다음 그림과 같다.

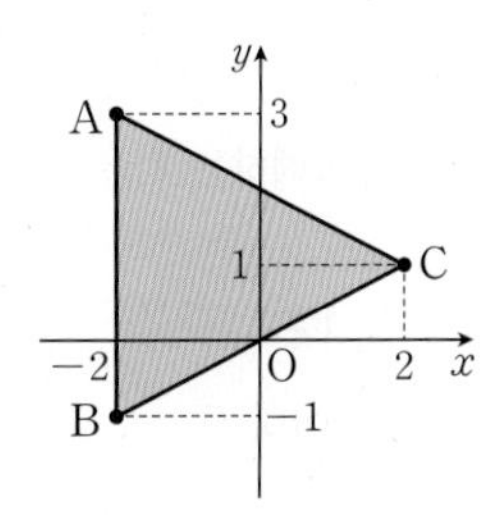

따라서 삼각형 ABC의 넓이는
$\frac{1}{2}\times 4\times 4=8$

12 점 $A(-3, -ab)$가 제3사분면 위의 점이므로
$-ab<0$
즉 $ab>0$
점 $B\left(a+b, -\frac{1}{3}\right)$이 제4사분면 위의 점이므로
$a+b>0$
이때 $a>0$, $b>0$이므로
$-a<0$, $b>0$
따라서 점 $P(-a, b)$는 제2사분면 위의 점이다.

13 태형이는 출발한 지 2시간 후에 지효를 따라잡으므로
$a=2$
태형이와 지효는 출발한 지 5시간 후에 동시에 할머니 댁에 도착하므로
$b=5$
따라서 $a+b=2+5=7$

2. 정비례와 반비례

중단원 마무리 평가 20~21쪽

01 ③	**02** ㄴ, ㄷ	**03** ③	**04** 4	**05** ①
06 ④	**07** ①	**08** $y=\frac{1200}{x}$		**09** ③
10 ③	**11** ②	**12** $-\frac{9}{5}$	**13** ④	**14** 15

01 y가 x에 정비례할 때, x와 y 사이의 관계식은
$y=ax\ (a\neq0)$ 꼴이다.
따라서 y가 x에 정비례하는 것은 ③이다.

02 y가 x에 반비례할 때, x와 y 사이의 관계식은
$y=\frac{a}{x}(a\neq0)$ 꼴이다.
ㄷ. $xy=-1$에서 $y=-\frac{1}{x}$ ➡ 반비례 관계
ㄹ. $\frac{y}{x}=-6$에서 $y=-6x$ ➡ 정비례 관계
따라서 y가 x에 반비례하는 것은 ㄴ, ㄷ이다.

03 정비례 관계 $y=\frac{4}{3}x$의 그래프는 원점과 점 $(3, 4)$를 지나는 직선이므로 ③이다.

04 $y=\frac{8}{x}$에 $x=2$, $y=a$를 대입하면
$a=\frac{8}{2}=4$

05 y가 x에 정비례하므로 $y=ax\,(a\neq0)$라고 하자.
$x=-3$일 때, $y=12$이므로
$12=-3a, \quad a=-4$
따라서 $y=-4x$이므로 $x=7$일 때,
$y=-4\times7=-28$

06 ① y는 x에 정비례한다.
② $\frac{y}{x}$의 값은 $-\frac{1}{3}$로 일정하다.
③ x의 값이 3일 때, y의 값은 -1이다.
⑤ 그래프는 제2사분면과 제4사분면을 지난다.
따라서 옳은 것은 ④이다.

07 양초에 불을 붙인 지 x분 후 줄어든 양초의 길이는 $0.5x$ cm이므로 x와 y 사이의 관계식은
$y=0.5x$

08 우유 1200 mL를 학생 x명에게 똑같이 나누어 줄 때, 한 명이 받게 되는 우유의 양이 $\frac{1200}{x}$ mL이므로 x와 y 사이의 관계식은
$y=\frac{1200}{x}$

09 $y=\frac{a}{x}$에 $x=-8$, $y=4$를 대입하면
$4=\frac{a}{-8}, \quad a=-32$
$y=-\frac{32}{x}$에 $x=2$, $y=b$를 대입하면
$b=-\frac{32}{2}=-16$
따라서
$a-b=-32-(-16)=-32+16=-16$

10 직선 l은 원점을 지나므로 $y=ax\,(a\neq0)$라고 할 수 있다.
직선 l은 오른쪽 위로 향하는 직선이므로 $\quad a>0$
또 정비례 관계 $y=x$의 그래프보다 x축에 가까우므로
$a<1$
따라서 $0<a<1$이므로 그래프가 직선 l이 될 수 있는 것은 ③이다.

11 그래프가 한 쌍의 매끄러운 곡선이므로 x와 y 사이의 관계식을 $y=\frac{a}{x}(a\neq0)$라고 하자.
그래프가 점 $(4, -5)$를 지나므로
$y=\frac{a}{x}$에 $x=4$, $y=-5$를 대입하면
$-5=\frac{a}{4}, \quad a=-20$
따라서 구하는 관계식은 $\quad y=-\frac{20}{x}$

12 y가 x에 정비례하므로 x와 y 사이의 관계식을
$y=ax\,(a\neq0)$라고 하자.
$y=ax$에 $x=24$, $y=4$를 대입하면
$4=24a, \quad a=\frac{1}{6}$
$y=\frac{1}{6}x$에 $x=-1$, $y=A$를 대입하면
$A=\frac{1}{6}\times(-1)=-\frac{1}{6}$
$y=\frac{1}{6}x$에 $x=B$, $y=2$를 대입하면
$2=\frac{1}{6}B, \quad B=12$

$y=\frac{1}{6}x$에 $x=\frac{6}{5}$, $y=C$를 대입하면

$$C=\frac{1}{6}\times\frac{6}{5}=\frac{1}{5}$$

따라서

$$AB+C=-\frac{1}{6}\times12+\frac{1}{5}=-2+\frac{1}{5}=-\frac{9}{5}$$

13 $(\text{시간})=\frac{(\text{거리})}{(\text{속력})}$이므로 $\quad y=\frac{12}{x}$

$y=\frac{12}{x}$에 $x=60$을 대입하면

$$y=\frac{12}{60}=\frac{1}{5}$$

따라서 공원에 도착하는 데 걸리는 시간은 $\frac{1}{5}$시간, 즉 12분이다.

14 $y=2x$에 $x=b$, $y=-6$을 대입하면

$$-6=2b, \quad b=-3$$

$y=\frac{a}{x}$에 $x=-3$, $y=-6$을 대입하면

$$-6=\frac{a}{-3}, \quad a=18$$

따라서 $\quad a+b=18+(-3)=15$

대단원 마무리 평가 22~25쪽

01 ②, ③	**02** ⑤	**03** ③	**04** ③	**05** ⑤
06 ⑤	**07** 10초	**08** ④, ⑤	**09** ④	**10** ③
11 ⑤	**12** ⑤	**13** ①	**14** ③, ④	**15** ①
16 ⑤	**17** ②	**18** ③	**19** ③	**20** $\frac{17}{2}$
21 (1) 60 m (2) 6번		**22** $y=-\frac{2}{x}$		**23** $\frac{9}{2}$

01 ① A(1, 2)

④ D(1, −3)

⑤ E(3, 0)

따라서 옳은 것은 ②, ③이다.

02 x축 위에 있고 x좌표가 3인 점의 좌표는 $(3, 0)$이므로

$$a=3, b=0$$

y축 위에 있고 y좌표가 -5인 점의 좌표는 $(0, -5)$이므로 $\quad c=0, d=-5$

따라서 $\quad a-b+c-d=3-0+0-(-5)=8$

03 ① $(2, -1)$ ➡ 제4사분면

② $(5, 0)$ ➡ x축 위의 점

④ $(0, -4)$ ➡ y축 위의 점

⑤ $\left(\frac{1}{2}, \frac{1}{5}\right)$ ➡ 제1사분면

따라서 점의 좌표와 그 점이 속하는 사분면을 바르게 짝지은 것은 ③이다.

04 $a<0$, $b>0$이고 $|a|>|b|$이므로

$$a-b<0, a+b<0$$

따라서 점 $(a-b, a+b)$는 제3사분면 위의 점이다.

05 점 $(a, -b)$가 제1사분면 위의 점이므로

$$a>0, -b>0, \text{즉 } a>0, b<0$$

① (a, b) ➡ 제4사분면

② (b, a) ➡ 제2사분면

③ $(-a, -b)$ ➡ 제2사분면

④ $(a, a-b)$ ➡ 제1사분면

⑤ (b, ab) ➡ 제3사분면

따라서 제3사분면 위의 점인 것은 ⑤이다.

06 그릇의 폭이 점점 좁아질 때는 물의 높이가 점점 빠르게 증가하다가 폭이 점점 넓어지면 물의 높이가 점점 느리게 증가한다.

따라서 그래프로 나타낸 것은 ⑤이다.

07 $y=40$일 때, $\quad x=10$

$y=60$일 때, $\quad x=20$

따라서 물의 온도가 40 ℃에서 60 ℃가 될 때까지 걸린 시간은

$$20-10=10(\text{초})$$

08 ④ 처음 20분 동안 소모된 열량은 300 kcal이다.

⑤ 처음 20분 동안 소모된 열량은 마지막 20분 동안 소모된 열량의 3배이다.

따라서 옳지 않은 것은 ④, ⑤이다.

09 ① $y=2x$ ② $y=500x$ ③ $y=3x$

④ $(\text{시간})=\frac{(\text{거리})}{(\text{속력})}$이므로 $\quad y=\frac{50}{x}$

⑤ $y=10x$

따라서 y가 x에 정비례하지 않는 것은 ④이다.

10 $y=6x$에 $x=a$, $y=-\frac{1}{2}$을 대입하면

$$-\frac{1}{2}=6a, \quad a=-\frac{1}{12}$$

$y=6x$에 $x=\frac{4}{3}$, $y=b$를 대입하면

$b=6\times\frac{4}{3}=8$

따라서 $ab=-\frac{1}{12}\times8=-\frac{2}{3}$

11 ① $y=-\frac{x}{2}$에 $x=-10$, $y=-5$를 대입하면

$-5\neq-\frac{-10}{2}$

② $y=-\frac{x}{2}$에 $x=-4$, $y=\frac{1}{2}$을 대입하면

$\frac{1}{2}\neq-\frac{-4}{2}$

③ $y=-\frac{x}{2}$에 $x=-1$, $y=-1$을 대입하면

$-1\neq-\frac{-1}{2}$

④ $y=-\frac{x}{2}$에 $x=2$, $y=1$을 대입하면

$1\neq-\frac{2}{2}$

⑤ $y=-\frac{x}{2}$에 $x=8$, $y=-4$를 대입하면

$-4=-\frac{8}{2}$

따라서 $y=-\frac{x}{2}$의 그래프 위의 점인 것은 ⑤이다.

12 ㄱ. 원점을 지나는 직선이다.

ㄴ. $y=\frac{3}{8}x$에 $x=-8$, $y=3$을 대입하면

$3\neq\frac{3}{8}\times(-8)$

즉 점 $(-8, 3)$을 지나지 않는다.

따라서 옳은 것은 ㄷ, ㄹ이다.

13 그래프가 원점을 지나는 직선이므로 $y=ax\,(a\neq0)$라 고 하자.

$y=ax$에 $x=3$, $y=5$를 대입하면

$5=3a$, $a=\frac{5}{3}$

따라서 $y=\frac{5}{3}x$에 $x=-6$, $y=a$를 대입하면

$a=\frac{5}{3}\times(-6)=-10$

14 y가 x에 반비례할 때, x와 y 사이의 관계식은

$y=\frac{a}{x}\,(a\neq0)$의 꼴이다.

④ $xy=10$에서 $y=\frac{10}{x}$ ➡ 반비례 관계

⑤ $\frac{y}{x}=-18$에서 $y=-18x$ ➡ 정비례 관계

따라서 y가 x에 반비례하는 것은 ③, ④이다.

15 y가 x에 반비례하므로 $y=\frac{k}{x}\,(k\neq0)$라고 하자.

$y=\frac{k}{x}$에 $x=-\frac{1}{3}$, $y=12$를 대입하면

$12=k\div\left(-\frac{1}{3}\right)$, $12=k\times(-3)$

$k=-4$

따라서 $y=-\frac{4}{x}$에 $x=\frac{1}{4}$, $y=a$를 대입하면

$a=-4\div\frac{1}{4}=-4\times4=-16$

$y=-\frac{4}{x}$에 $x=b$, $y=-\frac{8}{5}$을 대입하면

$-\frac{8}{5}=-\frac{4}{b}$, $b=\frac{5}{2}$

따라서 $ab=-16\times\frac{5}{2}=-40$

16 $y=\frac{a}{x}$에 $x=2$, $y=6$을 대입하면

$6=\frac{a}{2}$, $a=12$

① $y=\frac{12}{x}$에 $x=-6$, $y=-2$를 대입하면

$-2=\frac{12}{-6}$

② $y=\frac{12}{x}$에 $x=-3$, $y=-4$를 대입하면

$-4=\frac{12}{-3}$

③ $y=\frac{12}{x}$에 $x=-\frac{1}{2}$, $y=-24$를 대입하면

$-24=12\div\left(-\frac{1}{2}\right)$

④ $y=\frac{12}{x}$에 $x=4$, $y=3$을 대입하면

$3=\frac{12}{4}$

⑤ $y=\frac{12}{x}$에 $x=36$, $y=3$을 대입하면

$3\neq\frac{12}{36}$

따라서 $y=\frac{12}{x}$의 그래프 위의 점이 아닌 것은 ⑤이다.

17 $y=\frac{a}{x}$에 $x=-2$, $y=5$를 대입하면

$5=\frac{a}{-2}$, $a=-10$

$y=-\frac{10}{x}$에 $x=10$, $y=b$를 대입하면

$b=-\frac{10}{10}=-1$

따라서 $a+b=-10+(-1)=-11$

18 ③ 그래프가 원점을 지나는 직선이고 점 $(2, -1)$을 지나므로

$y=ax$에 $x=2$, $y=-1$을 대입하면

$-1=2a$, $a=-\frac{1}{2}$

따라서 직선 ③을 나타내는 관계식은 $y=-\frac{x}{2}$이다.

19 $y=\frac{a}{x}$에 $x=6$, $y=3$을 대입하면

$3=\frac{a}{6}$, $a=18$

따라서 $y=\frac{18}{x}$에서 x좌표와 y좌표가 모두 정수가 되려면 x좌표가

$-18, -9, -6, -3, -2, -1, 1, 2, 3, 6, 9, 18$

이어야 하므로 그 점을 순서쌍 (x, y)로 나타내면 다음과 같다.

$(-18, -1)$, $(-9, -2)$, $(-6, -3)$,
$(-3, -6)$, $(-2, -9)$, $(-1, -18)$, $(1, 18)$,
$(2, 9)$, $(3, 6)$, $(6, 3)$, $(9, 2)$, $(1, 18)$

의 12개이다.

20 세 점 A$(1, 3)$, B$(-2, -1)$, C$(3, 0)$을 꼭짓점으로 하는 삼각형 ABC를 좌표평면 위에 나타내면 오른쪽 그림과 같다. ◀ ㉮

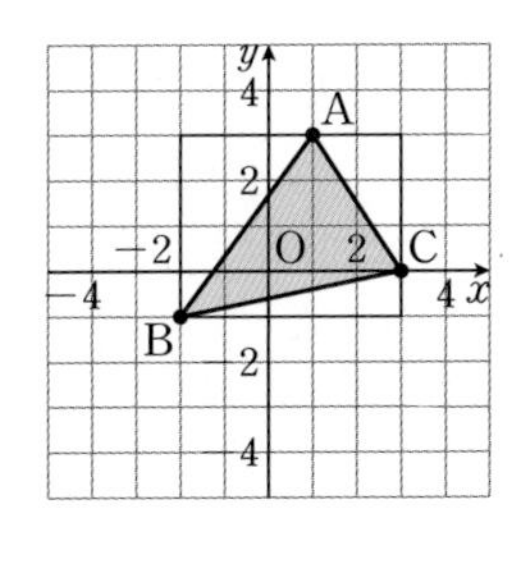

따라서 삼각형 ABC의 넓이는

$5\times4-\frac{1}{2}\times2\times3-\frac{1}{2}\times3\times4-\frac{1}{2}\times5\times1$

$=20-3-6-\frac{5}{2}=\frac{17}{2}$ ◀ ㉯

채점 기준	비율
㉮ 삼각형 ABC를 좌표평면 위에 나타내기	30 %
㉯ 삼각형 ABC의 넓이 구하기	70 %

21 (1) 그래프가 가장 높이 그려진 곳은 $y=60$일 때이므로 탑승한 관람차가 가장 높은 곳에 있을 때의 높이는 60 m이다. ◀ ㉮

(2) 그래프에서 $y=45$인 x의 값을 모두 구하면

$x=4, 8, 16, 20, 28, 32$

따라서 탑승한 관람차의 지면으로부터의 높이가 45 m가 되는 것은 모두 6번이다. ◀ ㉯

채점 기준	비율
㉮ 탑승한 관람차가 가장 높은 곳에 있을 때의 높이 구하기	40 %
㉯ 탑승한 관람차의 지면으로부터의 높이가 45 m가 되는 횟수 구하기	60 %

22 그래프가 한 쌍의 매끄러운 곡선이므로 y는 x에 반비례한다. 따라서 x와 y 사이의 관계식을 $y=\frac{a}{x}$ $(a\neq0)$라고 할 수 있다. ◀ ㉮

이때 xy의 절댓값이 2이므로 $|a|=2$

또 그래프가 제2사분면과 제4사분면을 지나므로

$a<0$

즉 $a=-2$ ◀ ㉯

따라서 구하는 관계식은 $y=-\frac{2}{x}$ ◀ ㉰

채점 기준	비율
㉮ 구하는 관계식을 $y=\frac{a}{x}$로 놓기	30 %
㉯ a의 값 구하기	40 %
㉰ 관계식 구하기	30 %

23 $y=\frac{4}{3}x$에 $y=2$를 대입하면

$2=\frac{4}{3}x$, $x=\frac{3}{2}$

$y=\frac{a}{x}$에 $x=\frac{3}{2}$, $y=2$를 대입하면

$2=a\div\frac{3}{2}$, $a=3$ ◀ ㉮

따라서 $y=\frac{3}{x}$에 $x=2$, $y=b$를 대입하면

$b=\frac{3}{2}$ ◀ ㉯

따라서 $a+b=3+\frac{3}{2}=\frac{9}{2}$ ◀ ㉰

채점 기준	비율
㉮ a의 값 구하기	40 %
㉯ b의 값 구하기	40 %
㉰ $a+b$의 값 구하기	20 %

Ⅳ. 도형의 기초

1. 기본 도형

중단원 마무리 평가 26~27쪽

01 ㄴ, ㄷ	**02** $\angle x=50°$, $\angle y=130°$		**03** ⑤	
04 ④	**05** ③	**06** ③	**07** ②, ④	**08** ⑤
09 11	**10** ③	**11** 78°	**12** 15 cm	**13** ③
14 68°				

01 ㄱ. 교점은 선과 선 또는 선과 면이 만나서 생기는 점이다.
ㄹ. 평면에서 두 직선이 평행하지 않으면 한 점에서 만나거나 일치한다.
따라서 옳은 것은 ㄴ, ㄷ이다.

02 $\angle x=50°$ (맞꼭지각)
$\angle y=180°-50°=130°$

03 ①, ②, ③, ④ 한 점에서 만난다.
⑤ 꼬인 위치에 있다.

04 $\angle x=45°$ (동위각)
$\angle y=180°-45°=135°$
따라서 $\angle y-\angle x=135°-45°=90°$

05 $\overline{AM}=\overline{MB}=\frac{1}{2}\overline{AB}=\frac{1}{2}\times20=10\,(\text{cm})$이므로
$\overline{NM}=\frac{1}{2}\overline{AM}=\frac{1}{2}\times10=5\,(\text{cm})$
따라서 $\overline{NB}=\overline{NM}+\overline{MB}=5+10=15\,(\text{cm})$

06 $\angle x:\angle y:\angle z=3:4:5$이므로
$\angle y=180°\times\frac{4}{3+4+5}$
$=180°\times\frac{1}{3}=60°$

07 ① $\overline{AC}$와 $\overline{BD}$가 직교하는지는 알 수 없다.
③ $\overline{CD}$의 수선은 $\overline{AD}$, $\overline{BC}$의 2개이다.
④ 점 B와 $\overline{CD}$ 사이의 거리는 $\overline{BC}$의 길이와 같으므로 12 cm이다.
⑤ 점 D와 $\overline{AB}$ 사이의 거리는 $\overline{AD}$의 길이와 같으므로 12 cm이다.
따라서 옳은 것은 ②, ④이다.

08 ①, ②, ③, ④ 꼬인 위치에 있다.
⑤ 평행하다.

09 모서리 AB와 평행한 모서리는 $\overline{DE}$, $\overline{GH}$, $\overline{JK}$의 3개이므로 $a=3$
모서리 AB와 꼬인 위치에 있는 모서리는 $\overline{CI}$, $\overline{DJ}$, $\overline{EK}$, $\overline{FL}$, $\overline{HI}$, $\overline{IJ}$, $\overline{KL}$, $\overline{GL}$의 8개이므로 $b=8$
따라서 $a+b=3+8=11$

10 오른쪽 그림과 같이 두 직선 l, m에 평행한 직선 n을 그으면
$\angle x=25°+60°=85°$

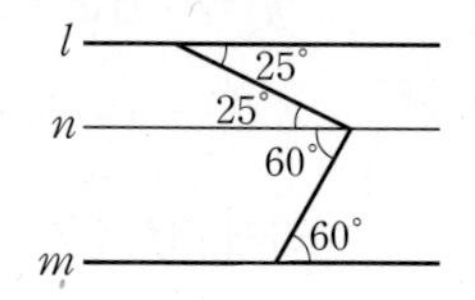

11 오른쪽 그림과 같이 두 직선 l, m에 평행한 두 직선 p, q를 그으면
$\angle x+17°=95°$
$\angle x=78°$

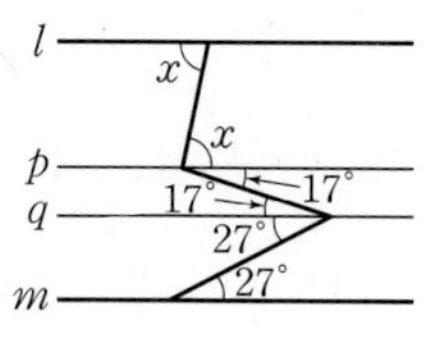

12 점 M이 $\overline{AB}$의 중점이므로
$\overline{AB}=2\overline{AM}=2\times9=18\,(\text{cm})$
이때 $\overline{AB}:\overline{BC}=3:2$이므로
$18:\overline{BC}=3:2$, $\overline{BC}=12\,(\text{cm})$
점 N이 $\overline{BC}$의 중점이므로
$\overline{BN}=\frac{1}{2}\overline{BC}=\frac{1}{2}\times12=6\,(\text{cm})$
따라서 $\overline{MN}=\overline{MB}+\overline{BN}=9+6=15\,(\text{cm})$

13 $5\angle x-20°=90°+35°$이므로
$5\angle x=145°$, $\angle x=29°$
$(\angle y+10°)+90°+35°=180°$이므로
$\angle y+135°=180°$, $\angle y=45°$
따라서 $\angle x+\angle y=29°+45°=74°$

14

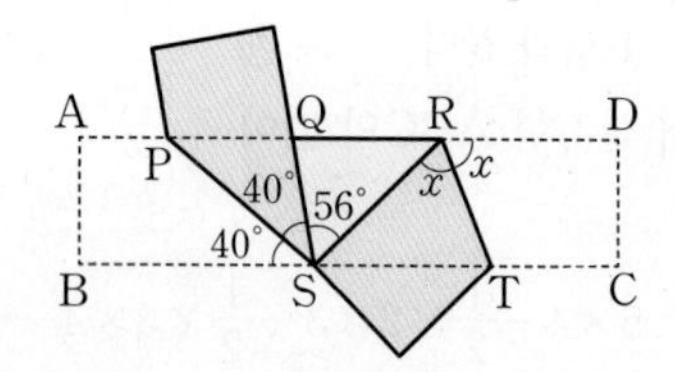

위의 그림에서
$\angle TRD=\angle SRT=\angle x$ (접은 각),
$\angle PSQ=\angle BSP=40°$ (접은 각)이므로
$\angle x+\angle x=40°+40°+56°$ (엇각)
$2\angle x=136°$, $\angle x=68°$

2. 작도와 합동

중단원 마무리 평가 28~29쪽

01 컴퍼스, 눈금 없는 자, 눈금 없는 자
02 ㉡ → ㉠ → ㉢ **03** 88 **04** ㄱ **05** ①, ④
06 ④ **07** (개): $\overline{CD}$, (내): $\overline{AD}$, (대): SSS
08 ①, ③ **09** 4 cm **10** ②, ⑤ **11** 5개 **12** 35°

01 • 작도는 눈금 없는 자와 [컴퍼스]만을 사용하여 도형을 그리는 것이다.
• 선분을 연장할 때는 [눈금 없는 자]를 사용한다.
• 두 점을 연결하는 선분을 그릴 때는 [눈금 없는 자]를 사용한다.

02 ㉡ 점 B의 방향으로 $\overline{AB}$의 연장선을 그린다.
㉠ $\overline{AB}$의 길이를 잰다.
㉢ 점 B를 중심으로 하고 반지름의 길이가 $\overline{AB}$인 원을 그려 직선과의 교점을 C라고 한다.
따라서 작도 순서는 ㉡ → ㉠ → ㉢이다.

03 △ABC에서 $\angle A=180^\circ-(43^\circ+57^\circ)=80^\circ$
$\angle D=\angle A=80^\circ$이므로 $x=80$
$\overline{FE}=\overline{BC}=8$ cm이므로 $y=8$
따라서 $x+y=80+8=88$

04 ㄴ. 두 선분의 길이를 비교할 때는 컴퍼스를 사용한다.
ㄷ. 눈금 없는 자와 컴퍼스만을 사용하여 도형을 그리는 것을 작도라고 한다.
따라서 옳은 것은 ㄱ이다.

05 ① $\overline{OA}=\overline{PC}$이지만 $\overline{OX}=\overline{PC}$인지는 알 수 없다.
④ 크기가 같은 각을 작도한 것이다.
따라서 옳지 않은 것은 ①, ④이다.

06 ① $4+5=9$이므로 삼각형이 만들어지지 않는다.
② 두 변의 길이와 그 끼인각이 아닌 각의 크기가 주어졌으므로 삼각형이 하나로 정해지지 않는다.
③ $80^\circ+100^\circ=180^\circ$이므로 삼각형이 만들어지지 않는다.
④ $\angle B=180^\circ-(60^\circ+70^\circ)=50^\circ$에서 한 변의 길이와 그 양 끝 각의 크기가 주어진 경우와 같으므로 삼각형이 하나로 정해진다.
⑤ 세 각의 크기가 주어졌으므로 삼각형이 하나로 정해지지 않는다.
따라서 △ABC가 하나로 정해지는 것은 ④이다.

07 △ABD와 △ACD에서
$\overline{AB}=\overline{AC}$, $\overline{BD}=$[$\overline{CD}$], [$\overline{AD}$]는 공통
이므로 △ABD≡△ACD ([SSS] 합동)
따라서 (개): $\overline{CD}$, (내): $\overline{AD}$, (대): SSS

08 ② SAS 합동
④ $\angle A=\angle D$, $\angle C=\angle F$이면 $\angle B=\angle E$이므로 ASA 합동
⑤ ASA 합동

09 △CDE와 △FAE에서
$\overline{DE}=\overline{AE}$,
$\angle DEC=\angle AEF$ (맞꼭지각),
$\overline{FB}\,/\!/\,\overline{DC}$이므로 $\angle CDE=\angle FAE$ (엇각)
따라서 △CDE≡△FAE (ASA 합동)이므로
$\overline{EF}=\overline{EC}=4$ cm

10 ① $\overline{AB}=\overline{BC}$인지는 알 수 없다.
③ $\angle ABC=\angle QPR$인지는 알 수 없다.
④ '엇각의 크기가 같으면 두 직선은 서로 평행하다.'는 성질을 이용하였다.
따라서 옳은 것은 ②, ⑤이다.

11 (i) 가장 긴 변의 길이가 x cm일 때
$x<3+7$, $x<10$
(ii) 가장 긴 변의 길이가 7 cm일 때
$7<x+3$, $x>4$
(i), (ii)에서 $4<x<10$
따라서 x의 값이 될 수 있는 자연수는 5, 6, 7, 8, 9의 5개이다.

12 △BCG와 △DCE에서
$\overline{BC}=\overline{DC}$,
$\angle BCG=\angle DCE=90^\circ$,
$\overline{CG}=\overline{CE}$
따라서 △BCG≡△DCE (SAS 합동)이므로
$\angle EDC=\angle GBC=35^\circ$

대단원 마무리 평가 30~33쪽

01 ⑤ 02 6 cm 03 ⑤ 04 ① 05 ③
06 ④ 07 ②, ③ 08 ④ 09 ⑤ 10 ①, ④
11 ② 12 ③ 13 54° 14 ① 15 ③
16 ④ 17 ②, ④ 18 ④, ⑤ 19 ① 20 60°
21 70° 22 61°
23 (1) $\triangle ABD \equiv \triangle BCE$ (SAS 합동) (2) 120°
24 18 cm²

01 ⑤ $\overline{NB}=\frac{1}{2}\overline{AN}$

02 $\overline{AM}=\frac{1}{2}\overline{AB}=\frac{1}{2}\times 16=8\,(\text{cm})$

$\overline{AC}=\overline{AB}+\overline{BC}=16+12=28\,(\text{cm})$이므로

$\overline{AN}=\frac{1}{2}\overline{AC}=\frac{1}{2}\times 28=14\,(\text{cm})$

따라서 $\overline{MN}=\overline{AN}-\overline{AM}=14-8=6\,(\text{cm})$

03 $\angle AOB=90°-\angle BOC=\angle COD$이고

$\angle AOB+\angle COD=68°$이므로

$\angle AOB=\angle COD=\frac{1}{2}\times 68°=34°$

따라서 $\angle BOC=90°-34°=56°$

04

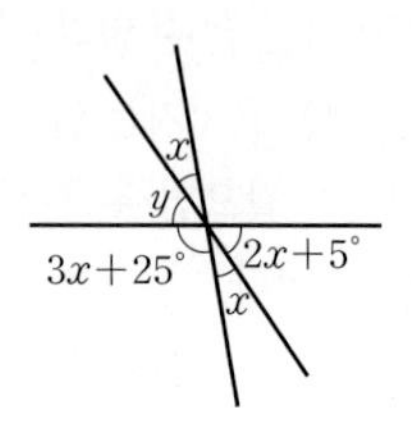

위의 그림에서

$(3\angle x+25°)+\angle x+(2\angle x+5°)=180°$

$6\angle x+30°=180°$

$6\angle x=150°, \quad \angle x=25°$

$\angle y=2\angle x+5°$이므로

$\angle y=2\times 25°+5°=55°$

따라서 $\angle y-\angle x=55°-25°=30°$

05 점 B와 $\overline{CD}$ 사이의 거리는 $\overline{BC}$의 길이와 같으므로

8 cm, 즉 $x=8$

점 D와 $\overline{BC}$ 사이의 거리는 $\overline{CD}$의 길이와 같으므로

6 cm, 즉 $y=6$

따라서 $x+y=8+6=14$

06 직선 BC와 한 점에서 만나는 직선은 $\overleftrightarrow{AB}$, $\overleftrightarrow{AF}$, $\overleftrightarrow{CD}$, $\overleftrightarrow{DE}$의 4개이다.

07 서로 만나지도 않고 평행하지도 않은 모서리는 꼬인 위치에 있는 모서리이다.

①, ④, ⑤ 한 점에서 만난다.

②, ③ 꼬인 위치에 있다.

따라서 서로 만나지도 않고 평행하지도 않은 모서리끼리 짝 지은 것은 ②, ③이다.

08 주어진 전개도로 만들 수 있는 입체도형은 오른쪽 그림과 같다.

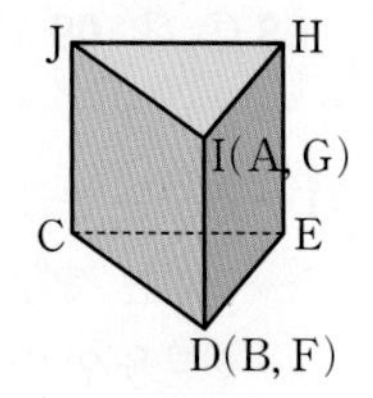

모서리 AJ와 한 점에서 만나는 모서리는 $\overline{AB}$, $\overline{IH}$, $\overline{JC}$, $\overline{JH}$의 4개이므로 $a=4$

면 CDE와 평행한 모서리는 $\overline{AJ}$, $\overline{JH}$, $\overline{HG}$의 3개이므로

$b=3$

따라서 $a+b=4+3=7$

09 ① $\angle a$의 동위각은 $\angle e$, $\angle g$이다.

② $\angle b$의 엇각은 $\angle d$, $\angle i$이다.

③ $\angle c$의 엇각은 $\angle g$이다.

④ $\angle f$의 두 동위각은 $\angle c$, $\angle i$이므로 그 크기는 각각 $180°-50°=130°$, $180°-65°=115°$이다.

⑤ $\angle i$의 엇각은 $\angle b$이므로 그 크기는 50°이다.

따라서 옳은 것은 ⑤이다.

10 오른쪽 그림에서 두 직선 l, m이 직선 q와 만날 때, 동위각의 크기가 같으므로

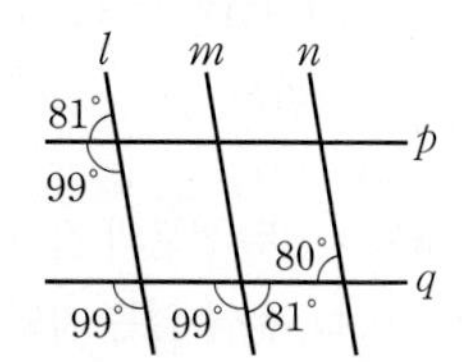

$l /\!/ m$

두 직선 p, q가 직선 l과 만날 때, 동위각의 크기가 같으므로

$p /\!/ q$

11 오른쪽 그림에서 삼각형의 세 각의 크기의 합은 180°이므로

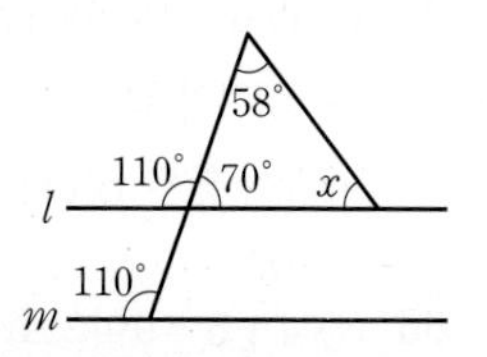

$58°+70°+\angle x=180°$

$\angle x=52°$

12 다음 그림과 같이 두 직선 l, m에 평행한 두 직선 p, q를 그으면

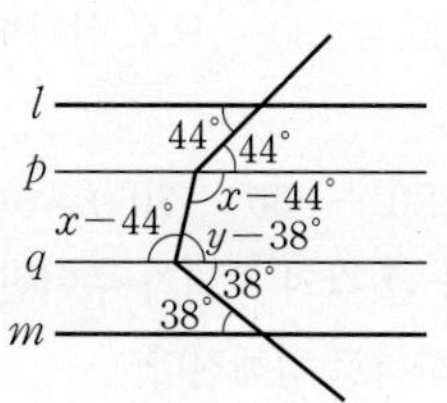

$(\angle x-44^\circ)+(\angle y-38^\circ)=180^\circ$

$\angle x+\angle y=262^\circ$

13 $\angle DAB=\angle ABC=27^\circ$ (엇각),

$\angle CAB=\angle DAB=27^\circ$ (접은 각)이므로

$\angle x=\angle DAC$ (엇각)

$=\angle DAB+\angle CAB$

$=27^\circ+27^\circ=54^\circ$

14 다음 그림과 같이 두 직선 l, m에 평행한 두 직선 p, q를 그으면

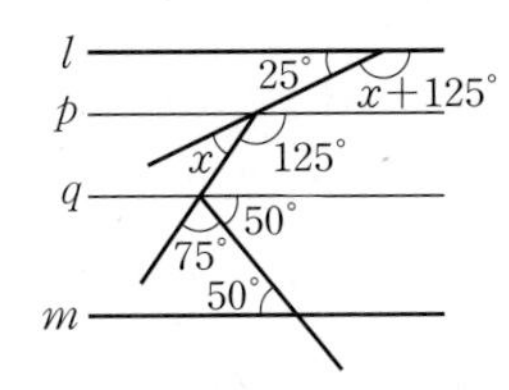

$25^\circ+(\angle x+125^\circ)=180^\circ$

$\angle x=30^\circ$

15 삼각형의 세 변의 길이가 될 수 있는 것은

(4 cm, 5 cm, 7 cm), (4 cm, 7 cm, 10 cm),

(5 cm, 7 cm, 10 cm)이다.

따라서 만들 수 있는 삼각형은 3개이다.

16 한 변의 길이와 그 양 끝 각의 크기가 주어진 경우 삼각형의 작도는 다음과 같은 순서로 한다.

(i) 한 변의 길이 → 한 각의 크기 → 다른 한 각의 크기 (①, ②)

(ii) 한 각의 크기 → 한 변의 길이 → 다른 한 각의 크기 (③, ⑤)

따라서 △ABC를 작도하는 순서로 옳지 않은 것은 ④이다.

17 ② SAS 합동

④ SSS 합동

18 ④ 엇각

⑤ ASA

19 △ADC와 △ABE에서

$\overline{AD}=\overline{AB}$, $\overline{AC}=\overline{AE}$,

$\angle DAC=60^\circ+\angle BAC=\angle BAE$

따라서 △ADC≡△ABE (SAS 합동)이므로

$\overline{DC}=\overline{BE}$, $\angle ADC=\angle ABE$

따라서 옳지 않은 것은 ①이다.

20 △ACE와 △DCB에서

$\overline{AC}=\overline{DC}$, $\overline{CE}=\overline{CB}$,

$\angle ACE=\angle DCE+60^\circ=\angle DCB$

따라서 △ACE≡△DCB (SAS 합동)이므로

$\angle AEC=\angle DBC$

$\angle ACE=180^\circ-\angle ECB=180^\circ-60^\circ=120^\circ$

이므로 △ACE에서

$\angle EAC+\angle AEC=180^\circ-120^\circ=60^\circ$

△PAB에서

$\angle APD=\angle PAB+\angle PBA$

$=\angle EAC+\angle AEC=60^\circ$

21 △ABC가 정삼각형이므로

$\angle BCA=60^\circ$

$l /\!/ m$이므로

$\angle x=35^\circ+60^\circ=95^\circ$ (엇각) ◀ ㉮

$\angle BAC=60^\circ$이고

$\angle y+60^\circ+95^\circ=180^\circ$이므로

$\angle y=25^\circ$ ◀ ㉯

따라서 $\angle x-\angle y=95^\circ-25^\circ=70^\circ$ ◀ ㉰

채점 기준	비율
㉮ $\angle x$의 크기 구하기	40 %
㉯ $\angle y$의 크기 구하기	40 %
㉰ $\angle x-\angle y$의 크기 구하기	20 %

22

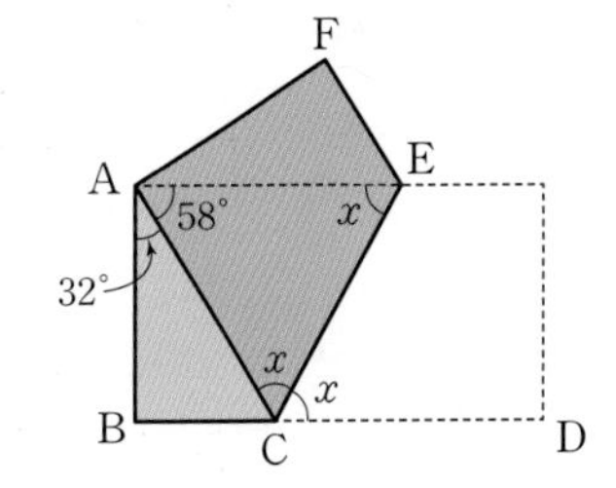

위의 그림에서 $\angle CAB=32^\circ$이므로

$\angle EAC=90^\circ-32^\circ=58^\circ$ ◀ ㉮

$\angle ECD=\angle AEC=\angle x$ (엇각),

$\angle ACE=\angle ECD=\angle x$ (접은 각)

이므로 △ACE에서

$58^\circ+2\angle x=180^\circ$

$2\angle x=122^\circ$, $\angle x=61^\circ$ ◀ ㉯

채점 기준	비율
㉮ $\angle EAC$의 크기 구하기	40 %
㉯ $\angle x$의 크기 구하기	60 %

23 (1) $\triangle ABD$와 $\triangle BCE$에서

$\overline{AB}=\overline{BC}$, $\angle ABD=\angle BCE$, $\overline{BD}=\overline{CE}$

이므로

$\triangle ABD \equiv \triangle BCE$ (SAS 합동) ◀ ㉮

(2) $\angle BAD=\angle CBE=\angle x$, $\angle ADB=\angle BEC=\angle y$

라고 하면 $\triangle BCE$에서

$\angle x+\angle y+60°=180°$

$\angle x+\angle y=120°$ ◀ ㉯

따라서

$\angle PBD+\angle PDB=\angle CBE+\angle ADB$

$=\angle x+\angle y$

$=120°$ ◀ ㉰

채점 기준	비율
㉮ 합동인 두 삼각형을 찾아 기호를 사용하여 나타내고 합동 조건 쓰기	40 %
㉯ $\angle CBE+\angle ADB$의 크기 구하기	30 %
㉰ $\angle PBD+\angle PDB$의 크기 구하기	30 %

24 $\triangle CFB$와 $\triangle CDG$에서

$\overline{BC}=\overline{GC}$, $\overline{CF}=\overline{CD}$,

$\angle BCF=90°-\angle FCG=\angle GCD$

이므로

$\triangle CFB \equiv \triangle CDG$ (SAS 합동) ◀ ㉮

따라서

$\triangle CDG=\triangle CFB$

$=\frac{1}{2}\times 6\times 6$

$=18(cm^2)$ ◀ ㉯

채점 기준	비율
㉮ $\triangle CFB \equiv \triangle CDG$임을 보이기	50 %
㉯ $\triangle CDG$의 넓이 구하기	50 %

V. 도형의 성질

1. 평면도형의 성질

중단원 마무리 평가 34~35쪽

01 ④	**02** ③	**03** 42	**04** ④	**05** ②
06 ④	**07** ②	**08** ③	**09** ④	**10** ③
11 16 cm	**12** ⑤	**13** ②	**14** 4 cm	
15 72 cm^2				

01 구하는 다각형을 n각형이라고 하면

$n-3=4$, $n=7$

따라서 구하는 다각형은 칠각형이다.

02 정팔각형의 한 내각의 크기는

$\frac{180°\times(8-2)}{8}=135°$

정팔각형의 한 외각의 크기는

$\frac{360°}{8}=45°$

03 십각형의 한 꼭짓점에서 그을 수 있는 대각선의 개수는

$a=10-3=7$

십각형의 대각선의 총개수는

$b=\frac{10\times(10-3)}{2}=35$

따라서 $a+b=7+35=42$

04 $25:100=3:x$에서

$1:4=3:x$, $x=12$

$25:y=3:15$에서

$25:y=1:5$, $y=125$

05 $\angle x+55°=3\angle x-5°$이므로

$-2\angle x=-60°$, $\angle x=30°$

06 오각형의 내각의 크기의 합은

$180°\times(5-2)=540°$

$125°+90°+(180°-45°)+\angle x+105°=540°$

이므로

$\angle x+455°=540°$, $\angle x=85°$

07 정오각형의 한 외각의 크기는 $\frac{360°}{5}=72°$

정사각형의 한 외각의 크기는 $\frac{360°}{4}=90°$

따라서 $\angle x=72^\circ+90^\circ=162^\circ$

08 구하는 정다각형을 정n각형이라고 하면

$$\frac{n\times(n-3)}{2}=27,\qquad n\times(n-3)=54$$

이때 $9\times6=54$이므로 $n=9$

따라서 정구각형의 한 내각의 크기는

$$\frac{180^\circ\times(9-2)}{9}=140^\circ$$

09 구하는 정다각형을 정n각형이라고 하면

$$\frac{360^\circ}{n}=36^\circ,\qquad n=10$$

따라서 정십각형의 내각의 크기의 합은

$$180^\circ\times(10-2)=1440^\circ$$

10 부채꼴의 반지름의 길이를 r cm라고 하면

$$\frac{1}{2}\times r\times 2\pi=4\pi,\qquad r=4$$

부채꼴의 중심각의 크기를 x°라고 하면

$$2\pi\times4\times\frac{x}{360}=2\pi,\qquad x=90$$

따라서 중심각의 크기는 90°이다.

11 $\overline{BO}=\overline{BC}$이고 $\overline{BO}=\overline{CO}$ (반지름)이므로 $\triangle BOC$는 정삼각형이다.

이때 $\angle BOC=60^\circ$이므로

$$\angle AOB=180^\circ-60^\circ=120^\circ$$

따라서 $120:60=\widehat{AB}:8$이므로

$$2:1=\widehat{AB}:8,\qquad \widehat{AB}=16\,(\text{cm})$$

12 정오각형의 한 내각의 크기는

$$\frac{180^\circ\times(5-2)}{5}=108^\circ$$

따라서 색칠한 부채꼴의 넓이는

$$\pi\times10^2\times\frac{108}{360}=30\pi\,(\text{cm}^2)$$

13 $\triangle EGC$에서

$$\angle AGF=30^\circ+25^\circ=55^\circ$$

$\triangle BDF$에서

$$\angle AFG=45^\circ+35^\circ=80^\circ$$

따라서 $\triangle AGF$에서

$$\angle x=180^\circ-(55^\circ+80^\circ)=45^\circ$$

14 $\triangle COP$에서 $\overline{CO}=\overline{CP}$이므로

$$\angle POC=\angle P=25^\circ$$

$$\angle OCD=25^\circ+25^\circ=50^\circ$$

$\triangle OCD$에서 $\overline{OC}=\overline{OD}$이므로

$$\angle ODC=\angle OCD=50^\circ$$

$\triangle PDO$에서 $\angle BOD=25^\circ+50^\circ=75^\circ$

$25:75=\widehat{AC}:12$이므로

$$1:3=\widehat{AC}:12,\qquad 3\widehat{AC}=12$$

따라서 $\widehat{AC}=4\,(\text{cm})$

15 오른쪽 그림과 같이 이동하면 색칠한 부분의 넓이는

$$\frac{1}{2}\times12\times12$$

$$=72\,(\text{cm}^2)$$

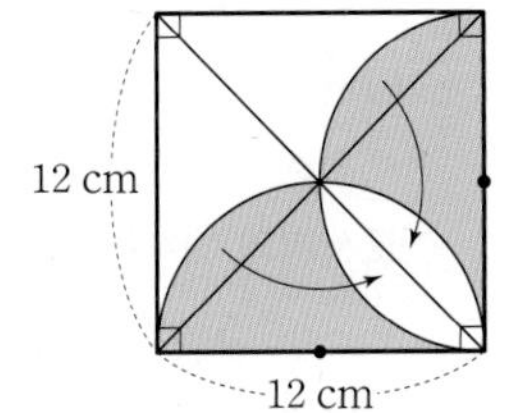

2. 입체도형의 성질

중단원 마무리 평가 36~37쪽

01 ⑤ **02** ①, ⑤ **03** 200 cm³
04 $(8\pi+30)$ cm² **05** ② **06** ④ **07** ⑤
08 ② **09** ③ **10** ① **11** ⑤ **12** 16
13 7

01 주어진 다면체의 면의 개수를 각각 구해 보면 다음과 같다.

① $3+2=5$ ② $3+2=5$ ③ $4+2=6$

④ $5+1=6$ ⑤ $5+2=7$

따라서 면의 개수가 가장 많은 다면체는 ⑤이다.

02 ① 평면도형

⑤ 다각형인 면으로만 둘러싸인 입체도형이 아니므로 다면체가 아니다.

따라서 다면체가 아닌 것은 ①, ⑤이다.

03 밑면인 정사각형의 한 변의 길이는

$$\frac{20}{4}=5\,(\text{cm})$$

따라서 사각기둥의 부피는

$$5^2\times8=200\,(\text{cm}^3)$$

04 $(\text{밑넓이})=\pi\times3^2\times\frac{60}{360}=\frac{3}{2}\pi\,(\text{cm}^2)$

$$(\text{옆넓이})=\left(2\pi\times3\times\frac{60}{360}+3\times2\right)\times5$$
$$=(\pi+6)\times5$$
$$=5\pi+30\,(\text{cm}^2)$$

따라서

$$(\text{겉넓이})=\frac{3}{2}\pi\times2+(5\pi+30)$$
$$=3\pi+5\pi+30$$
$$=8\pi+30\,(\text{cm}^2)$$

05 구하는 각뿔을 n각뿔이라고 하면

$n+1=6,\quad n=5$

따라서 오각뿔의 면의 개수는

$a=5+1=6$

모서리의 개수는

$b=5\times2=10$

따라서 $\quad a+b=6+10=16$

06 ④ 면의 모양은 정삼각형, 정사각형, 정오각형 중의 하나이다.

07 오른쪽 그림과 같이 회전축을 포함한 평면으로 자를 때 단면의 넓이가 가장 크다.

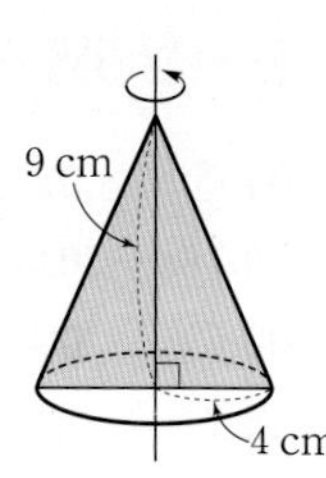

따라서 구하는 단면의 넓이는

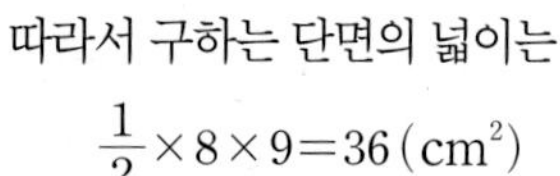

$$\frac{1}{2}\times8\times9=36\,(\text{cm}^2)$$

08 원기둥의 밑면인 원의 반지름의 길이를 r cm라고 하면

$2\pi r=6\pi,\quad r=3$

따라서 $\quad(\text{부피})=\pi\times3^2\times7=63\pi\,(\text{cm}^3)$

09 잘라 낸 단면의 넓이의 합은 반지름의 길이가 5 cm인 원의 넓이와 같으므로

$$(\text{겉넓이})=4\pi\times5^2\times\frac{3}{4}+\pi\times5^2$$
$$=75\pi+25\pi$$
$$=100\pi\,(\text{cm}^2)$$

10 회전체는 다음 그림과 같다.

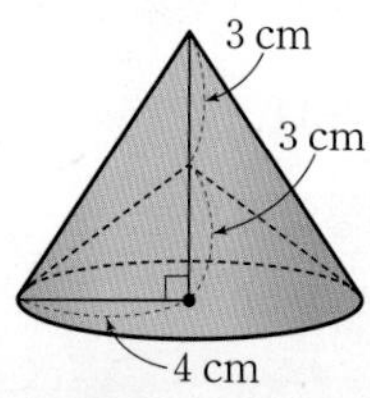

$$(\text{부피})=(\text{큰 원뿔의 부피})-(\text{작은 원뿔의 부피})$$
$$=\frac{1}{3}\times\pi\times4^2\times6-\frac{1}{3}\times\pi\times4^2\times3$$
$$=32\pi-16\pi$$
$$=16\pi\,(\text{cm}^3)$$

11 조건 (나), (다)에 의하여 구하는 입체도형은 정다면체이다.
조건 (가), (다)에 의하여 구하는 입체도형은 정십이면체이다.
⑤ 면의 모양은 정오각형이다.
따라서 옳지 않은 것은 ⑤이다.

12 $(\text{그릇 A의 부피})=\pi\times6^2\times4=144\pi\,(\text{cm}^3)$
$(\text{그릇 B의 부피})=\pi\times3^2\times x=9\pi x\,(\text{cm}^3)$
따라서 $144\pi=9\pi x$이므로

$x=16$

13 $8\times8+\left(\frac{1}{2}\times8\times x\right)\times4=176$이므로

$64+16x=176$

$16x=112,\quad x=7$

대단원 마무리 평가 38~41쪽

01 ①	02 ③	03 ④	04 ②	05 ⑤
06 ④	07 ②	08 ⑤	09 ①	10 ④
11 8	12 ①	13 ④	14 ④	15 ⑤
16 ②	17 ①	18 ⑤	19 ⑤	20 ①
21 24 cm	22 12π cm		23 64π cm^3	
24 겉넓이: 117π cm^2, 부피: 162π cm^3				

01 $32°+37°=\angle x+45°$이므로

$\angle x+45°=69°,\quad \angle x=24°$

02 내각의 크기의 합이 1620°인 다각형을 n각형이라고 하면

$180°\times(n-2)=1620°$

$n-2=9,\quad n=11$

따라서 십일각형의 대각선의 개수는

$$\frac{11\times(11-3)}{2}=44$$

03 구하는 정다각형을 정n각형이라고 하면 한 외각의 크기는

$$180°\times\frac{1}{5}=36°$$

$\frac{360°}{n}=36°$에서 $\quad n=10$

따라서 정십각형의 변의 개수는 10이다.

04 십오각형의 한 꼭짓점에서 그을 수 있는 대각선의 개수는 $\quad a=15-3=12$

십오각형의 내부의 한 점에서 꼭짓점에 선분을 그었을 때 생기는 삼각형의 개수는 $b=15$

따라서 $a+b=12+15=27$

05 $(\angle x-16°):2\angle x=15:45$에서

$(\angle x-16°):2\angle x=1:3$

$3\angle x-48°=2\angle x,\quad \angle x=48°$

06 ④ 현의 길이는 중심각의 크기에 정비례하지 않으므로

$\overline{AD}\neq 3\overline{AB}$

07 $\angle AOB:360°=3\pi:12\pi=1:4$이므로

$\angle AOB=360°\times\frac{1}{4}=90°$

따라서 $\triangle OQP$에서

$\angle a+\angle b=180°-90°=90°$

08 부채꼴의 반지름의 길이를 r cm라고 하면

$2\pi\times r\times\frac{120}{360}=6\pi,\quad r=9$

따라서 부채꼴의 넓이는

$\pi\times 9^2\times\frac{120}{360}=27\pi\,(\text{cm}^2)$

09 (색칠한 부분의 넓이)

=(반원의 넓이)+(부채꼴 B′AB의 넓이)

−(반원의 넓이)

=(부채꼴 B′AB의 넓이)

$=\pi\times 6^2\times\frac{30}{360}$

$=3\pi\,(\text{cm}^2)$

10 주어진 다면체의 꼭짓점의 개수를 각각 구해 보면 다음과 같다.

① $4\times2=8$ ② $4\times2=8$ ③ $7+1=8$

④ $6\times2=12$ ⑤ $4\times2=8$

따라서 꼭짓점의 개수가 나머지 넷과 다른 하나는 ④이다.

11 구하는 각뿔대를 n각뿔대라고 하면

$n+2=10,\quad n=8$

따라서 팔각뿔대의 모서리의 개수는

$a=8\times3=24$

꼭짓점의 개수는

$b=8\times2=16$

따라서 $a-b=24-16=8$

12 주어진 다면체의 옆면의 모양을 각각 구해 보면 다음과 같다.

① 삼각형 ② 직사각형 ③ 사다리꼴

④ 직사각형 ⑤ 사다리꼴

따라서 옆면의 모양이 사각형이 아닌 것은 ①이다.

13 면의 개수가 가장 적은 정다면체는 정사면체이므로 그 꼭짓점의 개수는 $a=4$

면의 개수가 가장 많은 정다면체는 정이십면체이므로 그 모서리의 개수는 $b=30$

따라서 $a+b=4+30=34$

14 원뿔의 전개도에서 옆면인 부채꼴의 호의 길이는 밑면인 원의 둘레의 길이와 같으므로

$2\pi\times5=10\pi\,(\text{cm})$

따라서 부채꼴의 넓이는

$\frac{1}{2}\times13\times10\pi=65\pi\,(\text{cm}^2)$

15 주어진 평면도형을 직선 l을 축으로 하여 1회전 시킬 때 생기는 회전체는 오른쪽 그림과 같으므로 회전축에 수직인 평면으로 자를 때 생기는 단면의 모양은 ⑤이다.

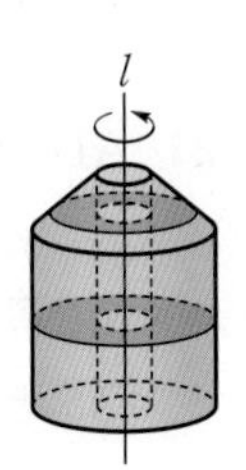

16 (밑넓이)$=\pi\times2^2+\pi\times6^2$

$=4\pi+36\pi$

$=40\pi\,(\text{cm}^2)$

(옆넓이)$=\frac{1}{2}\times9\times(2\pi\times6)-\frac{1}{2}\times3\times(2\pi\times2)$

$=54\pi-6\pi$

$=48\pi\,(\text{cm}^2)$

따라서

(겉넓이)$=40\pi+48\pi=88\pi\,(\text{cm}^2)$

17 (겉넓이)$=\frac{1}{2}\times7\times(2\pi\times4)+4\pi\times4^2\times\frac{1}{2}$

$=28\pi+32\pi$

$=60\pi\,(\text{cm}^2)$

18 반지름의 길이가 12 cm인 구슬의 부피는

$\frac{4}{3}\pi\times12^3=2304\pi\,(\text{cm}^3)$

반지름의 길이가 3 cm인 구슬의 부피는

$\frac{4}{3}\pi\times3^3=36\pi\,(\text{cm}^3)$

따라서 $\frac{2304\pi}{36\pi}=64$이므로 반지름의 길이가 3 cm인 구슬을 64개 만들 수 있다.

19 밑면인 원의 반지름의 길이를 r cm라고 하면

$2\pi r=6\pi,\quad r=3$

이때 원기둥의 높이는

$18-2\times2\times3=6\,(\text{cm})$

따라서 원기둥의 부피는

$\pi\times3^2\times6=54\pi\,(\text{cm}^3)$

20 (구의 부피)$=\frac{4}{3}\pi\times5^3=\frac{500}{3}\pi\,(\text{cm}^3)$

원뿔의 높이는 10 cm이므로

(원뿔의 부피)$=\frac{1}{3}\times\pi\times5^2\times10=\frac{250}{3}\pi\,(\text{cm}^3)$

따라서

(구의 부피) : (원뿔의 부피)$=\frac{500}{3}\pi : \frac{250}{3}\pi$

$=2 : 1$

21 $\overline{AD}/\!/\overline{OC}$이므로

$\angle OAD=\angle BOC=30^\circ$ (동위각)

오른쪽 그림과 같이 $\overline{OD}$를 그으면 $\overline{OA}=\overline{OD}$이므로

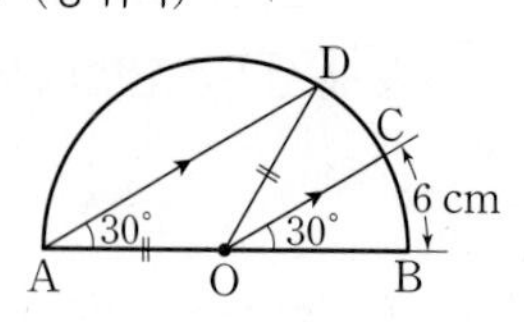

$\angle ODA=\angle OAD$

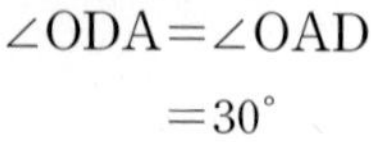

$=30^\circ$

즉

$\angle AOD=180^\circ-(30^\circ+30^\circ)$

$=120^\circ$ ◀ ㉮

$120 : 30=\widehat{AD} : 6$이므로

$4 : 1=\widehat{AD} : 6$

$\widehat{AD}=24\,(\text{cm})$ ◀ ㉯

채점 기준	비율
㉮ $\angle AOD$의 크기 구하기	60 %
㉯ $\widehat{AD}$의 길이 구하기	40 %

22 오른쪽 그림과 같이 $\overline{AO}$, $\overline{O'A}$를 그으면

$\overline{AO}=\overline{OO'}=\overline{O'A}$

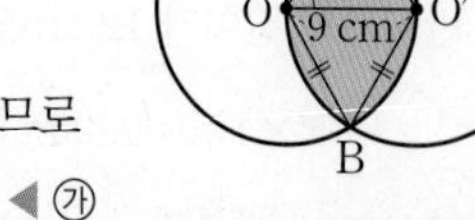

즉 $\triangle AOO'$은 정삼각형이므로

$\angle AOO'=60^\circ$ ◀ ㉮

같은 방법으로 하면 $\angle BOO'=60^\circ$이므로

$\angle AOB=60^\circ+60^\circ=120^\circ$ ◀ ㉯

따라서 색칠한 부분의 둘레의 길이는

$\left(2\pi\times9\times\frac{120}{360}\right)\times2=12\pi\,(\text{cm})$ ◀ ㉰

채점 기준	비율
㉮ $\angle AOO'$의 크기 구하기	30 %
㉯ $\angle AOB$의 크기 구하기	30 %
㉰ 색칠한 부분의 둘레의 길이 구하기	40 %

23 주어진 입체도형을 오른쪽 그림과 같이 두 부분으로 나누어 생각하면 윗부분의 부피는 밑면인 원의 반지름의 길이가 4 cm, 높이가 2 cm인 원기둥의 부피의 $\frac{1}{2}$이다. ◀ ㉮

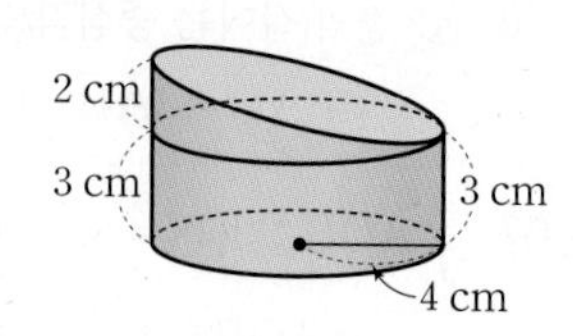

따라서 구하는 부피는

$\pi\times4^2\times3+\pi\times4^2\times2\times\frac{1}{2}$

$=48\pi+16\pi=64\pi\,(\text{cm}^3)$ ◀ ㉯

채점 기준	비율
㉮ 주어진 입체도형을 두 부분으로 나누기	50 %
㉯ 입체도형의 부피 구하기	50 %

24 회전체는 다음 그림과 같다.

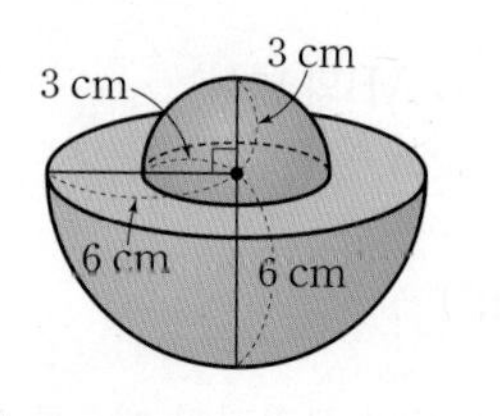

◀ ㉮

(겉넓이)

$=4\pi\times3^2\times\frac{1}{2}+(\pi\times6^2-\pi\times3^2)+4\pi\times6^2\times\frac{1}{2}$

$=18\pi+27\pi+72\pi$

$=117\pi\,(\text{cm}^2)$ ◀ ㉯

(부피)

$=\frac{4}{3}\pi\times3^3\times\frac{1}{2}+\frac{4}{3}\pi\times6^3\times\frac{1}{2}$

$=18\pi+144\pi$

$=162\pi\,(\text{cm}^3)$ ◀ ㉰

채점 기준	비율
㉮ 회전체의 겨냥도 그리기	20 %
㉯ 회전체의 겉넓이 구하기	40 %
㉰ 회전체의 부피 구하기	40 %

VI. 통계

1. 대푯값

중단원 마무리 평가 42~43쪽

01 ㄱ, ㄷ **02** ③ **03** ④ **04** B **05** ④
06 ③ **07** ③ **08** ①
09 (1) 평균: 15시간, 중앙값: 12시간 (2) 중앙값
10 ④ **11** ⑤ **12** 12

01 ㄱ. 대푯값에는 평균, 중앙값, 최빈값 등이 있다.
ㄴ. 변량의 개수가 짝수일 때, 중앙값은 중앙에 위치한 두 값의 평균이므로 자료 안에 없는 값일 수 있다.
ㄹ. 평균, 중앙값, 최빈값이 모두 같은 경우도 있다.
따라서 옳은 것은 ㄱ, ㄷ이다.

02 자료의 변량을 작은 값부터 크기순으로 나열하면
70, 75, 83, 87, 92, 96이므로 중앙값은
$$\frac{83+87}{2}=85(\text{점})$$

03 가장 많은 학생들이 좋아하는 색깔은 파랑이므로 최빈값은 파랑이다.

04 모둠 A의 자료의 변량을 작은 값부터 크기순으로 나열하면
모둠 A: 11, 15, 18, 23, 27
이므로 모둠 A의 중앙값은 18초이다.
또 모둠 B의 자료의 변량을 작은 값부터 크기순으로 나열하면
모둠 B: 14, 15, 18, 22, 23, 31
이므로 모둠 B의 중앙값은
$$\frac{18+22}{2}=20(\text{초})$$
따라서 중앙값이 더 큰 모둠은 B이다.

05 주어진 자료의 중앙값이 27이므로
$$\frac{25+x}{2}=27, \qquad x=29$$

06 변량 50, x, 52, 59, 43, 48이 모두 한 번만 나타나므로 주어진 자료의 최빈값은 x이다.
즉 $x=43$
따라서 자료의 변량을 작은 값부터 크기순으로 나열하면 43, 43, 48, 50, 52, 59이므로
$$(\text{중앙값})=\frac{48+50}{2}=49$$

07 주어진 자료의 평균은
$$\frac{5+1+4+6+a}{5}=\frac{16+a}{5}$$
변량 5, 1, 4, 6, a가 모두 한 번만 나타나므로 주어진 자료의 최빈값은 a회이다.
이 자료의 평균과 최빈값이 같으므로
$$\frac{16+a}{5}=a, \qquad 16+a=5a$$
$$-4a=-16, \qquad a=4$$

08 자료 '3, 5, 7, a, b'의 중앙값이 6이므로
$a=6$
자료 '2, 15, 6, b'의 중앙값이 7이므로
$$\frac{6+b}{2}=7, \qquad 6+b=14, \qquad b=8$$
따라서 $b-a=8-6=2$

09 (1) (평균)
$$=\frac{10+8+15+9+13+9+11+13+48+14}{10}$$
$$=\frac{150}{10}=15(\text{시간})$$
자료를 작은 값부터 크기순으로 나열하면
8, 9, 9, 10, 11, 13, 13, 14, 15, 48이므로
$$(\text{중앙값})=\frac{11+13}{2}=12(\text{시간})$$
(2) 변량 중에서 매우 큰 값이 있으므로 중앙값이 대푯값으로 더 적절하다.

10 $$(\text{평균})=\frac{2+5+3+1+3+4+6+8}{8}$$
$$=\frac{32}{8}=4(\text{회})$$
자료를 작은 값부터 크기순으로 나열하면
1, 2, 3, 3, 4, 5, 6, 8이므로 중앙값은
$$\frac{3+4}{2}=3.5(\text{회})$$
가장 많이 나타나는 값은 3이므로 최빈값은 3회이다.
따라서 $A=4$, $B=3.5$, $C=3$이므로
$C<B<A$

11 자료 '1, 4, 8, a'의 중앙값이 6이므로 $a\geq8$
자료 '9, 13, 16, 17, a'의 중앙값이 13이므로 $a\leq13$
따라서 $8\leq a\leq13$이므로 a의 값이 될 수 없는 것은 ⑤이다.

12 서로 다른 세 자연수를 a, x, b $(a<x<b)$라고 하자.
중앙값이 13이므로 $x=13$
세 수 a, 13, b의 평균이 14이므로
$\frac{a+13+b}{3}=14$에서 $a+b=29$
이때 $a<13<b$이므로 a, b의 순서쌍 (a, b)는
$(1, 28), (2, 27), (3, 26), \cdots, (12, 17)$
의 12개이다.

2. 도수분포표와 상대도수

중단원 마무리 평가 44~45쪽

01 ㄴ, ㄹ
02 (1) 풀이 참조 (2) 10회 이상 20회 미만 (3) 1
03 ④ **04** ④ **05** 46 **06** 0.25 **07** 2
08 4 **09** 9

01 ㄴ. 도수분포표에서는 변량을 알 수 없으므로 가장 큰 변량을 정확하게 알 수 없다.
ㄹ. 자료의 개수가 많을 때는 줄기와 잎 그림으로 나타내는 것보다 도수분포표로 나타내는 것이 더 편리하다.
따라서 옳지 않은 것은 ㄴ, ㄹ이다.

02 (1) 주어진 도수분포표를 완성하면 다음과 같다.

글을 올린 횟수(회)	도수(명)
0^이상^ ~ 10^미만^	4
10 ~ 20	8
20 ~ 30	5
30 ~ 40	2
40 ~ 50	1
합계	20

03 ① 줄기는 모두 5개이다.
② 잎이 가장 많은 줄기는 1이다.
③ 전체 학생 수는 19이다.
⑤ 통학 시간이 5번째로 짧은 학생의 통학 시간은 10분이다.
따라서 옳은 것은 ④이다.

04 ④ 나이가 50세 미만인 주민은 $11+26=37$(명)
따라서 옳지 않은 것은 ④이다.

05 나연이네 반의 전체 학생 수는
$1+3+5+4+2+1=16$
이므로 $a=16$
가장 많은 학생이 속하는 계급은 10권 이상 15권 미만이고 그 도수는 5명이므로 $b=5$
책을 10권 이하 읽은 학생 수는 $1+3=4$이므로 전체의
$\frac{4}{16}\times100=25(\%)$
즉 $c=25$
따라서 $a+b+c=16+5+25=46$

06 기록이 260 cm 이상 290 cm 미만인 계급의 도수는
$28-(4+8+9)=7$(명)
따라서 이 계급의 상대도수는
$\frac{7}{28}=0.25$

07 가슴둘레가 90 cm 이상인 계급의 상대도수는 0.05이므로 구하는 학생 수는
$40\times0.05=2$

08 사회 성적이 20점 이상 40점 미만인 학생 수를 x라고 하면
$\frac{x}{25}\times100=24,\quad x=6$
따라서 사회 성적이 80점 이상인 학생 수는
$25-(1+6+8+6)=4$

09 운동 시간이 50분 미만인 학생 수는 $1+3=4$이므로
$\frac{4}{(\text{전체 학생 수})}\times100=16$
(전체 학생 수)$=25$
따라서 운동 시간이 60분 이상 70분 미만인 학생 수는
$25-(1+3+6+5+1)=9$

대단원 마무리 평가 46~49쪽

01 평균: 14.8점, 중앙값: 13.5점, 중앙값
02 2 **03** ⑤ **04** ② **05** ④, ⑤ **06** ⑤
07 ④ **08** ② **09** ③ **10** ④, ⑤ **11** ⑤
12 ⑤ **13** ② **14** ④ **15** 4 **16** 3
17 52 % **18** 14

01 (평균)

$=\frac{15+16+11+13+10+12+14+15+12+30}{10}$

$=\frac{148}{10}=14.8$(점)

자료를 작은 값부터 크기순으로 나열하면

10, 11, 12, 12, 13, 14, 15, 15, 16, 30이므로

(중앙값)$=\frac{13+14}{2}=13.5$(점)

따라서 평균은 14.8점, 중앙값은 13.5점이고, 변량 중에서 매우 큰 값이 있으므로 중앙값이 대푯값으로 더 적절하다.

02 자료 '8, 9, 11, 13, 12, a'를 a를 제외하고 작은 값부터 크기순으로 나열하면

8, 9, 11, 12, 13

이 자료의 중앙값이 11이므로 $a=11$

자료 '7, 14, a, b'의 중앙값이 10이므로 이 자료의 변량을 작은 값부터 크기순으로 나열하면

7, b, 11, 14

즉 $\frac{b+11}{2}=10$이므로 $b=9$

따라서 $a-b=11-9=2$

03 ⑤ 검색 횟수가 가장 많은 학생의 검색 횟수는 45회이고 검색 횟수가 가장 적은 학생의 검색 횟수는 10회이므로 그 차는 $45-10=35$(회)

따라서 옳지 않은 것은 ⑤이다.

04 작은 값부터 크기순으로 나열했을 때 13번째 값은 45회이므로 $a=45$

가장 많이 나타나는 값은 46이므로

$b=46$

따라서 $a+b=45+46=91$

05 ④ 과학 성적이 가장 높은 남학생의 점수는 97점이고 여학생의 점수는 94점이므로 그 차는

$97-94=3$(점)

⑤ 과학 성적이 70점 이하인 남학생 수는 2이고 여학생 수는 3이므로 서로 다르다.

따라서 옳지 않은 것은 ④, ⑤이다.

06 국어 수행평가 점수가 4점 이상 8점 미만인 학생 수를 a라고 하면

$\frac{a}{20}\times100=15$, $a=3$

따라서 국어 수행평가 점수가 4점 이상 8점 미만인 학생 수는 3명이다.

국어 수행평가 점수가 8점 이상 12점 미만인 학생 수는

$20-(1+3+6+3)=7$

따라서 국어 수행평가 점수가 8점 이상 12점 미만인 학생은 전체의 $\frac{7}{20}\times100=35(\%)$

07 ② 전체 학생 수는

$2+6+8+11+9+4=40$(명)

④ 몸무게가 60 kg 이상인 학생은 4명이므로

$\frac{4}{40}\times100=10(\%)$

즉 전체의 10 %이다.

⑤ 몸무게가 10번째로 무거운 학생이 속하는 계급은 55 kg 이상 60 kg 미만이고 그 도수는 9명이다.

따라서 옳지 않은 것은 ④이다.

08 읽은 책의 수가 10권 이상 12권 미만인 학생 수를 $2x$라 하면 읽은 책의 수가 12권 이상 14권 미만인 학생 수는 $3x$이므로

$3+5+7+2x+3x+2=37$

$5x=20$, $x=4$

따라서 읽은 책의 수가 10권 이상 12권 미만인 학생 수는

$2x=2\times4=8$

09 읽은 책의 수가 12권 이상 14권 미만인 학생 수는

$3x=3\times4=12$

이때 읽은 책의 수가 4권 이상 6권 미만인 학생 수는 3이므로 읽은 책의 수가 12권 이상 14권 미만인 학생 수는 읽은 책의 수가 4권 이상 6권 미만인 학생 수의

$12\div3=4$(배)이다.

10 ① 계급의 개수는 5이다.

② 전체 학생 수는 $3+5+7+3+2=20$

③ 도수가 가장 작은 계급은 150분 이상 180분 미만이므로 그 도수는 2명이다.

④ 일일 학습 시간이 2시간, 즉 120분 이상인 학생 수는

$3+2=5$

⑤ 도수가 가장 큰 계급은 90분 이상 120분 미만이고 그 도수는 7명이므로 상대도수는

$\frac{7}{20}=0.35$

따라서 옳은 것은 ④, ⑤이다.

11 전체 학생 수는 도수의 총합과 같으므로

(A 모둠의 전체 학생 수)

$=1+2+6+8+2+1=20$

(B 모둠의 전체 학생 수)

$=1+4+7+5+3=20$

A 모둠에서 상위 15 % 이내에 드는 학생 수는 $20\times0.15=3$이므로 기록이 10회 이상이다.

B 모둠에서 기록이 10회 이상인 학생 수는 $5+3=8$이므로 A 모둠에서 상위 15 % 이내에 드는 학생은 B 모둠에서 상위 $\frac{8}{20}\times100=40(\%)$ 이내에 들 수 있다.

12 $C=\frac{3}{0.06}=50$, $A=50\times0.16=8$,

$B=50\times0.28=14$, $D=\frac{9}{50}=0.18$, $E=1$이므로

$A+B+C+D+E=8+14+50+0.18+1$

$=73.18$

13 음악 성적이 50점 미만인 학생은 3명, 음악 성적이 60점 미만인 학생은 $3+8=11$(명)이므로 음악 성적이 낮은 쪽에서 10번째 학생이 속하는 계급은 50점 이상 60점 미만이다.

따라서 구하는 상대도수는 0.16이다.

14 일주일 동안 받은 문자 메시지가 15개 이상 20개 미만인 계급의 상대도수는 0.2이다.

따라서 구하는 학생 수는

$200\times0.2=40$

15 변량이 24개이므로 중앙값은 작은 값부터 크기순으로 나열했을 때, 12번째와 13번째에 오는 값의 평균이다.

즉 $\frac{2+2}{2}=2$(편)이므로 $a=2$ ◀ ㉮

최빈값은 도수가 9명으로 가장 큰 변량인 2편이므로

$b=2$ ◀ ㉯

따라서 $a+b=2+2=4$ ◀ ㉰

채점 기준	비율
㉮ a의 값 구하기	40 %
㉯ b의 값 구하기	40 %
㉰ $a+b$의 값 구하기	20 %

16 (평균)

$=\frac{(-2)+(-5)+x+1+4+(x+2)+8}{7}=2$

이므로 $2x+8=14$

$2x=6$, $x=3$ ◀ ㉮

이때 주어진 자료의 변량은

$-2, -5, 3, 1, 4, 5, 8$ ◀ ㉯

따라서 자료의 변량을 작은 값부터 크기순으로 나열하면 $-5, -2, 1, 3, 4, 5, 8$이므로 중앙값은 3이다. ◀ ㉰

채점 기준	비율
㉮ x의 값 구하기	30 %
㉯ 주어진 자료의 변량 구하기	30 %
㉰ 이 자료의 중앙값 구하기	40 %

17 체육 점수가 80점 이상인 학생 수는 $5+1=6$이므로

$\frac{6}{(\text{전체 학생 수})}\times100=24$

(전체 학생 수)$=25$ ◀ ㉮

체육 점수가 70점 이상 80점 미만인 학생 수는

$25-(2+4+5+1)=13$ ◀ ㉯

따라서 체육 점수가 70점 이상 80점 미만인 학생은 전체의

$\frac{13}{25}\times100=52(\%)$ ◀ ㉰

채점 기준	비율
㉮ 전체 학생 수 구하기	40 %
㉯ 체육 점수가 70점 이상 80점 미만인 학생 수 구하기	20 %
㉰ 체육 점수가 70점 이상 80점 미만인 학생이 전체의 몇 %인지 구하기	40 %

18 나이가 10세 이상 20세 미만인 계급의 상대도수는 0.1이므로 전체 회원 수는

$\frac{4}{0.1}=40$ ◀ ㉮

나이가 40세 이상 50세 미만인 계급의 상대도수는

$1-(0.1+0.15+0.2+0.15+0.05)=0.35$ ◀ ㉯

따라서 나이가 40세 이상 50세 미만인 회원 수는

$40\times0.35=14$ ◀ ㉰

채점 기준	비율
㉮ 전체 회원 수 구하기	40 %
㉯ 나이가 40세 이상 50세 미만인 계급의 상대도수 구하기	20 %
㉰ 나이가 40세 이상 50세 미만인 회원 수 구하기	40 %

중학교

수학 1

평가문제집

집필진

권오남	서울대학교 수학교육과	박정숙	중화고등학교	강소영	신도중학교
오국환	운정고등학교	김안나	새뜸중학교	이경원	단국대학교사범대학부속중학교
김문선	대천중학교	조경호	원화여자고등학교	김혜정	㈜NE능률 교과서개발연구소

* 전체 단원 공통 집필

중학교
수학 1 자습서 & 평가문제집

펴 낸 날 2025년 2월 5일 (초판 1쇄)
펴 낸 이 주민홍
펴 낸 곳 (주)NE능률

지 은 이 권오남, 박정숙, 강소영, 오국환, 김안나, 이경원, 김문선, 조경호, 김혜정
개발책임 차은실
개 발 김혜정, 유희숙, 현지선, 김희경
디자인책임 오영숙
디 자 인 안훈정, 김연주
제작책임 한성일

등록번호 제1-68호
I S B N 979-11-253-4972-3

대표전화 02 2014 7114
홈페이지 www.neungyule.com
주 소 서울시 마포구 월드컵북로 396(상암동) 누리꿈스퀘어 비즈니스타워 10층